普通高等教育"十二五"规划教材

高等数学（下册）

主　编　何红洲

主　审　唐再良

参　编　王　敏　解继蓉　赵甫荣　陈宗荣　徐　辉
　　　　汪元伦　罗守双　周　密　阿力非日

中国水利水电出版社
www.waterpub.com.cn

内 容 提 要

《高等数学（下册）》以普通本科院校应用型人才培养计划为标准，以提高学生的数学素质、掌握数学的思想方法与培养数学应用创新能力为目的，在充分吸收编者多年来教学实践经验与教学改革成果的基础上编写而成。内容包括向量代数与空间解析几何、多元函数微分法及其应用、重积分、曲线积分与曲面积分、微分方程和无穷级数 6 章。书末附有二阶和三阶行列式简介、习题答案与提示。

本书结构严谨、叙述详细、清晰易懂。全书例题典型，习题丰富，可作为高等本科院校理、工、经济等应用型专业的教材，也可作为其他有关专业的教材或教学参考书。

图书在版编目（CIP）数据

高等数学. 下册 / 何红洲主编. -- 北京 ：中国水利水电出版社，2015.2（2016.10 重印）
普通高等教育"十二五"规划教材
ISBN 978-7-5170-2899-4

Ⅰ．①高… Ⅱ．①何… Ⅲ．①高等数学－高等学校－教材 Ⅳ．①O13

中国版本图书馆CIP数据核字(2015)第020880号

策划编辑：寇文杰　责任编辑：张玉玲　加工编辑：田新颖　封面设计：李　佳

书　　名	普通高等教育"十二五"规划教材 **高等数学（下册）**
作　　者	主 编　何红洲　主 审　唐再良
出版发行	中国水利水电出版社 （北京市海淀区玉渊潭南路 1 号 D 座　100038） 网址：www.waterpub.com.cn E-mail: mchannel@263.net（万水） 　　　　sales@waterpub.com.cn 电话：（010）68367658（发行部）、82562819（万水）
经　　售	北京科水图书销售中心（零售） 电话：（010）88383994、63202643、68545874 全国各地新华书店和相关出版物销售网点
排　　版	北京万水电子信息有限公司
印　　刷	三河市铭浩彩色印装有限公司
规　　格	170mm×227mm　16 开本　21.75 印张　439 千字
版　　次	2015 年 2 月第 1 版　2016 年 10 月第 2 次印刷
印　　数	3501—5500 册
定　　价	37.00 元

序

我国的高等教育已经打破了传统教材几十年一统天下的沉闷局面，特别是自1995 年以来，在国家教委提出"普通高等教育面向 21 世纪课程教材建设"的改革计划后，大学数学教材的出版呈现出不拘一格、层出不穷、百花齐放的喜人局面。正是在这种局面的推动和鼓舞下，十几位省属兄弟师范院校中长期辛勤耕耘在高等数学教学一线的老师，顺应高等教育公共数学教材建设及教学改革的潮流，汇集多年教学经验和研究成果，推出了颇具特色的《高等数学》教材。

本人有幸接触了这几位教师，他们对教育教学的执着和热爱、对大学本科数学教育锲而不舍的研究和探索，以及为写好本书所作出的努力，都给我留下了深刻的印象。

本书是近年来不多见、有很多独到之处、适合普通本科师范院校高等数学教学使用的上乘之作，尤其在衔接高中数学大纲的改革，处理极限连续及微积分的关系、例题及习题的结合，以及插图美观、规范等方面，适度地给学生以数学文化的熏陶，并在尽可能使传统教学理念与现代教学理念接轨等诸多方面都做了很多有益的尝试。另外，这套教材对深度、广度、系统性和严谨性的处理都把握得较好，适合于同类师范院校及其他相关院校的公共高等数学课使用。

随着高等教育在中国的日趋普及，教材也应该更加多样化，以便供不同层次和不同需求的院校选用，并在使用中锤炼出精品。因此，我很赞赏绵阳师范学院数学与计算机科学学院这十几位老师所作的努力，且诚挚地把他们编写的这套新教材推荐给有关院校使用。

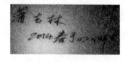

前　　言

本书紧紧围绕普通高等院校公共数学课程培养及训练应用型本科人才数学能力的教学要求，由从事高等数学教学多年的一线教师，按照最新修订的"普通本科院校数学课程教学基本要求"编写而成。在编写过程中注重内容编排、例题习题类型及数量选择的合理性及实用性，以帮助学生提高数学素养、培养创新意识、增强运用数学工具解决实际问题的能力。

本书共 12 章，分为上、下两册，上册讲述一元函数微积分学，下册讲述向量代数与空间解析几何、多元函数微积分法及其应用、重积分、曲线积分与曲面积分、微分方程及无穷级数，其中选学内容及相应习题用"*"号标出。书后附有参考答案，可作为普通本科院校高等数学课程的选用教材或教学参考书。

本书由何红洲任主编，并进行统稿，上册由彭政老师担任主审，下册由唐再良老师担任主审，参加编写的有江跃勇、任全红、赵志锟、盛登、杨琼芬、王敏、解继蓉、赵甫荣、徐辉、汪元伦、罗守双，及西昌学院陈宗荣老师、阿力非日老师、三亚学院理工学院周密老师。

四川师范大学蒲志林教授在繁忙的工作中抽出宝贵的时间为本书作序，绵阳师范学院数学与计算机科学学院的同事们对本书的编写提出了许多宝贵的意见和建议，我们在此一并表示感谢。

限于编者的水平，书中的不足之处在所难免，恳请读者批评指正。

编　者
2014 年 11 月

目　　录

第 7 章　向量代数与空间解析几何

在平面解析几何中，通过平面直角坐标系建立了平面上的点与二元有序实数对之间的一一对应关系，从而可以用代数的方法来研究几何问题，这为一元函数微积分学提供了直观的几何背景. 空间解析几何也是按照类似的方法建立起来的，并为研究多元函数微积分学提供直观的几何背景.

本章首先建立空间直角坐标系，然后介绍向量及向量的一些运算，并以向量为工具来讨论空间的平面和直线，进而介绍空间曲面和空间曲线的部分内容.

§7.1　空间直角坐标系

7.1.1　空间直角坐标系和空间点的坐标

过空间一定点 o，作三条相互垂直的数轴，它们都以点 o 为原点且一般具有相同的长度单位. 这三条轴分别称为 x 轴（横轴）、y 轴（纵轴）和 z 轴（竖轴），统称为**坐标轴**. 定点 o（有时使用大写字母 O）称为坐标原点.

坐标轴的正向通常符合右手法则（如图 7-1 所示）：以右手握住 z 轴，当右手的四个手指从 x 轴的正半轴以 $\frac{\pi}{2}$ 角度转向 y 轴的正半轴时，大拇指所指方向就是 z 轴的正向. 这样的三条坐标轴就组成了空间直角坐标系.

在空间直角坐标系中，两条坐标轴确定的一个平面称为**坐标面**，分别称为 *xoy* **平面**、*yoz* **平面**和 *zox* **平面**. 通常取 *xoy* 平面位于水平位置，z 轴竖直向上. 三个坐标面将空间分为 8 个部分，每一部分称为**卦限**，含有 x 轴、y 轴与 z 轴正半轴的那个卦限称为**第 I 卦限**，其他 7 个卦限的编号分别用 II、III、IV、V、VI、VII、VIII 表示（如图 7-2 所示）.

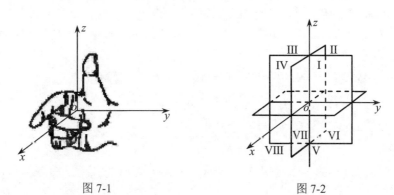

图 7-1　　　　　　　　　　　　图 7-2

在空间直角坐标系中，如何来表示空间中的点的坐标呢？设 M 为空间一已知点，过 M 作三个分别垂直于 x 轴、y 轴与 z 轴的平面，它们分别与 x 轴、y 轴、z 轴交于 P、Q、R 三点（如图 7-3 所示）. 若 P、Q、R 在 x 轴、y 轴、z 轴的坐标依次为 x、y、z，则由 M 就唯一一地确定了一个三元有序实数组 x, y, z；反过来，已知一个三元有序实数组 x, y, z，则可在 x、y、z 轴上分别取坐标依次为 x、y、z 的点 P、Q、R，再过点 P、Q、R 分别作 x 轴、y 轴、z 轴的垂直平面，这三个垂直平面的交点 M 便是由三元有序实数组 x, y, z 所确定的唯一的点. 这样就建立了空间点 M 与三元有序实数组 x, y, z 之间的一一对应关系，我们把这组有序实数称为**点 M 的坐标**，记为 $M(x, y, z)$，并依次称 x、y、z 为点 M 的横坐标、纵坐标、竖坐标. 特别地，原点的坐标为 $(0, 0, 0)$，x 轴、y 轴、z 轴上的点的坐标分别具有 $(x, 0, 0)$、$(0, y, 0)$、$(0, 0, z)$ 的形式，xoy 平面、yoz 平面、zox 平面上的点的坐标分别具有 $(x, y, 0)$、$(0, y, z)$、$(x, 0, z)$ 的形式.

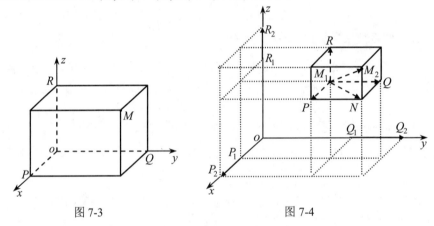

图 7-3　　　　　　　　　　图 7-4

7.1.2　两点间的距离

已知空间两点 $M_1(x_1, y_1, z_1)$ 和 $M_2(x_2, y_2, z_2)$，如何求 M_1 和 M_2 之间的**距离** d 呢？过 M_1 和 M_2 各作三个分别垂直于三条坐标轴的平面，这六个平面围成一个以 $M_1 M_2$ 为对角线的长方体（如图 7-4 所示）. 由于 $\Delta M_1 N M_2$ 和 $\Delta M_1 P N$ 均为直角三角形，因此

$$d^2 = \left| M_1 M_2 \right|^2 = \left| M_1 N \right|^2 + \left| N M_2 \right|^2 = \left| M_1 P \right|^2 + \left| P N \right|^2 + \left| N M_2 \right|^2$$

$$= \left| x_2 - x_1 \right|^2 + \left| y_2 - y_1 \right|^2 + \left| z_2 - z_1 \right|^2 = (x_2 - x_1)^2 + (y_2 - y_1)^2 + (z_2 - z_1)^2,$$

所以

$$d = \left| M_1 M_2 \right| = \sqrt{(x_2 - x_1)^2 + (y_2 - y_1)^2 + (z_2 - z_1)^2} . \tag{7-1}$$

公式（7-1）称为坐标为 (x_1, y_1, z_1) 与 (x_2, y_2, z_2) 的**空间两点间的距离公式**.

特别地，空间一点 $M(x,y,z)$ 与原点 $O(0,0,0)$ 的距离为

$$d = |OM| = \sqrt{x^2 + y^2 + z^2} .$$ (7-2)

例 7-1 在 z 轴上找一点 M，使它与点 $N(1,1,2)$ 的距离为 $3\sqrt{2}$.

解 因为点 M 在 z 轴上，故可设其坐标为 $(0,0,z)$，由公式（7-1），即得

$$|MN|^2 = (1-0)^2 + (1-0)^2 + (2-z)^2 = (3\sqrt{2})^2 = 18 ,$$

即

$$z^2 - 4z - 12 = 0 ,$$

解得

$$z_1 = -2, \quad z_2 = 6 .$$

故所求点有两个，坐标分别为 $(0,0,-2)$ 和 $(0,0,6)$.

例 7-2 证明：以 $M_1(4,3,1)$、$M_2(1,1,0)$、$M_3(0,-2,2)$ 三点为顶点的三角形是一个等腰三角形.

证 因为

$$|M_1M_2|^2 = (1-4)^2 + (1-3)^2 + (0-1)^2 = 14 ,$$

$$|M_1M_3|^2 = (0-4)^2 + (-2-3)^2 + (2-1)^2 = 42 ,$$

$$|M_2M_3|^2 = (0-1)^2 + (-2-1)^2 + (2-0)^2 = 14 ,$$

所以

$$|M_1M_2| = |M_2M_3| = \sqrt{14} .$$

故 $\Delta M_1M_2M_3$ 为等腰三角形.

习题 7.1

1. 在空间直角坐标系中作出具有下列坐标的点：
   $A(2,3,4)$；$B(1,2,-1)$；$C(-2,2,2)$；$D(2,-2,-2)$.

2. 指出下列各点位置的特殊性：
   $A(2,0,0)$；$B(0,-3,0)$；$C(0,0,1)$；$D(-5,0,3)$；$E(3,2,0)$；$F(0,1,1)$.

3. 在平面直角坐标系和空间直角坐标系中，一切 $x = a$（a 为常数）的点构成的图形分别是什么？

4. 求点 $M(4,-3,5)$ 到各坐标轴的距离.

5. 在 z 轴上求与点 $A(-4,1,7)$ 和点 $B(3,5,-2)$ 等距离的点 C.

6. 在 yoz 坐标面上，求与三个点 $A(3,1,2)$、$B(4,-2,-2)$、$C(0,5,1)$ 等距离的点的坐标.

7. 求证以 $M_1(4,3,1)$、$M_2(7,1,2)$、$M_3(5,2,3)$ 三点为顶点的三角形是一个等腰三角形.

§7.2　向量的线性运算及向量的坐标

7.2.1　向量的概念

在实际问题中，像质量、温度、体积等这样只有大小，没有方向的量，我们称之为**数量**或**标量**. 此外如物体运动速度、加速度、力和力矩等这样不仅有大小，而且有方向的量，我们称之为**向量**或**矢量**.

通常用有向线段来表示向量，有向线段的长度表示向量的大小，有向线段的方向表示向量的方向.

以 A 为始点、B 为终点的有向线段所表示的向量记为 $\overrightarrow{AB}$，也可用带箭头的小写字母 $\vec{a}$、$\vec{b}$、$\vec{c}$ 或黑体字母 **a**、**b**、**c** 等表示向量（如图 7-5 所示）.

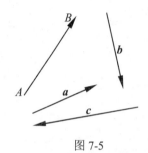

图 7-5

注 1：在手写向量时，一般使用上面带有箭头的形式，如 $\overrightarrow{AB}$、$\vec{a}$、$\vec{b}$、$\vec{c}$ 等.

向量的大小叫做向量的**模**. 向量 $\overrightarrow{AB}$、**a**、$\vec{a}$ 的模依次记为 $|\overrightarrow{AB}|$、$|\boldsymbol{a}|$、$|\vec{a}|$. 模等于零的向量称为**零向量**，记作 **0**（或 $\vec{0}$）；零向量的方向是任意的. 模等于 1 的向量称为**单位向量**，记作 **e**（或 $\vec{e}$）. 方向与 **a** 相同的单位向量称为向量 **a** 的**单位向量**，记作 $\boldsymbol{a}^{\circ}$. 方向相同（或相反）的两个向量 **a** 和 **b** 称为是平行的，记作 **a**∥**b**. 方向相同且模相等的两个向量 **a** 和 **b** 称为是**相等的**，记作 **a**=**b**. 显然，零向量与任何向量都是平行的.

注意，这里所说的方向相同（或相反）是指向量的指向相同（或相反），甚至可能在同一条直线上. 因此，经过平行移动后能够完全重合的向量也是相等的，我们称它们为**同一个向量**，这样的向量与起点无关，可以在空间自由平移，故称为**自由向量**. 在数学上，我们只研究这种与起点无关的自由向量.

注 2：我们通常使用 **i**（或 $\vec{i}$）、**j**（或 $\vec{j}$）、**k**（或 $\vec{k}$）分别表示与 x 轴正向、y 轴正向、z 轴正向方向相同的单位向量，它们都称为**基本单位向量**.

7.2.2　向量的加法

两向量 **a**、**b** 始于同一点，作以 **a**、**b** 为邻边的平行四边形，则由始点到对角

顶点的向量称为 a 与 b 之和，记作 $a+b$（如图 7-6 所示），这种方法称为向量加法的**平行四边形法则**.

由向量相等的意义及平行四边形的性质，如果将 b 平行移动，使其始点与 a 的终点重合，则由 a 的始点到 b 的终点的向量也同样为 $a+b$（如图 7-7 所示），这种方法称为向量加法的**三角形法则**.

三角形法则还可以推广到求空间任意有限个向量的和：从第一个向量开始，依次把下一个向量的始点放在前一个向量的终点上，最后从第一个向量的始点到最末一个向量的终点的有向线段就是这些向量的和向量（如图 7-8 所示）. 这种方法叫做向量加法的**多边形法则**.

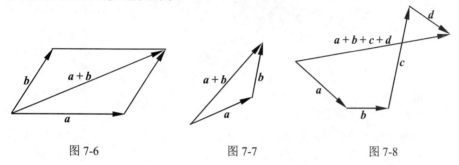

图 7-6   图 7-7   图 7-8

向量的加法具有下列性质：

① 交换律： $a+b=b+a$ （7-3）

② 结合律： $(a+b)+c=a+(b+c)$ （7-4）

与向量 a 有相等长度而方向相反的向量，叫做 a 的负向量，记作 $-a$. 向量 b 减去向量 a 规定为向量 b 加上向量 a 的负向量 $-a$，即：

$$b-a=b+(-a),$$

称 $b-a$ 为向量 b 与向量 a 之差（如图 7-9 所示）.

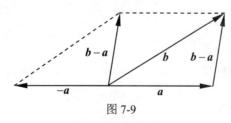

图 7-9

注 3：由平行四边形的性质，若两向量 a、b 始点重合，我们也可以将向量 $b-a$ 理解为以向量 a 的终点为始点，以向量 b 的终点为终点的向量. 这就是向量减法的**三角形法则**.

特别地，当 $b=a$ 时，有

$$a-a=a+(-a)=0.$$

由三角形的性质，有

$$|a+b|\leqslant|a|+|b| \text{ 及 } |a-b|\leqslant|a|+|b|.$$

其中，当 **a** 与 **b** 同向或反向时等号成立.

7.2.3 数乘向量

向量 **a** 与实数 λ 的乘积记作 λa，我们规定如下：

（1）λa 是一个向量且当 $a=0$ 时，$\lambda a=0$；

（2）$|\lambda a|=|\lambda||a|$，即向量 λa 的长度为 $|\lambda||a|$（这里 $|\lambda|$ 表示 λ 的绝对值）；

（3）若 $\lambda>0$，λa 与 a 的方向相同；

若 $\lambda<0$，λa 与 a 的方向相反；

若 $\lambda=0$，λa 是零向量.

数乘向量满足下列运算规律：

①**结合律**：　　　$\lambda(\mu a)=\mu(\lambda)a=(\lambda\mu)a$ 　　　　　　　　　　(7-5)

②**第一分配律**：　$(\lambda+\mu)a=\lambda a+\mu a$ 　　　　　　　　　　　(7-6)

③**第二分配律**：　$\lambda(a+b)=\lambda a+\lambda b$ 　　　　　　　　　　(7-7)

其中，λ、μ 为实数.

这些规律证明较简单，从略.

显然，非零向量 **a** 的单位向量可写为

$$a^{\circ}=\frac{a}{|a|}.$$

向量的加法和数乘向量统称为**向量的线性运算**.

例 7-3 $\triangle ABC$ 中 D、E 是 BC 边上的三等分点，如图 7-10 所示，设 $\overrightarrow{AB}=a$，$\overrightarrow{AC}=b$. 试用 **a**、**b** 表示 $\overrightarrow{AD}$ 和 $\overrightarrow{AE}$.

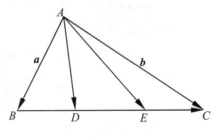

图 7-10

解　由向量减法的三角形法则，知

$$\overrightarrow{BC}=b-a,$$

再由数乘向量，知

$$\overrightarrow{BD}=\frac{1}{3}\overrightarrow{BC}=\frac{1}{3}(b-a),$$

$$\overrightarrow{EC} = \frac{1}{3}\overrightarrow{BC} = \frac{1}{3}(b-a),$$

从而

$$\overrightarrow{AD} = \overrightarrow{AB} + \overrightarrow{BD} = a + \frac{1}{3}(b-a) = \frac{1}{3}(2a+b),$$

$$\overrightarrow{AE} = \overrightarrow{AC} + \overrightarrow{CE} = \overrightarrow{AC} - \overrightarrow{EC} = b - \frac{1}{3}(b-a) = \frac{1}{3}(a+2b).$$

定理 7-1 向量 b 平行于非零向量 a 的充分必要条件是：存在唯一实数 λ，使 $b = \lambda a$.

证 充分性. 若存在唯一实数 λ 使 $b = \lambda a$，则 b 与 a 同向（当 $\lambda > 0$ 时）或反向（当 $\lambda < 0$ 时）或 $b = \mathbf{0}$（当 $\lambda = 0$ 时），因此必有 $b \,/\!/\, a$.

必要性. 若 $b \,/\!/\, a$，取 $|\lambda| = \dfrac{|b|}{|a|}$，则有

$$|\lambda a| = |\lambda| |a| = \frac{|b|}{|a|} \cdot |a| = |b|.$$

当 b 与 a 同向时 λ 取正值，当 b 与 a 反向时 λ 取负值，即有 $b = \lambda a$；又若 $b = \lambda a = \mu a$，则有

$$(\lambda - \mu)a = \lambda a - \mu a = \mathbf{0},$$

从而 $|\lambda - \mu| |a| = 0$. 因 $|a| \neq 0$，故必有 $|\lambda - \mu| = 0$，即 $\lambda = \mu$.

证毕.

7.2.4 向量的坐标

在直角坐标系中，以坐标原点 O 为始点，向空间一点 M 所引的向量 $\overrightarrow{OM}$，叫做点 M 的**向径**，通常用 r 表示.

设向径 $r = \overrightarrow{OM}$，终点为 $M(x, y, z)$. 自点 M 向 z 轴作垂线，垂足为 R，自点 M 向 xoy 面作垂线，垂足为 M'，再由 M' 分别向 x 轴、y 轴作垂线，垂足分别为 P、Q. 由图 7-11，利用向量的加法及向量相等的意义，

$$\overrightarrow{OM} = \overrightarrow{OM'} + \overrightarrow{M'M} = \overrightarrow{OM'} + \overrightarrow{OR},$$
$$\overrightarrow{OM'} = \overrightarrow{OP} + \overrightarrow{PM'} = \overrightarrow{OP} + \overrightarrow{OQ},$$

所以有

$$\overrightarrow{OM} = \overrightarrow{OP} + \overrightarrow{OQ} + \overrightarrow{OR},$$

又由定理 7-1 知

$$\overrightarrow{OP} = xi, \quad \overrightarrow{OQ} = yj, \quad \overrightarrow{OR} = zk,$$

故有

$$r = \overrightarrow{OM} = xi + yj + zk.$$

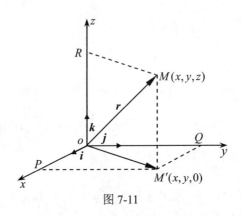

图 7-11

显然，向径与其终点 M 具有一一对应关系，即 r 与三元有序数组 x, y, z 之间存在一一对应关系，因此向径 r 由有序数组 x, y, z 唯一确定，我们把这个有序数组叫做向径的**坐标**，并记作

$$r = (x, y, z).$$

上式称为向径的**坐标表示式**.

在这里特别强调，一个点与该点的向径有相同的坐标，记号 (x, y, z) 既表示点 M，又表示向量 $\overrightarrow{OM}$，因此，求点 M 的坐标就是求向量 $\overrightarrow{OM}$ 的坐标. 但要注意，在几何中，点与向量是两个不同的概念，不可混淆，在看到记号 (x, y, z) 时，必须从上下文去认清它究竟表示点还是表示向量，当 (x, y, z) 表示向量时，可对它进行运算；当 (x, y, z) 表示点时，就不能对它进行运算.

利用向径的坐标表示式，我们容易得到空间中任意向量的坐标表示式.

已知空间两点 $M_1(x_1, y_1, z_1)$ 和 $M_2(x_2, y_2, z_2)$，作以 M_1 为始点，M_2 为终点的向量 $\overrightarrow{M_1M_2}$（如图 7-12 所示），连接 $\overrightarrow{OM_1}$、$\overrightarrow{OM_2}$.

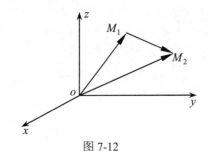

图 7-12

$$\overrightarrow{OM_1} = x_1\boldsymbol{i} + y_1\boldsymbol{j} + z_1\boldsymbol{k} = (x_1, y_1, z_1),$$
$$\overrightarrow{OM_2} = x_2\boldsymbol{i} + y_2\boldsymbol{j} + z_2\boldsymbol{k} = (x_2, y_2, z_2),$$

于是

$$\overrightarrow{M_1M_2} = \overrightarrow{OM_2} - \overrightarrow{OM_1}$$

$$= (x_2\boldsymbol{i} + y_2\boldsymbol{j} + z_2\boldsymbol{k}) - (x_1\boldsymbol{i} + y_1\boldsymbol{j} + z_1\boldsymbol{k})$$
$$= (x_2 - x_1)\boldsymbol{i} + (y_2 - y_1)\boldsymbol{j} + (z_2 - z_1)\boldsymbol{k}$$
$$= (x_2 - x_1, y_2 - y_1, z_2 - z_1).$$

综上所述，向量的坐标等于它终点与始点的对应坐标之差.

利用向量的坐标，可得向量在坐标轴上的<u>投影</u>及向量的<u>线性运算</u>.

设 $\boldsymbol{a} = (a_x, a_y, a_z) = a_x\boldsymbol{i} + a_y\boldsymbol{j} + a_z\boldsymbol{k}$，$\boldsymbol{b} = (b_x, b_y, b_z) = b_x\boldsymbol{i} + b_y\boldsymbol{j} + b_z\boldsymbol{k}$，则称 a_x、a_y、a_z 为向量 $\boldsymbol{a}$ 在 x 轴上、y 轴上、z 轴上的**投影**，而称 $a_x\boldsymbol{i}$、$a_y\boldsymbol{j}$、$a_z\boldsymbol{k}$ 为向量 $\boldsymbol{a}$ 在 x 轴上、y 轴上、z 轴上的**投影分向量**. 利用向量加法的交换律与结合律，以及数乘向量的结合律与分配律，有

$$\boldsymbol{a} + \boldsymbol{b} = (a_x + b_x)\boldsymbol{i} + (a_y + b_y)\boldsymbol{j} + (a_z + b_z)\boldsymbol{k},$$
$$\boldsymbol{a} - \boldsymbol{b} = (a_x - b_x)\boldsymbol{i} + (a_y - b_y)\boldsymbol{j} + (a_z - b_z)\boldsymbol{k},$$
$$\lambda\boldsymbol{a} = (\lambda a_x)\boldsymbol{i} + (\lambda a_y)\boldsymbol{j} + (\lambda a_z)\boldsymbol{k}.$$

即

$$\boldsymbol{a} + \boldsymbol{b} = (a_x + b_x, a_y + b_y, a_z + b_z),$$
$$\boldsymbol{a} - \boldsymbol{b} = (a_x - b_x, a_y - b_y, a_z - b_z),$$
$$\lambda\boldsymbol{a} = (\lambda a_x, \lambda a_y, \lambda a_z).$$

这里 λ 为任意实数.

定理 7-1 指出，当向量 $\boldsymbol{a} \neq \boldsymbol{0}$ 时，向量 $\boldsymbol{b} /\!/ \boldsymbol{a}$，相当于 $\boldsymbol{b} = \lambda\boldsymbol{a}$，坐标表示式为

$$(b_x, b_y, b_z) = \lambda(a_x, a_y, a_z).$$

这也相当于向量 $\boldsymbol{b}$ 与 $\boldsymbol{a}$ 的坐标成比例：

$$\frac{b_x}{a_x} = \frac{b_y}{a_y} = \frac{b_z}{a_z}.$$

例 7-4 将点 $M_1(0, -1, 3)$ 和 $M_2(2, 3, -4)$ 间的线段分为三等份，求分点的坐标.

解 设分点依次为 $A(x_A, y_A, z_A)$、$B(x_B, y_B, z_B)$. 由于

$$(x_A - 0, y_A + 1, z_A - 3) = \overrightarrow{M_1A} = \frac{1}{3}\overrightarrow{M_1M_2} = \frac{1}{3}(2, 4, -7) = \left(\frac{2}{3}, \frac{4}{3}, -\frac{7}{3}\right),$$

因此

$$x_A = \frac{2}{3} + 0 = \frac{2}{3}, \quad y_A = \frac{4}{3} - 1 = \frac{1}{3}, \quad z_A = -\frac{7}{3} + 3 = \frac{2}{3}.$$

同理，由于

$$(2 - x_B, 3 - y_B, -4 - z_B) = \overrightarrow{BM_2} = \frac{1}{3}\overrightarrow{M_1M_2} = \frac{1}{3}(2, 4, -7) = \left(\frac{2}{3}, \frac{4}{3}, -\frac{7}{3}\right),$$

因此

$$x_B = 2 - \frac{2}{3} = \frac{4}{3}, \quad y_B = 3 - \frac{4}{3} = \frac{5}{3}, \quad z_B = -4 + \frac{7}{3} = -\frac{5}{3}.$$

综上，分点坐标依次为 $A\left(\dfrac{2}{3},\dfrac{1}{3},\dfrac{2}{3}\right)$、$B\left(\dfrac{4}{3},\dfrac{5}{3},-\dfrac{5}{3}\right)$.

我们下面用向量的坐标来表示它的长度和方向.

任给向量 $\boldsymbol{a}=(a_x,a_y,a_z)$，作向径 $\overrightarrow{OM}=\boldsymbol{a}$，则 $\overrightarrow{OM}=(a_x,a_y,a_z)$，点 M 的坐标为 (a_x,a_y,a_z)，因此 $|\boldsymbol{a}|=\left|\overrightarrow{OM}\right|=|OM|=\sqrt{a_x^2+a_y^2+a_z^2}$.

为了表示向量的方向，先引进两向量夹角的概念. 设两个非零向量 $\boldsymbol{a}$、$\boldsymbol{b}$，作向径 $\overrightarrow{OA}=\boldsymbol{a}$，$\overrightarrow{OB}=\boldsymbol{b}$，规定不超过 π 的 $\angle AOB$（设 $\varphi=\angle AOB$，$0\leqslant\varphi\leqslant\pi$）称为向量 $\boldsymbol{a}$ 与 $\boldsymbol{b}$ 的**夹角**（如图 7-13 所示），记作 $\widehat{(\boldsymbol{a},\boldsymbol{b})}$ 或 $\widehat{(\boldsymbol{a},\boldsymbol{b})}$. 如果向量 $\boldsymbol{a}$、$\boldsymbol{b}$ 中有一个是零向量，规定它们的夹角可以是 0 与 π 之间的任意值.

特别地，若 $\widehat{(\boldsymbol{a},\boldsymbol{b})}=90°$，则称向量 $\boldsymbol{a}$ 与向量 $\boldsymbol{b}$ 互相垂直，记作 $\boldsymbol{a}\perp\boldsymbol{b}$（或 $\boldsymbol{b}\perp\boldsymbol{a}$）. 显然，零向量与任何向量都互相垂直.

非零向量 $\boldsymbol{a}$ 与三条坐标轴正向的夹角 α、β、γ 称为向量 $\boldsymbol{a}$ 的**方向角**（如图 7-14 所示），方向角的余弦 $\cos\alpha$、$\cos\beta$、$\cos\gamma$ 称为向量 $\boldsymbol{a}$ 的**方向余弦**. 容易推得

$$\cos\alpha=\frac{a_x}{|\boldsymbol{a}|}=\frac{a_x}{\sqrt{a_x^2+a_y^2+a_z^2}}，\quad \cos\beta=\frac{a_y}{|\boldsymbol{a}|}=\frac{a_y}{\sqrt{a_x^2+a_y^2+a_z^2}}，$$

$$\cos\gamma=\frac{a_z}{|\boldsymbol{a}|}=\frac{a_z}{\sqrt{a_x^2+a_y^2+a_z^2}}.$$

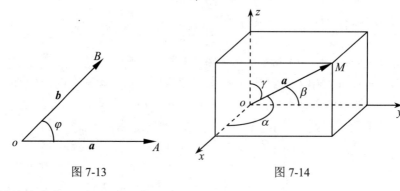

图 7-13   图 7-14

以及关系式

$$\cos^2\alpha+\cos^2\beta+\cos^2\gamma=1.$$

显然，如果 $\boldsymbol{a}$ 是非零向量，则有

$$\boldsymbol{a}^\circ=(\cos\alpha,\cos\beta,\cos\gamma).$$

这说明以 $\boldsymbol{a}$ 的三个方向余弦为坐标的向量是 $\boldsymbol{a}$ 的单位向量.

例 7-5 已知两点 $M_1(-1,2,3)$ 和 $M_2(0,3,2)$，计算向量 $\overrightarrow{M_1M_2}$ 的模、方向余弦及单位向量.

解 由 $\overrightarrow{M_1M_2} = (0-(-1), 3-2, 2-3) = (1,1,-1)$ 知：

模为 $$\left|\overrightarrow{M_1M_2}\right| = \sqrt{1^2+1^2+(-1)^2} = \sqrt{3} ,$$

方向余弦为 $$\cos\alpha = \frac{1}{\sqrt{3}} , \quad \cos\beta = \frac{1}{\sqrt{3}} , \quad \cos\gamma = -\frac{1}{\sqrt{3}} ,$$

它的单位向量为 $$\frac{\overrightarrow{M_1M_2}}{\left|\overrightarrow{M_1M_2}\right|} = \frac{1}{\sqrt{3}}(1,1,-1) = \left(\frac{1}{\sqrt{3}}, \frac{1}{\sqrt{3}}, -\frac{1}{\sqrt{3}}\right).$$

例 7-6 已知向量 $\boldsymbol{a}$ 的两个方向余弦为 $\cos\alpha = \frac{1}{3}$、$\cos\beta = \frac{2}{3}$，且 $|\boldsymbol{a}| = 3$，求向量 $\boldsymbol{a}$.

解 由向量的方向余弦的关系 $\cos^2\alpha + \cos^2\beta + \cos^2\gamma = 1$ 解得

$$\cos\gamma = \pm\sqrt{1-\cos^2\alpha-\cos^2\beta} = \pm\sqrt{1-\frac{1}{9}-\frac{4}{9}} = \pm\frac{2}{3} ,$$

则向量 $\boldsymbol{a}$ 的坐标为

$$a_x = |\boldsymbol{a}|\cos\alpha = 3\cdot\frac{1}{3} = 1 , \quad a_y = |\boldsymbol{a}|\cos\beta = 3\cdot\frac{2}{3} = 2 ,$$

$$a_z = |\boldsymbol{a}|\cos\gamma = \pm 3\cdot\frac{2}{3} = \pm 2 .$$

于是所求向量为

$$\boldsymbol{a} = \boldsymbol{i}+2\boldsymbol{j}+2\boldsymbol{k} \text{ 或 } \boldsymbol{a} = \boldsymbol{i}+2\boldsymbol{j}-2\boldsymbol{k} .$$

习题 7.2

1. 在平行四边形 $ABCD$ 内，设 $\overrightarrow{AB} = \boldsymbol{a}$、$\overrightarrow{AD} = \boldsymbol{b}$，$M$ 是该平行四边形对角线的交点. 试用 $\boldsymbol{a}$ 和 $\boldsymbol{b}$ 表示向量 $\overrightarrow{MA}$、$\overrightarrow{MB}$、$\overrightarrow{MC}$、$\overrightarrow{MD}$.

2. 求起点为 $A(1,2,1)$，终点为 $B(-19,-18,1)$ 的向量 $\overrightarrow{AB}$ 与 $-\frac{1}{2}\overrightarrow{AB}$ 的坐标表达式.

3. 求常数 λ 使向量 $\boldsymbol{a} = (\lambda, 1, 5)$ 与向量 $\boldsymbol{b} = (2, 10, 50)$ 平行.

4. 求点 $M(1, \sqrt{2}, 1)$ 的向径 $\overrightarrow{OM}$ 与坐标轴之间的夹角.

5. 已知向量 $\boldsymbol{a} = 6\boldsymbol{i}-4\boldsymbol{j}+10\boldsymbol{k}$，$\boldsymbol{b} = 3\boldsymbol{i}+4\boldsymbol{j}-9\boldsymbol{k}$，试求：

（1）$\boldsymbol{a}+2\boldsymbol{b}$；　　　　（2）$3\boldsymbol{a}-2\boldsymbol{b}$.

6. 已知两点 $A(2, \sqrt{2}, 5)$ 和 $B(3, 0, 4)$，求向量 $\overrightarrow{AB}$ 的模、方向余弦和方向角.

7. 求向量 $\boldsymbol{a} = 2\boldsymbol{m}+3\boldsymbol{n}-\boldsymbol{p}$ 在 x 轴上的投影和在 y 轴上的投影分向量. 其中 $\boldsymbol{m} = \boldsymbol{i}+2\boldsymbol{j}+3\boldsymbol{k}$，$\boldsymbol{n} = 2\boldsymbol{i}+\boldsymbol{j}-3\boldsymbol{k}$，$\boldsymbol{p} = 3\boldsymbol{i}-4\boldsymbol{j}+\boldsymbol{k}$.

8. 一向量的终点为点 $B(-2, 1, -4)$，它在 x 轴、y 轴和 z 轴上的投影依次为 3、-3 和 8，求这向量始点 A 的坐标.

9. 已知向量 $\boldsymbol{a}$ 的两个方向余弦为 $\cos\alpha = \dfrac{2}{7}$、$\cos\beta = \dfrac{3}{7}$，且 $\boldsymbol{a}$ 与 z 轴的方向角是钝角．求 $\cos\gamma$．

§7.3　向量的数量积和向量积

7.3.1　向量的数量积

先引入一个例子．设一物体在常力 $\boldsymbol{F}$ 作用下沿直线从 M_1 移动到 M_2，即有位移 $\boldsymbol{S} = \overrightarrow{M_1 M_2}$，若力 $\boldsymbol{F}$ 与位移 $\boldsymbol{S}$ 的夹角为 θ（如图 7-15 所示），则由物理学知，力 $\boldsymbol{F}$ 所做的功为

$$W = |\boldsymbol{F}|\,|\boldsymbol{S}|\cos\theta.$$

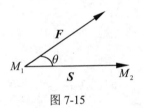

图 7-15

在数学上加以抽象，我们有如下定义：

定义 7-1　设有向量 $\boldsymbol{a}$ 和 $\boldsymbol{b}$，称实数值 $|\boldsymbol{a}|\,|\boldsymbol{b}|\cos(\widehat{\boldsymbol{a},\boldsymbol{b}})$ 为向量 $\boldsymbol{a}$ 与 $\boldsymbol{b}$ 的**数量积**（也称**点积**或**内积**），记作 $\boldsymbol{a}\cdot\boldsymbol{b}$，即

$$\boldsymbol{a}\cdot\boldsymbol{b} = |\boldsymbol{a}|\,|\boldsymbol{b}|\cos(\widehat{\boldsymbol{a},\boldsymbol{b}}). \tag{7-8}$$

根据这个定义，上述问题中力所做的功 W 是力 $\boldsymbol{F}$ 与位移 $\boldsymbol{S}$ 的数量积，即

$$W = \boldsymbol{F}\cdot\boldsymbol{S}.$$

由数量积的定义可得

（1）$\boldsymbol{a}\cdot\boldsymbol{a} = |\boldsymbol{a}|^2$；

（2）若 $\boldsymbol{a}$、$\boldsymbol{b}$ 为两个非零向量，则 $\boldsymbol{a}\perp\boldsymbol{b}$ 的充要条件是 $\boldsymbol{a}\cdot\boldsymbol{b} = 0$．

这是因为当 $|\boldsymbol{a}|\neq 0$，$|\boldsymbol{b}|\neq 0$ 时，

$$\boldsymbol{a}\perp\boldsymbol{b} \Leftrightarrow (\widehat{\boldsymbol{a},\boldsymbol{b}}) = 90° \Leftrightarrow \cos(\widehat{\boldsymbol{a},\boldsymbol{b}}) = 0 \Leftrightarrow \boldsymbol{a}\cdot\boldsymbol{b} = |\boldsymbol{a}|\,|\boldsymbol{b}|\cos(\widehat{\boldsymbol{a},\boldsymbol{b}}) = 0.$$

由于零向量与任意向量都垂直，因此，上述结论可叙述为：向量 $\boldsymbol{a}\perp\boldsymbol{b}$ 的充要条件是 $\boldsymbol{a}\cdot\boldsymbol{b} = 0$．

向量的数量积满足下列运算规律：

①交换律：$\qquad\qquad\qquad \boldsymbol{a}\cdot\boldsymbol{b} = \boldsymbol{b}\cdot\boldsymbol{a} \tag{7-9}$

②分配律：$\qquad\qquad\qquad \boldsymbol{a}\cdot(\boldsymbol{b}+\boldsymbol{c}) = \boldsymbol{a}\cdot\boldsymbol{b} + \boldsymbol{a}\cdot\boldsymbol{c} \tag{7-10}$

③关于数的结合律：　　　　$\lambda(\boldsymbol{a}\cdot\boldsymbol{b})=(\lambda\boldsymbol{a})\cdot\boldsymbol{b}=\boldsymbol{a}\cdot(\lambda\boldsymbol{b})$　　　　　　　　（7-11）

其中 λ 为实数.

例 7-7　试用向量证明三角形的余弦定理.

证　如图 7-16 所示，设在 ΔABC 中，$\angle BCA=\theta$，$|BC|=a$，$|CA|=b$，$|AB|=c$. 要证 $c^2=a^2+b^2-2ab\cos\theta$.

事实上，记 $\overrightarrow{CB}=\boldsymbol{a}$，$\overrightarrow{CA}=\boldsymbol{b}$，$\overrightarrow{AB}=\boldsymbol{c}$，则有

$$\boldsymbol{c}=\boldsymbol{a}-\boldsymbol{b},$$

从而

$$|\boldsymbol{c}|^2=\boldsymbol{c}\cdot\boldsymbol{c}=(\boldsymbol{a}-\boldsymbol{b})(\boldsymbol{a}-\boldsymbol{b})=\boldsymbol{a}\cdot\boldsymbol{a}+\boldsymbol{b}\cdot\boldsymbol{b}-2\boldsymbol{a}\cdot\boldsymbol{b}$$

$$=|\boldsymbol{a}|^2+|\boldsymbol{b}|^2-2|\boldsymbol{a}\|\boldsymbol{b}|\cos(\widehat{\boldsymbol{a},\boldsymbol{b}}),$$

由 $|\boldsymbol{a}|=a$，$|\boldsymbol{b}|=b$，$|\boldsymbol{c}|=c$ 及 $(\widehat{\boldsymbol{a},\boldsymbol{b}})=\theta$ 即可得 $c^2=a^2+b^2-2ab\cos\theta$.

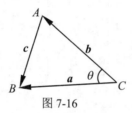

图 7-16

下面我们来推导向量的数量积的坐标表示式.

设 $\boldsymbol{a}=a_x\boldsymbol{i}+a_y\boldsymbol{j}+a_z\boldsymbol{k}$，$\boldsymbol{b}=b_x\boldsymbol{i}+b_y\boldsymbol{j}+b_z\boldsymbol{k}$，则

$$\boldsymbol{a}\cdot\boldsymbol{b}=(a_x\boldsymbol{i}+a_y\boldsymbol{j}+a_z\boldsymbol{k})\cdot(b_x\boldsymbol{i}+b_y\boldsymbol{j}+b_z\boldsymbol{k})$$

$$=a_x\boldsymbol{i}\cdot(b_x\boldsymbol{i}+b_y\boldsymbol{j}+b_z\boldsymbol{k})+a_y\boldsymbol{j}\cdot(b_x\boldsymbol{i}+b_y\boldsymbol{j}+b_z\boldsymbol{k})+a_z\boldsymbol{k}\cdot(b_x\boldsymbol{i}+b_y\boldsymbol{j}+b_z\boldsymbol{k})$$

$$=a_xb_x\boldsymbol{i}\cdot\boldsymbol{i}+a_xb_y\boldsymbol{i}\cdot\boldsymbol{j}+a_xb_z\boldsymbol{i}\cdot\boldsymbol{k}+$$

$$a_yb_x\boldsymbol{j}\cdot\boldsymbol{i}+a_yb_y\boldsymbol{j}\cdot\boldsymbol{j}+a_yb_z\boldsymbol{j}\cdot\boldsymbol{k}+$$

$$a_zb_x\boldsymbol{k}\cdot\boldsymbol{i}+a_zb_y\boldsymbol{k}\cdot\boldsymbol{j}+a_zb_z\boldsymbol{k}\cdot\boldsymbol{k}.$$

由于 $\boldsymbol{i}$、$\boldsymbol{j}$、$\boldsymbol{k}$ 是互相垂直的单位向量，故有 $\boldsymbol{i}\cdot\boldsymbol{i}=\boldsymbol{j}\cdot\boldsymbol{j}=\boldsymbol{k}\cdot\boldsymbol{k}=1$，$\boldsymbol{i}\cdot\boldsymbol{j}=\boldsymbol{j}\cdot\boldsymbol{i}=\boldsymbol{j}\cdot\boldsymbol{k}=\boldsymbol{k}\cdot\boldsymbol{j}=\boldsymbol{k}\cdot\boldsymbol{i}=\boldsymbol{i}\cdot\boldsymbol{k}=0$，因而得

$$\boldsymbol{a}\cdot\boldsymbol{b}=a_xb_x+a_yb_y+a_zb_z.　　　　　　　　（7-12）$$

上式表示：<u>两个向量的数量积等于它们对应坐标两两乘积之和</u>. 于是，我们有结论：向量 $\boldsymbol{a}\perp\boldsymbol{b}$ 的充要条件是 $a_xb_x+a_yb_y+a_zb_z=0$.

利用两个向量的数量积，可以求出它们夹角的余弦，即当 $\boldsymbol{a}$、$\boldsymbol{b}$ 非零时，

$$\cos(\widehat{\boldsymbol{a},\boldsymbol{b}})=\frac{\boldsymbol{a}\cdot\boldsymbol{b}}{|\boldsymbol{u}\|\boldsymbol{b}|}=\frac{a_xb_x+a_yb_y+a_zb_z}{\sqrt{a_x^2+a_y^2+a_z^2}\sqrt{b_x^2+b_y^2+b_z^2}}.　　　　（7-13）$$

例 7-8　已知 ΔABC 的三个顶点为 $A(1,-1,0)$、$B(-1,0,-1)$、$C(3,4,1)$. 试证

ΔABC 是直角三角形.

证 三角形三边所在向量为

$$\overrightarrow{AB} = (-1-1,0-(-1),-1-0) = (-2,1,-1),$$

$$\overrightarrow{BC} = (3-(-1),4-0,1-(-1)) = (4,4,2),$$

$$\overrightarrow{CA} = (1-3,-1-4,0-1) = (-2,-5,-1),$$

则有

$$\overrightarrow{AB} \cdot \overrightarrow{CA} = (-2)\times(-2)+1\times(-5)+(-1)\times(-1) = 0 .$$

即 $\overrightarrow{AB} \perp \overrightarrow{CA}$，所以 ΔABC 是直角三角形.

例 7-9 设向量 $\boldsymbol{a} = \dfrac{3}{2}\boldsymbol{i} + \dfrac{1}{2}\boldsymbol{j} + 2\boldsymbol{k}$ ， $\boldsymbol{b} = \dfrac{1}{2}\boldsymbol{i} - \dfrac{3}{2}\boldsymbol{j}$. 求以 $\boldsymbol{a}$ 、 $\boldsymbol{b}$ 为邻边的平行四边形的两条对角线之间的不大于 $\dfrac{\pi}{2}$ 的夹角的余弦.

解 以 $\boldsymbol{a}$ 、 $\boldsymbol{b}$ 为邻边的平行四边形的两条对角线所在的向量为

$$\boldsymbol{c} = \boldsymbol{a} + \boldsymbol{b} = \left(\dfrac{3}{2}\boldsymbol{i} + \dfrac{1}{2}\boldsymbol{j} + 2\boldsymbol{k}\right) + \left(\dfrac{1}{2}\boldsymbol{i} - \dfrac{3}{2}\boldsymbol{j}\right) = 2\boldsymbol{i} - \boldsymbol{j} + 2\boldsymbol{k},$$

$$\boldsymbol{d} = \boldsymbol{a} - \boldsymbol{b} = \left(\dfrac{3}{2}\boldsymbol{i} + \dfrac{1}{2}\boldsymbol{j} + 2\boldsymbol{k}\right) - \left(\dfrac{1}{2}\boldsymbol{i} - \dfrac{3}{2}\boldsymbol{j}\right) = \boldsymbol{i} + 2\boldsymbol{j} + 2\boldsymbol{k},$$

它们之间不大于 $\dfrac{\pi}{2}$ 的夹角 θ 的余弦为

$$\cos\theta = \dfrac{|\boldsymbol{c} \cdot \boldsymbol{d}|}{|\boldsymbol{c}||\boldsymbol{d}|} = \dfrac{|2\times 1+(-1)\times 2+2\times 2|}{\sqrt{2^2+(-1)^2+2^2} \cdot \sqrt{1^2+2^2+2^2}} = \dfrac{4}{9} .$$

7.3.2 向量的向量积

前面我们讨论了向量的一种乘法运算，即数量积，数量积的运算结果是一个实数. 但在物理和工程领域中往往还需要向量的另一种乘法运算，运算结果不是一个实数，而是一个新的向量，这就是数学上两向量的向量积.

定义 7-2 两向量 $\boldsymbol{a}$ 和 $\boldsymbol{b}$ 的**向量积**是一个向量 $\boldsymbol{c}$ ，记为 $\boldsymbol{c} = \boldsymbol{a} \times \boldsymbol{b}$. $\boldsymbol{c}$ 由下列条件确定：

（1） $|\boldsymbol{c}| = |\boldsymbol{a} \times \boldsymbol{b}| = |\boldsymbol{a}||\boldsymbol{b}|\sin(\widehat{\boldsymbol{a},\boldsymbol{b}})$ ；

（2） $\boldsymbol{c} \perp \boldsymbol{a}$ 且 $\boldsymbol{c} \perp \boldsymbol{b}$ ；

（3） $\boldsymbol{a}$ 、 $\boldsymbol{b}$ 、 $\boldsymbol{c}$ 的方向服从右手法则：平移 $\boldsymbol{a}$ 、 $\boldsymbol{b}$ 、 $\boldsymbol{c}$ 使其有共同的始点，当右手的四个手指从 $\boldsymbol{a}$ 以不超过 π 的角度转向 $\boldsymbol{b}$ 握拳时，大拇指所指方向就是 $\boldsymbol{c}$ 的方向.

向量的向量积又称为向量的**叉积**（或**外积**），向量积的模的几何意义是：它的数值是以 $\boldsymbol{a}$ 、 $\boldsymbol{b}$ 为邻边的平行四边形的面积.

由向量积的定义可得

（1）$a \times a = 0$ ；

（2）若 a 、b 为非零向量，则 $a /\!/ b$ 的充要条件是 $a \times b = 0$ ；

事实上，当 $|a| \neq 0$ ，$|b| \neq 0$ 时，

$$a /\!/ b \Leftrightarrow (\overset{\wedge}{a,b}) = 0 \text{ 或 } (\overset{\wedge}{a,b}) = \pi$$

$$\Leftrightarrow \sin(\overset{\wedge}{a,b}) = 0 \Leftrightarrow |a \times b| = 0 \Leftrightarrow a \times b = 0 .$$

由于零向量与任意向量都平行，因此，上述结论可叙述为：向量 $a /\!/ b$ 的充要条件是 $a \times b = 0$ ．

向量的向量积满足下列运算规律：

①反交换律： $\quad\quad a \times b = -b \times a$ $\qquad\qquad\qquad$ （7-14）

②分配律： $\quad\quad a \times (b+c) = a \times b + a \times c$ ，

$\qquad\qquad\qquad\quad (b+c) \times a = b \times a + c \times a$ $\qquad\qquad$ （7-15）

③关于数的结合律： $\quad (\lambda a) \times b = \lambda(a \times b) = a \times (\lambda b)$ $\qquad$ （7-16）

其中 λ 为实数．

下面我们来推导向量的向量积的坐标表示式．

设 $a = a_x i + a_y j + a_z k$ ，$b = b_x i + b_y j + b_z k$ ，则

$$a \times b = (a_x i + a_y j + a_z k) \times (b_x i + b_y j + b_z k)$$

$$= a_x b_x (i \times i) + a_x b_y (i \times j) + a_x b_z (i \times k) +$$

$$a_y b_x (j \times i) + a_y b_y (j \times j) + a_y b_z (j \times k) +$$

$$a_z b_x (k \times i) + a_z b_y (k \times j) + a_z b_z (k \times k)$$

由于 i 、j 、k 是两两互相垂直的单位向量，故有 $i \times i = j \times j = k \times k = 0$ ，
$i \times j = k$ ，$j \times k = i$ ，$k \times i = j$ ，$j \times i = -k$ ，$k \times j = -i$ ，$i \times k = -j$ ，因而得

$$a \times b = (a_y b_z - a_z b_y)i + (a_z b_x - a_x b_z)j + (a_x b_y - a_y b_x)k .$$

为了便于记忆，可借用行列式表示法表示为

$$a \times b = (a_x i + a_y j + a_z k) \times (b_x i + b_y j + b_z k) = \begin{vmatrix} i & j & k \\ a_x & a_y & a_z \\ b_x & b_y & b_z \end{vmatrix}$$

$$= \begin{vmatrix} a_y & a_z \\ b_y & b_z \end{vmatrix} i + \begin{vmatrix} a_z & a_x \\ b_z & b_x \end{vmatrix} j + \begin{vmatrix} a_x & a_y \\ b_x & b_y \end{vmatrix} k . \qquad （7-17）$$

例 7-10 设向量 $a = i + 2j - k$ ，$b = 2j + 3k$ ．计算 $a \times b$ 及以 a 、b 为邻边的平行四边形的面积．

解 $\quad a \times b = \begin{vmatrix} i & j & k \\ 1 & 2 & -1 \\ 0 & 2 & 3 \end{vmatrix} = \begin{vmatrix} 2 & -1 \\ 2 & 3 \end{vmatrix} i + \begin{vmatrix} -1 & 1 \\ 3 & 0 \end{vmatrix} j + \begin{vmatrix} 1 & 2 \\ 0 & 2 \end{vmatrix} k = 8i - 3j + 2k .$

根据向量积的模的几何意义，$a \times b$ 的模在数值上就是以 a 、b 为邻边的平行

四边形的面积. 因而所求面积为

$$|a \times b| = \sqrt{8^2 + (-3)^2 + 2^2} = \sqrt{77} \ .$$

例 7-11　求单位向量 c°，使 $c^\circ \perp a$，$c^\circ \perp b$．其中 $a = i + j$，$b = k$．

解　因为 $c^\circ \perp a$，$c^\circ \perp b$，故 $c^\circ // a \times b$，而 $a \times b = \begin{vmatrix} i & j & k \\ 1 & 1 & 0 \\ 0 & 0 & 1 \end{vmatrix} = i - j$，

故

$$c^\circ = \pm \frac{a \times b}{|a \times b|} = \pm \frac{1}{\sqrt{2}}(i - j) \ .$$

下面给出了空间三个向量共面的概念.

如果三个向量在一个平面上，或经过平行移动后能放在一个平面上，则称此三个向量**共面**.

显然，要判断三个向量 a、b、c 是否共面，只要看其中两个向量的向量积是否与第三个向量垂直. 如果垂直，则三个向量共面，否则不共面，为此只需要计算 $(a \times b) \cdot c$ 的值.

一般地，我们称实数值 $(a \times b) \cdot c$ 为向量 a、b、c 的**混和积**.

由此可得出结论：向量 a、b、c 共面的充要条件是 $(a \times b) \cdot c = 0$．

例 7-12　向量 $a = -2i + 3j + k$、$b = -j + k$、$c = i - j - k$ 是否共面？

解　因为

$$a \times b = \begin{vmatrix} i & j & k \\ -2 & 3 & 1 \\ 0 & -1 & 1 \end{vmatrix} = 4i + 2j + 2k \ ,$$

所以

$$(a \times b) \cdot c = (4i + 2j + 2k) \cdot (i - j - k) = 4 - 2 - 2 = 0 \ ,$$

故 a、b、c 共面.

结合公式（7-17）及三阶行列式的性质，我们有

$$(a \times b) \cdot c = \begin{vmatrix} a_x & a_y & a_z \\ b_x & b_y & b_z \\ c_x & c_y & c_z \end{vmatrix} \ .$$

其中：$a = a_x i + a_y j + a_z k$，$b = b_x i + b_y j + b_z k$，$c = c_x i + c_y j + c_z k$．

习题 7.3

1．已知 $a = (1, 1, 2)$、$b = (2, 2, 1)$，求 $a \cdot b$、$a \times b$ 及 a 与 b 夹角的余弦.

2．证明下列结论：

（1）向量 $a = (1, 0, 1)$ 与向量 $b = (-1, 1, 1)$ 垂直；

（2）向量 c 与向量 $(a \cdot c)b - (b \cdot c)a$ 垂直.

3．求与向量 $a = 3i - 2j + 4k$ 、$b = i + j - 2k$ 都垂直的单位向量.

4．已知向量 $a \neq 0$，$b \neq 0$．证明：$|a \times b|^2 = |a|^2|b|^2 - (a \cdot b)^2$.

5．已知向量 $a = 2i - 3j + k$，$b = i - j + 3k$ 和 $c = i - 2j$，计算下列各式：

（1）$(a \cdot b)c - (a \cdot c)b$；　　　　（2）$(a + b) \times (b + c)$；

（3）$(a \times b) \cdot c$；　　　　　　　（4）$a \times b \times c$.

§7.4　平面及其方程

7.4.1　平面的点法式方程

确定一个平面的条件很多，但在解析几何里最基本的条件是：平面经过一个定点且垂直于一个已知向量．以后我们将看到许多其他条件都可转化为这个基本条件．

垂直于平面的任一非零向量称为该平面的**法线向量**，简称**法向量**．显然一个平面的法向量有无穷多个且它们相互平行．

假设平面 Π 经过一定点 $M_0(x_0, y_0, z_0)$ 且其法线向量为 $n = (A, B, C)$，下面来建立该平面的方程．

设点 $M(x, y, z)$ 是平面 Π 上任一点（如图 7-17 所示），则向量 $\overrightarrow{M_0M}$ 必与平面的法线向量 $n = (A, B, C)$ 垂直，于是 $\overrightarrow{M_0M} \cdot n = 0$，即

$$A(x - x_0) + B(y - y_0) + C(z - z_0) = 0 \qquad (7\text{-}18)$$

这就是平面 Π 上任一点 M 的坐标 (x, y, z) 所满足的方程.

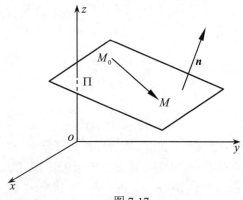

图 7-17

反过来，如果 $M(x, y, z)$ 不在平面 Π 上，那么向量 $\overrightarrow{M_0M}$ 与法线向量 n 必不垂直，从而 $\overrightarrow{M_0M} \cdot n \neq 0$，即不在平面 Π 上的点 M 的坐标 (x, y, z) 不满足方程（7-18）.

由此可知，方程（7-18）要作为平面 Π 的方程必须满足两个条件：一是平面 Π 上任一点 M 的坐标 (x,y,z) 都满足方程（7-18）；二是不在平面 Π 上的点的坐标都不满足方程（7-18）.

由于方程（7-18）是由平面上一点 $M_0(x_0,y_0,z_0)$ 及它的一个法线向量 $\boldsymbol{n}=(A,B,C)$ 确定的，所以方程（7-18）叫做平面的**点法式方程**.

由于平面的法线向量有无穷多个，如果我们取平面 Π 的另一个法线向量 $\boldsymbol{n}_1$，方程（7-18）的形式会不会改变呢？

其实，由 $\boldsymbol{n}\,/\!/\,\boldsymbol{n}_1$ 知

$$\boldsymbol{n}_1=\lambda\boldsymbol{n}=\lambda(A,B,C)=(\lambda A,\lambda B,\lambda C)\quad(\lambda\neq0),$$

又由 $\overrightarrow{M_0M}\cdot\boldsymbol{n}_1=0$ 得

$$\lambda A(x-x_0)+\lambda B(y-y_0)+\lambda C(z-z_0)=0.\qquad\qquad(*)$$

消去 λ 后（*）式与方程（7-18）完全相同，这说明在求平面方程的点法式方程时，法向量可以在该平面所有法线向量中任意选取.

例 7-13　求过三点 $M_1(2,-1,4)$、$M_2(-1,3,-2)$、$M_3(0,2,3)$ 的平面方程.

解　先找该平面的法线向量 $\boldsymbol{n}$，由于向量 $\boldsymbol{n}$ 与向量 $\overrightarrow{M_1M_2}$、$\overrightarrow{M_1M_3}$ 都垂直，而 $\overrightarrow{M_1M_2}=(-3,4,-6)$、$\overrightarrow{M_1M_3}=(-2,3,-1)$，故可取所求平面的法线向量为

$$\boldsymbol{n}=\overrightarrow{M_1M_2}\times\overrightarrow{M_1M_3}=\begin{vmatrix}\boldsymbol{i}&\boldsymbol{j}&\boldsymbol{k}\\-3&4&-6\\-2&3&-1\end{vmatrix}=14\boldsymbol{i}+9\boldsymbol{j}-\boldsymbol{k},$$

由式（7-18）得，所求平面方程为

$$14(x-2)+9(y+1)-(z-4)=0,$$

即

$$14x+9y-z-15=0.$$

7.4.2　平面的一般式方程

从平面的点法式方程（7-18）可以得到

$$Ax+By+Cz+(-Ax_0-By_0-Cz_0)=0,$$

令 $D=-Ax_0-By_0-Cz_0$，则得

$$Ax+By+Cz+D=0.\qquad\qquad(7\text{-}19)$$

这说明平面方程是关于 x、y、z 的一次方程.

反过来，设 A、B、C 不同时为零，则形如（7-19）的关于 x、y、z 的一次方程都表示一个平面. 事实上，任取满足（7-19）的一组实数 x_0,y_0,z_0，有

$$Ax_0+By_0+Cz_0+D=0,$$

将式（7-19）与上式相减，得

$$A(x-x_0)+B(y-y_0)+C(z-z_0)=0.$$

这就是过点 $M_0(x_0, y_0, z_0)$ 且具有法线向量 $\boldsymbol{n} = (A, B, C)$ 的平面的点法式方程. 这说明任一 x, y, z 的一次方程均表示一个平面.

方程（7-19）称为平面的**一般式方程**，向量 (A, B, C) 是该平面的一个法线向量.

例如，方程

$$2x + 3y - z + 5 = 0$$

表示一个平面，向量 $(2, 3, -1)$ 是这个平面的一个法线向量.

对于式（7-19），存在着以下几种特殊情况：

① 当 $D = 0$ 时，有 $Ax + By + Cz = 0$，方程表示一个经过原点的平面. 反之亦然.

② 当 $A = 0$ 时，有 $By + Cz + D = 0$，法线向量 $\boldsymbol{n} = (0, B, C)$ 垂直于 x 轴，方程表示一个平行于 x 轴的平面；同样，$Ax + Cz + D = 0$ 和 $Ax + By + D = 0$ 分别表示平行于 y 轴和 z 轴的平面. 反之亦然.

③ 当 $A = B = 0$ 时，有 $Cz + D = 0$ 或 $z = -\dfrac{D}{C}$，法线向量 $\boldsymbol{n} = (0, 0, C)$ 同时垂直于 x 轴和 y 轴，方程表示一个平行于坐标面 xoy 的平面；同样，方程 $Ax + D = 0$ 和 $By + D = 0$ 分别表示平行于坐标面 yoz 和 zox 的平面. 反之亦然.

例 7-14 求过点 $M_1(1, -1, 2)$、$M_2(-1, 0, 3)$ 且平行于 z 轴的平面方程.

解法一 因为平面平行于 z 轴，故可设平面方程为

$$Ax + By + D = 0,$$

因为 M_1、M_2 在平面上，所以有

$$\begin{cases} A - B + D = 0 \\ -A + D = 0 \end{cases},$$

解得 $A = D$，$B = 2D$，故所求平面方程为

$$Dx + 2Dy + D = 0,$$

约去 D（$D \neq 0$，否则 $A = B = 0$）有

$$x + 2y + 1 = 0.$$

解法二 设所求平面的法线向量为 $\boldsymbol{n}$，则 $\boldsymbol{n} \perp \overrightarrow{M_1 M_2}$ 且 $\boldsymbol{n} \perp \boldsymbol{k}$，从而可取

$$\boldsymbol{n} = \overrightarrow{M_1 M_2} \times \boldsymbol{k} = \begin{vmatrix} \boldsymbol{i} & \boldsymbol{j} & \boldsymbol{k} \\ -2 & 1 & 1 \\ 0 & 0 & 1 \end{vmatrix} = \boldsymbol{i} + 2\boldsymbol{j},$$

取定点 $M_1(1, -1, 2)$，所以所求平面方程为

$$(x - 1) + 2(y + 1) + 0(z - 2) = 0,$$

即

$$x + 2y + 1 = 0$$

例 7-15 已知平面经过坐标轴上的 3 个定点 $P(a, 0, 0)$、$Q(0, b, 0)$、$R(0, 0, c)$，求此平面的方程（这里 a、b、c 都不为零）.

解 设所求平面方程为
$$Ax + By + Cz + D = 0 ,$$
因为 $P(a,0,0)$、$Q(0,b,0)$、$R(0,0,c)$ 三点都在该平面内，所以有
$$\begin{cases} Aa + D = 0 \\ Bb + D = 0 , \\ Cc + D = 0 \end{cases}$$

解得 $A = -\dfrac{D}{a}$，$B = -\dfrac{D}{b}$，$C = -\dfrac{D}{c}$，将其代入方程 $Ax + By + Cz + D = 0$ 并约去 D

（$D \neq 0$，否则 $A = B = C = 0$），便得所求平面方程为
$$\frac{x}{a} + \frac{y}{b} + \frac{z}{c} = 1 . \tag{7-20}$$

方程（7-20）称为平面的**截距式方程**，其中 a、b、c 分别称为平面在 x、y、z 轴上的**截距**（如图 7-18 所示）.

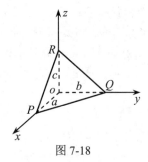

图 7-18

7.4.3　两平面的夹角

两平面的法向量的夹角 θ（$0 \leqslant \theta \leqslant 90°$）称为两平面的**夹角**. 各取两平面的一个法线向量，它们之间的夹角若不是两平面之间的夹角，就是两平面之间夹角的**补角**，所以不论哪种情况，两平面的夹角余弦等于两个法线向量夹角余弦的绝对值.

设平面 Π_1 和 Π_2 的夹角为 θ，它们的方程分别为
$$A_1 x + B_1 y + C_1 z + D_1 = 0,$$
$$A_2 x + B_2 y + C_2 z + D_2 = 0,$$
则由 Π_1 和 Π_2 的法向量夹角的余弦公式，容易得出它们夹角余弦的计算公式为：
$$\cos\theta == \frac{|\boldsymbol{n}_1 \cdot \boldsymbol{n}_2|}{|\boldsymbol{n}_1| \cdot |\boldsymbol{n}_2|} = \frac{|A_1 A_2 + B_1 B_2 + C_1 C_2|}{\sqrt{A_1^2 + B_1^2 + C_1^2}\sqrt{A_2^2 + B_2^2 + C_2^2}} .$$

利用定理 7-1 的结果及两向量垂直的充要条件，我们容易得到结论：

（1）平面 Π_1 和 Π_2 平行的充要条件是 $\dfrac{A_1}{A_2} = \dfrac{B_1}{B_2} = \dfrac{C_1}{C_2}$；

（2）平面 Π_1 和 Π_2 垂直的充要条件是 $A_1 A_2 + B_1 B_2 + C_1 C_2 = 0$.

例 7-16 设平面 Π_1 和 Π_2 的方程分别为 $x - 2y + 2z + 1 = 0$ 和 $-x + y + 5 = 0$，求它们的夹角.

解 平面 Π_1 和 Π_2 的法线向量分别为

$$\boldsymbol{n}_1 = (1, -2, 2), \quad \boldsymbol{n}_2 = (-1, 1, 0) ,$$

故它们夹角 θ 的余弦为

$$\cos \theta = \frac{|\boldsymbol{n}_1 \cdot \boldsymbol{n}_2|}{|\boldsymbol{n}_1||\boldsymbol{n}_2|} = \frac{|1 \times (-1) + (-2) \times 1|}{\sqrt{1^2 + (-2)^2 + 2^2} \sqrt{(-1)^2 + 1^2}} = \frac{\sqrt{2}}{2} ,$$

因而 $\theta = \dfrac{\pi}{4}$.

例 7-17 设 $P_0(x_0, y_0, z_0)$ 是平面 $Ax + By + Cz + D = 0$ 外一点，求 P_0 到这个平面的距离.

解 如图 7-19 所示，过点 $P_0(x_0, y_0, z_0)$ 作平面的法向量 $\boldsymbol{n} = (A, B, C)$，与平面的交点为 N，在平面上任取不同于 N 的一点 $P_1(x_1, y_1, z_1)$. 考虑到 $\overrightarrow{P_1 P_0}$ 与 $\boldsymbol{n}$ 的夹角 θ 也可能是钝角，得所求的距离为

$$d = \left| \overrightarrow{P_1 P_0} \right| |\cos \theta| = \left| \overrightarrow{P_1 P_0} \right| \left| \frac{\overrightarrow{P_1 P_0} \cdot \boldsymbol{n}}{\left| \overrightarrow{P_1 P_0} \right| |\boldsymbol{n}|} \right| = \left| \overrightarrow{P_1 P_0} \cdot \frac{\boldsymbol{n}}{|\boldsymbol{n}|} \right| = \left| \overrightarrow{P_1 P_0} \cdot \boldsymbol{n}^0 \right| ,$$

$$\overrightarrow{P_1 P_0} \cdot \boldsymbol{n}^0 = \frac{A(x_0 - x_1)}{\sqrt{A^2 + B^2 + C^2}} + \frac{B(y_0 - y_1)}{\sqrt{A^2 + B^2 + C^2}} + \frac{C(z_0 - z_1)}{\sqrt{A^2 + B^2 + C^2}}$$

$$= \frac{Ax_0 + By_0 + Cz_0 - (Ax_1 + By_1 + Cz_1)}{\sqrt{A^2 + B^2 + C^2}}$$

$$= \frac{Ax_0 + By_0 + Cz_0 + D - (Ax_1 + By_1 + Cz_1 + D)}{\sqrt{A^2 + B^2 + C^2}} ,$$

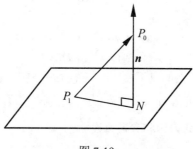

图 7-19

且由

$$Ax_1 + By_1 + Cz_1 + D = 0$$

得

$$\overrightarrow{P_1P_0} \cdot \boldsymbol{n}^0 = \frac{Ax_0 + By_0 + Cz_0 + D}{\sqrt{A^2 + B^2 + C^2}},$$

即

$$d = \frac{|Ax_0 + By_0 + Cz_0 + D|}{\sqrt{A^2 + B^2 + C^2}}. \tag{7-21}$$

公式（7-21）称为点 $P_0(x_0, y_0, z_0)$ 到平面 $Ax + By + Cz + D = 0$ 的**距离**公式.

习题 7.4

1. 写出过点 $M_0(1,2,3)$ 且以 $\boldsymbol{n} = (2,2,1)$ 为法向量的平面方程.
2. 求过点 $(0,0,1)$ 且与平面 $3x + 4y + 2z = 1$ 平行的平面方程.
3. 求过点 $(1,1,1)$ 且垂直于平面 $x - y + z = 7$ 和 $3x + 2y - 12z + 5 = 0$ 的平面方程.
4. 设平面过原点及点 $(1,1,1)$，且与平面 $x - y + z = 8$ 垂直，求此平面方程.
5. 求平面 $x + y - 11 = 0$ 与 $3x + 8 = 0$ 的夹角.
6. 求点 $(2,1,1)$ 到平面 $2x + 2y - z + 4 = 0$ 的距离.

§7.5　空间直线及其方程

7.5.1　空间直线的一般方程

立体几何中，我们知道两个相交平面确定一条直线，即它们的交线；反之任何一条空间直线也可以看作由经过这条直线的任意两个不同的平面所确定.

如图 7-20 所示，设 L 为两相交平面

$$\Pi_1：\quad A_1x + B_1y + C_1z + D_1 = 0$$
$$\Pi_2：\quad A_2x + B_2y + C_2z + D_2 = 0$$

的交线，那么 L 既在平面 Π_1 上，又在平面 Π_2 上，即直线 L 上任一点的坐标均满足方程组

$$\begin{cases} A_1x + B_1y + C_1z + D_1 = 0 \\ A_2x + B_2y + C_2z + D_2 = 0 \end{cases}. \tag{7-21}$$

反过来，不在直线 L 上的点不能同时在平面 Π_1 和 Π_2 上，因此不能满足方程组（7-21）. 方程组（7-21）为直线 L 的方程，我们称它为直线 L 的**一般方程**.

7.5.2　空间直线的点向式方程和参数方程

如果一个非零向量平行于一条已知直线，这个向量叫做这条直线的**方向向量**. 容易知道，直线上任一向量都平行该直线的方向向量.

若直线 L 通过定点 $M(x_0, y_0, z_0)$，且它的方向向量为 $\boldsymbol{s} = (m,n,p)$，则 L 就可以被唯一确定，我们可按如下方法求出它的方程.

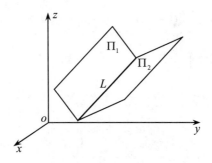

图 7-20

设 $M(x, y, z)$ 是直线 L 上的任意一点，则 $\overrightarrow{M_0M} = (x - x_0, y - y_0, z - z_0)$，且 $\overrightarrow{M_0M} /\!/ s$，从而

$$\frac{x - x_0}{m} = \frac{y - y_0}{n} = \frac{z - z_0}{p} .\qquad (7\text{-}22)$$

由于直线 L 上任一点 M 的坐标均满足式（7-22），直线外任一点的坐标都不满足式（7-22），故式（7-22）就是直线 L 的方程，称为直线 L 的**点向式方程**（又称**对称式方程**或**标准式方程**）. L 的方向向量 s 的坐标 m, n, p 称为直线 L 的**方向数**.

怎样理解式（7-22）是直线方程呢？事实上式（7-22）可以写成如下的三种形式，它们都表示两个平面的交线.

当 m, n, p 都不为零时，式（7-22）变为 $\begin{cases} \dfrac{x - x_0}{m} = \dfrac{y - y_0}{n} \\ \dfrac{z - z_0}{p} = \dfrac{y - y_0}{n} \end{cases}$；

当 m, n, p 中有一个为零，如 $m = 0$ 时，式（7-22）变为 $\begin{cases} x - x_0 = 0 \\ \dfrac{y - y_0}{n} = \dfrac{z - z_0}{p} \end{cases}$；

当 m, n, p 中有两个为零，如 $m = 0$, $n = 0$ 时，式（7-22）变为 $\begin{cases} x - x_0 = 0 \\ y - y_0 = 0 \end{cases}$.

由直线的点向式方程，容易导出另外一种形式的直线方程，即设

$$\frac{x - x_0}{m} = \frac{y - y_0}{n} = \frac{z - z_0}{p} = t ,$$

那么有

$$\begin{cases} x = x_0 + mt \\ y = y_0 + nt \\ z = z_0 + pt \end{cases}.\qquad (7\text{-}23)$$

式（7-23）称为直线的**参数方程**.

例 7-18 求通过两点 $A(1,-1,2)$ 和 $B(-1,0,2)$ 的直线方程（用点向式方程和参数方程表示）.

解 设直线的方向向量为 s ，则

$$s = \overrightarrow{AB} = (-2,1,0) ,$$

因为点 $A(1,-1,2)$ 是直线上的一点，故直线的点向式方程为

$$\frac{x-1}{-2} = \frac{y+1}{1} = \frac{z-2}{0} ,$$

令 $\dfrac{x-1}{-2} = \dfrac{y+1}{1} = \dfrac{z-2}{0} = t$ ，得直线的参数方程为

$$\begin{cases} x = 1-2t \\ y = -1+t \\ z = 2 \end{cases}.$$

例 7-19 求过点 $A(1,-2,4)$ 且与平面 Π ： $4x-3y+z-1=0$ 垂直的直线方程.

解 因为所求直线垂直于平面 Π ，所以可取 Π 的法线向量作为直线的方向向量，即 $s = n = (4,-3,1)$ ，故所求直线方程为

$$\frac{x-1}{4} = \frac{y+2}{-3} = \frac{z-4}{1} .$$

例 7-20 把直线 L 的一般方程

$$\begin{cases} 2x-y+2z+2=0 \\ x+2y-z+6=0 \end{cases}$$

化为直线的点向式方程.

解 首先找到直线上的一点，方法是在三个坐标中适当地给一个坐标取值，再解出另外两个坐标. 如令 $z=0$ ，得

$$\begin{cases} 2x-y+2=0 \\ x+2y+6=0 \end{cases},$$

解得 $x=-2$ ， $y=-2$ ，所以点 $A(-2,-2,0)$ 为直线 L 上的一点.

设直线 L 的方向向量为 s ，它与两平面 $2x-y+2z+2=0$ 、 $x+2y-z+6=0$ 的法线向量都垂直. 令 $n_1 = (2,-1,2)$ 、 $n_2 = (1,2,-1)$ ，则

$$s = n_1 \times n_2 = \begin{vmatrix} i & j & k \\ 2 & -1 & 2 \\ 1 & 2 & -1 \end{vmatrix} = -3i+4j+5k .$$

故直线 L 的点向式方程为

$$\frac{x+2}{-3} = \frac{y+2}{4} = \frac{z}{5} .$$

例 7-21 求通过点 $A(1,2,-2)$ 且通过直线 L ： $\dfrac{x-2}{3} = y+1 = \dfrac{z-2}{-1}$ 的平面方程.

解 设所求平面的法线向量为 n. 由 L 的方程知, 点 $M(2,-1,2)$ 在直线 L 上且 L 的方向向量为 $s=(3,1,-1)$, 从而 n 与向量 s 及向量 $\overrightarrow{AM}=i-3j+4k$ 都垂直, 故可求得

$$n=s\times\overrightarrow{AM}=\begin{vmatrix} i & j & k \\ 3 & 1 & -1 \\ 1 & -3 & 4 \end{vmatrix}=i-13j-10k,$$

因为平面通过点 $A(1,2,-2)$, 故所求平面的方程为

$$(x-1)-13(y-2)-10(z+2)=0,$$

整理后, 即为

$$x-13y-10z+5=0.$$

例 7-22 通过点 $A(2,-1,3)$ 作平面 $x-2y-2z+11=0$ 的垂线, 求平面上的垂足 A' 的坐标.

分析 求出过点 A 且垂直于平面的直线方程, 然后直线方程与平面方程联立, 其解即为垂足的坐标.

解 过点 A 且垂直于平面 $x-2y-2z+11=0$ 的直线方程为

$$\frac{x-2}{1}=\frac{y+1}{-2}=\frac{z-3}{-2},$$

化为参数方程, 得

$$\begin{cases} x=2+t \\ y=-1-2t \\ z=3-2t \end{cases},$$

代入平面方程 $x-2y-2z+11=0$, 得

$$(2+t)-2(-1-2t)-2(3-2t)+11=0.$$

解出 $t=-1$, 代入参数方程可解得垂足 A' 的坐标为 $(1,1,5)$.

7.5.3 两直线的夹角

两直线的方向向量间的夹角 θ ($0\le\theta\le90°$) 称为**两直线的夹角**.

设直线 L_1 和 L_2 的方向向量依次为 $s_1=(m_1,n_1,p_1)$ 和 $s_2=(m_2,n_2,p_2)$, 容易知道直线 L_1 和 L_2 的夹角 θ 的余弦等于两直线方向向量夹角余弦的绝对值, 即

$$\cos\theta=\frac{|s_1\cdot s_2|}{|s_1||s_2|}=\frac{|m_1m_2+n_1n_2+p_1p_2|}{\sqrt{m_1^2+n_1^2+p_1^2}\sqrt{m_2^2+n_2^2+p_2^2}}. \tag{7-24}$$

利用定理 7-1 的结果及两向量垂直的充要条件, 我们容易得到结论:

（1）两直线 L_1 和 L_2 互相垂直的充要条件是 $m_1m_2+n_1n_2+p_1p_2=0$;

（2）两直线 L_1 和 L_2 互相平行的充要条件是 $\dfrac{m_1}{m_2}=\dfrac{n_1}{n_2}=\dfrac{p_1}{p_2}$.

例 7-23 求两直线 L_1 和 L_2 的夹角. 其中

$$L_1: \quad x = y = z, \quad L_2: \quad \frac{x-1}{2} = \frac{y+3}{-1} = z.$$

解 直线 L_1 和 L_2 的方向向量依次为 $s_1 = (1,1,1)$，$s_2 = (2,-1,1)$，设直线 L_1 和 L_2 的夹角为 θ，那么由公式（7-24），有

$$\cos\theta = \frac{|1\times 2 + 1\times(-1) + 1\times 1|}{\sqrt{1^2+1^2+1^2}\sqrt{2^2+(-1)^2+1^2}} = \frac{2}{\sqrt{18}},$$

从而 $\theta = \arccos\dfrac{2}{\sqrt{18}} \approx 61.87°$.

7.5.4 直线与平面的夹角

设直线 L 的方向向量为 $s = (m,n,p)$，平面 Π 的法线向量为 $n = (A,B,C)$，φ 为直线 L 与法线向量 n 所在直线之间的夹角，称 $\theta = \dfrac{\pi}{2} - \varphi$ 为**直线 L 与平面 Π 的夹角**. 我们有

$$\sin\theta = \cos\left(\frac{\pi}{2} - \theta\right) = \cos\varphi = \frac{|n\cdot s|}{|n||s|}$$

$$= \frac{|Am + Bn + Cp|}{\sqrt{A^2+B^2+C^2}\sqrt{m^2+n^2+p^2}}. \qquad (7\text{-}25)$$

利用定理 7-1 的结果及两向量垂直的充要条件，我们容易得到结论：

（1）直线 L 与平面 Π 垂直的充分必要条件是 $\dfrac{A}{m} = \dfrac{B}{n} = \dfrac{C}{p}$；

（2）直线 L 与平面 Π 平行的充分必要条件是 $Am + Bn + Cp = 0$.

例 7-24 判断直线 L：$\dfrac{x-1}{2} = \dfrac{y+3}{-1} = \dfrac{z+2}{5}$ 与平面 Π：$4x + 3y - z + 3 = 0$ 的位置关系.

解 直线 L 的方向向量 $s = (2,-1,5)$，平面 Π 的法线向量 $n = (4,3,-1)$. 因为

$$n\cdot s = 4\times 2 + 3\times(-1) + (-1)\times 5 = 0,$$

所以直线 L 与平面 Π 平行. 进一步，因为直线上一点 $M(1,-3,-2)$ 满足平面 Π 的方程，故直线 L 在平面 Π 上.

7.5.5 平面束及其应用

设直线 L 由方程组

$$\begin{cases} A_1 x + B_1 y + C_1 z + D_1 = 0 & \text{①} \\ A_2 x + B_2 y + C_2 z + D_2 = 0 & \text{②} \end{cases},$$

所确定，其中系数 A_1、B_1、C_1 与 A_2、B_2、C_2 不对应成比例，即由①和②表示的平面不平行.

建立三元一次方程
$$A_1 x + B_1 y + C_1 z + D_1 + \lambda(A_2 x + B_2 y + C_2 z + D_2) = 0 , \qquad (7\text{-}26)$$
其中 λ 为任意常数.

因为 A_1、B_1、C_1 与 A_2、B_2、C_2 不对应成比例，因而对于任一 λ 值，由方程（7-26）可得
$$(A_1 + \lambda A_2)x + (B_1 + \lambda B_2)y + (C_1 + \lambda C_2)z + (D_1 + \lambda D_2) = 0$$
的系数 $A_1 + \lambda A_2$、$B_1 + \lambda B_2$、$C_1 + \lambda C_2$ 不全为零，从而方程（7-26）表示一个平面.

若一点在直线 L 上，则它的坐标必同时满足方程①和②，也必满足方程（7-26），即方程（7-26）表示过直线 L 的一个平面. 而且对于不同的 λ 值，方程（7-26）表示过直线的不同平面.

反过来，通过直线 L 的任何平面（除平面②以外），都包含在方程（7-26）所表示的一簇平面内.

通过定直线的所有平面的全体称为**平面束**，方程（7-26）称为过直线 L 的**平面束方程**.

例 7-25 求直线 $L: \begin{cases} x + y - z - 1 = 0 \\ x - y + z + 1 = 0 \end{cases}$ 在平面 $\Pi: x + y + z = 0$ 上的投影直线 L' 的方程.

解 直线 L 在平面 Π 上的投影直线 L' 应在过 L 且垂直于平面 Π 的平面上，而过直线 L 的平面束方程为
$$x + y - z - 1 + \lambda(x - y + z + 1) = 0 ,$$
即
$$(1+\lambda)x + (1-\lambda)y + (-1+\lambda)z + (-1+\lambda) = 0 ,$$
其中 λ 为任意常数. 从而有
$$(1+\lambda)\cdot 1 + (1-\lambda)\cdot 1 + (-1+\lambda)\cdot 1 = 0 ,$$
即 $\lambda = -1$，故过直线 L 且垂直于平面 Π 的平面为
$$y - z - 1 = 0 ,$$
从而，投影直线 L' 的方程为
$$\begin{cases} y - z - 1 = 0 \\ x + y + z = 0 \end{cases}.$$

习题 7.5

1. 求通过点 $M(1,0,-2)$ 且与两直线 $\dfrac{x-1}{1} = \dfrac{y}{1} = \dfrac{z+1}{-1}$ 和 $\dfrac{x}{1} = \dfrac{y-1}{-1} = \dfrac{z+1}{0}$ 垂直的直线.

2. 求直线 $\begin{cases} x + y + z = -1 \\ 2x - y + 3z = -4 \end{cases}$ 的点向式方程与参数方程.

3. 确定 l、m 的值，使：

（1）直线 $\dfrac{x-1}{4} = \dfrac{y+2}{3} = \dfrac{z}{1}$ 与平面 $lx + 3y - 5z + 1 = 0$ 平行；

（2）直线 $\begin{cases} x = 2t + 2 \\ y = -4t - 5 \\ z = 3t - 1 \end{cases}$ 与平面 $lx + my + 6z - 7 = 0$ 垂直.

4. 求通过直线 $\dfrac{x-2}{1} = \dfrac{y+3}{-5} = \dfrac{z+1}{-1}$ 且与直线 $\begin{cases} 2x - y - z - 3 = 0 \\ x + 2y - z - 5 = 0 \end{cases}$ 平行的平面.

5. 求点 $M(4, 1, 2)$ 在平面 $x + y + z = 1$ 上的投影.

6. 设 M_0 是直线 L 外一点，M 是直线 L 上任意一点，且直线的方向向量为 s，试证点 M_0 到直线 L 的距离为

$$d = \frac{|\overrightarrow{M_0 M} \times s|}{|s|},$$

并由此求点 $M_0(2, 3, -1)$ 到直线 L：$\begin{cases} 2x - 2y + z + 3 = 0 \\ 3x - 2y + 2z + 17 = 0 \end{cases}$ 的距离.

7. 求直线 $\begin{cases} x + y - z - 1 = 0 \\ x - y + z + 1 = 0 \end{cases}$ 在平面 $x + y + z = 0$ 上的投影直线的方程.

§7.6 常用空间曲面及其方程

7.6.1 曲面方程的概念

在 §7.4 节中，我们已经知道，在空间中一个平面可以用一个三元一次方程来表示；反过来，一个三元一次方程的图形是一个平面.

一般地，如果曲面 S 与三元方程

$$F(x, y, z) = 0 \qquad\qquad (7\text{-}27)$$

有下述关系：

① 曲面 S 上任一点的坐标都满足方程（7-27）；

② 不在曲面 S 上的点的坐标都不满足方程（7-27）. 那么方程（7-27）就叫做曲面 S 的方程，而曲面 S 就叫做**方程（7-27）的图形**（如图 7-21 所示）.

像在平面解析几何中把平面曲线当作动点轨迹一样，在空间解析几何中，我们常把曲面看作一个动点按照某个规律运动而成的轨迹.

运用这个观点，我们首先来建立球面方程.

例 7-26 求球心在点 $M_0(x_0, y_0, z_0)$，半径为 R 的球面方程.

解 设 $M(x, y, z)$ 是球面上任一点，那么

$$|M_0 M| = R,$$

又

$$|M_0M| = \sqrt{(x-x_0)^2 + (y-y_0)^2 + (z-z_0)^2}\,,$$

故

$$(x-x_0)^2 + (y-y_0)^2 + (z-z_0)^2 = R^2\,. \tag{7-28}$$

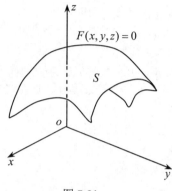

图 7-21

这就是球面上的点的坐标所满足的方程，而不在球面上的点的坐标都不满足该方程，所以方程（7-28）就是以 $M_0(x_0, y_0, z_0)$ 为球心，R 为半径的球面方程.

如果球心在原点，那么 $x_0 = y_0 = z_0 = 0$，从而球面方程为

$$x^2 + y^2 + z^2 = R^2\,.$$

将式（7-28）展开得

$$x^2 + y^2 + z^2 - 2x_0x - 2y_0y - 2z_0z + x_0^2 + y_0^2 + z_0^2 - R^2 = 0\,.$$

所以，球面方程具有下面两个特点：

① 它是关于 x、y、z 的二次方程，且方程中缺 xy、yz、zx 项；

② x^2、y^2、z^2 的系数相同且不为零.

现在我们要问，满足上述两个特点的方程，它的图形是否为球面呢？

例 7-27　方程 $x^2 + y^2 + z^2 - 4x + y = 0$ 表示怎样的曲面？

解　观察 x 的二次项和 x 的一次项、y 的二次项和 y 的一次项的关系，配方得

$$(x-2)^2 + \left(y+\frac{1}{2}\right)^2 + z^2 = \frac{17}{4}\,,$$

所以方程表示球心在点 $\left(2, -\frac{1}{2}, 0\right)$，半径为 $\frac{\sqrt{17}}{2}$ 的球面.

例 7-28　方程 $x^2 + y^2 + z^2 - 2x + 2y - z + 3 = 0$ 是否表示球面？

解　观察 x 的二次项和 x 的一次项、y 的二次项和 y 的一次项及 z 的二次项和 z 的一次项的关系，配方得

$$(x-1)^2 + (y+1)^2 + \left(z - \frac{1}{2}\right)^2 = -\frac{3}{4},$$

显然没有这样的实数 x、y、z 能使上式成立，因而原方程不代表任何图形.

有时我们也可能配成形式：$(x-a)^2 + (y-b)^2 + (z-c)^2 = 0$，显然它只表示空间的一个点 (a,b,c).

以上表明：作为点的几何轨迹的曲面可以用它的点的坐标间的方程来表示，反之，关于变量 x、y、z 的方程通常表示一个曲面. 因此在空间解析几何中关于曲面的研究，有下面两个基本问题：

（Ⅰ）已知一曲面作为点的几何轨迹时，建立曲面方程；

（Ⅱ）已知关于 x、y、z 的一个方程时，研究这方程所表示的曲面形状.

例 7-26 是从已知点的轨迹建立曲面方程的例子，例 7-27、例 7-28 是由已知关于 x、y、z 的方程研究它所表示的曲面的形状的例子.

下面，作为基本问题（Ⅰ）的例子，我们讨论旋转曲面；作为基本问题（Ⅱ）的例子，我们讨论柱面和二次曲面.

7.6.2 旋转曲面

一条平面曲线绕该平面上一条定直线旋转一周所形成的曲面叫做**旋转曲面**. 旋转曲线和定直线依次叫做旋转曲面的**母线**和**轴**.

如图 7-22 所示，设在 yoz 坐标面上有一条已知曲线 C，它的方程为 $f(y,z)=0$，曲线 C 绕 z 轴旋转一周，得到一个以 z 轴为轴的旋转曲面. 下面我们来建立该曲面的方程.

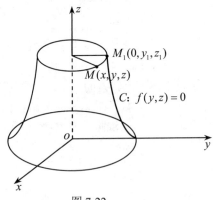

图 7-22

设点 $M(x,y,z)$ 为所求旋转曲面上任意一点，点 $M_1(0,y_1,z_1)$ 为点 $M(x,y,z)$ 绕 z 轴旋转时经过曲线 C 的点，则点 $M_1(0,y_1,z_1)$ 满足：

$$f(y_1,z_1)=0，\quad z_1=z，\quad y_1=\pm\sqrt{x^2+y^2}，$$

其中 $\sqrt{x^2+y^2}$ 为点 M 到 z 轴的距离. 从而有

$$f(\pm\sqrt{x^2+y^2},z)=0 .\qquad (7\text{-}29)$$

这就是所求旋转曲面的方程.

由此可知, 在曲线 C 的方程 $f(y,z)=0$ 中将 y 改成 $\pm\sqrt{x^2+y^2}$, 而 z 不变, 便得曲线 C 绕 z 轴旋转所成的旋转曲面的方程.

同理, 曲线 C 绕 y 轴旋转所成的旋转曲面的方程为

$$f(y,\pm\sqrt{x^2+z^2})=0 .\qquad (7\text{-}30)$$

例 7-29　求 yoz 坐标面上的抛物线 $y^2=2pz$ $(p>0)$ 绕 z 轴旋转而成的旋转曲面的方程（如图 7-23 所示）.

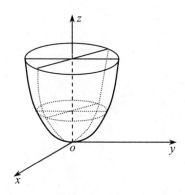

图 7-23

解　由公式（7-29）, 所求的旋转曲面的方程为

$$x^2+y^2=2pz .$$

一般地, 抛物线绕其对称轴旋转所成的旋转曲面称为**旋转抛物面**.

例 7-30　将 xoz 坐标面上的双曲线 $\dfrac{x^2}{a^2}-\dfrac{z^2}{c^2}=1$ 分别绕 x 轴和 z 轴旋转一周, 求所生成的旋转曲面的方程.

解　在方程 $\dfrac{x^2}{a^2}-\dfrac{z^2}{c^2}=1$ 中, x 不变, 将 z 改成 $\pm\sqrt{y^2+z^2}$, 便得到它绕 x 轴旋转所成的旋转曲面的方程

$$\frac{x^2}{a^2}-\frac{y^2+z^2}{c^2}=1 ;$$

在方程 $\dfrac{x^2}{a^2}-\dfrac{z^2}{c^2}=1$ 中, z 不变, 将 x 改成 $\pm\sqrt{x^2+y^2}$, 便得到它绕 z 轴旋转所成的旋转曲面的方程

$$\frac{x^2 + y^2}{a^2} - \frac{z^2}{c^2} = 1.$$

一般地，平面上的双曲线绕其实轴旋转所生成的旋转曲面称为**双叶旋转双曲面**，绕其虚轴旋转所生成的旋转曲面称为**单叶旋转双曲面**.

例 7-31　直线 L 绕另一条与 L 相交（但不垂直）的直线旋转一周，所得旋转曲面称为**圆锥面**. 两直线的交点叫做圆锥面的**顶点**，两直线的小于 $90°$ 的夹角叫做圆锥面的半顶角. 试建立顶点在原点 o，旋转轴为 z 轴，半顶角为 α 的圆锥面的方程.

解　如图 7-24 所示，在 yoz 坐标面上直线 L 的方程为 $z = y \cot \alpha$，因为旋转轴为 z 轴，所以只要将方程中的 y 改成 $\pm\sqrt{x^2 + y^2}$，便得到这个圆锥面的方程

$$z = \pm\sqrt{x^2 + y^2}\,\cot\alpha \ \text{或} \ z^2 = k^2(x^2 + y^2)，$$

其中 $k = \cot\alpha$.

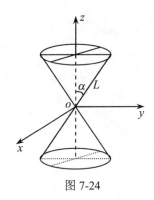

图 7-24

7.6.3　柱面

设直线 L 平行于某定直线并沿定曲线 C 移动，则直线 L 形成的轨迹叫做**柱面**. 定曲线 C 叫做柱面的**准线**，直线 L 叫做柱面的**母线**. 我们只讨论准线在坐标面上，而母线垂直于该坐标面的柱面，这种柱面方程有什么特点呢？下面举例说明.

例 7-32　方程 $x^2 + y^2 = R^2$ 表示什么曲面？

解　设该方程表示的曲面为 S. 在 xoy 坐标面上，方程 $x^2 + y^2 = R^2$ 表示圆心在原点，半径为 R 的圆. 在空间直角坐标系中，方程缺 z，这意味着不论空间中的点的竖坐标 z 怎样，凡是横坐标 x 和纵坐标 y 满足这个方程的点都在 S 上；反之，凡是横坐标 x 和纵坐标 y 不满足这个方程的点，不论竖坐标 z 怎样，这些点都不在 S 上，即点 $P(x, y, z)$ 在曲面 S 上的充分必要条件是它在 xoy 平面上的投影点 $P'(x, y, 0)$ 在圆 $x^2 + y^2 = R^2$ 上. 而 $P(x, y, z)$ 是在过点 $P'(x, y, 0)$ 且平行于 z 轴的直线上，这就是说方程 $x^2 + y^2 = R^2$ 表示：由通过 xoy 坐标面上的圆 $x^2 + y^2 = R^2$ 上的每

一点且平行于 z 轴（即垂直于 xoy 坐标面）的直线所形成的轨迹，即方程 $x^2 + y^2 = R^2$ 表示柱面（如图 7-25 所示）.

一般地，准线为圆的柱面称为**圆柱面**.

一般地，空间直角坐标方程 $f(x, y) = 0$（即方程中缺少含 z 的项）表示准线为 xoy 坐标面上的 $f(x, y) = 0$，母线平行于 z 轴的柱面. 类似地，方程 $g(y, z) = 0$ 和 $h(x, z) = 0$ 分别表示母线平行于 x 轴和 y 轴的柱面.

例如方程 $y = x^2$ 表示母线平行于 z 轴的柱面，它的准线是 xoy 面上的抛物线 $y = x^2$（如图 7-26 所示）. 一般地，准线为抛物线的柱面称为**抛物柱面**.

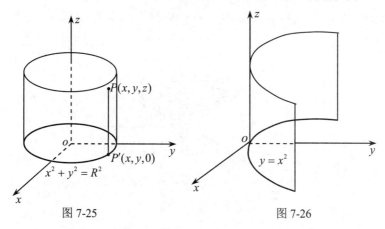

图 7-25   图 7-26

又例如，方程 $x - z = 0$ 表示母线平行于 y 轴的柱面，其准线是 xoz 面上的直线 $x - z = 0$，所以它是过 y 轴的平面（如图 7-27 所示）.

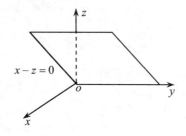

图 7-27

7.6.4　二次曲面

最简单的曲面是平面，它可以用一个三元一次方程来表示，所以平面也叫做**一次曲面**. 与平面解析几何中规定的二次曲线类似，我们把三元二次方程 $F(x, y, z) = 0$ 所表示的曲面称为**二次曲面**. 选取适当的空间直角坐标系，可得它们的标准方程，下面就二次曲面的标准方程来讨论二次曲面的形状.

1. 椭圆锥面 $\dfrac{x^2}{a^2}+\dfrac{y^2}{b^2}=z^2$.

以垂直于 z 轴的平面 $z=z_0$ 截此曲面，当 $z_0=0$ 时得一点 $(0,0,0)$；当 $z_0\neq 0$ 时，得平面 $z=z_0$ 上的椭圆

$$\frac{x^2}{(az_0)^2}+\frac{y^2}{(bz_0)^2}=1 .$$

当 z_0 变化时，上式表示一簇长短轴比例不变的椭圆，当 $|z_0|$ 从大到小变为 0 时，这簇曲线从大到小并缩为一点.

综合上述讨论，可得椭圆锥面 $\dfrac{x^2}{a^2}+\dfrac{y^2}{b^2}=z^2$ 的形状，如图 7-28 所示.

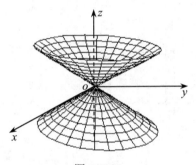

图 7-28

平面 $z=z_0$ 与曲面 $F(x,y,z)=0$ 的交线称为**截痕**. 通过综合截痕的变化来了解曲面形状的方法称为**截痕法**.

本节前面讨论过旋转曲面，我们还可以利用伸缩变形的方法，由已知的旋转曲面来得出二次曲面的大致形状.

先介绍**伸缩变形法**：曲面 $F(x,y,z)=0$ 沿 y 轴方向伸缩 λ 倍，则该曲面上的点 $M(x_1,y_1,z_1)$ 变为点 $M'(x_2,y_2,z_2)$，其中 $x_1=x_2$、$y_1=\dfrac{1}{\lambda}y_2$、$z_1=z_2$，因为点 M 在曲面上，所以有 $F(x_1,y_1,z_1)=0$，故 $F(x_2,\dfrac{1}{\lambda}y_2,z_2)=0$.

例如将圆锥面 $\dfrac{x^2+y^2}{a^2}=z^2$ 的图形沿 y 轴方向伸缩 $\dfrac{b}{a}$ 倍，则圆锥面 $\dfrac{x^2+y^2}{a^2}=z^2$ 即变成椭圆锥面 $\dfrac{x^2}{a^2}+\dfrac{y^2}{b^2}=z^2$.

2. 椭球面 $\dfrac{x^2}{a^2}+\dfrac{y^2}{b^2}+\dfrac{z^2}{c^2}=1$.

把 xoy 面上的椭圆 $\dfrac{x^2}{a^2}+\dfrac{y^2}{b^2}=1$ 绕 y 轴旋转，所得的旋转曲面方程为

$\dfrac{x^2+z^2}{a^2}+\dfrac{y^2}{b^2}=1$，该曲面称为<u>旋转椭球面</u>. 再把旋转椭球面沿 z 轴方向伸缩 $\dfrac{c}{a}$ 倍，

便得椭球面 $\dfrac{x^2}{a^2}+\dfrac{y^2}{b^2}+\dfrac{z^2}{c^2}=1$（如图 7-29 所示）.

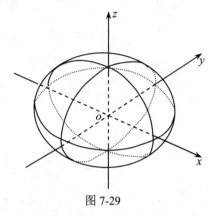

图 7-29

3. 单叶双曲面 $\dfrac{x^2}{a^2}+\dfrac{y^2}{b^2}-\dfrac{z^2}{c^2}=1$ 和双叶双曲面 $\dfrac{x^2}{a^2}-\dfrac{y^2}{b^2}-\dfrac{z^2}{c^2}=1$.

把 xoz 面上的双曲线 $\dfrac{x^2}{a^2}-\dfrac{z^2}{c^2}=1$ 绕 z 轴旋转，得旋转单叶双曲面 $\dfrac{x^2+y^2}{a^2}$

$-\dfrac{z^2}{c^2}=1$，把此旋转曲面沿 y 轴方向伸缩 $\dfrac{b}{a}$ 倍，即得单叶双曲面 $\dfrac{x^2}{a^2}+\dfrac{y^2}{b^2}-\dfrac{z^2}{c^2}=1$（如

图 7-30 所示）. 类似的方法可得双叶双曲面 $\dfrac{x^2}{a^2}-\dfrac{y^2}{b^2}-\dfrac{z^2}{c^2}=1$（如图 7-31 所示）.

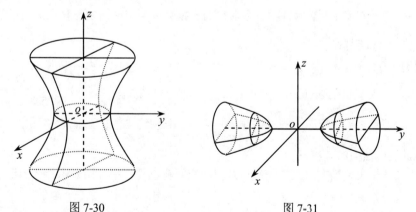

图 7-30   图 7-31

4. 椭圆抛物面 $\dfrac{x^2}{a^2}+\dfrac{y^2}{b^2}=z$ 和双曲抛物面（马鞍面）$\dfrac{x^2}{a^2}-\dfrac{y^2}{b^2}=z$.

把 xoz 面上的抛物线 $\dfrac{x^2}{a^2}=z$ 绕 z 轴旋转，得旋转抛物面 $\dfrac{x^2+y^2}{a^2}=z$，把此旋转曲面沿 y 轴方向伸缩 $\dfrac{b}{a}$ 倍，即得椭圆抛物面 $\dfrac{x^2}{a^2}+\dfrac{y^2}{b^2}=z$（如图 7-32 所示）.

我们用截痕法来讨论双曲抛物面的形状. 用平面 $x=x_0$ 截此曲面，得截痕 l 为平面 $x=x_0$ 上的抛物线 $z-\dfrac{x_0^2}{a^2}=-\dfrac{y^2}{b^2}$，此抛物线开口向下，其顶点坐标为 $\left(x_0,0,\dfrac{x_0^2}{a^2}\right)$. 当 x_0 变化时，l 的形状不变，只是位置平移，而 l 的顶点的轨迹 L 为平面 $y=0$ 上的抛物线 $z=\dfrac{x^2}{a^2}$（如图 7-33 所示）.

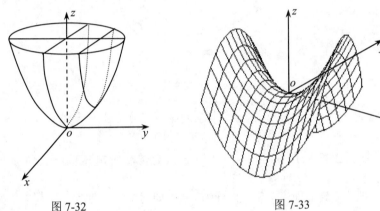

图 7-32　　　　　　　　　　　　图 7-33

还有三种二次曲面是以三种二次曲线为准线的柱面 $\dfrac{x^2}{a^2}+\dfrac{y^2}{b^2}=1$、$\dfrac{x^2}{a^2}-\dfrac{y^2}{b^2}=1$、$y=ax^2$，依次称为**椭圆柱面**、**双曲柱面**和**抛物柱面**. 柱面的形状在前面已经讨论过，这里不再冗述.

习题 7.6

1. 求圆心在原点，且经过点 $(6,-2,3)$ 的球面方程.

2. 将 zox 坐标面上的双曲线 $\dfrac{x^2}{a^2}-\dfrac{z^2}{c^2}=1$ 分别绕 x 轴和 z 轴旋转一周，求所生成的旋转曲面的方程.

3. 指出下列方程在平面解析几何和空间解析几何中分别表示什么图形？

（1）$y=x+1$；　　　　　　　　（2）$x^2+y^2=4$；

（3）$x^2-y^2=1$；　　　　　　　（4）$x^2=2y$.

4. 说明下列旋转曲面是怎样形成的？

（1）$\dfrac{x^2}{4}+\dfrac{y^2}{9}+\dfrac{z^2}{9}=1$；　　　　（2）$x^2-\dfrac{y^2}{4}+z^2=1$；

（3）$x^2-y^2-z^2=1$；　　　　　　（4）$(z-a)^2=x^2+y^2$．

§7.7　空间曲线及其方程

7.7.1　空间曲线的一般方程

从§7.5 中，我们知道，空间直线可以看作两个相交平面的交线．一般地，空间曲线也可看作两个相交曲面的交线．

设 $F(x,y,z)=0$ 和 $G(x,y,z)=0$ 是两个相交曲面的方程，则方程组

$$\begin{cases} F(x,y,z)=0 \\ G(x,y,z)=0 \end{cases} \tag{7-31}$$

表示交线的方程，方程组（7-31）称为**空间曲线的一般方程**．

例 7-33　方程组 $\begin{cases} x^2+y^2=R^2 \\ z=a \end{cases}$ 表示什么曲线？

解　$x^2+y^2=R^2$ 表示圆柱面，它的母线平行于 z 轴，而 $z=a$ 表示平行于 xoy 坐标面的平面，因而它们的交线是圆周．所以

$$\begin{cases} x^2+y^2=R^2 \\ z=a \end{cases}$$

表示圆周，这个圆周在 $z=a$ 平面上．

例 7-34　方程组 $\begin{cases} x^2-4y^2=4z \\ y=-2 \end{cases}$ 表示什么曲线？

解　因为 $x^2-4y^2=4z$ 表示双曲抛物面，$y=-2$ 表示平行于 xoz 面的平面，它们的交线是平面 $y=-2$ 上的抛物线．实际上将 $y=-2$ 代入 $x^2-4y^2=4z$，得 $x^2=4(z+4)$，因此它表示平面 $y=-2$ 上顶点在 $(0,-2,-4)$ 的开口向上的抛物线．

7.7.2　空间曲线的参数方程

从§7.5 中，我们还知道，空间直线 L 的参数方程为

$$\begin{cases} x=x_0+mt \\ y=y_0+nt \\ z=z_0+pt \end{cases} \quad (-\infty<t<+\infty),$$

这里 x、y、z 都是参数 t 的一次函数（也称线性函数）．一般地，如果 x、y、z 是参数 t 的函数，则方程组

$$
\begin{cases}
x = x(t) \\
y = y(t) \\
z = z(t)
\end{cases}
\tag{7-32}
$$

通常表示一条空间曲线 C，方程组（7-32）称为**空间曲线的参数方程**. 当给定 $t = t_1$ 时，就得到曲线 C 上的一个点 (x_1, y_1, z_1)，随着 t 的变动便可得到曲线 C 上的全部点.

例 7-35 设圆柱面 $x^2 + y^2 = R^2$ 上有一质点，它一方面绕 z 轴以等角速度 ω 旋转，另一方面以等速度 v_0 向 z 轴正方向移动，开始（即 $t = 0$）时，质点在 $A(R, 0, 0)$ 处，求该质点的运动方程.

解 如图 7-34 所示，设在时刻 t 时，质点在点 $M(x, y, z)$，M' 是 M 在 xoy 面上的投影，则 $\angle AOM' = \varphi = \omega t$，进而有 $x = |OM'| \cos\varphi = R \cos\omega t$，$y = |OM'| \sin\varphi = R \sin\omega t$，$z = |MM'| = v_0 t$，因此质点的运动方程为

$$
\begin{cases}
x = R \cos\omega t \\
y = R \sin\omega t \\
z = v_0 t
\end{cases}.
$$

此方程称为螺旋线的参数方程.

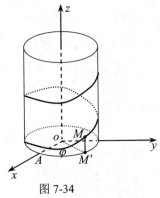

图 7-34

7.7.3 空间曲线在坐标面上的投影

以空间曲线 C 为准线，母线平行于 z 轴（即垂直于 xoy 面）的柱面称为曲线 C 关于 xoy 面的**投影柱面**，投影柱面与 xoy 面的交线叫做空间曲线 C 在 xoy 面上的**投影曲线**，简称**投影**.

如何来求空间曲线 C 的投影柱面和投影曲线呢？

设空间曲线 C 的方程为

$$
\begin{cases}
F(x, y, z) = 0 \\
G(x, y, z) = 0
\end{cases},
\tag{1}
$$

消去变量 z 得方程

$$H(x, y) = 0 .\qquad\qquad (2)$$

由上节知道，方程（2）表示母线平行于 z 轴的柱面.

而方程（2）是由方程组（1）消去 z 后所得的结果，因此满足（1）的 x、y 必定满足（2），这说明方程组（1）所表示的曲线 C 上的所有的点都在方程（2）所表示的柱面上.

因此方程（2）所表示的柱面必定是以方程组（1）所表示的曲线 C 为准线，母线平行于 z 轴的柱面，即空间曲线 C 关于 xoy 面的投影柱面. 而方程组

$$\begin{cases} H(x, y) = 0 \\ z = 0 \end{cases}$$

所表示的曲线必定是空间曲线 C 在 xoy 面上的投影.

同理，消去方程组（1）中的变量 x 或变量 y 再分别和 $x = 0$ 或 $y = 0$ 联立，我们就可得空间曲线 C 在 yoz 面或 xoz 面上的投影的曲线方程：

$$\begin{cases} R(y, z) = 0 \\ x = 0 \end{cases} \quad \text{或} \quad \begin{cases} T(x, z) = 0 \\ y = 0 \end{cases}.$$

例 7-36　求旋转抛物面 $y^2 + z^2 - 2x = 0$ 和平面 $z = 3$ 的交线 C 在 xoy 面上的投影曲线方程.

解　曲线 C 的方程为

$$\begin{cases} y^2 + z^2 - 2x = 0, \\ z = 3 \end{cases}$$

消去 z，得柱面方程　$y^2 = 2x - 9$，容易看出，这是交线 C 关于 xoy 面的投影柱面方程，于是，交线 C 在 xoy 面上的投影曲线方程为

$$\begin{cases} y^2 = 2x - 9 \\ z = 0 \end{cases}.$$

在后面的重积分和曲面积分的计算中，往往要确定一个立体或曲面在坐标面上的投影，那时就需要利用投影柱面和投影曲线.

例 7-37　设一立体由上半球面 $z = \sqrt{4 - x^2 - y^2}$ 和锥面 $z = \sqrt{3(x^2 + y^2)}$ 所围成（如图 7-35 所示），求它在 xoy 面上的投影.

解　半球面和锥面的交线为

$$C: \begin{cases} z = \sqrt{4 - x^2 - y^2}, \\ z = \sqrt{3(x^2 + y^2)} \end{cases}$$

消去 z，得到 $x^2 + y^2 = 1$，容易看出，这恰好是交线 C 关于 xoy 面的投影柱面，因此交线 C 在 xoy 面上的投影曲线为

$$\begin{cases} x^2 + y^2 = 1 \\ z = 0 \end{cases}.$$

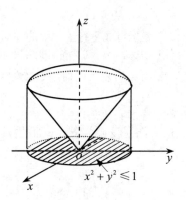

图 7-35

这是一个 xoy 面上的圆周. 于是所求立体在 xoy 面上的投影就是该圆在 xoy 面上所围成的部分：

$$\begin{cases} x^2+y^2\leqslant 1 \\ z=0 \end{cases}.$$

习题 7.7

1. 分别求母线平行于 x 轴及 y 轴而且通过曲线 $\begin{cases} 2x^2+y^2+z^2=16 \\ x^2+z^2-y^2=0 \end{cases}$ 的柱面方程.

2. 求在 yoz 平面内以坐标原点为圆心的单位圆的方程（任意写出三种不同形式的方程）.

3. 将下面曲线的一般方程化为参数方程：

（1）$\begin{cases} x^2+y^2+z^2=9 \\ y=x \end{cases}$；   （2）$\begin{cases} (x-1)^2+y^2+(z+1)=4 \\ z=0 \end{cases}$.

4. 指出下列方程所表示的曲线：

（1）$\begin{cases} x^2+y^2+z^2=25 \\ x=3 \end{cases}$；   （2）$\begin{cases} x^2+4y^2+9z^2=30 \\ z=1 \end{cases}$；

（3）$\begin{cases} x^2-4y^2+z^2=25 \\ x=-3 \end{cases}$；   （4）$\begin{cases} y^2+z^2-4x+8=0 \\ y=4 \end{cases}$.

5. 求抛物面 $y^2+z^2=x$ 与平面 $x+2y-z=0$ 的交线在三个坐标面上的投影曲线方程.

总习题七

1. 判断正误：

（1）若 $\boldsymbol{a}\cdot\boldsymbol{b}=\boldsymbol{b}\cdot\boldsymbol{c}$ 且 $\boldsymbol{b}\neq\boldsymbol{0}$，则 $\boldsymbol{a}=\boldsymbol{c}$；　　　　　　　　（　　）

（2）若 $\boldsymbol{a}\times\boldsymbol{b}=\boldsymbol{b}\times\boldsymbol{c}$ 且 $\boldsymbol{b}\neq\boldsymbol{0}$，则 $\boldsymbol{a}=\boldsymbol{c}$；　　　　　　　　（　　）

（3）若 $\boldsymbol{a}\cdot\boldsymbol{c}=0$，则 $\boldsymbol{a}=\boldsymbol{0}$ 或 $\boldsymbol{c}=\boldsymbol{0}$；　　　　　　　　（　　）

（4）$\boldsymbol{a}\times\boldsymbol{b}=-\boldsymbol{b}\times\boldsymbol{a}$．　　　　　　　　　　　　　　（　　）

2．填空题：

（1）若 $|\boldsymbol{a}|=|\boldsymbol{b}|=\sqrt{2}$，$(\overset{\wedge}{\boldsymbol{a},\boldsymbol{b}})=\dfrac{\pi}{2}$，则 $|\boldsymbol{a}\times\boldsymbol{b}|=$ _____，$\boldsymbol{a}\cdot\boldsymbol{b}=$ _____；

（2）与平面 $x-y+2z-6=0$ 垂直的单位向量为_____；

（3）过点 $(-3,1,-2)$ 和 $(3,0,5)$ 且平行于 x 轴的平面方程为_____；

（4）过原点且垂直于平面 $2y-z+2=0$ 的直线为_____；

（5）曲线 $\begin{cases} z=2x^2+y^2 \\ z=1 \end{cases}$ 在 xoy 平面上的投影曲线方程为_____．

3．选择题：

（1）若 $|\boldsymbol{a}+\boldsymbol{b}|=|\boldsymbol{a}|+|\boldsymbol{b}|$，则向量 $\boldsymbol{a}$ 与 $\boldsymbol{b}$ 应满足条件（　　）.

    A．$\boldsymbol{a}\perp\boldsymbol{b}$　　　　　　　　　　B．$\boldsymbol{a}=\lambda\boldsymbol{b}$（$\lambda$ 为常数）

    C．$\boldsymbol{a}\,/\!/\,\boldsymbol{b}$　　　　　　　　　　D．$\boldsymbol{a}\cdot\boldsymbol{b}=|\boldsymbol{a}||\boldsymbol{b}|$

（2）下列平面方程中，过 y 轴的方程是（　　）.

    A．$x+y+z=1$　　　　　　　B．$x+y+z=0$

    C．$x+z=0$　　　　　　　　　D．$x+z=1$

（3）在空间直角坐标系中，方程 $z=1-x^2-2y^2$ 所表示的曲面是（　　）.

    A．椭球面　　　　　　　　　B．椭圆抛物面

    C．椭圆柱面　　　　　　　　D．单叶双曲面

（4）空间曲线 $\begin{cases} z=x^2+y^2-2 \\ z=5 \end{cases}$ 在 xoy 面上的投影方程为（　　）.

    A．$x^2+y^2=7$　　　　　　　B．$\begin{cases} x^2+y^2=7 \\ z=5 \end{cases}$

    C．$\begin{cases} x^2+y^2=7 \\ z=0 \end{cases}$　　　　　　D．$\begin{cases} z=x^2+y^2-2 \\ z=0 \end{cases}$

（5）直线 $\dfrac{x-1}{2}=\dfrac{y}{1}=\dfrac{z+1}{-1}$ 与平面 $x-y+z=1$ 的位置关系是（　　）.

    A．垂直　　　　　　　　　　B．平行

    C．夹角为 $\dfrac{\pi}{4}$　　　　　　　D．夹角为 $-\dfrac{\pi}{4}$

4．已知 $\boldsymbol{a}=(1,-2,1)$，$\boldsymbol{b}=(1,1,2)$，计算：

（1）$\boldsymbol{a}\times\boldsymbol{b}$；　　　（2）$(2\boldsymbol{a}-\boldsymbol{b})\cdot(\boldsymbol{a}+\boldsymbol{b})$；　　　（3）$|\boldsymbol{a}-\boldsymbol{b}|^2$．

5. 已知向量 $\overrightarrow{P_1P_2}$ 的始点为 $P_1(2,-2,5)$，终点为 $P_2(-1,4,7)$，试求：（1）向量 $\overrightarrow{P_1P_2}$ 的坐标表示；（2）向量 $\overrightarrow{P_1P_2}$ 的模；（3）向量 $\overrightarrow{P_1P_2}$ 的方向余弦；（4）与向量 $\overrightarrow{P_1P_2}$ 方向一致的单位向量.

6. 设向量 $\boldsymbol{a}=(1,-1,1)$，$\boldsymbol{b}=(1,1,-1)$，求与 $\boldsymbol{a}$ 和 $\boldsymbol{b}$ 都垂直的单位向量.

7. 向量 $\boldsymbol{d}$ 垂直于向量 $\boldsymbol{a}=(2,3,-1)$ 和 $\boldsymbol{b}=(1,-2,3)$，且与 $\boldsymbol{c}=(2,-1,1)$ 的数量积为 -6，求向量 $\boldsymbol{d}$.

8. 求满足下列条件的平面方程：

（1）过三点 $P_1(0,1,2)$、$P_2(1,2,1)$ 和 $P_3(3,0,4)$；

（2）过 x 轴且与平面 $\sqrt{5}x+2y+z=0$ 的夹角为 $\dfrac{\pi}{3}$.

9. 一平面过直线 $\begin{cases} x+5y+z=0 \\ x-z+4=0 \end{cases}$ 且与平面 $x-4y-8z+12=0$ 垂直，求该平面方程.

10. 求既与两平面 Π_1：$x-4z=3$ 和 Π_2：$2x-y-5z=1$ 的交线平行，又过点 $(-3,2,5)$ 的直线方程.

11. 一直线通过点 $A(1,2,1)$，且垂直于直线 L：$\dfrac{x-1}{3}=\dfrac{y}{2}=\dfrac{z+1}{1}$，又和直线 $x=y=z$ 相交，求该直线方程.

12. 指出下列方程表示的图形名称：

（1）$x^2+4y^2+z^2=1$；　　　　（2）$x^2+y^2=2z$；

（3）$z=\sqrt{x^2+y^2}$；　　　　（4）$x^2-y^2=0$；

（5）$x^2-y^2=1$；　　　　（6）$\begin{cases} z=x^2+y^2 \\ z=2 \end{cases}$.

13. 求曲面 $z=x^2+y^2$ 与 $z=2-(x^2+y^2)$ 所围立体在 xoy 平面上的投影.

第8章 多元函数微分法及其应用

上册我们讨论的函数都是只有一个自变量的函数，这种函数叫做一元函数，但自然科学、工程技术及其他应用领域中的很多实际问题都要涉及到多个因素，反映在数学上就是一个变量依赖于多个变量的情形，这就提出了多元函数及多元函数的微分和积分的问题.

多元函数微分学是一元函数微分学的推广和发展，它们既有很多类似之处，又有不少重大区别. 本章将在一元函数微分学的基础上，讨论多元函数的微分法及其应用. 由于从二元函数到二元以上的多元函数，有关的概念、理论和方法大多可以类推，因此在讨论中我们以二元函数为主，重点讨论从一元函数到二元函数所产生的新的问题.

§8.1 多元函数的基本概念

8.1.1 平面点集

由平面解析几何知道，当在平面上建立了一个直角坐标系后，平面上的点 P 就与有序二元实数组 (x,y) 之间建立了一一对应的关系. 这样，我们把有序实数组 (x,y) 与平面上的点 P 看成同等的. 建立了坐标系的平面称为**坐标平面**，有序二元实数组 (x,y) 的全体就表示坐标平面，记作 $\mathbf{R}^2$ 或 $\mathbf{R} \times \mathbf{R}$ ，即

$$\mathbf{R}^2 = \{(x,y) \mid x, y \in \mathbf{R}\}$$

或

$$\mathbf{R}^2 = \{(x,y) \mid -\infty < x < +\infty, -\infty < y < +\infty\}.$$

坐标平面上具有某种性质 M 的点的集合称为**平面点集**，记作 E ，即

$$E = \{(x,y) \mid (x,y) \text{ 具有性质 } M\}.$$

例如，记平面点集 E_1 为平面上以原点为圆心，r 为半径的圆内的所有点的集合（如图 8-1 的阴影部分所示），则 E_1 可写成

$$E_1 = \{(x,y) \mid x^2 + y^2 < r^2\}.$$

又如，平面点集 E_1 为平面上横坐绝对值和纵坐标绝对值都不超过 2 的所有点的集合（如图 8-2 的阴影部分所示），则 E_2 可写成

$$E_2 = \{(x,y) \mid |x| \leqslant 2, |y| \leqslant 2\}.$$

如果用 $|OP|$ 表示点 $P(x,y)$ 到原点 $O(0,0)$ 的距离，那么集合 E_1 也可写成

$$E_1 = \{P \mid |OP| < r\}.$$

推而广之，我们引入坐标平面中邻域的概念.

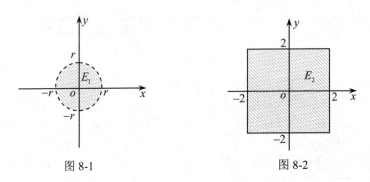

图 8-1   图 8-2

设点 $P_0(x_0, y_0)$ 是 xoy 平面上的一个点，δ 是某一正数，所有到点 P_0 的距离小于 δ 的点 $P(x, y)$ 的全体称为点 P_0 的 δ **邻域**，记作 $U(P_0, \delta)$，即

$$U(P_0, \delta) = \{P \mid |P_0P| < \delta\},$$

常写成

$$U(P_0, \delta) = \{(x, y) \mid \sqrt{(x - x_0)^2 + (y - y_0)^2} < \delta\}.$$

在几何上，$U(P_0, \delta)$ 就是 xoy 平面上以点 $P_0(x_0, y_0)$ 为圆心，δ 为半径的圆内部的点 $P(x, y)$ 的全体. 显然上面的点集 E_1 就是点 $O(0, 0)$ 的 r 邻域.

在点 P_0 的 δ 邻域中除去中心点 P_0，称为点 P_0 的**去心 δ 邻域**，记作 $\overset{\circ}{U}(P_0, \delta)$，即

$$\overset{\circ}{U}(P_0, \delta) = \{P \mid 0 < |P_0P| < \delta\},$$

常写成

$$\overset{\circ}{U}(P_0, \delta) = \{(x, y) \mid 0 < \sqrt{(x - x_0)^2 + (y - y_0)^2} < \delta\}.$$

如果不需要强调邻域的半径，$U(P_0, \delta)$ 可简记为 $U(P_0)$，$\overset{\circ}{U}(P_0, \delta)$ 可简记为 $\overset{\circ}{U}(P_0)$.

我们可以用邻域来描述点与点集之间的关系，从而给出以下几个基本术语.

若 E 是 xoy 平面上的一个点集，P 是 xoy 平面上的一个点，则 P 与 E 有以下关系：

（1）<u>内点</u>. 如果存在点 P 的某个邻域 $U(P)$，使得 $U(P) \subset E$，则称 P 为 E 的内点. 如，图 8-3 中的 P_1 就是 E 的内点.

（2）<u>外点</u>. 如果存在点 P 的某个邻域 $U(P)$，使得 $U(P) \bigcap E = \varnothing$（$\varnothing$ 表示空集），则称 P 为 E 的外点. 如，图 8-3 中的 P_2 就是 E 的外点.

（3）<u>边界点</u>. 如果点 P 的任何邻域 $U(P)$ 内既含有属于 E 的点，又含有不属于 E 的点，则称 P 为 E 的边界点. 如，图 8-3 中的 P_3、P_4 都是 E 的边界点.

E 的边界点的全体，称为 E 的**边界**，记作 ∂E.

由此可见，点集 E 的内点必属于 E，点集 E 的外点必不属于 E，而点集 E 的边界点可能属于 E，也可能不属于 E．如，图 8-3 中的边界点 $P_3 \in E$，而边界点 $P_4 \notin E$．

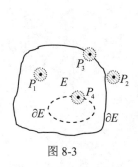

图 8-3

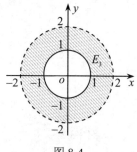

图 8-4

（4）聚点．如果对于任意给定的 $\delta > 0$，点 P 的去心 δ 邻域 $\mathring{U}(P, \delta)$ 内总有属于点集 E 的点，则称 P 为 E 的聚点．

根据聚点的定义，点集 E 的聚点可以属于 E，也可以不属于 E．

例如，平面点集 $E_3 = \{(x, y) \mid 1 \leqslant x^2 + y^2 < 2\}$ 如图 8-4 阴影部分所示．满足 $1 < x^2 + y^2 < 2$ 的所有点 $P(x, y)$ 都是点集 E_3 的内点；满足 $x^2 + y^2 = 1$ 的所有点 $P(x, y)$ 都是点集 E_3 的边界点，它们都属于点集 E_3；满足 $x^2 + y^2 = 2$ 的所有点 $P(x, y)$ 也都是点集 E_3 的边界点，但它们都不属于点集 E_3．点集 E_3 及其边界 ∂E_3 上的所有点都是 E_3 的聚点．

根据点集中点的特征，我们来定义一些重要的平面点集．

（1）开集．如果点集 E 的所有点都是内点，则称点集 E 为开集．

（2）闭集．如果点集 E 的边界 $\partial E \subset E$，则称点集 E 为闭集．

例如，如图 8-1 所示的点集 $E_1 = \{(x, y) \mid x^2 + y^2 < r^2\}$ 是开集，如图 8-2 所示的点集 $E_2 = \{(x, y) \mid |x| \leqslant 2, |x| \leqslant 2\}$ 是闭集，而如图 8-4 所示的点集 $E_3 = \{(x, y) \mid 1 \leqslant x^2 + y^2 < 2\}$ 既非开集又非闭集．

（3）连通集．如果点集 E 内的任意两点都能用全属于 E 的折线连接起来，则称 E 为连通集或可达集．

连通的开集称为**区域**或**开区域**，开区域连同它的边界构成的点集称为**闭区域**．

例如，点集 $\{(x, y) \mid 1 < x^2 + y^2 < 2\}$ 是区域，点集 $\{(x, y) \mid 1 \leqslant x^2 + y^2 \leqslant 2\}$ 是闭区域．

（4）有界集与无界集．对于平面点集 E，如果存在某一正数 r，使得 $E \subset U(O, r)$，其中 O 是坐标原点，则称 E 为有界集，否则称 E 为无界集．

例如，前述的点集 E_1 为有界开区域；点集 E_2 为有界闭区域；E_3 为有界集，但

既不是开区域，也不是闭区域；点集 $E_4 = \{(x,y)|x+y<1\}$ 和点集 $E_5 = \{(x,y)|y-x\leqslant 1\}$（如图 8-5 和图 8-6 的阴影部分所示）分别为无界开区域和无界闭区域.

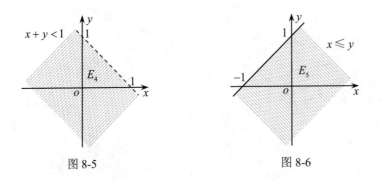

图 8-5　　　　　　　　　　图 8-6

8.1.2　多元函数的概念

在很多自然现象及实际问题中，常常会遇到多个变量之间的依赖关系.

例 8-1　圆锥体的体积 V 和它的底面圆半径 r、高 h 之间有如下关系：

$$V = \frac{1}{3}\pi r^2 h ,$$

这里，当底面圆半径 r、高 h 在集合 $\{(r,h)|r>0,h>0\}$ 内取一对值 (r,h) 时，体积 V 的对应值就随之确定.

例 8-2　在西方经济学中，著名的柯布－道格拉斯生产函数为

$$y = cK^\alpha L^\beta$$

这里 c、α、β 为常数，L 和 K 分别表示投入的劳动力数量和资本数量，y 表示产量. 当 L、K 在集合 $\{(L,K)|L>0,K>0\}$ 内取一对值 (L,K) 时，产量 y 的对应值就随之确定.

例 8-3　设 R 是两个电阻 R_1、R_2 并联后的总电阻，由电学知

$$R = \frac{R_1 R_2}{R_1 + R_2} ,$$

这里，当 R_1、R_2 在集合 $\{(R_1,R_2)|R_1>0,R_2>0\}$ 内取一对值 (R_1,R_2) 时，R 对应值就随之确定.

上面三个例子尽管应用背景不同，但是它们都具有共同的性质，去掉变量所代表的具体意义，抽象出其共性，我们引入二元函数的概念.

定义 8-1　设 D 是一个非空的平面点集，若对 D 中任意点 (x,y)，变量 z 按照某种对应法则 f 总有唯一确定的值与之对应，则 f 称为 D 上的**二元函数**，通常记为

$$z = f(x,y),(x,y)\in D \quad \text{或} \quad z = f(P),P\in D ,$$

其中 x、y 称为**自变量**，z 称为**因变量**，D 称为该函数的**定义域**.

与自变量 x、y 的一对值 (x_0, y_0) 对应的因变量 z 的值 z_0，称为函数 f 在点 (x_0, y_0) 处的**函数值**，记为 $f(x_0, y_0)$，即 $z_0 = f(x_0, y_0)$。D 上所有点的函数值的全体所构成的集合称为函数 f 的**值域**，记为 $f(D)$，即

$$f(D) = \{z \mid z = f(x, y), (x, y) \in D\}.$$

注 1　与一元函数的情形类似，记号 f 与 $f(x, y)$ 的意义是有区别的，但是习惯上常用记号" $z = f(x, y)$，$(x, y) \in D$ "或者" $f(x, y)$，$(x, y) \in D$ "来表示 D 上的二元函数 f。表示二元函数的记号 f 可以任意选择其他字母，如 $z = g(x, y)$、$z = z(x, y)$ 等。

注 2　在一般地讨论用解析式表示的二元函数时，如果其定义域没有明显地在分段解析式中体现出来，则其定义域就是使这个解析式有意义的实数对所构成的集合，称为该二元函数的**自然定义域**。

例如，函数 $z = \arcsin(x^2 + y^2)$ 的定义域为 $D = \{(x, y) \mid x^2 + y^2 \leqslant 1\}$；而函数
$$z = \begin{cases} 1, |x| \leqslant 1, |y| \leqslant 1 \\ 0, 1 < |x| \leqslant 2, 1 < |y| \leqslant 2 \end{cases}$$
的定义域为 $D = \{(x, y) \mid |x| \leqslant 2, |y| \leqslant 2\}$。

注 3　当自变量 x、y 的值取定后，z 的取值就根据 f 所对应的关系来确定。通常情况下，这个值是唯一的，这时我们称 $z = f(x, y)$ 为单值函数。但有时候取值不是唯一的，这时我们称 $z = f(x, y)$ 为多值函数。例如，若对应法则 f 由方程 $x^2 + y^2 + z^2 = 9$ 给出，则当 x、y 取定满足 $x^2 + y^2 \leqslant 9$ 的任意一对值后，z 都有两个绝对值相等、符号相反的值与之对应。一般情况下，我们讨论的函数都是单值函数，如果是多值函数我们会特别说明或者用多个单值函数来处理。

与定义 8-1 类似，我们可以给出 n 元函数
$$u = f(x_1, x_2, \cdots, x_n), \quad (x_1, x_2, \cdots, x_n) \in D$$
的概念，这里从略。并将 $n \geqslant 3$ 时的 n 元函数统称为**多元函数**。特别地，当 $n = 3$ 时通常记为
$$u = f(x, y, z), \quad (x, y, z) \in D.$$

例 8-4　求函数 $z = \sqrt{x - \sqrt{y}}$ 的定义域。

解　要使函数有意义，只需 $\begin{cases} x - \sqrt{y} \geqslant 0 \\ y \geqslant 0 \end{cases}$，即 $\begin{cases} y \leqslant x^2 \\ y \geqslant 0 \end{cases}$。故该函数的定义域为 $D = \{(x, y) \mid y \leqslant x^2, y \geqslant 0\}$，如图 8-7 的阴影部分所示。

二元函数 $z = f(x, y)$ 的图形是怎样的呢？

设函数 $z = f(x, y)$ 的定义域为 D。对于任意给定的点 $P(x, y) \in D$，对应的函数值为 $z = f(x, y)$。这里以 x 为横坐标、y 为纵坐标、$z = f(x, y)$ 为竖坐标在空间就确定一个点 $M(x, y, z)$。当 (x, y) 取遍 D 上的 切点时，得到一个空间点集
$$\{(x, y, z) \mid z = f(x, y), (x, y) \in D\},$$

这个点集称为二元函数 $z = f(x,y)$ 的**图形**. 由空间解析几何可知二元函数的图形是一张曲面，如图 8-8 所示.

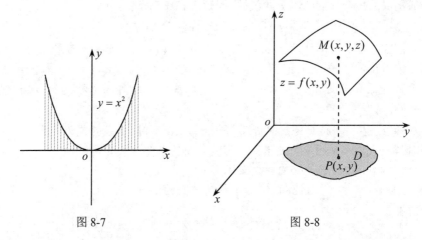

图 8-7   图 8-8

如线性函数 $z = ax + by + c$ 的图形是一张平面, 二次函数 $z = x^2 + y^2$ 的图形是旋转抛物面.

8.1.3 多元函数的极限

我们以二元函数 $z = f(x,y)$ 为例, 讨论当 $(x,y) \to (x_0, y_0)$, 即 $P(x,y) \to P_0(x_0, y_0)$ 时函数的极限. 这里 $P(x,y) \to P_0(x_0, y_0)$ 表示点 P 以<u>任意方式</u>趋于点 P_0, 也就是点 P 与点 P_0 之间的距离趋于零, 即 $|PP_0| = \sqrt{(x-x_0)^2 + (y-y_0)^2} \to 0$.

与一元函数的极限的概念类似, 如果在 $P(x,y) \to P_0(x_0, y_0)$ 的过程中, 对应的函数值 $f(x,y)$ 无限逼近于一个确定的常数 A, 就说 A 是函数 $z = f(x,y)$ 当 $(x,y) \to (x_0, y_0)$ 时的极限. 用 "$\varepsilon - \delta$" 语言描述如下:

定义 8-2　设 $P_0(x_0, y_0)$ 为函数 $z = f(x,y)$ 定义域 D 的聚点, 如果存在常数 A, 对于任意给定的正数 ε, 总存在正数 δ, 当 $P(x,y) \in D \cap \overset{\circ}{U}(P_0, \delta)$ 时, 都有

$$|f(P) - A| = |f(x,y) - A| < \varepsilon$$

成立, 那么常数 A 就称为**函数 $z = f(x,y)$ 当 $(x,y) \to (x_0, y_0)$ 时的极限**, 记作

$$\lim_{(x,y) \to (x_0, y_0)} f(x,y) = A \quad \text{或} \quad \lim_{\substack{x \to x_0 \\ y \to y_0}} f(x,y) = A$$

或

$$f(x,y) \to A \quad ((x,y) \to (x_0, y_0)),$$

也可记作

$$\lim_{P \to P_0} f(P) = A \quad \text{或} \quad f(P) \to A \ (P \to P_0).$$

为了区别一元函数的极限, 我们把二元函数的极限称为**二重极限**.

例 8-5 设 $f(x,y)=(x^2+y^2)\sin\dfrac{1}{x^2+y^2}$，求证：$\lim\limits_{(x,y)\to(0,0)}f(x,y)=0$.

证 这里函数 $f(x,y)$ 的定义域为 $D=\mathbf{R}^2\setminus\{(0,0)\}$，点 $O(0,0)$ 为 D 的聚点.

$\forall\varepsilon>0$，由于 $\left|f(x,y)-0\right|=\left|(x^2+y^2)\sin\dfrac{1}{x^2+y^2}-0\right|\leqslant x^2+y^2$，故要使 $\left|f(x,y)-0\right|<\varepsilon$，只要 $x^2+y^2<\varepsilon$，即 $\sqrt{x^2+y^2}<\sqrt{\varepsilon}$ 即可.

于是，取 $\delta=\sqrt{\varepsilon}>0$，则当 $0<|PP_0|=\sqrt{(x-0)^2+(y-0)^2}<\delta$ 时，即 $P(x,y)\in D\cap\overset{\circ}{U}(O,\delta)$ 时，都有 $\left|f(x,y)-0\right|<\varepsilon$ 成立. 因此

$$\lim_{(x,y)\to(0,0)}f(x,y)=0.$$

需要注意的是，二重极限存在的条件是当点 $P(x,y)$ 以<u>任意方式</u>趋于点 $P_0(x_0,y_0)$ 时，函数值 $f(x,y)$ 都无限逼近于某一常数 A. 因此，如果当点 $P(x,y)$ 以某些不同方式（比如两种方式）趋于点 $P_0(x_0,y_0)$ 时，函数值 $f(x,y)$ 无限逼近于不同的常数，我们就可以断定函数 $f(x,y)$ 当 $(x,y)\to(x_0,y_0)$ 时的极限不存在.

例如函数 $f(x,y)=\begin{cases}\dfrac{xy}{x^2+y^2},&x^2+y^2\neq0,\\[2mm]0,&x^2+y^2=0\end{cases}$ 当 $P(x,y)\to P_0(0,0)$ 时的极限不存在. 事实上，当点 $P(x,y)$ 沿 x 轴趋于点 $P_0(0,0)$ 时，有

$$\lim_{\substack{(x,y)\to(0,0)\\y=0}}f(x,y)=\lim_{x\to0}f(x,0)=\lim_{x\to0}0=0;$$

但当点 $P(x,y)$ 沿直线 $y=kx$（$k\neq0$）趋于点 $P_0(0,0)$ 时，有

$$\lim_{\substack{(x,y)\to(0,0)\\y=kx}}\frac{xy}{x^2+y^2}=\lim_{x\to0}\frac{kx^2}{x^2+k^2x^2}=\frac{k}{1+k^2}\neq0,$$

且随着 k 的取值不同，此函数的极限也不相同.

以上关于二元函数极限的概念，可相应地推广到三元及三元以上的函数中去，这里从略.

与一元函数极限的运算法则类似，我们也可以得出多元函数极限的运算法则，如四则运算法则、两个重要极限、等价无穷小运算法则等，下面我们用例子加以说明.

例 8-6 求 $\lim\limits_{(x,y)\to(0,1)}\dfrac{\tan xy}{x}$.

解 此函数的定义域为 $D=\{(x,y)\,|\,x\neq0,y\in R\}$，$P_0(0,1)$ 是 D 的一个聚点. 由积的极限的运算法则及重要极限，得

$$\lim_{(x,y)\to(0,1)}\frac{\tan xy}{x}=\lim_{(x,y)\to(0,1)}\frac{\sin xy}{x\cos xy}=\lim_{(x,y)\to(0,1)}\frac{y\sin xy}{xy\cos xy}$$

$$= \lim_{(x,y)\to(0,1)} \left(y \cdot \frac{\sin xy}{xy} \cdot \frac{1}{\cos xy} \right)$$

$$= \lim_{(x,y)\to(0,1)} y \cdot \lim_{(x,y)\to(0,1)} \frac{\sin xy}{xy} \cdot \lim_{(x,y)\to(0,1)} \frac{1}{\cos xy}$$

$$= \lim_{y\to1} y \cdot \lim_{xy\to0} \frac{\sin xy}{xy} \cdot \lim_{xy\to0} \frac{1}{\cos xy}$$

$$= 1\times1\times1 = 1 .$$

这里当只涉及到 y 与 xy 时，$(x,y)\to(0,1)$ 这种趋于方式分别变成 $y\to1$ 和 $xy\to0$，即转化成为一元函数的极限情形处理. 当然也可以直接使用等价无穷小运算法则处理，即

$$\lim_{(x,y)\to(0,1)} \frac{\tan xy}{x} = \lim_{(x,y)\to(0,1)} \frac{y\tan xy}{xy} = \lim_{y\to1} y \cdot \lim_{xy\to0} \frac{\tan xy}{xy} = 1\times1 = 1 .$$

有时，我们需要按照自变量 x、y 的不同顺序求出二元函数的极限，从而引入二次极限的概念.

我们称 $\lim\limits_{x\to x_0}(\lim\limits_{y\to y_0} f(x,y))$ 和 $\lim\limits_{y\to y_0}(\lim\limits_{x\to x_0} f(x,y))$ 为**函数 $f(x,y)$ 在点 $P_0(x_0,y_0)$ 的二次极限**. 前者表示先将 x 看成常量求一元函数 $f(x,y)$ 当 $y\to y_0$ 时的极限，如果存在，其结果就是关于 x 的一元函数，然后再对这个一元函数求当 $x\to x_0$ 时的极限；后者的过程刚好相反. 例如

$$\lim_{x\to1}(\lim_{y\to2}(5x^2+4xy+2y^2)) = \lim_{x\to1}(5x^2+8x+8) = 21 ,$$

$$\lim_{y\to3}(\lim_{x\to4}(\sqrt{x^2+y^2})) = \lim_{y\to3}\sqrt{y^2+16} = 5 .$$

我们通常将二次极限 $\lim\limits_{x\to x_0}(\lim\limits_{y\to y_0} f(x,y))$ 简记为 $\lim\limits_{x\to x_0}\lim\limits_{y\to y_0} f(x,y)$，将二次极限 $\lim\limits_{y\to y_0}(\lim\limits_{x\to x_0} f(x,y))$ 简记为 $\lim\limits_{y\to y_0}\lim\limits_{x\to x_0} f(x,y)$.

二次极限与二重极限是两个不同的概念，它们的存在性不能互相推出. 例如 $\lim\limits_{(x,y)\to(0,0)} \left(x\sin\frac{1}{y} + y\sin\frac{1}{x} \right) = 0+0 = 0$，但是函数 $x\sin\frac{1}{y} + y\sin\frac{1}{x}$ 在点 $(0,0)$ 的两个二次极限都不存在；函数 $f(x,y) = \begin{cases} \dfrac{xy}{x^2+y^2}, & x^2+y^2\neq0, \\ 0, & x^2+y^2=0 \end{cases}$ 在点 $(0,0)$ 处的二重极限不存在，但是二次极限 $\lim\limits_{x\to0}\lim\limits_{y\to0} f(x,y) = \lim\limits_{y\to0}\lim\limits_{x\to0} f(x,y) = 0$.

8.1.4　多元函数的连续性

一元函数的连续性对于我们了解函数性态及求函数的极限等有重要的意义，二元函数也有类似的情形.

定义 8-3 设 $P_0(x_0, y_0)$ 是函数 $z = f(x, y)$ 定义域 D 上的聚点，且 $P_0 \in D$．如果

$$\lim_{(x,y) \to (x_0, y_0)} f(x, y) = f(x_0, y_0)，$$

则称函数 $f(x, y)$ 在点 $P_0(x_0, y_0)$ **连续**，并称点 $P_0(x_0, y_0)$ 为函数 $f(x, y)$ 的一个**连续点**．

若记 $\Delta x = x - x_0$、$\Delta y = y - y_0$，则上式等价于

$$\lim_{(\Delta x, \Delta y) \to (0,0)} f(x_0 + \Delta x, y_0 + \Delta y) = f(x_0, y_0)．$$

若函数 $f(x, y)$ 在区域 D 上的每一个点都连续，则称函数 $f(x, y)$ **在区域 D 上连续**，或者称函数 $f(x, y)$ 为区域 D 上的**连续函数**．

由上述定义可知，函数 $f(x, y)$ 在点 $P_0(x_0, y_0)$ 连续必须同时满足三个条件：

① $f(x, y)$ 在点 $P_0(x_0, y_0)$ 有定义；

② 当 $(x, y) \to (x_0, y_0)$ 时 $f(x, y)$ 存在极限；

③ 当 $(x, y) \to (x_0, y_0)$ 时 $f(x, y)$ 的极限正好是 $f(x, y)$ 在点 $P_0(x_0, y_0)$ 的函数值 $f(x_0, y_0)$．

若上述三个条件至少有一个不满足，则 $P_0(x_0, y_0)$ 称为函数 $z = f(x, y)$ 的一个**间断点**．

以上关于二元函数连续性的概念可以相应地推广到三元及三元以上的函数上去，这里从略．

与一元初等函数类似，**多元初等函数**是指可以用一个式子表示的多元函数，这个式子由常数及含有不同自变量的一元基本初等函数经过有限次的四则运算和有限次的复合运算得到．如函数

$$z = \cos \frac{1}{x^2 + y^2 - 1}$$

及函数

$$z = y \ln \left(1 + \frac{\sin y}{x^2 + y} \right) + \tan x - 2$$

都是二元初等函数的例子．

我们同样可以得出结论：一切多元初等函数在其定义区域上都是连续的．

这里所说的**定义区域**是指包括在定义域内的区域或闭区域．

由此我们可以得出求二元函数极限的一种重要方法：若函数 $f(x, y)$ 为二元初等函数，点 $P_0(x_0, y_0)$ 在此函数的定义区域内，则有

$$\lim_{(x,y) \to (x_0, y_0)} f(x, y) = f(x_0, y_0)．$$

关于多元连续函数的运算法则，与一元连续函数类似，我们有结论：多元连续函数的和、差、积函数仍是连续函数，多元连续函数的商在分母不为零处仍连续；多元连续函数的复合函数也是连续函数．

例8-7　求 $\lim\limits_{(x,y)\to(1,1)}\dfrac{xy-1}{\sqrt{xy}+1}$.

解　因为函数 $f(x,y)=\dfrac{xy-1}{\sqrt{xy}+1}$ 是定义域为 $D=\{(x,y)\,|\,xy\geqslant0\}$ 的初等函数，$P_0(1,1)$ 是 D 的内点，而内点显然是定义区域中的点，由连续函数的定义，有

$$\lim_{(x,y)\to(1,1)}\frac{xy-1}{\sqrt{xy}+1}=f(1,1)=\frac{1\times1-1}{\sqrt{1\times1}+1}=\frac{0}{2}=0.$$

一般地，求 $\lim\limits_{P\to P_0}f(P)$ 时，如果 $f(P)$ 是初等函数，且点 P_0 是 $f(P)$ 的定义域的内点，则 $f(P)$ 在点 P_0 处连续，有 $\lim\limits_{P\to P_0}f(P)=f(P_0)$.

对于点 P_0 不是定义域 D 的内点的情形，我们常变形成在点 P_0 处连续的函数或重要极限来处理.

例8-8　求 $\lim\limits_{(x,y)\to(2,2)}\dfrac{x-y}{\sqrt{x}-\sqrt{y}}$ 和 $\lim\limits_{(x,y)\to(0,0)}\dfrac{\sqrt{1-x+y}-1}{x-y}$.

解　因为 $f(x,y)=\dfrac{x-y}{\sqrt{x}-\sqrt{y}}$ 是定义域为 $D=\{(x,y)\,|\,x\neq y,x\geqslant0,y\geqslant0\}$ 的初等函数，$P_0(2,2)$ 不是 D 的内点，但通过变形，有

$$\lim_{(x,y)\to(2,2)}\frac{x-y}{\sqrt{x}-\sqrt{y}}=\lim_{(x,y)\to(2,2)}\frac{(x-y)(\sqrt{x}+\sqrt{y})}{(\sqrt{x}-\sqrt{y})(\sqrt{x}+\sqrt{y})}$$

$$=\lim_{(x,y)\to(2,2)}\frac{(x-y)(\sqrt{x}+\sqrt{y})}{x-y}$$

$$=\lim_{(x,y)\to(2,2)}(\sqrt{x}+\sqrt{y})=2\sqrt{2}.$$

同理

$$\lim_{(x,y)\to(0,0)}\frac{\sqrt{1-x+y}-1}{x-y}=\lim_{(x,y)\to(0,0)}\frac{-x+y}{(x-y)(\sqrt{1-x+y}+1)}$$

$$=\lim_{(x,y)\to(0,0)}\frac{-1}{(\sqrt{1-x+y}+1)}=-\frac{1}{2}.$$

与闭区间上一元连续函数的性质相似，在有界闭区域上的二元连续函数（当然可进一步地推广到三元及三元以上的连续函数）有如下性质：

定理8-1（<u>有界性与最大值和最小值定理</u>）　若函数 $f(x,y)$ 在有界闭区域 D 上连续，则函数 $f(x,y)$ 必定在 D 上有界，且在 D 上必能取得最大值与最小值.

定理8-2（<u>介值定理</u>）　若函数 $f(x,y)$ 在有界闭区域 D 上连续，则函数 $f(x,y)$ 在 D 上必能取得最大值和最小值之间的任意值.

习题 8.1

1. 设函数 $f(x+y, x^2+y^2) = 2xy$，求 $f(x-y, x^2+y^2)$.

2. 设函数 $f(x,y) = \dfrac{2xy}{x^2+y^2}$，求 $f\left(1, \dfrac{y}{x}\right)$.

3. 设函数 $f\left(x+y, \dfrac{x}{y}\right) = x^2+y$，求 $f(x-y, 2y)$.

4. 求函数 $z = \ln[x\ln(y-x)]$ 的定义域.

5. 设函数 $f(x,y) = \begin{cases} \sin\dfrac{y}{x^2+y^2}, & x^2+y^2 \neq 0 \\ 0, & x^2+y^2 = 0 \end{cases}$，求 $f(x,0)$ 和 $f(0,y)$.

6. 求下列函数的定义域：

（1）$z = \ln(y^2 - 4x + 8)$；

（2）$z = \dfrac{1}{\sqrt{x+y}} + \dfrac{1}{\sqrt{x-y}}$；

（3）$z = \arcsin\dfrac{y}{x}$.

7. 求下列极限：

（1）$\lim\limits_{\substack{x\to 0 \\ y\to 1}}\left(\dfrac{x+y+2xy}{x+y}\right)^{\frac{1}{x}}$；

（2）$\lim\limits_{\substack{x\to 0 \\ y\to 0}}\dfrac{(x^2+y^2)x^2y^2}{1-\cos(x^2+y^2)}$；

（3）$\lim\limits_{\substack{x\to 0 \\ y\to 0}}\dfrac{x^2+y^2}{\sqrt{x^2+y^2+1}-1}$；

（4）$\lim\limits_{\substack{x\to 0 \\ y\to 0}}\dfrac{\sin(xy)}{x}$；

（5）$\lim\limits_{\substack{x\to 0 \\ y\to 0}}\left(\sqrt[3]{x}+y\right)\sin\dfrac{1}{x}\cos\dfrac{1}{y}$.

8. 证明极限 $\lim\limits_{\substack{x\to 0 \\ y\to 0}}\dfrac{x+y}{x-y}$ 不存在.

9. 函数 $z = \dfrac{1}{x-y}$ 在何处是间断的？

§8.2 偏 导 数

8.2.1 偏导数及其计算法

一元函数的导数是一元函数的因变量关于自变量的变化率. 对于多元函数，我们往往研究在其他自变量固定不变时，因变量关于某一个自变量的变化率问题，这种变化率就是所谓的多元函数的偏导数. 以二元函数 $z = f(x,y)$ 为例，如果将自

变量 y 固定为 y_0，则函数 $z=f(x,y_0)$ 就是关于自变量 x 的一元函数，该函数对 x 的变化率（即导数）就是 $z=f(x,y)$ 对 x 的偏导数．用同样的方法我们可以描述出 $z=f(x,y)$ 对 y 的偏导数．由此我们有如下的定义：

定义 8-4 设函数 $z=f(x,y)$ 在点 $P_0(x_0,y_0)$ 的某邻域内有定义，且当 y 固定在 y_0 而 x 在 x_0 处产生增量 Δx 时，相应地函数产生对 x 的**偏增量**为

$$\Delta z_x = f(x_0+\Delta x,y_0)-f(x_0,y_0),$$

如果极限

$$\lim_{\Delta x\to 0}\frac{\Delta z_x}{\Delta x}=\lim_{\Delta x\to 0}\frac{f(x_0+\Delta x,y_0)-f(x_0,y_0)}{\Delta x}$$

存在，则该极限称为函数 $z=f(x,y)$ 在点 $P_0(x_0,y_0)$ 处关于 x 的**偏导数**，记作

$$\frac{\partial z}{\partial x}\bigg|_{\substack{x=x_0\\y=y_0}},\quad \frac{\partial f}{\partial x}\bigg|_{(x_0,y_0)},\quad f_x(x_0,y_0)\text{ 或 }z_x(x_0,y_0),$$

即

$$f_x(x_0,y_0)=\lim_{\Delta x\to 0}\frac{f(x_0+\Delta x,y_0)-f(x_0,y_0)}{\Delta x}.$$

同理，若记函数对 y 的偏增量 $\Delta z_y=f(x_0,y_0+\Delta y)-f(x_0,y_0)$，则可定义 $z=f(x,y)$ 在点 $P_0(x_0,y_0)$ 处关于 y 的**偏导数**，并记作

$$\frac{\partial z}{\partial y}\bigg|_{\substack{x=x_0\\y=y_0}},\quad \frac{\partial f}{\partial y}\bigg|_{(x_0,y_0)},\quad f_y(x_0,y_0)\text{ 或 }z_y(x_0,y_0),$$

即

$$f_y(x_0,y_0)=\lim_{\Delta y\to 0}\frac{f(x_0,y_0+\Delta y)-f(x_0,y_0)}{\Delta y}.$$

如果函数 $z=f(x,y)$ 在定义区域 D 内的每一点 (x,y) 处关于 x（或 y）的偏导数都存在，那么这个偏导数就是 x、y 的函数，则称其为函数 $z=f(x,y)$ 关于自变量 x（或 y）的**偏导函数**，记作

$$\frac{\partial z}{\partial x},\frac{\partial f}{\partial x},z_x,f_x(x,y)\quad（\text{或 }\frac{\partial z}{\partial y},\frac{\partial f}{\partial y},z_y,f_y(x,y)）.$$

由偏导函数的定义可知，$z=f(x,y)$ 在点 $P_0(x_0,y_0)$ 处的偏导数 $f_x(x_0,y_0)$ 就是其关于自变量 x 的偏导函数 $f_x(x,y)$ 在点 $P_0(x_0,y_0)$ 处的函数值，$f_y(x_0,y_0)$ 就是其关于自变量 y 的偏导函数 $f_y(x,y)$ 在点 $P_0(x_0,y_0)$ 处的函数值．

与一元函数一样，在不至于引起混淆的地方，我们也把偏导函数简称为偏导数．

由偏导数的定义知，求二元函数的偏导数并不需要新方法．因为这里只有一个变量在变动，另一个变量看着是固定的，所以多元函数求偏导数的问题可以看成一元函数的导数问题，即求 $\dfrac{\partial f}{\partial x}$ 时，只要把 y 看作常量而对 x 求导；求 $\dfrac{\partial f}{\partial y}$ 时，只

要把 x 看作常量而对 y 求导即可.

偏导数的概念可以推广到二元以上的函数. 例如三元函数 $u = f(x, y, z)$ 在点 (x, y, z) 处的关于自变量 x 的偏导数定义为

$$f_x(x, y, z) = \lim_{\Delta x \to 0} \frac{f(x + \Delta x, y, z) - f(x, y, z)}{\Delta x},$$

其中 (x, y, z) 是函数 $u = f(x, y, z)$ 的定义域内的点. 它们的求法仍然是一元函数求导数的问题.

例 8-9 设函数 $z = x^2 - 2xy + 3y^3$, 求 $\left. \dfrac{\partial z}{\partial x} \right|_{(1,2)}$ 和 $\left. \dfrac{\partial z}{\partial y} \right|_{(1,2)}$.

解 把 y 看作常量而对 x 求导, 得 $\dfrac{\partial z}{\partial x} = 2x - 2y$, 于是

$$\left. \frac{\partial z}{\partial x} \right|_{(1,2)} = (2x - 2y) \Big|_{\substack{x=1 \\ y=2}} = -2.$$

把 x 看作常量而对 y 求导, 得 $\dfrac{\partial z}{\partial y} = -2x + 9y^2$, 于是

$$\left. \frac{\partial z}{\partial y} \right|_{(1,2)} = (-2x + 9y^2) \Big|_{\substack{x=1 \\ y=2}} = 34.$$

例 8-10 设 $z = \dfrac{y}{x}$, 求偏导数 $\dfrac{\partial z}{\partial x}$、$\dfrac{\partial x}{\partial y}$、$\dfrac{\partial y}{\partial z}$.

解 由 $z = \dfrac{y}{x}$, 视 y 为常量, 则有 $\dfrac{\partial z}{\partial x} = -\dfrac{y}{x^2}$;

由 $z = \dfrac{y}{x}$ 得 $x = \dfrac{y}{z}$, 将 x 看成是 y、z 的函数, 并视 z 为常量, 则有 $\dfrac{\partial x}{\partial y} = \dfrac{1}{z}$;

由 $z = \dfrac{y}{x}$ 得 $y = xz$, 将 y 看成是 x、z 的函数, 并视 x 为常量, 则有 $\dfrac{\partial y}{\partial z} = x$.

由上例的计算可知 $\dfrac{\partial z}{\partial x} \cdot \dfrac{\partial x}{\partial y} \cdot \dfrac{\partial y}{\partial z} = -\dfrac{y}{x^2} \cdot \dfrac{1}{z} \cdot x = -1 \neq 1$, 这充分说明偏导数的符号 $\dfrac{\partial z}{\partial x}$ (或 $\dfrac{\partial z}{\partial y}$) 是一个整体, 不能把它们看成 ∂z 与 ∂x (或 ∂z 与 ∂y) 相除, 这与一元的导数 $\dfrac{\mathrm{d}y}{\mathrm{d}x}$ 就是微分 $\mathrm{d}y$ 与微分 $\mathrm{d}x$ 之商有着本质的区别.

例 8-11 设 $u = x^6(3y - z^2) + \ln\sqrt{x^2 + z^3}$, 求 $\dfrac{\partial u}{\partial x}$、$\dfrac{\partial u}{\partial y}$、$\dfrac{\partial u}{\partial z}$.

解 在求 u 关于 x 的偏导数时, 我们把 y、z 看成常量, 从而有

$$\frac{\partial u}{\partial x} = 6x^5(3y - z^2) + \frac{1}{\sqrt{x^2 + z^3}} \cdot \frac{2x}{2\sqrt{x^2 + z^3}} = 6x^5(3y - z^2) + \frac{x}{x^2 + z^3};$$

在求 u 关于 y 的偏导数时，我们把 x、z 看成常量，从而有 $\dfrac{\partial u}{\partial y} = 3x^6$；

在求 u 关于 z 的偏导数时，我们把 x、y 看成常量，从而有

$$\frac{\partial u}{\partial z} = -2x^6 z + \frac{1}{\sqrt{x^2 + z^3}} \cdot \frac{3z^2}{2\sqrt{x^2 + z^3}} = -2x^6 z + \frac{3z^2}{2(x^2 + z^3)}.$$

以下的例子给出了求一点偏导数的另外一种方法，这种方法叫做**先代后求法**.

例 8-12　设 $f(x,y) = \arctan \dfrac{(x-1)^2}{2} \sin(y\pi) + \mathrm{e}^{xy} \cos(y\pi)$，求 $f_x(1,1)$.

解　因为 $f(x,1) = -\mathrm{e}^x$，所以 $f_x(x,1) = -\mathrm{e}^x$，从而 $f_x(1,1) = -\mathrm{e}$.

注意：一元函数在某点可导则必在该点连续. 但是对于多元函数，即使各偏导数在某点都存在，也不能保证函数在该点连续. 例如函数

$$f(x,y) = \begin{cases} \dfrac{xy}{x^2 + y^2}, & x^2 + y^2 \neq 0 \\[2mm] 0, & x^2 + y^2 = 0 \end{cases}$$

在 $(0,0)$ 处的对 x 和 y 的偏导数分别为

$$f_x(0,0) = \lim_{\Delta x \to 0} \frac{f(0 + \Delta x, 0) - f(0,0)}{\Delta x} = \lim_{\Delta x \to 0} \frac{0}{\Delta x} = 0,$$

$$f_y(0,0) = \lim_{\Delta y \to 0} \frac{f(0, 0 + \Delta y) - f(0,0)}{\Delta y} = \lim_{\Delta y \to 0} \frac{0}{\Delta y} = 0,$$

但是由上一节的例子，我们知道这个函数在点 $(0,0)$ 处没有极限，当然更不连续.

另一方面，如果二元函数在点 $P_0(x_0, y_0)$ 处连续，其偏导数也不一定存在. 例如函数 $f(x,y) = \sqrt{x} + \sqrt{y}$ 在点 $(0,0)$ 处连续，但是偏导数 $f_x(0,0)$、$f_y(0,0)$ 不存在.

二元函数在点 $P_0(x_0, y_0)$ 的偏导数 $f_x(x_0, y_0)$ 有下述几何意义：

如图 8-9 所示，设 $M_0(x_0, y_0, f(x_0, y_0))$ 为曲面 $z = f(x,y)$ 上的一个点，过 M_0 作平面 $y = y_0$，截曲面 $z = f(x,y)$ 后得一曲线 $z = f(x, y_0)$，则导数 $\dfrac{\mathrm{d}}{\mathrm{d}x} f(x, y_0)\big|_{x = x_0}$，即偏导数 $f_x(x_0, y_0)$ 就是该曲线在点 M_0 处的切线 $M_0 T_x$ 对 x 轴的斜率. 若 $M_0 T_x$ 与 x 轴正向的夹角为 α，则有 $\tan \alpha = \dfrac{\partial f}{\partial x}\Big|_{(x_0, y_0)}$；同样，偏导数 $f_y(x_0, y_0)$ 就是曲面 $z = f(x,y)$ 被平面 $x = x_0$ 截得的曲线 $z = f(x_0, y)$ 在点 M_0 处的切线 $M_0 T_y$ 对 y 轴的斜率. 若 $M_0 T_y$ 与 y 轴正向的夹角为 β，则有 $\tan \beta = \dfrac{\partial f}{\partial y}\Big|_{(x_0, y_0)}$.

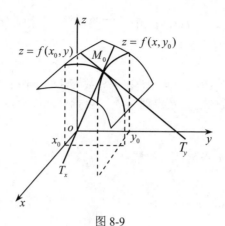

图 8-9

8.2.2 高阶偏导数

设函数 $z = f(x, y)$ 在定义区域 D 内具有偏导数 $f_x(x, y)$、$f_y(x, y)$，那么在 D 内 $f_x(x, y)$、$f_y(x, y)$ 都是 x、y 的函数. 如果函数 $f_x(x, y)$、$f_y(x, y)$ 的偏导数也存在，则它们称为 $z = f(x, y)$ 的**二阶偏导数**.

按照求导次序的不同有下列四种二阶偏导数（注意记号）：

$$\frac{\partial}{\partial x}\left(\frac{\partial z}{\partial x}\right) = \frac{\partial^2 z}{\partial x^2} = f_{xx}(x, y) , \quad \frac{\partial}{\partial y}\left(\frac{\partial z}{\partial x}\right) = \frac{\partial^2 z}{\partial x \partial y} = f_{xy}(x, y) ,$$

$$\frac{\partial}{\partial y}\left(\frac{\partial z}{\partial y}\right) = \frac{\partial^2 z}{\partial y^2} = f_{yy}(x, y) , \quad \frac{\partial}{\partial x}\left(\frac{\partial z}{\partial y}\right) = \frac{\partial^2 z}{\partial y \partial x} = f_{yx}(x, y) .$$

其中第二、三两个偏导数称为函数 $z = f(x, y)$ 的**二阶混合偏导数**.

同样可以得到函数 $z = f(x, y)$ 的三阶、四阶及 n 阶偏导数，二阶及二阶以上的偏导数统称为**高阶偏导数**.

例 8-13 已知 $z = x^3 y - 2xy^3 + xy + 1$，求 $\dfrac{\partial^2 z}{\partial x^2}$、$\dfrac{\partial^2 z}{\partial x \partial y}$、$\dfrac{\partial^2 z}{\partial y \partial x}$、$\dfrac{\partial^2 z}{\partial y^2}$、$\dfrac{\partial^3 z}{\partial x^3}$.

解 $\dfrac{\partial z}{\partial x} = 3x^2 y - 2y^3 + y$，$\dfrac{\partial z}{\partial y} = x^3 - 6xy^2 + x$，$\dfrac{\partial^2 z}{\partial x^2} = \dfrac{\partial}{\partial x}\left(\dfrac{\partial z}{\partial x}\right) = 6xy$，

$\dfrac{\partial^2 z}{\partial x \partial y} = \dfrac{\partial}{\partial y}\left(\dfrac{\partial z}{\partial x}\right) = 3x^2 - 6y^2 + 1$，$\dfrac{\partial^2 z}{\partial y \partial x} = \dfrac{\partial}{\partial x}\left(\dfrac{\partial z}{\partial y}\right) = 3x^2 - 6y^2 + 1$，

$\dfrac{\partial^2 z}{\partial y^2} = \dfrac{\partial}{\partial y}\left(\dfrac{\partial z}{\partial y}\right) = -12xy$，$\dfrac{\partial^3 z}{\partial x^3} = \dfrac{\partial}{\partial x}\left(\dfrac{\partial^2 z}{\partial x^2}\right) = 6y$.

我们可以看到，函数的两个二阶混合偏导数相等，即 $\dfrac{\partial^2 z}{\partial x \partial y} = \dfrac{\partial^2 z}{\partial y \partial x}$，当函数满

足一定的条件时，这是一个必然的结果，我们有下面的定理：

第 8 章 多元函数微分法及其应用

定理 8-3 若函数 $z = f(x, y)$ 的两个二阶混合偏导数在区域 D 内连续，则在该区域内这两个二阶偏导数必相等.

证明从略.

定理 8-3 说明，二阶混合偏导数在偏导数连续的条件下与求导次序无关.

以上高阶偏导数的定义及定理 8-3 可以推广到二元以上函数的情形，这里从略.

例 8-14 设 $z = f(x, y) = \mathrm{e}^{-x} \sin \dfrac{x}{y}$，求 $\dfrac{\partial^2 z}{\partial x \partial y}\bigg|_{(2, \frac{1}{\pi})}$.

解 $\dfrac{\partial z}{\partial x} = -\mathrm{e}^{-x} \sin \dfrac{x}{y} + \dfrac{\mathrm{e}^{-x}}{y} \cos \dfrac{x}{y}$，

$$\frac{\partial^2 z}{\partial x \partial y} = -\mathrm{e}^{-x} \cos \frac{x}{y} \cdot \left(-\frac{x}{y^2}\right) + \left(-\frac{\mathrm{e}^{-x}}{y^2}\right) \cdot \cos \frac{x}{y} + \frac{\mathrm{e}^{-x}}{y} \left(-\sin \frac{x}{y}\right) \cdot \left(-\frac{x}{y^2}\right),$$

将点 $(2, \dfrac{1}{\pi})$ 代入，得 $\dfrac{\partial^2 z}{\partial x \partial y}\bigg|_{(2, \frac{1}{\pi})} = \dfrac{\pi^2}{\mathrm{e}^2}$.

习题 8.2

1. 求下列函数的偏导数：

（1）$z = x + y - \sqrt{x^2 + y^2}$；　　　　　（2）$z = \ln \tan \dfrac{x}{y}$；

（3）$z = \arctan \sqrt{x^y}$；　　　　　　　　（4）$z = \sec(xy)$.

2. 设函数 $z = \arctan \dfrac{x + y}{x - y}$，求 $\dfrac{\partial z}{\partial x}$、$\dfrac{\partial z}{\partial y}$、$\dfrac{\partial^2 z}{\partial x \partial y}$.

3. 设 $r = \sqrt{x^2 + y^2 + z^2}$，证明 $\dfrac{\partial^2 r}{\partial x^2} + \dfrac{\partial^2 r}{\partial y^2} + \dfrac{\partial^2 r}{\partial z^2} = \dfrac{2}{r}$.

4. 设 $y = \varphi(x + \mu t) + \psi(x - \mu t)$，其中 φ、ψ 是任意的二次可导函数，求证：$\dfrac{\partial^2 y}{\partial t^2} = \mu^2 \dfrac{\partial^2 y}{\partial x^2}$.

5. 求下列函数的高阶偏导数：

（1）$z = x^{2y}$，求 $\dfrac{\partial^2 z}{\partial x^2}$、$\dfrac{\partial^2 z}{\partial x \partial y}$；

（2）$z = x^3 \sin y + y^3 \sin x$，求 $\dfrac{\partial^2 z}{\partial x \partial y}$；

（3）$z = x \ln(xy)$，求 $\dfrac{\partial^2 z}{\partial x^2 \partial y}$.

§8.3 全微分

8.3.1 全微分的定义

在偏导数的定义中，我们引入了函数 $z = f(x, y)$ 在点 $P(x, y)$ 处对自变量 x、y 的偏增量

$$\Delta z_x = f(x + \Delta x, y) - f(x, y) , \quad \Delta z_y = f(x, y + \Delta y) - f(x, y) .$$

由一元函数微分的应用可知，当 $|\Delta x|$、$|\Delta y|$ 很小时，

$$f(x + \Delta x, y) - f(x, y) \approx f_x(x, y)\Delta x ,$$

$$f(x, y + \Delta y) - f(x, y) \approx f_y(x, y)\Delta y .$$

以上两式的右端分别称为函数 $z = f(x, y)$ 对 x 和对 y 的**偏微分**.

进一步，当二元函数的两个自变量在点 $P(x, y)$ 同时具有增量 Δx 和 Δy 时，函数的改变量 $f(x + \Delta x, y + \Delta y) - f(x, y)$ 称为函数在点 $P(x, y)$ 对应于自变量的增量 Δx、Δy 的**全增量**，记作 Δz，即

$$\Delta z = f(x + \Delta x, y + \Delta y) - f(x, y) . \tag{8-1}$$

与一元函数的情形一样，在满足一定的条件下，我们可用自变量的增量 Δx、Δy 的线性函数来近似地代替函数的全增量 Δz，从而引入全微分的定义.

定义 8-5 设函数 $z = f(x, y)$ 在点 $P(x, y)$ 的某邻域内有定义，如果函数在点 $P(x, y)$ 的全增量

$$\Delta z = f(x + \Delta x, y + \Delta y) - f(x, y)$$

可表示为

$$\Delta z = A\Delta x + B\Delta y + o(\rho) \tag{8-2}$$

其中 A 和 B 为不依赖于 Δx、Δy 而仅与自变量 x、y 有关的常数，$\rho = \sqrt{(\Delta x)^2 + (\Delta y)^2}$，则称函数 $z = f(x, y)$ 在点 $P(x, y)$ **可微分**，而 $A\Delta x + B\Delta y$ 称为函数 $z = f(x, y)$ 在点 $P(x, y)$ 的**全微分**，记作 $\mathrm{d}z$，即

$$\mathrm{d}z = A\Delta x + B\Delta y .$$

如果函数 $z = f(x, y)$ 在区域 D 内的每一点都可微分，那么称该函数在区域 D 内**可微分**. 函数在区域 D 内任意点 (x, y) 处的全微分也称为该**函数的全微分**.

8.3.2 全微分存在的条件

定理 8-4 （<u>必要条件</u>）如果函数 $z = f(x, y)$ 在点 $P(x, y)$ 可微分，则

（1）函数 $z = f(x, y)$ 在点 $P(x, y)$ 必定连续；

（2）函数 $z = f(x, y)$ 在点 $P(x, y)$ 存在偏导数 $\dfrac{\partial z}{\partial x}$、$\dfrac{\partial z}{\partial y}$，且相应的全微分为

$$dz = \frac{\partial z}{\partial x}\Delta x + \frac{\partial z}{\partial y}\Delta y . \qquad (8\text{-}3)$$

证 若函数 $z = f(x,y)$ 在点 $P(x,y)$ 可微分，则由公式（8-2）可知，对于点 $P(x,y)$ 的某一领域内任一点 $P_1(x+\Delta x, y+\Delta y)$，总有

$$\Delta z = f(x+\Delta x, y+\Delta y) - f(x,y) = A\Delta x + B\Delta y + o(\rho) . \qquad (8\text{-}4)$$

（1）上式中令 $\Delta x \to 0$、$\Delta y \to 0$ 取极限，注意此时 $\rho = \sqrt{(\Delta x)^2 + (\Delta y)^2} \to 0$，从而有

$$\lim_{(\Delta x, \Delta y) \to (0,0)} [f(x+\Delta x, y+\Delta y) - f(x,y)] = 0 ,$$

或

$$\lim_{(\Delta x, \Delta y) \to (0,0)} f(x+\Delta x, y+\Delta y) = f(x,y) ,$$

由定义 8-3，函数 $z = f(x,y)$ 在点 $P(x,y)$ 处连续.

（2）在公式（8-4）中，令 $\Delta y = 0$，有

$$\Delta z = f(x+\Delta x, y) - f(x,y) = A\Delta x + o(|\Delta x|) ,$$

即

$$\Delta z_x = A\Delta x + o(|\Delta x|) ,$$

这时

$$\frac{\partial z}{\partial x} = \lim_{\Delta x \to 0} \frac{\Delta z_x}{\Delta x} = \lim_{\Delta x \to 0} \left(A + \frac{o(|\Delta x|)}{\Delta x} \right) = A ,$$

同理，在公式（8-4）中，令 $\Delta x = 0$，有

$$\frac{\partial z}{\partial y} = \lim_{\Delta x \to 0} \frac{\Delta z_y}{\Delta y} = \lim_{\Delta x \to 0} \left(B + \frac{o(|\Delta y|)}{\Delta y} \right) = B .$$

证毕.

一元函数在某点的导数存在是微分存在的充分条件和必要条件. 但对于多元函数则不然. 例如，函数 $f(x,y) = \begin{cases} \dfrac{xy}{x^2+y^2}, & x^2+y^2 \neq 0 \\ 0, & x^2+y^2 = 0 \end{cases}$ 在 $(0,0)$ 点有 $f_x(0,0) = 0$、$f_y(0,0) = 0$，但由于 $f(x,y)$ 在该点 $(0,0)$ 不连续（其实在点 $(0,0)$ 的极限都不存在），因此 $f(x,y)$ 在点 $(0,0)$ 不可微分.

由上面的讨论可知，偏导数存在只是可微分的必要条件，而非充分条件. 但我们如果把"偏导数存在"改为"偏导数连续"，则情况就不一样了，我们给出（而不证明）下面的定理：

定理 8-5（充分条件） 若函数 $z = f(x,y)$ 的偏导数 $\dfrac{\partial z}{\partial x}$、$\dfrac{\partial z}{\partial y}$ 在点 (x,y) 连续，则函数在该点可微分.

由定理 8-4 和定理 8-5，我们可以得出如下关系：

如果函数 $z = f(x, y)$ 在某点的两个偏导数都连续，则该函数在该点可微分；如果函数 $z = f(x, y)$ 在某点可微分，则一方面该函数在该点的两个偏导数都存在，另一方面该函数在该点连续.

习惯上，我们把<u>自变量的改变量记作自变量的微分</u>，即分别记 Δx、Δy 为 $\mathrm{d}x$、$\mathrm{d}y$，因而由公式（8-3）知，函数 $z = f(x, y)$ 的全微分可写成

$$\mathrm{d}z = \frac{\partial z}{\partial x}\mathrm{d}x + \frac{\partial z}{\partial y}\mathrm{d}y，\tag{8-5}$$

相应地，$z = f(x, y)$ 对 x 和对 y 的偏微分别记作 $\dfrac{\partial z}{\partial x}\mathrm{d}x$ 和 $\dfrac{\partial z}{\partial y}\mathrm{d}y$. 公式（8-5）说明，二元函数的全微分（如存在）一定等于它的两个偏微分之和.

我们还可以将全微分的概念和计算公式类推到三元及三元以上的函数. 例如，如果三元函数 $u = f(x, y, z)$ 可微分，那么它的全微分就等于它的三个偏微分之和，即

$$\mathrm{d}u = \frac{\partial z}{\partial x}\mathrm{d}x + \frac{\partial z}{\partial y}\mathrm{d}y + \frac{\partial z}{\partial z}\mathrm{d}z.\tag{8-6}$$

注：公式（8-5）和（8-6）只是计算全微分的一般公式，而要计算函数在某个具体点的全微分，则必须把该具体的点代入公式中.

例如，函数 $z = f(x, y)$ 在某点 (x_0, y_0) 的全微分（如果存在）为

$$\mathrm{d}z\big|_{(x_0, y_0)} = \frac{\partial z}{\partial x}\bigg|_{(x_0, y_0)}\mathrm{d}x + \frac{\partial z}{\partial y}\bigg|_{(x_0, y_0)}\mathrm{d}y，$$

而函数 $u = f(x, y, z)$ 在某点 (x_0, y_0, z_0) 的全微分(如果存在)为

$$\mathrm{d}u\big|_{(x_0, y_0, z_0)} = \frac{\partial u}{\partial x}\bigg|_{(x_0, y_0, z_0)}\mathrm{d}x + \frac{\partial u}{\partial y}\bigg|_{(x_0, y_0, z_0)}\mathrm{d}y + \frac{\partial u}{\partial z}\bigg|_{(x_0, y_0, z_0)}\mathrm{d}z.$$

例 8-15　计算函数 $z = 3x + x^2 y$ 的全微分 $\mathrm{d}z$.

解　偏导数 $\dfrac{\partial z}{\partial x} = 3 + 2xy$、$\dfrac{\partial z}{\partial y} = x^2$ 在平面上任一点 (x, y) 都连续，根据定理 8-5，函数 $z = 3x + x^2 y$ 在平面上任一点 (x, y) 都可微分，且

$$\mathrm{d}z = \frac{\partial z}{\partial x}\mathrm{d}x + \frac{\partial z}{\partial y}\mathrm{d}y = (3 + 2xy)\mathrm{d}x + x^2\mathrm{d}y.$$

例 8-16　计算函数 $z = \sin xy$ 在点 $(1, 2)$ 的全微分 $\mathrm{d}z\big|_{(1,2)}$.

解　显然偏导数 $\dfrac{\partial z}{\partial x} = y\cos xy$、$\dfrac{\partial z}{\partial y} = x\cos xy$ 在点 $(1, 2)$ 连续，根据定理 8-5，函数 $z = \sin xy$ 在点 $(1, 2)$ 可微分，且

$$\mathrm{d}z\big|_{(1,2)} = \frac{\partial z}{\partial x}\bigg|_{(1,2)}\mathrm{d}x + \frac{\partial z}{\partial y}\bigg|_{(1,2)}\mathrm{d}y = 2\cos2\mathrm{d}x + \cos2\mathrm{d}y .$$

例 8-17 求函数 $z = x^2 y^3$ 在点 $(-1,1)$ 处当 $\Delta x = 0.02$、$\Delta y = -0.01$ 时的全微分和全增量.

解 $\dfrac{\partial z}{\partial x}\bigg|_{(-1,1)} = 2xy^3\big|_{(-1,1)} = -2$、$\dfrac{\partial z}{\partial y}\bigg|_{(-1,1)} = 3x^2 y^2\big|_{(-1,1)} = 3$，因此

$$\mathrm{d}z = \frac{\partial z}{\partial x}\bigg|_{(-1,1)}\Delta x + \frac{\partial z}{\partial y}\bigg|_{(-1,1)}\Delta y = (-2)\times0.02 + 3\times(-0.01) = -0.07 ,$$

$$\Delta z = (-1+0.02)^2 \times[1+(-0.01)]^3 - (-1)^2\times1^3 \approx -0.0681 .$$

例 8-18 计算函数 $u = \sin x + y^2 + \mathrm{e}^{yz}$ 的全微分 $\mathrm{d}u$.

解 偏导数 $\dfrac{\partial u}{\partial x} = \cos x$、$\dfrac{\partial u}{\partial y} = 2y + z\mathrm{e}^{yz}$、$\dfrac{\partial u}{\partial z} = y\mathrm{e}^{yz}$ 在三维空间中任一点 (x,y,z) 都连续，根据定理 8-5，函数 $u = \sin x + y^2 + \mathrm{e}^{yz}$ 在任一点 (x,y,z) 都可微分，且

$$\mathrm{d}u = \frac{\partial u}{\partial x}\mathrm{d}x + \frac{\partial u}{\partial y}\mathrm{d}y + \frac{\partial u}{\partial z}\mathrm{d}z = \cos x\mathrm{d}x + (2y + z\mathrm{e}^{yz})\mathrm{d}y + y\mathrm{e}^{yz}\mathrm{d}z .$$

* 8.3.3 全微分在近似计算中的应用

由公式（8-4）及定理 8-5 可知，当函数 $z = f(x,y)$ 在 $P(x,y)$ 的两个偏导数 $f_x(x,y)$、$f_y(x,y)$ 连续，并且 $|\Delta x|$、$|\Delta y|$ 都很小时，就有近似公式

$$\Delta z \approx \mathrm{d}z = f_x(x,y)\Delta x + f_y(x,y)\Delta y , \tag{8-7}$$

或

$$f(x+\Delta x, y+\Delta y) \approx f(x,y) + f_x(x,y)\Delta x + f_y(x,y)\Delta y . \tag{8-8}$$

例 8-19 计算 $(1.04)^{1.99}$ 和 $\ln(\sqrt[3]{0.97} + \sqrt[4]{1.02} - 1)$ 的近似值.

解 设 $f(x,y) = x^y$，$g(x,y) = \ln(\sqrt[3]{x} + \sqrt[4]{y} - 1)$，则问题转化为求函数值 $f(1.04,1.99)$ 和 $g(0.97,1.02)$.

对于函数 $f(x,y)$，有 $f_x(x,y) = yx^{y-1}$、$f_y(x,y) = x^y\ln x$，取 $x=1$、$y=2$，$\Delta x = 0.04$、$\Delta y = -0.01$，由公式（8-8），有

$$(1.04)^{1.99} = f(1.04,1.99) = f[1+0.04, 2+(-0.01)]$$
$$\approx f(1,2) + f_x(1,2)\times0.04 + f_y(1,2)\times(-0.01)$$
$$\approx 1 + 2\times0.04 + 0\times(-0.01) = 1.08.$$

对于函数 $g(x,y)$，有

$$g_x(x,y) = \frac{1}{3(\sqrt[3]{x}+\sqrt[4]{y}-1)}x^{-\frac{2}{3}}、\quad g_y(x,y) = \frac{1}{4(\sqrt[3]{x}+\sqrt[4]{y}-1)}y^{-\frac{3}{4}},$$

取 $x=1$、$y=1$、$\Delta x = -0.03$、$\Delta y = 0.02$，由公式（8-8），有

$$\ln(\sqrt[3]{0.97} + \sqrt[4]{1.02} - 1) = g(0.97,1.02) = g[1 + (-0.03),1 + 0.02]$$

$$\approx g(1,1) + g_x(1,1) \times (-0.03) + g_y(1,1) \times 0.02$$

$$\approx 0 + \frac{1}{3} \times (-0.03) + \frac{1}{4} \times 0.02 = -0.05.$$

例 8-20 有一个圆柱体,受压后发生形变,它的半径由 20cm 增大到 20.05cm,高度由 100cm 减少到 99cm. 求此圆柱体体积变化的近似值.

解 设圆柱体的半径、高和体积依次为 r、h 和 V,则有

$$V = \pi r^2 h.$$

记 r、h 和 V 的增量依次为 Δr、Δh 和 ΔV,则由公式(8-7),有

$$\Delta V \approx dV = V_r \Delta r + V_h \Delta h = 2\pi r h \Delta r + \pi r^2 \Delta h,$$

将 $r = 20$、$h = 100$ 和 $\Delta r = 0.05$、$\Delta h = -1$ 代入上式,得

$$\Delta V \approx 2\pi \times 20 \times 100 \times 0.05 + \pi \times 20^2 \times (-1) = -200\pi \quad (\text{cm}^3),$$

即此圆柱体在受压后体积约减少 $200\pi \text{ cm}^3$.

习题 8.3

1. 求下列函数的全微分:

(1) $z = x^2 y^2$;   (2) $z = \tan(xy)$;   (3) $z = \arcsin \dfrac{x}{y}$;

(4) $u = x^{yz}$;   (5) $z = \ln(x^2 + y^2)$,求 $dz\big|_{(1,1)}$.

2. 设函数 $u = \left(\dfrac{x}{y}\right)^{\frac{1}{z}}$,求 du.

3. 求函数 $z = x^2 y^3$ 当 $x = 2$、$y = -1$、$\Delta x = 0.02$、$\Delta y = -0.01$ 时的全增量及全微分.

*4. 设有一圆柱,它的底圆半径 r 由 2cm 增加到 2.05cm,其高 h 由 10cm 减少到 9.8cm,试确定其体积的近似变化.

§8.4   多元复合函数的求导法则

与一元复合函数的求导法则一样,多元复合函数的求导法则在多元函数微分学中也起着十分重要的作用. 现在我们将一元复合函数的求导法则推广到多元复合函数.

依据多元复合函数不同的复合情形分为三种情况讨论.

情况 I   复合函数的中间变量均为一元函数

设复合函数

$$z = f[\varphi(x), \psi(x)] \tag{8-9}$$

是由一个二元函数 $z = f(u,v)$ 和两个一元函数 $u = \varphi(x)$ 及 $v = \psi(x)$ 复合而成的一元函数，其中 u、v 为该复合函数的中间变量，它们都是自变量 x 的一元函数．我们用如图 8-10 所示的有向图来表示各个变量之间的依赖关系．于是有如下定理：

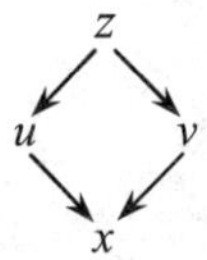

图 8-10

定理 8-6 如果函数 $u = \varphi(x)$ 及 $v = \psi(x)$ 都在点 x 可导，函数 $z = f(u,v)$ 在对应点 (u,v) 具有连续偏导数，则复合函数 $z = f[\varphi(x),\psi(x)]$ 在点 x 可导，且有

$$\frac{dz}{dx} = \frac{\partial z}{\partial u}\frac{du}{dx} + \frac{\partial z}{\partial v}\frac{dv}{dx}.\qquad (8-10)$$

证 给点 x 以增量 Δx，则作为自变量 x 的函数，中间变量 u、v 同时可获得对应的增量 Δu、Δv；进一步，作为中间变量 u、v 的函数，因变量 z 也获得相应的增量 Δz．由已知条件及定理 8-5，$z = f(u,v)$ 在点 (u,v) 可微分，且

$$\Delta z = \frac{\partial z}{\partial u}\Delta u + \frac{\partial z}{\partial v}\Delta v + o(\rho),$$

这里，$\rho = \sqrt{(\Delta u)^2 + (\Delta v)^2}$．上式两边同除以 Δx，得

$$\frac{\Delta z}{\Delta x} = \frac{\partial z}{\partial u}\frac{\Delta u}{\Delta x} + \frac{\partial z}{\partial v}\frac{\Delta v}{\Delta x} + \frac{o(\rho)}{\Delta x}.\qquad (8-11)$$

由于

$$\lim_{\Delta x \to 0}\frac{\Delta u}{\Delta x} = \frac{du}{dx}、\quad \lim_{\Delta x \to 0}\frac{\Delta v}{\Delta x} = \frac{dv}{dx},$$

且由

$$\lim_{\Delta x \to 0}\left|\frac{o(\rho)}{\Delta x}\right| = \lim_{\Delta x \to 0}\left|\frac{o(\rho)}{\rho}\right|\cdot\left|\frac{\rho}{\Delta x}\right| = \lim_{\Delta x \to 0}\left|\frac{o(\rho)}{\rho}\right|\cdot\lim_{\Delta x \to 0}\left|\frac{\sqrt{(\Delta u)^2 + (\Delta v)^2}}{\Delta x}\right|$$

$$= \lim_{\rho \to 0}\left|\frac{o(\rho)}{\rho}\right|\cdot\lim_{\Delta x \to 0}\left|\sqrt{(\frac{\Delta u}{\Delta x})^2 + (\frac{\Delta v}{\Delta x})^2}\right| = 0\cdot\lim_{\Delta x \to 0}\left|\sqrt{(\frac{du}{dx})^2 + (\frac{dv}{dx})^2}\right| = 0$$

知

$$\lim_{\Delta x \to 0}\frac{o(\rho)}{\Delta x} = 0.$$

上式的推导中我们用到了函数 $u = \varphi(x)$ 及 $v = \psi(x)$ 在点 x 可导性和连续性条件，即当 $\Delta x \to 0$ 时，$\Delta u \to 0$、$\Delta v \to 0$，从而有 $\rho = \sqrt{(\Delta u)^2 + (\Delta v)^2} \to 0$（这是由于 $u = \varphi(x)$ 及 $v = \psi(x)$ 都在点 x 可导，从而在点 x 连续）．

我们对公式（8-11）两边令 $\Delta x \to 0$ 取极限，得

$$\lim_{\Delta x \to 0}\frac{\Delta z}{\Delta x} = \lim_{\Delta x \to 0}\frac{\partial z}{\partial u}\frac{\Delta u}{\Delta x} + \lim_{\Delta x \to 0}\frac{\partial z}{\partial v}\frac{\Delta v}{\Delta x} + \lim_{\Delta x \to 0}\frac{o(\rho)}{\Delta x}$$

$$= \frac{\partial z}{\partial u}\lim_{\Delta x \to 0}\frac{\Delta u}{\Delta x} + \frac{\partial z}{\partial v}\lim_{\Delta x \to 0}\frac{\Delta v}{\Delta x} + 0,$$

即复合函数 $z=f[\varphi(x),\psi(x)]$ 在点 x 可导，且

$$\frac{\mathrm{d}z}{\mathrm{d}x}=\frac{\partial z}{\partial u}\frac{\mathrm{d}u}{\mathrm{d}x}+\frac{\partial z}{\partial v}\frac{\mathrm{d}v}{\mathrm{d}x}.$$

证毕.

定理 8-6 可以推广到中间变量多于两个的情形．例如，设函数 $z=f[\varphi(x),\psi(x),\omega(x)]$ 是由函数 $z=f(u,v,w)$ 及函数 $u=\varphi(x)$、$v=\psi(x)$、$w=\omega(x)$ 复合而成，则在定理 8-6 相类似的条件下，复合函数 $z=f[\varphi(x),\psi(x),\omega(x)]$ 在点 x 可导，且有

$$\frac{\mathrm{d}z}{\mathrm{d}x}=\frac{\partial z}{\partial u}\frac{\mathrm{d}u}{\mathrm{d}x}+\frac{\partial z}{\partial v}\frac{\mathrm{d}v}{\mathrm{d}x}+\frac{\partial z}{\partial w}\frac{\mathrm{d}w}{\mathrm{d}x}. \tag{8-12}$$

我们将公式（8-10）和公式（8-12）左端的导数称为**全导数**.

例 8-21 求 $z=u^2+v^2$、$u=\sin x$、$v=\ln x$ 所构成的复合函数的全导数 $\frac{\mathrm{d}z}{\mathrm{d}x}$.

解

$$\begin{aligned}\frac{\mathrm{d}z}{\mathrm{d}x}&=\frac{\partial z}{\partial u}\frac{\mathrm{d}u}{\mathrm{d}x}+\frac{\partial z}{\partial v}\frac{\mathrm{d}v}{\mathrm{d}x}=2u\cdot\cos x+2v\cdot\frac{1}{x}\\&=2\sin x\cos x+\frac{2\ln x}{x}=\sin 2x+\frac{2\ln x}{x}.\end{aligned}$$

情况 II　复合函数的中间变量均为多元函数

如果将定理 8-6 中的中间变量 u、v 均改为依赖于自变量 x、y 的二元函数 $u=\varphi(x,y)$ 及 $v=\psi(x,y)$，如图 8-11 所示，则有如下定理：

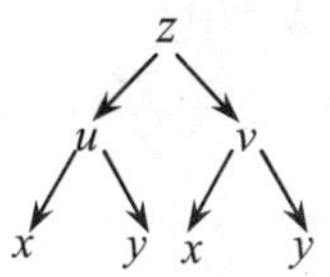

图 8-11

定理 8-7 如果函数 $u=\varphi(x,y)$ 及 $v=\psi(x,y)$ 在点 (x,y) 处的两个偏导数都存在，函数 $z=f(u,v)$ 在对应点 (u,v) 具有连续偏导数，则复合函数 $z=f[\varphi(x,y),\psi(x,y)]$ 在点 (x,y) 处的两个偏导数都存在，且有

$$\frac{\partial z}{\partial x}=\frac{\partial z}{\partial u}\frac{\partial u}{\partial x}+\frac{\partial z}{\partial v}\frac{\partial v}{\partial x}, \tag{8-13}$$

$$\frac{\partial z}{\partial y}=\frac{\partial z}{\partial u}\frac{\partial u}{\partial y}+\frac{\partial z}{\partial v}\frac{\partial v}{\partial y}. \tag{8-14}$$

定理 8-7 的证明与定理 8-6 类似，只是应将公式（8-10）的左端改为 $\frac{\partial z}{\partial x}$，原因是 z 最终还是关于 (x,y) 的二元函数，同样的原因，应将公式（8-10）右端的 $\frac{\mathrm{d}u}{\mathrm{d}x}$、$\frac{\mathrm{d}v}{\mathrm{d}x}$ 分别改为 $\frac{\partial u}{\partial x}$、$\frac{\partial v}{\partial x}$ 就得到公式（8-13）．同理可得到公式（8-14）.

例 8-22 设 $z=\mathrm{e}^u\cos v$ 而 $u=xy$、$v=2x+y$，求 $\frac{\partial z}{\partial x}$ 和 $\frac{\partial z}{\partial y}$.

解 由公式（8-13）和公式（8-14），

$$\frac{\partial z}{\partial x} = \frac{\partial z}{\partial u}\frac{\partial u}{\partial x} + \frac{\partial z}{\partial v}\frac{\partial v}{\partial x} = e^u \cos v \cdot y + e^u(-\sin v)\cdot 2$$

$$= e^{xy}\left[y\cos(2x+y) - 2\sin(2x+y)\right],$$

$$\frac{\partial z}{\partial y} = \frac{\partial z}{\partial u}\frac{\partial u}{\partial y} + \frac{\partial z}{\partial v}\frac{\partial v}{\partial y} = e^u \cos v \cdot x + e^u(-\sin v)\cdot 1$$

$$= e^{xy}\left[x\cos(2x+y) - \sin(2x+y)\right].$$

定理 8-7 同样可以推广到中间变量多于两个，甚至最终的自变量也多于两个的情形．例如，设函数 $z = f[\varphi(x,y,t),\psi(x,y),\omega(y,t)]$ 是由函数 $z = f(u,v,w)$ 及函数 $u = \varphi(x,y,t)$、$v = \psi(x,t)$、$w = \omega(y,t)$ 复合而成（如图 8-12 所示），则在定理 8-7 相类似的条件下，复合函数 $z = f[\varphi(x,y,t),\psi(x,t),\omega(y,t)]$ 在点 (x,y,t) 可导，且有

$$\frac{\partial z}{\partial x} = \frac{\partial z}{\partial u}\frac{\partial u}{\partial x} + \frac{\partial z}{\partial v}\frac{\partial v}{\partial x}, \quad \frac{\partial z}{\partial y} = \frac{\partial z}{\partial u}\frac{\partial u}{\partial y} + \frac{\partial z}{\partial w}\frac{\partial w}{\partial y},$$

$$\frac{\partial z}{\partial t} = \frac{\partial z}{\partial u}\frac{\partial u}{\partial t} + \frac{\partial z}{\partial v}\frac{\partial v}{\partial t} + \frac{\partial z}{\partial w}\frac{\partial w}{\partial t}.$$

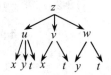

图 8-12

情况 III　复合函数的中间变量既有一元函数，又有多元函数

定理 8-8　如果函数 $u = \varphi(x)$ 在点 x 可导，$v = \psi(x,y)$ 在点 (x,y) 处的两个偏导数都存在，函数 $z = f(u,v)$ 在对应点 (u,v) 具有连续偏导数，则复合函数 $z = f[\varphi(x),\psi(x,y)]$ 在点 (x,y) 处的两个偏导数都存在，且有

$$\frac{\partial z}{\partial x} = \frac{\partial z}{\partial u}\frac{\mathrm{d}u}{\mathrm{d}x} + \frac{\partial z}{\partial v}\frac{\partial v}{\partial x}, \tag{8-15}$$

$$\frac{\partial z}{\partial y} = \frac{\partial z}{\partial v}\frac{\partial v}{\partial y}. \tag{8-16}$$

该定理中的变量之间的依赖关系如图 8-13 所示．

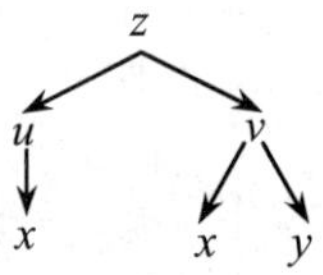

定理 8-8 其实是定理 8-7 的特殊情形，这是因为 $u = \varphi(x)$ 只是关于 x 的一元函数，故只需将公式（8-13）和公式（8-14）中的 $\dfrac{\partial u}{\partial x}$

图 8-13

改为 $\dfrac{\mathrm{d}u}{\mathrm{d}x}$，$\dfrac{\partial u}{\partial y}$ 改为 0，便得到公式（8-15）和公式（8-16）．

如果复合函数的某些中间变量又是复合函数的最终自变量，例如如图 8-14 所示，复合函数 $z = f[u(x,y),x,y]$ 由 $z = f(u,v,w)$ 及 $u = \varphi(x,y)$、$v = x$、$w = y$ 复合而成，这时注意到 $\dfrac{\mathrm{d}v}{\mathrm{d}x} = 1$、$\dfrac{\mathrm{d}v}{\mathrm{d}y} = 0$、$\dfrac{\mathrm{d}w}{\mathrm{d}x} = 0$、$\dfrac{\mathrm{d}w}{\mathrm{d}y} = 1$，有

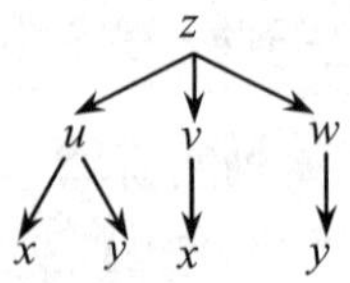

图 8-14

$$\frac{\partial z}{\partial x} = \frac{\partial z}{\partial u}\frac{\partial u}{\partial x} + \frac{\partial z}{\partial v}\frac{\mathrm{d}v}{\mathrm{d}x} + \frac{\partial z}{\partial w}\frac{\mathrm{d}w}{\mathrm{d}x} = \frac{\partial z}{\partial u}\frac{\partial u}{\partial x} + \frac{\partial f}{\partial x},$$

$$\frac{\partial z}{\partial y} = \frac{\partial z}{\partial u}\frac{\partial u}{\partial y} + \frac{\partial z}{\partial v}\frac{\mathrm{d}v}{\mathrm{d}y} + \frac{\partial z}{\partial w}\frac{\mathrm{d}w}{\mathrm{d}y} = \frac{\partial z}{\partial u}\frac{\partial u}{\partial y} + \frac{\partial f}{\partial y}.$$

特别注意：符号 $\dfrac{\partial z}{\partial x}$ 与 $\dfrac{\partial f}{\partial x}$ 表达的意思是不同的，前者是把函数 $z = f[u(x,y),x,y]$ 中的 y 看成常量而对 x 求偏导数，后者是把函数 $z = f(u,x,y)$ 中的 u、y 看成不变而对 x 求偏导数. 符号 $\dfrac{\partial z}{\partial y}$ 与 $\dfrac{\partial f}{\partial y}$ 也有类似的区别.

例 8-23 设 $u = f(x,y,z) = \mathrm{e}^{x^2+y^2+z^2}$，而 $z = 2x\sin y$，求 $\dfrac{\partial u}{\partial x}$ 和 $\dfrac{\partial u}{\partial y}$.

解 变量之间的依赖关系如图 8-15 所示，则有

$$\frac{\partial u}{\partial x} = \frac{\partial f}{\partial x} + \frac{\partial f}{\partial z}\frac{\partial z}{\partial x} = 2x\mathrm{e}^{x^2+y^2+z^2} + 2z\mathrm{e}^{x^2+y^2+z^2}\cdot 2\sin y$$

$$= 2\mathrm{e}^{x^2+y^2+z^2}(x + 2z\sin y),$$

$$\frac{\partial u}{\partial y} = \frac{\partial f}{\partial y} + \frac{\partial f}{\partial z}\frac{\partial z}{\partial y} = 2y\mathrm{e}^{x^2+y^2+z^2} + 2z\mathrm{e}^{x^2+y^2+z^2}\cdot 2x\cos y$$

$$= 2\mathrm{e}^{x^2+y^2+z^2}(y + 2xz\cos y).$$

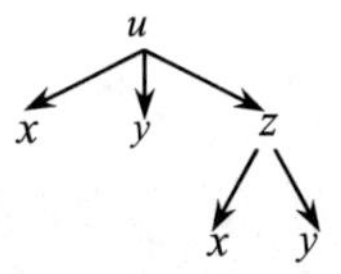

图 8-15

分析上述求导公式，我们归纳出以下结论：

一个复合函数对自变量的导数（或偏导数）是这样几项之和，其项数就是中间变量的个数（有时某些项可能会为 0），而每一项又是函数对中间变量的导数（或偏导数）与中间变量对相应自变量的导数（或偏导数）之乘积.

例 8-24 设 $z = uv + \sin t$，而 $u = \mathrm{e}^t$、$v = \cos t$，求全导数 $\dfrac{\mathrm{d}z}{\mathrm{d}t}$.

解 对于这里的复合函数，u、v 是中间变量，而 t 既是中间变量，又是自变量，因而

$$\frac{\mathrm{d}z}{\mathrm{d}t} = \frac{\partial z}{\partial u}\frac{\mathrm{d}u}{\mathrm{d}t} + \frac{\partial z}{\partial v}\frac{\mathrm{d}v}{\mathrm{d}t} + \frac{\partial z}{\partial t} = v\mathrm{e}^t - u\sin t + \cos t$$

$$= \mathrm{e}^t\cos t - \mathrm{e}^t\sin t + \cos t = \mathrm{e}^t(\cos t - \sin t) + \cos t.$$

在多元复合函数求导中，为了简便，常采用如下记号：

$$f_1' = \frac{\partial f(u,v)}{\partial u}, \quad f_2' = \frac{\partial f(u,v)}{\partial v}, \quad f_{11}'' = \frac{\partial^2 f(u,v)}{\partial u^2},$$

$$f_{12}'' = \frac{\partial^2 f(u,v)}{\partial u\partial v}, \quad f_{21}'' = \frac{\partial^2 f(u,v)}{\partial v\partial u}, \quad f_{22}'' = \frac{\partial^2 f(u,v)}{\partial v^2}.$$

显然上述的每个记号都代表了一个关于 u、v 的一元函数.

例 8-25 设 $w = f(x+y+z, xyz)$，f 具有二阶连续偏导数，求 $\dfrac{\partial w}{\partial x}$ 及 $\dfrac{\partial^2 w}{\partial x\partial z}$.

解　$w = f(x+y+z, xyz)$ 可看成是由 $w = f(u,v)$ 及 $u = x+y+z$、$v = xyz$ 复合而成的复合函数，因而

$$\frac{\partial w}{\partial x} = \frac{\partial f}{\partial u}\frac{\partial u}{\partial x} + \frac{\partial f}{\partial v}\frac{\partial v}{\partial x} = f_1' + yzf_2',$$

$$\frac{\partial^2 w}{\partial x \partial z} = \frac{\partial}{\partial z}\left(\frac{\partial w}{\partial x}\right) = \frac{\partial}{\partial z}(f_1' + yzf_2') = \frac{\partial f_1'}{\partial z} + yf_2' + yz\frac{\partial f_2'}{\partial z}.$$

在具体求 $\dfrac{\partial f_1'}{\partial z}$ 及 $\dfrac{\partial f_2'}{\partial z}$ 时，应注意 f_1' 及 f_2' 仍然是关于中间变量 u、v 的二元函数及 $u = x+y+z$，$v = xyz$ 复合而成的复合函数，如图 8-16 所示，因而有

$$\frac{\partial f_1'}{\partial z} = \frac{\partial f_1'}{\partial u}\frac{\partial u}{\partial z} + \frac{\partial f_1'}{\partial v}\frac{\partial v}{\partial z} = f_{11}'' + xyf_{12}'',$$

$$\frac{\partial f_2'}{\partial z} = \frac{\partial f_2'}{\partial u}\frac{\partial u}{\partial z} + \frac{\partial f_2'}{\partial v}\frac{\partial v}{\partial z} = f_{21}'' + xyf_{22}''.$$

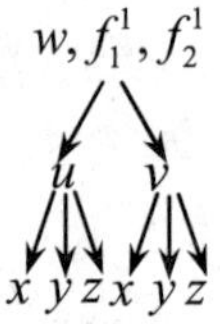

于是

$$\frac{\partial^2 w}{\partial x \partial z} = f_{11}'' + xyf_{12}'' + yf_2' + yzf_{21}'' + xy^2 zf_{22}''$$

$$= f_{11}'' + y(x+z)f_{12}'' + yf_2' + xy^2 zf_{22}''.$$

图 8-16

注意，在上面的最后一步，我们用到了 $f_{12}'' = f_{21}''$，这是因为 f 具有二阶连续偏导数.

下面给出全微分的一个重要性质.

设函数 $z = f(u,v)$ 具有连续偏导数，则有全微分

$$dz = \frac{\partial z}{\partial u}du + \frac{\partial z}{\partial v}dv.$$

如果 u、v 是中间变量，且 $u = \varphi(x,y)$、$v = \psi(x,y)$ 也具有对 x、y 的连续偏导数，则复合函数 $z = f[\varphi(x,y), \psi(x,y)]$ 的全微分又可以写成

$$dz = \frac{\partial z}{\partial x}dx + \frac{\partial z}{\partial y}dy.$$

事实上，由 $du = \dfrac{\partial u}{\partial x}dx + \dfrac{\partial u}{\partial y}dy$、$dv = \dfrac{\partial v}{\partial x}dx + \dfrac{\partial v}{\partial y}dy$ 得

$$dz = \frac{\partial z}{\partial u}du + \frac{\partial z}{\partial v}dv = \frac{\partial z}{\partial u}\left(\frac{\partial u}{\partial x}dx + \frac{\partial u}{\partial y}dy\right) + \frac{\partial z}{\partial v}\left(\frac{\partial v}{\partial x}dx + \frac{\partial v}{\partial y}dy\right)$$

$$= \left(\frac{\partial z}{\partial u}\frac{\partial u}{\partial x} + \frac{\partial z}{\partial v}\frac{\partial v}{\partial x}\right)dx + \left(\frac{\partial z}{\partial u}\frac{\partial u}{\partial y} + \frac{\partial z}{\partial v}\frac{\partial v}{\partial y}\right)dy = \frac{\partial z}{\partial x}dx + \frac{\partial z}{\partial y}dy.$$

像这样，当函数 z 是关于 u、v 的二元函数时，无论 u、v 是自变量还是中间变量，全微分 dz 的形式是一样的，即都是 z 对变量 u、v 的偏微分之和. 我们把全微分的这种形式一样的性质称为**全微分的形式不变性**.

比如，针对例 8-22，因为

$$dz = d(e^u \cos v)$$

$$= e^u \cos v du - e^u \sin v dv$$

$$= e^u \cos v d(xy) - e^u \sin v d(2x+y)$$

$$= e^{xy} \cos(2x+y) \cdot (y dx + x dy) - e^{xy} \sin(2x+y) \cdot (2dx+dy)$$

$$= e^{xy} [y \cos(2x+y) - 2\sin(2x+y)] dx$$

$$+ e^{xy} [x \cos(2x+y) - \sin(2x+y)] dy ,$$

而 $dz = \dfrac{\partial z}{\partial x} dx + \dfrac{\partial z}{\partial y} dy$ ，

比较上两式右端 dx 及 dy 的系数，就可得到

$$\frac{\partial z}{\partial x} = e^{xy} [y \cos(2x+y) - 2\sin(2x+y)] ,$$

$$\frac{\partial z}{\partial y} = e^{xy} [x \cos(2x+y) - \sin(2x+y)] .$$

习题 8.4

1. 设 $z = \dfrac{y}{x}$ ，而 $x = e^t$ ， $y = 1 - e^{2t}$ ，求 $\dfrac{dz}{dt}$.

2. 设 $z = \arctan(xy)$ ，而 $y = e^x$ ，求 $\dfrac{dz}{dx}$.

3. 设 $z = u^2 v - u v^2$ ，而 $u = x \cos y$ ， $v = x \sin y$ ，求 $\dfrac{\partial z}{\partial x}$ 和 $\dfrac{\partial z}{\partial y}$.

4. 设函数 $u = f(x,y,z)$ 、 $y = y(x,t)$ 、 $t = t(x,z)$ 都可微，求 $\dfrac{\partial u}{\partial x}$.

5. 设函数 $z = uv$ ，而函数 $u = u(x,y)$ 、 $v = v(x,y)$ 由方程组 $\begin{cases} x = e^u \cos v \\ y = e^u \sin v \end{cases}$ 确定，求 $\dfrac{\partial z}{\partial x}$ 和 $\dfrac{\partial z}{\partial y}$.

6. 求下列函数的一阶偏导数（其中 f 具有连续偏导数）：

（1） $u = f(xy + yz + zx)$ ；　　　　（2） $u = f(x, xy, xyz)$.

7. 设 $z = xy + xF(u)$ ，而 $u = \dfrac{y}{x}$ ， $F(u)$ 为可导函数，求证：

$$x \frac{\partial z}{\partial x} + y \frac{\partial z}{\partial y} = z + xy .$$

§8.5 隐函数的求导公式

在§2.4 节我们已经提出了隐函数的概念，并且指出了不经过显化直接用方程
$$F(x, y) = 0$$
求它所确定的隐函数的导数的方法.

本节我们将通过隐函数的存在定理来讨论以下问题：一个方程 $F(x, y) = 0$ 在什么条件下可以确定隐函数？如果可以确定，该隐函数的连续性及可微性怎样？又怎样求其导数呢？然后再将相关结论推广到由（多元）方程（组）所确定的（多元）隐函数中去.

我们首先给出独立（自由）变量和依赖变量的概念，我们将（隐）函数中能作为自变量的变量称为**独立（自由）变量**，将（隐）函数中能作为因变量的变量称为**依赖变量**.

定理 8-9（隐函数存在定理一） 设函数 $F(x, y)$ 满足：

① 在点 $P(x_0, y_0)$ 的某个邻域内具有连续的偏导数；

② $F(x_0, y_0) = 0$；

③ $F_y(x_0, y_0) \neq 0$（或 $F_x(x_0, y_0) \neq 0$）.

则方程 $F(x, y) = 0$ 在点 $P(x_0, y_0)$ 的某个邻域内唯一确定一个连续且具有连续导数的函数 $y = f(x)$（或 $x = \varphi(y)$），它满足条件 $y_0 = f(x_0)$（或 $x_0 = \varphi(y_0)$），且 $F[x, f(x)] \equiv 0$（或 $F[\varphi(y), y] \equiv 0$），并有

$$\frac{dy}{dx} = -\frac{F_x}{F_y} \quad (\text{或} \frac{dx}{dy} = -\frac{F_y}{F_x}). \tag{8-17}$$

这里 F_x、F_y 分别表示函数 $F(x, y)$ 对变量 x、y 的偏导数，即

$$F_x = \frac{\partial F}{\partial x}, \quad F_y = \frac{\partial F}{\partial y}.$$

这个定理证明从略，现推导求导公式 $\frac{dy}{dx} = -\frac{F_x}{F_y}$ 如下：

将方程 $F(x, y) = 0$ 所确定的函数 $y = f(x)$ 代入此方程，得恒等式
$$F(x, f(x)) \equiv 0,$$
将其两边同时对 x 求导（注意左边可以看成是 x 的一个复合函数）得

$$\frac{\partial F}{\partial x} + \frac{\partial F}{\partial y}\frac{dy}{dx} = 0.$$

因为 F_y 连续，且 $F_y(x_0, y_0) \neq 0$，所以存在点 $P(x_0, y_0)$ 的某个邻域，对这个邻域内任一点 (x, y) 都有 $F_y(x, y) \neq 0$，于是有

$$\frac{dy}{dx} = -\frac{F_x}{F_y}.$$

证毕.

若 $F(x,y)=0$ 的二阶偏导数也都连续，则可将上式看成是 x 的复合函数，两边再对 x 求导，则可得到隐函数的二阶导数公式

$$\frac{d^2y}{dx^2} = \frac{\partial}{\partial x}\left(-\frac{F_x}{F_y}\right) + \frac{\partial}{\partial y}\left(-\frac{F_x}{F_y}\right)\frac{dy}{dx}$$

$$= -\frac{F_{xx}F_y - F_{yx}F_x}{F_y^2} - \frac{F_{xy}F_y - F_{yy}F_x}{F_y^2}\left(-\frac{F_x}{F_y}\right)$$

$$= -\frac{F_{xx}F_y^2 - 2F_{xy}F_xF_y + F_{yy}F_x^2}{F_y^3}.$$

注：这里 F_{xx}、F_{xy}、F_{yx}、F_{yy} 表示函数 $F(x,y)$ 的四个二阶偏导数.

定理 8-9 说明：一个二元方程 $F(x,y)=0$ 在满足一定的条件下可以确定一个一元隐函数. 一元隐函数的自由变量数和依赖变量数均为 1，即依赖变量的个数（即隐函数的个数）就是原方程的个数，而自由变量和依赖变量的总数就是原方程中变元的个数.

例 8-26 验证方程 $\sin y + e^x - xy - 1 = 0$ 在点 $(0,0)$ 的某个邻域内能唯一确定一个连续且具有连续导数的函数 $y = f(x)$，满足条件 $f(0)=0$，并求 $\left.\dfrac{dy}{dx}\right|_{x=0}$.

解 令 $F(x,y) = \sin y + e^x - xy - 1$，则

①显然 $F_x = e^x - y$，$F_y = \cos y - x$ 在点 $(0,0)$ 的某个邻域内连续；

② $F(0,0) = 0$；

③ $F_y(0,0) = 1 \neq 0$.

由定理 8-9，$\sin y + e^x - xy - 1 = 0$ 在点 $(0,0)$ 的某个邻域内能唯一确定一个连续且具有连续导数的函数 $y = f(x)$，满足条件 $f(0)=0$，且

$$\left.\frac{dy}{dx}\right|_{x=0} = \left.-\frac{F_x}{F_y}\right|_{x=0,y=0} = \left.-\frac{e^x - y}{\cos y - x}\right|_{x=0,y=0} = -1.$$

我们将二元方程 $F(x,y)=0$ 再推广到三元方程 $F(x,y,z)=0$，则有如下定理：

定理 8-10（隐函数存在定理二） 设函数 $F(x,y,z)$ 满足：

①在点 $P(x_0, y_0, z_0)$ 的某个邻域内具有连续的偏导数；

② $F(x_0, y_0, z_0) = 0$；

③ $F_z(x_0, y_0, z_0) \neq 0$，

则方程 $F(x,y,z)=0$ 在点 $P(x_0, y_0, z_0)$ 的某个邻域内唯一确定一个连续且具有连续偏导数的函数 $z = f(x,y)$，它满足条件 $z_0 = f(x_0, y_0)$，且 $F[x, y, f(x,y)] \equiv 0$，并有

$$\frac{\partial z}{\partial x} = -\frac{F_x}{F_z}, \quad \frac{\partial z}{\partial y} = -\frac{F_y}{F_z}. \tag{8-18}$$

这里 F_x、F_y、F_z 分别表示函数 $F(x, y, z)$ 对变量 x、y、z 的偏导数，即

$$F_x = \frac{\partial F}{\partial x}, \quad F_y = \frac{\partial F}{\partial y}, \quad F_z = \frac{\partial F}{\partial z}.$$

这个定理证明从略，现推导求导公式（8-18）如下：

将方程 $F(x, y, z) = 0$ 所确定的函数 $z = f(x, y)$ 代入此方程，得恒等式

$$F(x, y, f(x, y)) \equiv 0,$$

将上式两边分别对 x 和 y 求导，由复合函数求导法则知

$$F_x + F_z \frac{\partial z}{\partial x} = 0, \quad F_y + F_z \frac{\partial z}{\partial y} = 0.$$

因为 F_z 连续，且 $F_z(x_0, y_0, z_0) \neq 0$，所以存在点 $P(x_0, y_0, z_0)$ 的某个邻域，对这个邻域内任一点 (x, y, z) 都有 $F_z(x, y, z) \neq 0$，于是有

$$\frac{\partial z}{\partial x} = -\frac{F_x}{F_z}, \quad \frac{\partial z}{\partial y} = -\frac{F_y}{F_z}.$$

证毕.

定理 8-10 说明：一个三元方程 $F(x, y, z) = 0$ 在满足一定的条件下可以确定一个二元隐函数. 二元隐函数的自由变量数和依赖变量数分别为 2 和 1，即依赖变量的个数（即隐函数的个数）就是原方程的个数，而自由变量和依赖变量的总数就是原方程中变元的个数.

例 8-27 设 $\sin x + y^2 - z^2 + 3z = 0$，求 $\frac{\partial^2 z}{\partial x^2}$.

解 令 $F(x, y, z) = \sin x + y^2 - z^2 + 3z$，则 $F_x = \cos x$，$F_z = -2z + 3$，当 $z \neq \frac{3}{2}$ 时，$F_z \neq 0$，由定理 8-10，得

$$\frac{\partial z}{\partial x} = -\frac{F_x}{F_z} = \frac{\cos x}{2z - 3},$$

上式两边再对 x 求偏导 （注意 z 是关于 x、y 的隐函数），得

$$\frac{\partial^2 z}{\partial x^2} = \frac{-(2z-3)\sin x - 2\dfrac{\partial z}{\partial x}\cos x}{(2z-3)^2}$$

$$= \frac{-(2z-3)\sin x - 2\left(\dfrac{\cos x}{2z-3}\right)\cos x}{(2z-3)^2}$$

$$= \frac{-(2z-3)^2\sin x - 2\cos^2 x}{(2z-3)^3}.$$

我们将三元方程 $F(x,y,z)=0$ 再推广到多元方程组，例如四元方程组 $\begin{cases} F(x,y,u,v)=0 \\ G(x,y,u,v)=0 \end{cases}$，则有如下定理：

定理 8-11（隐函数存在定理三） 设函数 $F(x,y,u,v)$、$G(x,y,u,v)$ 满足：

①在点 $P(x_0,y_0,u_0,v_0)$ 的某个邻域内对各个变量的偏导数都连续；

② $F(x_0,y_0,u_0,v_0)=0$、$G(x_0,y_0,u_0,v_0)=0$；

③ $J=\dfrac{\partial(F,G)}{\partial(u,v)}=\begin{vmatrix} \dfrac{\partial F}{\partial u} & \dfrac{\partial F}{\partial v} \\ \dfrac{\partial G}{\partial u} & \dfrac{\partial G}{\partial v} \end{vmatrix}_{P(x_0,y_0,u_0,v_0)} \neq 0$.

则方程组 $\begin{cases} F(x,y,u,v)=0 \\ G(x,y,u,v)=0 \end{cases}$ 在点 $P(x_0,y_0,u_0,v_0)$ 的某个邻域内唯一确定一组（这里是两个）连续且具有连续偏导数的函数 $u=u(x,y)$、$v=v(x,y)$，它满足条件 $u_0=u(x_0,y_0)$、$v_0=v(x_0,y_0)$，且 $\begin{cases} F[x,y,u(x,y),v(x,y)]\equiv 0 \\ G[x,y,u(x,y),v(x,y)]\equiv 0 \end{cases}$，并有

$$\frac{\partial u}{\partial x}=-\frac{1}{J}\frac{\partial(F,G)}{\partial(x,v)}=-\frac{\begin{vmatrix} F_x & F_v \\ G_x & G_v \end{vmatrix}}{\begin{vmatrix} F_u & F_v \\ G_u & G_v \end{vmatrix}},\ \frac{\partial v}{\partial x}=-\frac{1}{J}\frac{\partial(F,G)}{\partial(u,x)}=-\frac{\begin{vmatrix} F_u & F_x \\ G_u & G_x \end{vmatrix}}{\begin{vmatrix} F_u & F_v \\ G_u & G_v \end{vmatrix}}.$$

$$\frac{\partial u}{\partial y}=-\frac{1}{J}\frac{\partial(F,G)}{\partial(y,v)}=-\frac{\begin{vmatrix} F_y & F_v \\ G_y & G_v \end{vmatrix}}{\begin{vmatrix} F_u & F_v \\ G_u & G_v \end{vmatrix}},\ \frac{\partial v}{\partial y}=-\frac{1}{J}\frac{\partial(F,G)}{\partial(u,y)}=-\frac{\begin{vmatrix} F_u & F_y \\ G_u & G_y \end{vmatrix}}{\begin{vmatrix} F_u & F_v \\ G_u & G_v \end{vmatrix}}.$$

$$(8\text{-}19)$$

这里的 J 称为函数 F、G 对变量 u、v 的**雅可比（Jacobi）行列式**.

与定理 8-9、定理 8-10 一样，现推导求导公式（8-19）如下：

将所确定的函数 $u=u(x,y)$、$v=v(x,y)$ 代入方程组 $\begin{cases} F(x,y,u,v)=0 \\ G(x,y,u,v)=0 \end{cases}$ 得两个恒等式

$$\begin{cases} F[x,y,u(x,y),v(x,y)]\equiv 0 \\ G[x,y,u(x,y),v(x,y)]\equiv 0 \end{cases},$$

两边分别对 x 求导，由复合函数求导法则得

$$\begin{cases} F_x + F_u \dfrac{\partial u}{\partial x} + F_v \dfrac{\partial v}{\partial x} = 0 \\ G_x + G_u \dfrac{\partial u}{\partial x} + G_v \dfrac{\partial v}{\partial x} = 0 \end{cases},$$

这是关于 $\dfrac{\partial u}{\partial x}$、$\dfrac{\partial v}{\partial x}$ 的线性方程组，由条件③知点 $P(x_0, y_0, u_0, v_0)$ 的某个邻域内任一点 (x, y, u, v) 都有上述方程组的系数行列式

$$J = \frac{\partial(F,G)}{\partial(u,v)} = \begin{vmatrix} \dfrac{\partial F}{\partial u} & \dfrac{\partial F}{\partial v} \\ \dfrac{\partial G}{\partial u} & \dfrac{\partial G}{\partial v} \end{vmatrix}_{P(x,y,u,v)} \neq 0 ,$$

从而解得

$$\frac{\partial u}{\partial x} = -\frac{1}{J}\frac{\partial(F,G)}{\partial(x,v)} \text{、} \quad \frac{\partial v}{\partial x} = -\frac{1}{J}\frac{\partial(F,G)}{\partial(u,x)} ,$$

同样的方法可解得

$$\frac{\partial u}{\partial y} = -\frac{1}{J}\frac{\partial(F,G)}{\partial(y,v)} \text{、} \quad \frac{\partial v}{\partial y} = -\frac{1}{J}\frac{\partial(F,G)}{\partial(u,y)} .$$

证毕.

定理 8-11 说明：一个四元方程组 $\begin{cases} F(x,y,u,v) = 0 \\ G(x,y,u,v) = 0 \end{cases}$ 在满足一定的条件下可以确定两个二元隐函数. 它们的自由变量数和依赖变量数均为 2，即依赖变量的个数（即隐函数的个数）就是原方程组所含的方程数，而自由变量和依赖变量的总数就是原方程组中变元的个数.

例 8-28 设 $\begin{cases} x + y + u + v = 0 \\ xu + yv = 0 \end{cases}$，求 $\dfrac{\partial u}{\partial x}$、$\dfrac{\partial u}{\partial y}$、$\dfrac{\partial v}{\partial x}$、$\dfrac{\partial v}{\partial y}$.

解 令 $F(x,y,u,v) = x + y + u + v$，$G(x,y,u,v) = xu + yv$，则

$F_x = F_y = F_u = F_v = 1$、$G_x = u$、$G_y = v$、$G_u = x$、$G_v = y$，从而当 $x \neq y$ 时

$$J = \frac{\partial(F,G)}{\partial(u,v)} = \begin{vmatrix} F_u & F_v \\ G_u & G_v \end{vmatrix} = \begin{vmatrix} 1 & 1 \\ x & y \end{vmatrix} = y - x \neq 0.$$

又

$$\frac{\partial(F,G)}{\partial(x,v)} = \begin{vmatrix} F_x & F_v \\ G_x & G_v \end{vmatrix} = \begin{vmatrix} 1 & 1 \\ u & y \end{vmatrix} = y - u ,$$

$$\frac{\partial(F,G)}{\partial(u,x)} = \begin{vmatrix} F_u & F_x \\ G_u & G_x \end{vmatrix} = \begin{vmatrix} 1 & 1 \\ x & u \end{vmatrix} = u - x ,$$

$$\frac{\partial(F,G)}{\partial(y,v)} = \begin{vmatrix} F_y & F_v \\ G_y & G_v \end{vmatrix} = \begin{vmatrix} 1 & 1 \\ v & y \end{vmatrix} = y - v ,$$

$$\frac{\partial(F,G)}{\partial(u,y)} = \begin{vmatrix} F_u & F_y \\ G_u & G_y \end{vmatrix} = \begin{vmatrix} 1 & 1 \\ x & v \end{vmatrix} = v - x .$$

由公式（8-19）解得

$$\frac{\partial u}{\partial x} = -\frac{1}{J}\frac{\partial(F,G)}{\partial(x,v)} = \frac{u-y}{y-x} \text{、} \quad \frac{\partial v}{\partial x} = -\frac{1}{J}\frac{\partial(F,G)}{\partial(u,x)} = \frac{x-u}{y-x} ,$$

$$\frac{\partial u}{\partial y} = -\frac{1}{J}\frac{\partial(F,G)}{\partial(y,v)} = \frac{v-y}{y-x} \text{、} \quad \frac{\partial v}{\partial y} = -\frac{1}{J}\frac{\partial(F,G)}{\partial(u,y)} = \frac{x-v}{y-x} .$$

习题 8.5

1. 设 $\ln\sqrt{x^2+y^2} = \arctan\dfrac{y}{x}$ ，求 $\dfrac{\mathrm{d}y}{\mathrm{d}x}$.

2. 设 $x^3 + y^3 + z^3 - 3axyz = 0$ ，求 $\dfrac{\partial z}{\partial x}$ 和 $\dfrac{\partial z}{\partial y}$.

3. 函数 $z = z(x,y)$ 由 $\cos^2 x + \cos^2 y + \cos^2 z = 1$ 所确定，求 $\dfrac{\partial z}{\partial x}$ 和 $\dfrac{\partial z}{\partial y}$.

4. 设 $\mathrm{e}^z - xyz = 0$ ，求 $\dfrac{\partial z}{\partial x}$ 、 $\dfrac{\partial z}{\partial y}$ 和 $\dfrac{\partial^2 z}{\partial x \partial y}$.

5. 设 $f(x,y,z) = xy^2 z^3$ ，其中 $z = z(x,y)$ 由方程 $x^2 + y^2 + z^2 - 5xyz = 0$ 确定，求 $f_x'(1,1,1)$.

§8.6 微分法在几何上的应用

8.6.1 空间曲线的切线与法平面

设空间曲线 Γ 的参数方程为

$$\begin{cases} x = \varphi(t) \\ y = \psi(t), \quad t \in [\alpha,\beta], \\ z = \omega(t) \end{cases} \qquad (8\text{-}20)$$

其中 $x = \varphi(t)$ 、 $y = \psi(t)$ 、 $z = \omega(t)$ 都是区间 $[\alpha,\beta]$ 上的可导函数，且对任意 $t \in [\alpha,\beta]$ ， $\varphi'(t)$ 、 $\psi'(t)$ 、 $\omega'(t)$ 不同时为零（这时我们称曲线在点 t 处<u>光滑</u>）。

现在求在曲线上一点 $M_0(x_0,y_0,z_0)$ 处的切线方程和法平面方程。

设点 $M_0(x_0,y_0,z_0)$ 在曲线 Γ 上对应的参数为 $t = t_0$ （ $t_0 \in [\alpha,\beta]$ ）。为了能求得该点处的切线方程，我们再取曲线 Γ 上对应参数 $t = t_0 + \Delta t$ （要求 $t_0 + \Delta t \in [\alpha,\beta]$ ）的另一点 $M(x_0 + \Delta x, y_0 + \Delta y, z_0 + \Delta z)$ ，这里

$$\Delta x = \varphi(t_0 + \Delta t) - \varphi(t_0) ,$$

$$\Delta y = \psi(t_0 + \Delta t) - \psi(t_0) ,$$

$$\Delta z = \omega(t_0 + \Delta t) - \omega(t_0) .$$

显然割线 M_0M 的方向向量

$$s = \overrightarrow{M_0M} = (\Delta x, \Delta y, \Delta z) ,$$

从而割线 M_0M 的方程为

$$\frac{x - x_0}{\Delta x} = \frac{y - y_0}{\Delta y} = \frac{z - z_0}{\Delta z} .$$

当 M 沿曲线 Γ 趋于 M_0 时，割线 M_0M 的极限位置就是曲线 Γ 在点处的切线 M_0T 的位置（如图 8-17 所示），将上式的分母同除以 Δt，得

$$\frac{x - x_0}{\dfrac{\Delta x}{\Delta t}} = \frac{y - y_0}{\dfrac{\Delta y}{\Delta t}} = \frac{z - z_0}{\dfrac{\Delta z}{\Delta t}} .$$

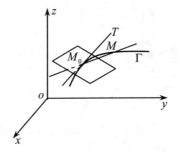

图 8-17

令 M 沿曲线 Γ 趋于 M_0 取极限（此时 $\Delta t \to 0$），就得切线 M_0T 的方程为

$$\frac{x - x_0}{\lim\limits_{\Delta t \to 0} \dfrac{\Delta x}{\Delta t}} = \frac{y - y_0}{\lim\limits_{\Delta t \to 0} \dfrac{\Delta y}{\Delta t}} = \frac{z - z_0}{\lim\limits_{\Delta t \to 0} \dfrac{\Delta z}{\Delta t}} .$$

即

$$\frac{x - x_0}{\varphi'(t_0)} = \frac{y - y_0}{\psi'(t_0)} = \frac{z - z_0}{\omega'(t_0)} ,$$

上式同时也说明向量 $\boldsymbol{T} = (\varphi'(t_0), \psi'(t_0), \omega'(t_0))$ 是曲线 Γ 在点 $M_0(x_0, y_0, z_0)$ 切线的方向向量或曲线 Γ 在该点的法平面的法向量，因此曲线 Γ 在点 M 处的法平面方程为

$$\varphi'(t_0)(x - x_0) + \psi'(t_0)(y - y_0) + \omega'(t_0)(z - z_0) = 0.$$

例 8-29　求曲线 $x = 2t^2$，$y = t$，$z = 3 - t$ 在点 $(2,1,2)$ 处的切线方程和法平面方程.

解　曲线在点 $(2,1,2)$ 处对应的参数 $t = 1$，且 $x_t'|_{t=1} = 4t|_{t=1} = 4$、$y_t'|_{t=1} = 1$、$z_t'|_{t=1} = -1$，故曲线在该点的切线方程为

$$\frac{x-2}{4} = \frac{y-1}{1} = \frac{z-2}{-1},$$

法平面方程为

$$4(x-2)+(y-1)-(z-2)=0,$$

即

$$4x+y-z=7.$$

若空间曲线 Γ 是两个母线平行于坐标轴的柱面的交线，即

$$\begin{cases} y = f(x) \\ z = g(x) \end{cases}, \quad x \in [a,b]$$

且 $f(x)$、$g(x)$ 都是区间 $[a,b]$ 上的可导函数，则可取 x 为参数，此时 Γ 的方程变为参数形式

$$\begin{cases} x = x \\ y = f(x), \quad x \in [a,b] \\ z = g(x) \end{cases}$$

从而可求得曲线 Γ 在点 $M(x_0, y_0, z_0)$ 处的切线方程为

$$\frac{x-x_0}{1} = \frac{y-y_0}{f'(x_0)} = \frac{z-z_0}{g'(x_0)},$$

曲线 Γ 在点 $M(x_0, y_0, z_0)$ 处的法平面方程为

$$(x-x_0)+f'(x_0)(y-y_0)+g'(x_0)(z-z_0)=0.$$

若空间曲线 Γ 为两个曲面的交线，即其方程为

$$\begin{cases} F(x,y,z) = 0 \\ G(x,y,z) = 0 \end{cases}, \qquad (*)$$

点 $M_0(x_0, y_0, z_0)$ 为曲线 Γ 上的一个点. 若 F、G 关于各个变量的偏导数连续，且

$$\left. \frac{\partial(F,G)}{\partial(y,z)} \right|_{M_0(x_0,y_0,z_0)} \neq 0,$$

则由隐函数存在定理，方程组（*）在点 $M_0(x_0, y_0, z_0)$ 的某个邻域内确定了两个一元隐函数 $y = f(x)$、$z = g(x)$，即曲线 Γ 有隐含的参数方程

$$\begin{cases} x = x \\ y = f(x) \\ z = g(x) \end{cases}$$

对恒等式

$$\begin{cases} F[x, f(x), g(x)] \equiv 0 \\ G[x, f(x), g(x)] \equiv 0 \end{cases}$$

两边同时关于 x 求导，得线性方程组

$$\begin{cases} F_x + F_y f'(x) + F_z g'(x) = 0 \\ G_x + G_y f'(x) + G_z g'(x) = 0 \end{cases}.$$

由于 $J = \dfrac{\partial(F,G)}{\partial(y,z)}\bigg|_{M_0} = \begin{Vmatrix} F_y & F_z \\ G_y & G_z \end{Vmatrix}_{M_0} \neq 0$，故可求得

$$f'(x_0) = -\frac{1}{J}\frac{\partial(F,G)}{\partial(x,z)}\bigg|_{M_0} = \frac{\begin{Vmatrix} F_z & F_x \\ G_z & G_x \end{Vmatrix}}{\begin{Vmatrix} F_y & F_z \\ G_y & G_z \end{Vmatrix}_{M_0}},$$

$$g'(x_0) = -\frac{1}{J}\frac{\partial(F,G)}{\partial(y,x)}\bigg|_{M_0} = \frac{\begin{Vmatrix} F_x & F_y \\ G_x & G_y \end{Vmatrix}}{\begin{Vmatrix} F_y & F_z \\ G_y & G_z \end{Vmatrix}_{M_0}},$$

从而曲线 Γ 在点 M_0 处的切向量为 $(1, f'(x_0), g'(x_0))$，将其三个分量同乘以一个非零的数 $\begin{Vmatrix} F_y & F_z \\ G_y & G_z \end{Vmatrix}_{M_0}$，所得向量

$$\left(\begin{Vmatrix} F_y & F_z \\ G_y & G_z \end{Vmatrix}_{M_0}, \begin{Vmatrix} F_z & F_x \\ G_z & G_x \end{Vmatrix}_{M_0}, \begin{Vmatrix} F_x & F_y \\ G_x & G_y \end{Vmatrix}_{M_0} \right)$$

仍然是曲线 Γ 在点 $M_0(x_0, y_0, z_0)$ 处的切向量，故曲线 Γ 在点 M_0 的切线方程和法平面方程分别为

$$\frac{x-x_0}{\begin{Vmatrix} F_y & F_z \\ G_y & G_z \end{Vmatrix}_{M_0}} = \frac{y-y_0}{\begin{Vmatrix} F_z & F_x \\ G_z & G_x \end{Vmatrix}_{M_0}} = \frac{z-z_0}{\begin{Vmatrix} F_x & F_y \\ G_x & G_y \end{Vmatrix}_{M_0}}, \qquad (8\text{-}21)$$

$$\begin{Vmatrix} F_y & F_z \\ G_y & G_z \end{Vmatrix}_{M_0}(x-x_0) + \begin{Vmatrix} F_z & F_x \\ G_z & G_x \end{Vmatrix}_{M_0}(y-y_0) + \begin{Vmatrix} F_x & F_y \\ G_x & G_y \end{Vmatrix}_{M_0}(z-z_0) = 0. \qquad (8\text{-}22)$$

注意：如果 $\dfrac{\partial(F,G)}{\partial(y,z)}\bigg|_{M_0} = 0$ 而 $\dfrac{\partial(F,G)}{\partial(z,x)}\bigg|_{M_0}$、$\dfrac{\partial(F,G)}{\partial(x,y)}\bigg|_{M_0}$ 中至少有一个不等于零，则可以得到与公式（8-21）和公式（8-22）相同的结论.

例 8-30 求曲线 $\begin{cases} x^2 + y^2 + z^2 - 3x = 0 \\ 2x - 3y + 5z - 4 = 0 \end{cases}$ 在点 $(1,1,2)$ 处的切线方程和法平面方程.

解 令 $F(x,y,z) = x^2 + y^2 + z^2 - 3x$、$G(x,y,z) = 2x - 3y + 5z - 4$，则 $F_x = 2x - 3$，$F_y = 2y$，$F_z = 2z$，$G_x = 2$，$G_y = -3$，$G_z = 5$，从而

$$\begin{Vmatrix} F_y & F_z \\ G_y & G_z \end{Vmatrix}_{(1,1,2)} = 2 \times 1 \times 5 - (-3) \times 2 \times 2 = 22 ,$$

$$\begin{Vmatrix} F_z & F_x \\ G_z & G_x \end{Vmatrix}_{(1,1,2)} = 2 \times 2 \times 2 - 5 \times (2 \times 1 - 3) = 13 ,$$

$$\begin{Vmatrix} F_x & F_y \\ G_x & G_y \end{Vmatrix}_{(1,1,2)} = (2 \times 1 - 3) \times (-3) - 2 \times 2 \times 1 = -1 .$$

故由公式（8-21）和公式（8-22），曲线在点 $(1,1,2)$ 处的切线方程为

$$\frac{x-1}{22} = \frac{y-1}{13} = \frac{z-2}{-1} ,$$

法平面方程为

$$22(x-1) + 13(y-1) - (z-2) = 0 ,$$

即

$$22x + 13y - z = 33 .$$

8.6.2 曲面的切平面与法线

设曲面 Σ 由一个三元方程

$$F(x, y, z) = 0$$

给出，点 $M_0(x_0, y_0, z_0)$ 是曲面 Σ 的任意点，并假设函数 $F(x, y, z)$ 在该点的偏导数连续且不同时为零.

在曲面 Σ 上，过点 $M(x_0, y_0, z_0)$ 任意引一条曲线 Γ（如图 8-18 所示），并假设曲线 Γ 的参数方程为

$$\begin{cases} x = \varphi(t) \\ y = \psi(t), \qquad x \in [\alpha, \beta] \\ z = \omega(t) \end{cases}$$

且点 $M_0(x_0, y_0, z_0)$ 相应的参数为 $t = t_0$ 且 $\varphi'(t_0)$、$\psi'(t_0)$、$\omega'(t_0)$ 不全为零.

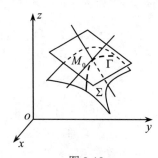

图 8-18

因为曲线 Γ 在曲面 Σ 上，所以有恒等式

$$F[\varphi(t), \psi(t), \omega(t)] \equiv 0 .$$

上式两端同时求在 $t = t_0$ 处的导数，得

$$\frac{\mathrm{d}}{\mathrm{d}t} F[\varphi(t), \psi(t), \omega(t)] \bigg|_{t=t_0} = 0 ,$$

即

$$F_x(x_0, y_0, z_0)\varphi'(t_0) + F_y(x_0, y_0, z_0)\psi'(t_0) + F_z(x_0, y_0, z_0)\omega'(t_0) = 0. \quad (8\text{-}23)$$

若记非零向量 $\boldsymbol{n} = (F_x(x_0, y_0, z_0), F_y(x_0, y_0, z_0), F_z(x_0, y_0, z_0))$，公式（8-23）表明该向量与曲线 Γ 在点 $M_0(x_0, y_0, z_0)$ 的切线的方向向量 $\boldsymbol{T} = (\varphi'(t_0), \psi'(t_0), \omega'(t_0))$（简称切向量）垂直. 由曲线 Γ 的任意性知，曲面 Σ 上过点 M_0 且在点 M_0 光滑的任何曲线在点 M_0 处的切线都在同一平面上，该平面称为曲面 Σ 在点 M_0 处的**切平面**. 同时将过点 M_0 且与该切平面垂直的直线称为曲面 Σ 在点 M_0 处的**法线**. 由公式（8-23）知，向量 $\boldsymbol{n} = (F_x(x_0, y_0, z_0), F_y(x_0, y_0, z_0), F_z(x_0, y_0, z_0))$ 就是该切平面的一个法向量，从而可得曲面 Σ 在点 M_0 处的切平面方程为

$$F_x(x_0, y_0, z_0)(x - x_0) + F_y(x_0, y_0, z_0)(y - y_0) + F_z(x_0, y_0, z_0)(z - z_0) = 0 . \quad (8\text{-}24)$$

同时曲面 Σ 在点 M_0 处的法线方程为

$$\frac{x - x_0}{F_x(x_0, y_0, z_0)} = \frac{y - y_0}{F_y(x_0, y_0, z_0)} = \frac{z - z_0}{F_z(x_0, y_0, z_0)} . \quad (8\text{-}25)$$

例 8-31　求球面 $x^2 + y^2 + z^2 = 6$ 在点 $(2, 1, -1)$ 处的切平面方程和法线方程.

解　令 $F(x, y, z) = x^2 + y^2 + z^2 - 6$，则球面 $x^2 + y^2 + z^2 = 6$ 在点 $(2, 1, 0)$ 处的法向量为

$$\boldsymbol{n} = (F_x, F_y, F_z)\big|_{(2,1,-1)} = (2x, 2y, 2z)\big|_{(2,1,-1)} = (4, 2, -2) ,$$

故由公式（8-24）得所求的切平面方程为

$$4(x - 2) + 2(y - 1) - 2(z + 1) = 0 ,$$

即

$$2x + y - z = 6 .$$

由公式（8-25）得所求的法线方程为

$$\frac{x - 2}{4} = \frac{y - 1}{2} = \frac{z + 1}{-2}$$

可变形为

$$\frac{x}{2} = \frac{y}{1} = \frac{z}{-1} .$$

例 8-31 说明：若球面的球心在原点，则其上任意一点的法线必通过原点. 进一步推广可知，球面上任意一点的法线必通过球心.

若曲面 Σ 的方程由一个二元函数

$$z = f(x, y)$$

给出，且偏导数 $f_x(x,y)$、$f_y(x,y)$ 在点 (x_0, y_0) 连续，则令

$$F(x,y,z) = f(x,y) - z$$

可得

$$F_x(x,y,z) = f_x(x,y)、F_y(x,y,z) = f_y(x,y)、F_z(x,y,z) = -1 .$$

于是，曲面 $z = f(x,y)$ 在点 $M_0(x_0, y_0, z_0)$ （注意 $z_0 = f(x_0, y_0)$ ）处的法向量为

$$\boldsymbol{n} = (f_x(x_0, y_0), f_y(x_0, y_0), -1) ,$$

从而曲面 $z = f(x,y)$ 在点 M_0 处的切平面方程为

$$f_x(x_0, y_0)(x - x_0) + f_y(x_0, y_0)(y - y_0) - (z - z_0) = 0 ,$$

或者

$$z - z_0 = f_x(x_0, y_0)(x - x_0) + f_y(x_0, y_0)(y - y_0) . \tag{8-26}$$

曲面 $z = f(x,y)$ 在点 M_0 处的法线方程为

$$\frac{x - x_0}{f_x(x_0, y_0)} = \frac{y - y_0}{f_y(x_0, y_0)} = \frac{z - z_0}{-1} . \tag{8-27}$$

如果用 α、β、γ 表示曲面在点 M_0 的法向量的方向角，并假设法向量的方向是<u>向上的</u>，即法向量与 z 轴的正向所成的角 γ 是一个锐角，则法向量的方向余弦为

$$\cos\alpha = \frac{-f_x}{\sqrt{1 + f_x^2 + f_y^2}}, \quad \cos\beta = \frac{-f_y}{\sqrt{1 + f_x^2 + f_y^2}},$$

$$\cos\gamma = \frac{1}{\sqrt{1 + f_x^2 + f_y^2}}, \tag{8-28}$$

这里 f_x、f_y 表示 $f_x(x_0, y_0)$、$f_y(x_0, y_0)$.

实际上，公式（8-26）右端恰好是函数 $z = f(x,y)$ 在点 (x_0, y_0) 的全微分，而左端是切平面上点 M_0 的竖坐标的增量．因此，公式（8-26）说明函数 $z = f(x,y)$ 在点 (x_0, y_0) 的全微分就是曲面 $z = f(x,y)$ 在点 $M(x_0, y_0, z_0)$ 处的切平面的竖坐标的增量．这就是**全微分的几何意义**．

例 8-32 求椭圆抛物面 $\dfrac{x^2}{4} + \dfrac{y^2}{9} = z$ 在点 $(2,3,2)$ 处的切平面方程和法线方程，并求出该曲面在点 $(2,3,2)$ 的法向量的方向余弦（假设法向量的方向向上）．

解 令 $f(x,y) = \dfrac{x^2}{4} + \dfrac{y^2}{9}$ ，则 $f_x(2,3) = \dfrac{x}{2}\Big|_{(2,3)} = 1, f_y(2,3) = \dfrac{2y}{9}\Big|_{(2,3)} = \dfrac{2}{3}$ ，故由公式（8-26）得所求的切平面方程为

$$(z - 2) = (x - 2) + \frac{2}{3}(y - 3) ,$$

即

$$3x + 2y - 3z = 6 .$$

由公式（8-27）得所求的法线方程为

$$\frac{x-2}{1} = \frac{y-3}{\frac{2}{3}} = \frac{z-2}{-1}.$$

由公式（8-28）得所求的方向余弦为

$$\cos\alpha = \frac{-3}{\sqrt{22}}, \quad \cos\beta = \frac{-2}{\sqrt{22}}, \quad \cos\gamma = \frac{3}{\sqrt{22}}.$$

习题 8.6

1. 求曲线 $\begin{cases} x = y^2 \\ z = x^3 \end{cases}$ 在 $(1, 1, 1)$ 处的切线与法平面方程.

2. 求出曲线 $\begin{cases} x = t \\ y = t^2 \\ z = t^3 \end{cases}$ 上的点，使在该点的切线平行于平面 $x + 2y + z = 4$.

3. 求曲线 $\begin{cases} x^2 + y^2 + z^2 = 6 \\ z = x^2 + y^2 \end{cases}$ 在点 $(1, 1, 2)$ 处的切线方程.

4. 求曲面 $z = \arctan\dfrac{y}{x}$ 在 $\left(1, 1, \dfrac{\pi}{4}\right)$ 处的切平面和法线方程.

5. 求曲面 $3x^2 + y^2 - z^2 = 27$ 在点 $(3, 1, 1)$ 处的切平面与法线方程.

6. 在曲面 $z = x^2 + 2y^2$ 上求一点，使该点处的法线垂直于平面 $2x + 4y + z + 1 = 0$，并写出法线方程.

7. 求曲面 $x = \dfrac{y^2}{2} + 2z^2$ 上平行于平面 $2x + 2y - 4z + 1 = 0$ 的切平面方程.

§8.7 多元函数的极值及其求法

8.7.1 多元函数的极值

在很多实际问题中，往往需要求多元函数的最大值和最小值. 与一元函数类似，多元函数的最大值和最小值与其极大值和极小值密切相关. 下面我们以二元函数为例，先讨论函数的极值，再讨论函数的最值.

定义 8-6（极大值和极小值） 设函数 $z = f(x, y)$ 的定义域为 D，$P_0(x_0, y_0)$ 为 D 的内点. 若存在 P_0 的某个邻域 $U(P_0) \subset D$，使得对于该邻域内异于 P_0 的任意点 $P(x, y)$，都有

$$f(x, y) < f(x_0, y_0) \quad (\text{或 } f(x, y) > f(x_0, y_0)),$$

则 $f(x_0, y_0)$ 称为函数 $f(x, y)$ 的一个**极大值**（或极小值），点 (x_0, y_0) 称为函数 $f(x, y)$ 的一个**极大值点**（或**极小值点**）. 函数的极大值和极小值统称为函数的**极值**. 函数的极大值点和极小值点统称为函数的**极值点**.

例如：函数 $z = -\sqrt{\dfrac{x^2}{9} + \dfrac{y^2}{25}}$ 在点 $(0,0)$ 取得极大值 0，这是由于对于点 $(0,0)$ 的任一邻域内异于 $(0,0)$ 的点的函数值都小于 0；函数 $z = 3x^2 + 3y^2$ 在点 $(0,0)$ 取得极小值 0，这是由于对于点 $(0,0)$ 的任一邻域内异于 $(0,0)$ 的点的函数值都大于 0；函数 $z = x^2 - y^2$ 和函数 $z = xy$ 在点 $(0,0)$ 既不取得极大值，又不取得极小值，这是由于两个函数在 $(0,0)$ 点的函数值都为 0，且对于点 $(0,0)$ 的任一邻域内既有函数值大于 0 的点又有函数值小于 0 的点.

以上关于二元函数的极值概念，可以推广到三元及三元以上的函数上. 这里从略.

下面讨论极值存在的条件.

定理 8-12（<u>必要条件</u>） 若函数 $z = f(x, y)$ 在点 $P_0(x_0, y_0)$ 处取得极值，且在该点具有偏导数，即 $f_x(x_0, y_0)$、$f_y(x_0, y_0)$ 存在，则

$$f_x(x_0, y_0) = 0, \quad f_y(x_0, y_0) = 0.$$

证 不妨设 $z = f(x_0, y_0)$ 为函数 $z = f(x, y)$ 的一个极大值. 根据定义 8-6，存在点 $P_0(x_0, y_0)$ 的某个邻域 $U(P_0) \subset D$（这里 D 为函数 $z = f(x, y)$ 的定义域），使得对于该邻域内异于 P_0 的任意点 $P(x, y)$，都有

$$f(x, y) < f(x_0, y_0).$$

特别地，在该邻域内取 $y = y_0$ 而 $x \neq x_0$ 的点，也满足不等式

$$f(x, y_0) < f(x_0, y_0).$$

上式表明一元函数 $f(x, y_0)$ 在 $x = x_0$ 处取得极大值，而由 $f_x(x_0, y_0)$ 存在可知一元函数 $f(x, y_0)$ 在 $x = x_0$ 处又可导，因而由定理 3-8（见上册第 103 页）必有

$$f_x(x_0, y_0) = 0.$$

类似地可证

$$f_y(x_0, y_0) = 0.$$

证毕.

类似地，若三元函数 $u = f(x, y, z)$ 的偏导数 $f_x(x_0, y_0, z_0)$、$f_y(x_0, y_0, z_0)$、$f_z(x_0, y_0, z_0)$ 存在，则函数在点 (x_0, y_0, z_0) 处取得极值的必要条件是

$$f_x(x_0, y_0, z_0) = 0 \text{、} \quad f_y(x_0, y_0, z_0) = 0 \text{、} \quad f_z(x_0, y_0, z_0) = 0.$$

从几何上看，若函数 $z = f(x, y)$ 在点 $P_0(x_0, y_0)$ 处取得极值，曲面 $z = f(x, y)$ 在点 $M_0(x_0, y_0, z_0)$（这里 $z_0 = f(x_0, y_0)$）处有切平面，则切平面方程为

$$z - z_0 = f_x(x_0, y_0)(x - x_0) + f_y(x_0, y_0)(y - y_0) = 0,$$

即该切平面一定是平行于 xoy 坐标面的平面 $z = z_0$.

我们将同时满足 $f_x(x_0, y_0) = 0$ 和 $f_y(x_0, y_0) = 0$ 的点 (x_0, y_0) 称为函数 $z = f(x, y)$ 的**驻点**. 定理 8-12 表明, 在偏导数存在的前提下, 函数的极值点一定是函数的驻点, 但反过来则不然. 例如, 显然点 $(0,0)$ 是函数 $z = xy$ 的驻点, 但从前面的讨论知, 点 $(0,0)$ 却不是该函数的极值点.

那么, 在什么样的条件下, 函数的驻点就是其极值点呢? 我们有下面的定理.

定理 8-13（充分条件） 若函数 $z = f(x, y)$ 在点 (x_0, y_0) 处的某个邻域内连续且具有一阶及二阶连续偏导数, 又 $f_x(x_0, y_0) = f_y(x_0, y_0) = 0$, 令

$$f_{xx}(x_0, y_0) = A, \quad f_{xy}(x_0, y_0) = B, \quad f_{yy}(x_0, y_0) = C,$$

则函数 $z = f(x, y)$ 在点 (x_0, y_0) 处是否取得极值的条件如下:

①若 $AC - B^2 > 0$, 则 $z = f(x, y)$ 在点 (x_0, y_0) 取得极值, 且当 $A < 0$ 时取得极大值, 当 $A > 0$ 时取得极小值;

②若 $AC - B^2 < 0$, 则 $z = f(x, y)$ 在点 (x_0, y_0) 不取得极值;

③若 $AC - B^2 = 0$, 则 $z = f(x, y)$ 在点 (x_0, y_0) 可能取得极值, 也可能不取得极值, 需另行讨论.

我们将该定理的证明留到 §8.9 节. 但可以从几何直观上不完备地解释①和②的条件和结论: 对于①, 因为 $AC - B^2 > 0$, 所以 A、C 一定同号, 从而一元函数 $z = f(x, y_0)$ 和 $z = f(x_0, y)$ 在点 x_0 和在点 y_0 具有同样的凹凸性, 即它们在点 x_0 和在点 y_0 要么都取得极大值, 要么都取得极小值, 这时我们就很容易理解 $z = f(x, y)$ 在点 (x_0, y_0) 取得极值了; 对于②, 一般情况下 A、C 异号, 从而一元函数 $z = f(x, y_0)$ 和 $z = f(x_0, y)$ 在点 x_0 和在点 y_0 具有相反的凹凸性, 即它们在点 x_0 和在点 y_0 若一个取得极大（小）值, 另一个就取得极小（大）值, 这时我们就很容易理解 $z = f(x, y)$ 在点 (x_0, y_0) 不取得极值了.

利用定理 8-12 和定理 8-13, 对于具有二阶连续偏导数的函数 $z = f(x, y)$, 可按如下步骤求其极值:

第一步 解方程组 $\begin{cases} f_x(x, y) = 0 \\ f_y(x, y) = 0 \end{cases}$ 求出函数 $z = f(x, y)$ 的全部驻点;

第二步 对于每一个驻点 (x_0, y_0), 求出对应二阶偏导数的值 A、B 和 C.

第三步 判断 $AC - B^2$ 的符号, 按定理 8-13 判定 $f(x_0, y_0)$ 是否为极值, 是极大值还是极小值.

例 8-33 求函数 $f(x, y) = x^3 + y^3 - 3x^2 + 2y^2 + y$ 的极值.

解 解方程组 $\begin{cases} f_x(x, y) = 3x^2 - 6x = 0 \\ f_y(x, y) = 3y^2 + 4y + 1 = 0 \end{cases}$ 得 $\begin{cases} x = 0 \ \text{或} \ x = 2 \\ y = -\dfrac{1}{3} \ \text{或} \ y = -1 \end{cases}$, 因而求得函数的驻点为 $\left(0, -\dfrac{1}{3}\right)$、$(0, -1)$、$\left(2, -\dfrac{1}{3}\right)$、$(2, -1)$;

因为 $f_{xx}(x,y)=6x-6$，$f_{xy}(x,y)=0$，$f_{yy}(x,y)=6y+4$，所以对于点 $\left(0,-\dfrac{1}{3}\right)$，

$A=f_{xx}\left(0,-\dfrac{1}{3}\right)=-6$、$B=f_{xy}\left(0,-\dfrac{1}{3}\right)=0$、$C=f_{yy}\left(0,-\dfrac{1}{3}\right)=2$，从而 $AC-B^2=$

$(-6)\times 2-0^2=-12<0$，由定理 8-13②，函数在点 $\left(0,-\dfrac{1}{3}\right)$ 不取得极值；

对于点 $(0,-1)$，$A=f_{xx}(0,-1)=-6$、$B=f_{xy}(0,-1)=0$、$C=f_{yy}(0,-1)=-2$，从而 $AC-B^2=(-6)\times(-2)-0^2=12>0$，又 $A<0$，由定理 8-13①，函数在点 $(0,-1)$ 取得极大值 $f(0,-1)=0$；

对于点 $\left(2,-\dfrac{1}{3}\right)$，$A=f_{xx}\left(2,-\dfrac{1}{3}\right)=6$、$B=f_{xy}\left(2,-\dfrac{1}{3}\right)=0$、$C=f_{yy}\left(2,-\dfrac{1}{3}\right)=2$，从而 $AC-B^2=6\times 2-0^2=12>0$，又 $A>0$，由定理 8-13①，函数在点 $\left(2,-\dfrac{1}{3}\right)$ 取得极小值 $f\left(2,-\dfrac{1}{3}\right)=-4\dfrac{4}{27}$；

对于点 $(2,-1)$，$A=f_{xx}(2,-1)=6$、$B=f_{xy}(0,-1)=0$、$C=f_{yy}(0,-1)=-2$，从而 $AC-B^2=(-6)\times 2-0^2=-12<0$，由定理 8-13②，函数在点 $(2,-1)$ 不取得极值.

在偏导数不存在的点，函数是否可以取得极值呢？我们看下面的例子.

函数 $z=-\sqrt{\dfrac{x^2}{9}+\dfrac{y^2}{25}}$ 在点 $(0,0)$ 处的偏导数不存在，但该函数在点 $(0,0)$ 取得极大值 0. 因此，在考虑函数的极值问题时，除了考虑函数的驻点外，如果有偏导数不存在的点，那么对这些点也应进行考虑.

8.7.2 多元函数的最值

由定理 8-1，有界闭区域 D 上的连续函数 $f(x,y)$ 必能取得最大值与最小值，那么如何求出函数 $z=f(x,y)$ 在 D 上的最值呢？与求一元函数在区间上的最值类似，我们首先求出函数在 D 内的所有驻点及其函数值，再求出函数在 D 的边界上的最值，将这些值进行比较即可求出函数在 D 上的最值. 但这种求法往往相当复杂，因为当 D 的边界上有无限个点时，不能直接通过比较求出边界上的最值. 如果通过所遇到的实际问题中的性质，知道可微函数 $f(x,y)$ 在 D 内一定取得最大（小）值，且 $f(x,y)$ 在 D 内只有唯一驻点，则此驻点处的函数值一定就是最大（小）值.

例 8-34 有一宽为 24 的长方形铁板，把它两边折起来做成一断面为等腰梯形的水槽. 问怎样折才能使断面的面积最大？

解 设折起来的边长为 x，倾角为 α（如图 8-19 所示），显然 α 不可能为钝角，那么等腰梯形断面的下底长为 $24-2x$，上底长为 $24-2x+2x\cos\alpha$，高为

$x\sin\alpha$，所以断面面积为

$$S = \frac{1}{2}(24 - 2x + 2x\cos\alpha + 24 - 2x)\cdot x\sin\alpha.$$

该面积是关于 x、α 的函数，故可写成

$$S(x,\alpha) = 24x\sin\alpha - 2x^2\sin\alpha + \frac{x^2}{2}\sin 2\alpha \quad \left(0 < x < 12,\ 0 < \alpha \leqslant \frac{\pi}{2}\right).$$

解方程组

$$\begin{cases} S_x = 24\sin\alpha - 4x\sin\alpha + x\sin 2\alpha = 0 \\ S_\alpha = 24x\cos\alpha - 2x^2\cos\alpha + x^2(\cos^2\alpha - \sin^2\alpha) = 0 \end{cases}.$$

由于 $x \neq 0$、$\sin\alpha \neq 0$，上述方程组可先化为

$$\begin{cases} 12 - 2x + x\cos\alpha = 0 \\ 24\cos\alpha - 2x\cos\alpha + x(\cos^2\alpha - \sin^2\alpha) = 0 \end{cases},$$

从而解得

$$\alpha = 60°,\quad x = 8.$$

由问题的实际意义知，断面面积在 $\left\{(x,\alpha)\,\middle|\,0 < x < 12, 0 < \alpha < \frac{\pi}{2}\right\}$ 内的唯一驻点就是在 $\left\{(x,\alpha)\,\middle|\,0 < x < 12, 0 < \alpha \leqslant \frac{\pi}{2}\right\}$ 上的最大值点，从而可判定当 $\alpha = 60°$，$x = 8$ 时，断面的面积最大.

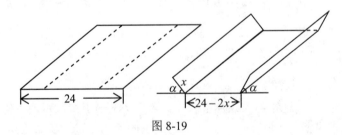

图 8-19

8.7.3 条件极值及拉格朗日乘数法

上面讨论的极值问题，对于函数的自变量，除了限制在定义域内以外，并无其他限制条件，所以有时称为**无条件极值**. 但是实际情况中，还会遇到函数的自变量满足某些附加条件的极值问题. 例如，求平面上原点到曲线 $\varphi(x,y) = 0$ 的距离，就可归纳为求函数 $z = \sqrt{x^2 + y^2}$ 满足约束条件 $\varphi(x,y) = 0$ 的极小值. 这种极值对无条件极值而言，称为**条件极值**.

条件极值与无条件极值是有区别的. 例如，如果直接求函数 $z = \sqrt{x^2 + y^2}$ 的极值就是一个<u>无条件极值</u>问题. 易知，极小值为 $z(0,0) = 0$，从几何上看，这个问题

的实质就是求 xoy 平面上从原点到原点的距离. 而求函数 $z=\sqrt{x^2+y^2}$ 满足约束条件 $x+y=1$ 的极值则是一个<u>条件极值</u>问题. 我们可求得极小值为 $z\left(\dfrac{1}{2},\dfrac{1}{2}\right)=\dfrac{\sqrt{2}}{2}$, 从几何上看, 这个问题的实质就是求原点到直线 $x+y=1$ 的距离（如图 8-20 所示).

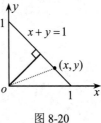

图 8-20

如何求条件极值呢？在某些情况下, 可以将条件极值转化为无条件极值来求. 例如, 求函数 $z=\sqrt{x^2+y^2}$ 满足约束条件 $x+y=1$ 的条件极值就相当于求函数 $z=\sqrt{x^2+(1-x)^2}$ 的无条件极值（这里我们利用约束条件 $x+y=1$ 将目标函数 $z=\sqrt{x^2+y^2}$ 中的自变量 y 替换为 $1-x$ 即可）. 但在很多情况下, 将条件极值转化为无条件极值并不简单. 下面我们介绍一种直接求函数 $z=f(x,y)$ 满足约束条件 $\varphi(x,y)=0$ 的条件极值的方法, 称为**拉格朗日乘数法**, 证明从略. 步骤如下：

第一步 作拉格朗日函数
$$L(x,y,\lambda)=f(x,y)+\lambda\varphi(x,y),$$
其中 λ 是参数, 称为**拉格朗日乘子**;

第二步 解方程组 $\begin{cases} L'_x=f_x(x,y)+\lambda\varphi_x(x,y)=0 \\ L'_y=f_y(x,y)+\lambda\varphi_y(x,y)=0 \\ L'_\lambda=\varphi(x,y)=0 \end{cases}$ 求得三元函数 $L(x,y,\lambda)$ 的驻点, 比如 (x_0,y_0,λ_0), 其中 (x_0,y_0) 就是函数 $z=f(x,y)$ 满足约束条件 $\varphi(x,y)=0$ 的可能极值点;

第三步 判定（在大多数情况下可根据实际问题的性质）$f(x_0,y_0)$ 是否为极值.

拉格朗日乘数法还可以推广到自变量多于两个而条件多于一个的情形, 如求函数 $u=f(x,y,z)$ 同时满足约束条件 $\varphi(x,y,z)=0$ 及 $\psi(x,y,z)=0$ 的条件极值的步骤为：

第一步 作拉格朗日函数
$$L(x,y,z,\lambda,\mu)=f(x,y,z)+\lambda\varphi(x,y,z)+\mu\psi(x,y,z),$$
其中 λ、μ 是参数, 都称为<u>拉格朗日乘子</u>（注意拉格朗日乘子的个数就是约束条件的个数）;

第二步 求出五元函数 $L(x,y,z,\lambda,\mu)$ 的驻点, 比如 $(x_0,y_0,z_0,\lambda_0,\mu_0)$, 其中 (x_0,y_0,z_0) 就是函数 $u=f(x,y,z)$ 同时满足约束条件 $\varphi(x,y,z)=0$ 及 $\psi(x,y,z)=0$ 的可能极值点;

第三步 判定 $f(x_0,y_0,z_0)$ 是否为极值.

例 8-35 在 xoy 平面内, 求椭圆周 $x^2+4y^2=4$ 的一点, 使其到直线 $2x+3y-6=0$ 的距离最短.

解 设 $P(x,y)$ 为椭圆周 $x^2+4y^2=4$ 上任意一点，则它到直线 $2x+3y-6=0$ 的距离为 $d=\dfrac{|2x+3y-6|}{\sqrt{13}}$. 为了取消绝对值，我们将问题转化为求函数 $z=d^2=\dfrac{(2x+3y-6)^2}{13}$ 满足约束条件 $x^2+4y^2=4$ 的极值问题.

作拉格朗日函数 $L(x,y,\lambda)=\dfrac{1}{13}(2x+3y-6)^2+\lambda(x^2+4y^2-4)$；

解方程组

$$\begin{cases} L'_x=\dfrac{4}{13}(2x+3y-6)+2\lambda x=0 \\ L'_y=\dfrac{6}{13}(2x+3y-6)+8\lambda y=0 \\ L'_\lambda=x^2+4y^2-4=0 \end{cases} 或变形为 \begin{cases} (13\lambda+4)x+6y=12 \\ 6x+(52\lambda+9)y=18 \\ x^2+4y^2-4=0 \end{cases}.$$

由前两个方程可将 x、y 分别用 λ 表示出来，再代入第三个方程可解得 $\lambda_1=\dfrac{5}{52}$、$\lambda_2=-\dfrac{55}{52}$，从而解得

$$x_1=\frac{8}{5},\ y_1=\frac{3}{5}、\ x_2=-\frac{8}{5},\ y_2=-\frac{3}{5}；$$

而

$$d|_{(x_1,y_1)}=\frac{1}{\sqrt{13}},\quad d|_{(x_2,y_2)}=\frac{11}{\sqrt{13}},$$

由问题的实际意义最短距离存在，因此 $\left(\dfrac{8}{5},\dfrac{3}{5}\right)$ 即为所求椭圆周上的点.

例 8-36 某公司可以通过电台和报纸两种方式作销售某种商品的广告，根据统计资料，销售收入 R（万元）与电台广告费用 x（万元）和报纸广告费用 y（万元）之间的关系有经验公式：

$$R=15+14x+32y-8xy-2x^2-10y^2.$$

（1）在广告费用不限的情况下，求最优广告策略；

（2）若提供的广告费用为 1.5 万元，求此时的最优广告策略.

解 最优广告策略就是使利润最大化的广告策略.

（1）利润函数为

$$L(x,y)=R-(x+y)=15+13x+31y-8xy-2x^2-10y^2,$$

解方程组 $\begin{cases} L_x=-4x-8y+13=0 \\ L_y=-8x-20y+31=0 \end{cases}$ 得 $x=0.75$（万元）、$y=1.25$（万元）.

又由 $A=\dfrac{\partial^2 L}{\partial x^2}=-4$、$B=\dfrac{\partial^2 L}{\partial x\partial y}=-8$、$C=\dfrac{\partial^2 L}{\partial y^2}=-20$ 知 $AC-B^2=16>0$、$A<0$，故点 $(0.75,1.25)$ 为极大值点.

由实际意义可知，这个点为最大值点，即此时的最优广告策略为：用 0.75 万元作电台广告，用 1.25 万元作报纸广告.

（2）目标函数同样为利润函数

$$L(x,y)=R-(x+y)=15+13x+31y-8xy-2x^2-10y^2，$$

但有约束条件为

$$x+y-1.5=0 .$$

作拉格朗日函数

$$\begin{aligned}F(x,y,\lambda)&=L(x,y)+\lambda(x+y-1.5)\\&=15+13x+31y-8xy-2x^2-10y^2+\lambda(x+y-1.5)，\end{aligned}$$

解方程组 $\begin{cases}F_x=13-8y-4x+\lambda=0\\ F_y=31-8x-20y+\lambda=0\\ F_\lambda=x+y-1.5=0\end{cases}$ 得 $x=0$（万元）、$y=1.5$（万元），即将

1.5 万元全部用作报纸广告，策略最优.

习题 8.7

1. 求下列函数的极值：

（1）$z=x^3-4x^2+2xy-y^2$；　　（2）$z=(1+\mathrm{e}^y)\cos x-y\mathrm{e}^y$.

2. 求函数 $f(x,y)=x\ln x+(1-x)y^2$ 的极值.

3. 求函数 $z=x^2+y^2$ 在条件 $\dfrac{x}{a}+\dfrac{y}{b}=1$ 下的最值.

4. 在双曲线 $x^2-4y^2=112$ 上求一点，使其到平面 $2x+3y-6=0$ 的距离最短.

5. 建造容积为一定的无盖矩形水池. 问怎样设计，才能使建筑材料最省？

6. 设有一槽形容器，底是半圆柱形，其长为 H，截面是半径为 R 的半圆，横放在水平面上，其表面积为常数 S_0，试求 R 与 H 的值，使其容积最大.

7. 在平面 $3x-2z=0$ 上求一点，使它到点 $A(1,1,1)$、点 $B(2,3,4)$ 的距离平方之和为最小.

§8.8　方向导数与梯度

本节我们将偏导数的概念进行推广.

偏导数反映的是函数沿坐标轴方向的变化率. 但在实际问题中仅仅考虑这两个特定方向的变化率是不够的，我们还需要考虑函数沿其他特定方向的变化率问

第 8 章　多元函数微分法及其应用

题. 这就是本节所要讨论的方向导数. 我们首先讨论二元函数的方向导数问题，然后再将其推广.

定义 8-7 设函数 $z = f(x, y)$ 在点 $P_0(x_0, y_0)$ 的某一邻域 $U(P_0)$ 内有定义. 从点 P_0 引射线 l. 设 $P(x_0 + \Delta x, y_0 + \Delta y) \in U(P_0)$ 为 l 上的另一点并令 $\rho = \sqrt{(\Delta x)^2 + (\Delta y)^2}$（如图 8-21 所示）. 若极限

$$\lim_{\rho \to 0} \frac{f(x_0 + \Delta x, y_0 + \Delta y) - f(x_0, y_0)}{\rho}$$

存在，则此极限称为函数 $z = f(x, y)$ 在点 $P_0(x_0, y_0)$ 沿方向 l 的**方向导数**，记作

$$\left. \frac{\partial f}{\partial l} \right|_{P_0} 、\quad \left. \frac{\partial f}{\partial l} \right|_{(x_0, y_0)} 、\quad f_l(P_0) \text{ 或 } f_l(x_0, y_0),$$

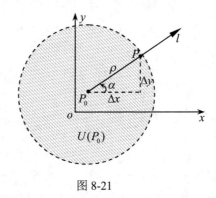

图 8-21

即

$$\left. \frac{\partial f}{\partial l} \right|_{(x_0, y_0)} = \lim_{\rho \to 0} \frac{f(x_0 + \Delta x, y_0 + \Delta y) - f(x_0, y_0)}{\rho}.$$

容易看出，若函数 $z = f(x, y)$ 在点 $P_0(x_0, y_0)$ 存在关于 x（或 y）的偏导数，则该函数在点 $P_0(x_0, y_0)$ 沿 x（或 y）正向的方向导数恰为 $\left. \dfrac{\partial f}{\partial x} \right|_{(x_0, y_0)}$（或 $\left. \dfrac{\partial f}{\partial y} \right|_{(x_0, y_0)}$），在点 $P_0(x_0, y_0)$ 沿 x（或 y）负向的方向导数恰为 $-\left. \dfrac{\partial f}{\partial x} \right|_{(x_0, y_0)}$（或 $-\left. \dfrac{\partial f}{\partial y} \right|_{(x_0, y_0)}$）. 下面的定理也验证了这一结论，并且揭示了方向导数与偏导数的关系.

定理 8-14 如果函数 $z = f(x, y)$ 在点 $P(x, y)$ 是可微分的，那么函数在该点沿任一方向 l 的方向导数都存在，且有

$$\frac{\partial f}{\partial l} = \frac{\partial f}{\partial x} \cos \alpha + \frac{\partial f}{\partial y} \sin \alpha, \qquad\qquad (8\text{-}29)$$

其中 α 为 x 轴正向到方向 l 的转角.

证 因为 $z = f(x, y)$ 在点 $P(x, y)$ 可微分，所以对于 l 上另一点

$P'(x+\Delta x, y+\Delta y)$ ，记 $\rho = \sqrt{(\Delta x)^2 + (\Delta y)^2}$ ，有

$$f(x+\Delta x, y+\Delta y) - f(x,y) = \frac{\partial f}{\partial x}\Delta x + \frac{\partial f}{\partial y}\Delta y + o(\rho) ,$$

从而

$$\frac{f(x+\Delta x, y+\Delta y) - f(x,y)}{\rho} = \frac{\partial f}{\partial x}\cdot\frac{\Delta x}{\rho} + \frac{\partial f}{\partial y}\cdot\frac{\Delta y}{\rho} + \frac{o(\rho)}{\rho} .$$

又因为函数在该点 P 处由 x 轴正向到方向 l 的转角为 α ，所以（可参见图 8-21）有

$$\frac{f(x+\Delta x, y+\Delta y) - f(x,y)}{\rho} = \frac{\partial f}{\partial x}\cos\alpha + \frac{\partial f}{\partial y}\sin\alpha + \frac{o(\rho)}{\rho} ,$$

即

$$\frac{\partial f}{\partial l} = \frac{\partial f}{\partial x}\cos\alpha + \frac{\partial f}{\partial y}\sin\alpha .$$

证毕.

定理 8-14 不仅给出了方向导数的存在条件，而且给出了方向导数的计算公式.

注意：在求方向导数时，我们将公式（8-29）变形为如下形式往往会更简单一些.

$$\frac{\partial f}{\partial l} = \frac{\partial f}{\partial x}\cos\alpha + \frac{\partial f}{\partial y}\cos\beta , \tag{8-30}$$

其中 $\beta = \frac{\pi}{2} - \alpha$ 表示从 y 轴正向到方向 l 的转角，即 $\cos\alpha$ 、$\cos\beta$ 表示方向 l 的方向余弦，$(\cos\alpha, \cos\beta)$ 是方向 l 的单位向量.

例 8-37 求函数 $z = xe^{2y}$ 在点 $P_0(1,0)$ 沿从点 $P_0(1,0)$ 到点 $P(2,-1)$ 的方向的方向导数.

解 显然函数 $z = xe^{2y}$ 在点 $P_0(1,0)$ 可微分. 从点 $P_0(1,0)$ 到点 $P(2,-1)$ 的方向 l 的方向向量为 $\overrightarrow{P_0 P} = (1,-1)$ ，其方向余弦为

$$\cos\alpha = \frac{1}{\sqrt{2}} 、\cos\beta = \frac{-1}{\sqrt{2}} .$$

因为 $\left.\frac{\partial z}{\partial x}\right|_{(1,0)} = e^{2y}\big|_{(1,0)} = 1$ 、$\left.\frac{\partial z}{\partial y}\right|_{(1,0)} = 2xe^{2y}\big|_{(1,0)} = 2$ ，由公式（8-30），所求方向导数为

$$\frac{\partial f}{\partial l} = \left.\frac{\partial f}{\partial x}\right|_{(1,0)}\cos\alpha + \left.\frac{\partial f}{\partial y}\right|_{(1,0)}\cos\beta = 1\times\frac{1}{\sqrt{2}} + 2\times\frac{-1}{\sqrt{2}} = -\frac{\sqrt{2}}{2} .$$

我们可以把二元函数的方向导数推广到三元及三元以上的函数. 例如，对于三元函数 $u = f(x,y,z)$ ，它在空间一点 $P_0(x_0, y_0, z_0)$ 沿方向 l : $(\cos\alpha, \cos\beta, \cos\gamma)$ 的

方向导数（如果存在）如下：

$$\frac{\partial f}{\partial l}\bigg|_{P_0} = \lim_{\rho \to 0} \frac{f(x_0 + \Delta x, y_0 + \Delta y, z_0 + \Delta z) - f(x_0, y_0, z_0)}{\rho},$$

其中 $\rho = \sqrt{(\Delta x)^2 + (\Delta y)^2 + (\Delta z)^2}$，$\Delta x = \rho \cos \alpha$，$\Delta y = \rho \cos \beta$，$\Delta z = \rho \cos \gamma$。

同样，如果函数 $u = f(x, y, z)$ 在点 $P_0(x_0, y_0, z_0)$ 可微分，那么函数在该点沿方向 l：$(\cos \alpha, \cos \beta, \cos \gamma)$ 的方向导数可写成

$$\frac{\partial f}{\partial l}\bigg|_{P_0} = \frac{\partial f}{\partial x}\bigg|_{P_0} \cos \alpha + \frac{\partial f}{\partial y}\bigg|_{P_0} \cos \beta + \frac{\partial f}{\partial z}\bigg|_{P_0} \cos \gamma. \tag{8-31}$$

上面的 $\cos \alpha$、$\cos \beta$、$\cos \gamma$ 为方向 l 的方向余弦，$(\cos \alpha, \cos \beta, \cos \gamma)$ 为方向 l 的单位向量。

例 8-38　求函数 $u = x + y^2 + z^3$ 在点 $P_0(1,1,1)$ 沿方向 l：$(2, -2, 1)$ 的方向导数。

解　显然 $u = x + y^2 + z^3$ 在点 $P_0(1,1,1)$ 可微分，故有

$$u_x'\big|_{P_0} = 1 \text{、} \quad u_y'\big|_{P_0} = 2y\big|_{P_0} = 2 \text{、} \quad u_z'\big|_{P_0} = 3z^2\big|_{P_0} = 3$$

及方向 l 的方向余弦

$$\cos \alpha = \frac{2}{\sqrt{2^2 + (-2)^2 + 1^2}} = \frac{2}{3},$$

$$\cos \beta = \frac{-2}{\sqrt{2^2 + (-2)^2 + 1^2}} = -\frac{2}{3},$$

$$\cos \gamma = \frac{1}{\sqrt{2^2 + (-2)^2 + 1^2}} = \frac{1}{3},$$

按公式（8-31）得所求的方向导数为

$$\frac{\partial f}{\partial l}\bigg|_{P_0} = 1 \times \frac{2}{3} + 2 \times \left(-\frac{2}{3}\right) + 3 \times \frac{1}{3} = \frac{1}{3}.$$

与方向导数有关的一个概念是函数的**梯度**。

定义 8-8　设函数 $z = f(x, y)$ 在平面区域 D 内具有一阶连续偏导数，则对于任一点 $P_0(x_0, y_0) \in D$ 及任一方向 l：$(\cos \alpha, \cos \beta)$，有

$$\frac{\partial f}{\partial l}\bigg|_{P_0} = \frac{\partial f}{\partial x}\bigg|_{P_0} \cos \alpha + \frac{\partial f}{\partial y}\bigg|_{P_0} \cos \beta = (f_x(x_0, y_0), f_y(x_0, y_0)) \cdot (\cos \alpha, \cos \beta),$$

其中向量 $(f_x(x_0, y_0), f_y(x_0, y_0))$ 称为函数 $f(x, y)$ 在点 P_0 的**梯度**，记作

$$\mathbf{grad}f(x_0, y_0) \text{ 或 } \nabla f(x_0, y_0),$$

即

$$\mathbf{grad}f(x_0, y_0) = (f_x(x_0, y_0), f_y(x_0, y_0)) = f_x(x_0, y_0)\boldsymbol{i} + f_y(x_0, y_0)\boldsymbol{j}.$$

若设向量 $\mathbf{grad}f(x_0, y_0)$ 与方向 l：$(\cos \alpha, \cos \beta)$ 的夹角为 θ，则有

$$\left.\frac{\partial f}{\partial l}\right|_{(x_0,y_0)} = \mathbf{grad}f(x_0,y_0)\cdot(\cos\alpha,\cos\beta)=|\mathbf{grad}f(x_0,y_0)|\cos\theta, \quad (8\text{-}32)$$

这里 $|\mathbf{grad}f(x_0,y_0)|$ 表示梯度 $\mathbf{grad}f(x_0,y_0)$ 的模，即

$$|\mathbf{grad}f(x_0,y_0)|=\sqrt{[f_x(x_0,y_0)]^2+[f_y(x_0,y_0)]^2}.$$

由公式（8-32）可以看出，当 $\theta=0$，即方向 l：$(\cos\alpha,\cos\beta)$ 与函数 $z=f(x,y)$ 在点 $P_0(x_0,y_0)$ 的梯度方向一致时，方向导数 $\left.\dfrac{\partial f}{\partial l}\right|_{(x_0,y_0)}$ 达到<u>最大值</u> $|\mathbf{grad}f(x_0,y_0)|$，从而说明函数 $z=f(x,y)$ 在点 $P_0(x_0,y_0)$ <u>沿该点的梯度方向增加最快</u>；当 $\theta=\pi$，即方向 l：$(\cos\alpha,\cos\beta)$ 与函数 $z=f(x,y)$ 在点 $P_0(x_0,y_0)$ 的梯度方向相反时，方向导数 $\left.\dfrac{\partial f}{\partial l}\right|_{(x_0,y_0)}$ 达到<u>最小值</u> $-|\mathbf{grad}f(x_0,y_0)|$，从而说明函数 $z=f(x,y)$ 在点 $P_0(x_0,y_0)$ <u>沿该点梯度的反方向减少最快</u>；当 $\theta=\dfrac{\pi}{2}$，即方向 l：$(\cos\alpha,\cos\beta)$ 与函数 $z=f(x,y)$ 在点 $P_0(x_0,y_0)$ 的梯度方向垂直时，方向导数 $\left.\dfrac{\partial f}{\partial l}\right|_{(x_0,y_0)}$ 为 0，从而说明函数 $z=f(x,y)$ 在点 $P_0(x_0,y_0)$ <u>沿该点梯度的垂直方向没有变化</u>.

我们同样可以把二元函数的梯度推广到三元及三元以上的函数. 这里从略，仅用实例加以说明.

例 8-39 求 $\mathbf{grad}\dfrac{1}{x^2+y^2}$.

解 令 $f(x,y)=\dfrac{1}{x^2+y^2}$，则

$$f_x(x,y)-\frac{2x}{(x^2+y^2)^2}、\quad f_y(x,y)==-\frac{2y}{(x^2+y^2)^2}$$

从而

$$\mathbf{grad}\frac{1}{x^2+y^2}=\mathbf{grad}f(x,y)=-\frac{2x}{(x^2+y^2)^2}\boldsymbol{i}-\frac{2y}{(x^2+y^2)^2}\boldsymbol{j}.$$

例 8-40 已知函数 $f(x,y,z)=x^2+y^2+z^2$ 及点 $P_0(1,-1,2)$，求：

（1）$f(x,y,z)$ 在点 P_0 处增加最快的方向以及 $f(x,y,z)$ 沿这个方向的方向导数；

（2）$f(x,y,z)$ 在点 P_0 处减少最快的方向以及 $f(x,y,z)$ 沿这个方向的方向导数.

解 （1）$f(x,y,z)$ 在点 P_0 处沿其梯度方向 $\nabla f(1,-1,2)$ 增加最快，故所求方向的方向向量为

$$\nabla f(1,-1,2)=(f_x,f_y,f_z)\big|_{(1,-1,2)}=(2,-2,4),$$

且 $f(x,y,z)$ 沿该方向的方向导数为

$$|\nabla f(1,-1,2)|=2\sqrt{6}\ .$$

（2） $f(x,y,z)$ 在点 P_0 处沿其梯度的反方向 $-\nabla f(1,-1,2)$ 减少最快，故所求方向的方向向量为

$$-\nabla f(1,-1,2)=(-2,2,-4)\ ,$$

且 $f(x,y,z)$ 沿该方向的方向导数为

$$-|\nabla f(1,-1,2)|=-2\sqrt{6}\ .$$

下面我们引入在地图学上的等值线和等值面的概念以及物理学中的场的概念，它们与梯度的概念有着密切的关系.

我们知道，二元函数 $z=f(x,y)$ 在几何上表示一个曲面，若该曲面被平面 $z=c$（c 是常数）所截得的曲线 L 的方程为

$$\begin{cases} z=f(x,y) \\ z=c \end{cases},$$

则 L 在 xoy 面上的投影曲线 L^{*} 的方程为

$$f(x,y)=c\ ,$$

即对于曲线 L^{*} 上的一切点 (x,y)，其对应的函数值都是 c. 因此在几何上，我们把平面曲线 L^{*} 称为函数 $z=f(x,y)$ 的一条**等值（或等高）线**，如图 8-22 所示.

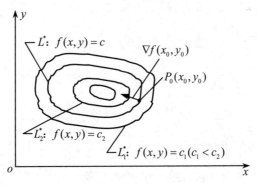

图 8-22

若 f_x、f_y 连续且不同时为零（不妨设 $f_y\neq0$），则由隐函数的存在定理（定理 8-9）及 8.6.1 节的内容知，等值线 $f(x,y)=c$ 上任一点 $P_0(x_0,y_0)$ 处的切向量为

$$\left(1,\frac{\mathrm{d}y}{\mathrm{d}x}\bigg|_{x=x_0}\right)=\left(1,-\frac{f_x(x_0,y_0)}{f_y(x_0,y_0)}\right) \quad \text{或} \quad (f_y(x_0,y_0),-f_x(x_0,y_0))\ .$$

从而等值线 $f(x,y)=c$ 上点 $P_0(x_0,y_0)$ 处的一个单位法向量为

$$\boldsymbol{n}=\frac{1}{\sqrt{[f_x(x_0,y_0)]^2+[f_y(x_0,y_0)]^2}}(f_x(x_0,y_0),f_y(x_0,y_0))=\frac{\nabla f(x_0,y_0)}{|\nabla f(x_0,y_0)|}\ .$$

这个等式表明：函数 $z = f(x, y)$ 在一点 $P_0(x_0, y_0)$ 的梯度 $\nabla f(x_0, y_0)$ 的方向就是等值线 $f(x, y) = c$ 在这一点的法线的方向 $\boldsymbol{n}$，而梯度的模 $|\nabla f(x_0, y_0)|$ 就是沿这个法线方向的方向导数 $\dfrac{\partial f}{\partial n}$，于是上式可以写成

$$\nabla f(x_0, y_0) = \frac{\partial f}{\partial n} \boldsymbol{n}.$$

函数 $z = f(x, y)$ 在点 $P_0(x_0, y_0)$ 的梯度的方向与过点 P_0 的等高线 $f(x, y) = c$ 在这点的法线的一个方向相同，且从数值较低的等高线指向数值较高的等高线，而梯度的模等于函数在这个法线方向的方向导数，这个法线方向就是方向导数取得最大值的方向（参见图 8-22）。

同样地，在几何上，我们把曲面 $f(x, y, z) = c$（c 是常数）称为三元函数的 $u = f(x, y, z)$ 一张**等值面**，若 f_x、f_y、f_z 连续且不同时为零，等值面 $f(x, y, z) = c$ 上任一点 $P_0(x_0, y_0, z_0)$ 处的一个单位法向量为

$$\boldsymbol{n} = \frac{(f_x(x_0, y_0, z_0), f_y(x_0, y_0, z_0), f_z(x_0, y_0, z_0))}{\sqrt{[f_x(x_0, y_0, z_0)]^2 + [f_y(x_0, y_0, z_0)]^2 + [f_z(x_0, y_0, z_0)]^2}}$$

$$= \frac{\nabla f(x_0, y_0, z_0)}{|\nabla f(x_0, y_0, z_0)|}.$$

即函数 $u = f(x, y, z)$ 在一点 $P_0(x_0, y_0, z_0)$ 的梯度 $\nabla f(x_0, y_0, z_0)$ 的方向与过点 $P_0(x_0, y_0, z_0)$ 的等值面 $f(x, y, z) = c$ 在这点的法线的一个方向相同，且从数值较低的等值面指向数值较高的等值面，而梯度的模 $|\nabla f(x_0, y_0, z_0)|$ 等于该函数沿这个法线方向的方向导数 $\dfrac{\partial f}{\partial n}$，从而可将上式写成

$$\nabla f(x_0, y_0, z_0) = \frac{\partial f}{\partial n} \boldsymbol{n}.$$

如果对于空间区域 G 内的任一点 M，都有一个确定的向量 $\vec{F}(M)$ 与之对应，则称在这空间区域 G 内确定了一个<u>向量场</u>（例如力场、速度场）。一个向量场可用一个向量值函数 $\vec{F}(M)$ 来表示。即

$$\vec{F}(M) = P(M)\boldsymbol{i} + Q(M)\boldsymbol{j} + R(M)\boldsymbol{k},$$

其中 $P(M)$、$Q(M)$、$R(M)$ 都是点 M 的数量函数。

特别地，当 $\vec{F}(M)$ 不是一个向量，而是一个数量时（这时记为 $f(M)$），则称在这空间区域 G 内确定了一个<u>数量场</u>（例如温度场、密度场等），一个数量场可用一个数量函数 $f(M)$ 来表示。

若向量场 $\vec{F}(M)$ 是某个数量函数 $f(M)$ 的梯度，则 $\vec{F}(M)$ 称为一个**梯度场**（或**势场**），$f(M)$ 称为梯度场 $\vec{F}(M)$ 的一个**势函数**。利用场的概念，我们可以说由数量场 $f(M)$ 产生的向量值函数 $\nabla f(M)$ 确定了一个势场。但须注意，任意一个向量

场不一定是势场，因为它不一定是某个数量函数的梯度场.

习题 8.8

1．问函数 $u = xy^2z$ 在点 $P(1,-1,2)$ 处沿什么方向的方向导数最大？并求方向导数的最大值.

2．求下列函数在指定点处沿指定方向的方向导数.

（1）$z = e^x \sin y + e^y \cos y$，在点 $\left(0, \dfrac{\pi}{2}\right)$ 沿方向 $(2,-1)$；

（2）$u = xy + e^z$，在点 $(1,1,0)$ 处沿从点 $(4,2,-1)$ 到点 $(5,1,0)$ 的方向.

3．设从 x 轴正向到方向 l 的转角为 θ，求函数 $u = x^3 - 2xy + y^3$ 在点 $M(1,1)$ 处沿方向 l 的方向导数 $\dfrac{\partial u}{\partial l}$．问 θ 为何值时，方向导数 $\dfrac{\partial u}{\partial l}$：（1）具有最大值；（2）具有最小值；（3）等于零.

4．设 $f(x,y,z) = x^2 + 2y^2 + 3z^2 + xy - 3x - 2y - 6z$，求 $\mathbf{grad}f(0,0,0)$ 及 $\mathbf{grad}f(1,1,1)$.

5．设 $z = x^2 - xy + y^2$，求在点 $(1,1)$ 处的梯度，并问函数 z 在该点沿什么方向使方向导数：（1）取最大值；（2）取最小值；（3）等于零.

*§8.9　二元函数的泰勒公式

在§3.3 节我们讲到：一元函数 $f(x)$ 在包含 x_0 的某个开区间 (a,b) 内具有直到 $n+1$ 阶导数，则当 $x \in (a,b)$ 时，函数 $f(x)$ 有下列的 n 阶泰勒公式：

$$f(x) = f(x_0) + f'(x_0)(x-x_0) + \frac{f''(x_0)}{2}(x-x_0)^2 + \cdots + \frac{f^{(n)}(x_0)}{n!}(x-x_0)^n$$
$$+ \frac{f^{(n+1)}[x_0 + \theta(x-x_0)]}{(n+1)!}(x-x_0)^{n+1} \quad (0 < \theta < 1).$$

一元函数的泰勒公式实现了用 n 次多项式来近似表达具有某种良好性质的函数 $f(x)$，且误差是当 $x \to x_0$ 时比 $(x-x_0)^n$ 高阶的无穷小，从而能够更加有效而方便地去研究函数 $f(x)$ 的其他性质或进行近似计算.

那么多元函数是否具有类似的表达呢？即具有某种良好性质的多元函数是否可以用含有多个变量的多项式来近似表达，并能具体地估计出误差来呢？回答是肯定的，以二元函数 $z = f(x,y)$ 为例，我们有如下的定理：

定理 8-15（二元函数的泰勒中值定理）　设函数 $z = f(x,y)$ 在点 (x_0, y_0) 的某个邻域内连续且具有直到 $n+1$ 阶连续偏导数，$(x_0 + h, y_0 + k)$ 为该邻域内的任意一点，则有

$$f(x_0 + h, y_0 + k) = f(x_0, y_0) + \left(h\frac{\partial}{\partial x} + k\frac{\partial}{\partial y} \right) f(x_0, y_0)$$

$$+ \frac{1}{2!}\left(h\frac{\partial}{\partial x} + k\frac{\partial}{\partial y} \right)^2 f(x_0, y_0) + \cdots + \frac{1}{n!}\left(h\frac{\partial}{\partial x} + k\frac{\partial}{\partial y} \right)^n f(x_0, y_0)$$

$$+ \frac{1}{(n+1)!}\left(h\frac{\partial}{\partial x} + k\frac{\partial}{\partial y} \right)^{n+1} f(x_0 + \theta h, y_0 + \theta k) \quad (0 < \theta < 1),$$

其中记号

$\left(h\dfrac{\partial}{\partial x} + k\dfrac{\partial}{\partial y} \right) f(x_0, y_0)$ 表示 $hf_x(x_0, y_0) + kf_y(x_0, y_0)$;

$\left(h\dfrac{\partial}{\partial x} + k\dfrac{\partial}{\partial y} \right)^2 f(x_0, y_0)$ 表示 $h^2 f_{xx}(x_0, y_0) + 2hkf_{xy}(x_0, y_0) + k^2 f_{yy}(x_0, y_0)$.

一般地, 记号 $\left(h\dfrac{\partial}{\partial x} + k\dfrac{\partial}{\partial y} \right)^m f(x_0, y_0)$ 表示 $\displaystyle\sum_{r=0}^{m} C_m^r h^r k^{m-r} \frac{\partial^m f}{\partial x^r \partial y^{m-r}}\bigg|_{(x_0, y_0)}$.

证 引入一元函数

$$F(t) = f(x_0 + ht, y_0 + kt) \quad (0 \leq t \leq 1).$$

显然该函数是由函数 $z = f(x, y)$ 及函数 $x = x_0 + ht$、$y = y_0 + kt$ 复合而成的复合函数. 由多元复合函数的求导法则, 可得

$$F'(t) = hf_x(x_0 + ht, y_0 + kt) + kf_y(x_0 + ht, y_0 + kt)$$

$$= \left(h\frac{\partial}{\partial x} + k\frac{\partial}{\partial y} \right) f(x_0 + ht, y_0 + kt),$$

$$F''(t) = h^2 f_{xx}(x_0 + ht, y_0 + kt)$$

$$+ 2hkf_{xy}(x_0 + ht, y_0 + kt) + k^2 f_{yy}(x_0 + ht, y_0 + kt)$$

$$= \left(h\frac{\partial}{\partial x} + k\frac{\partial}{\partial y} \right)^2 f(x_0 + ht, y_0 + kt),$$

$$\vdots$$

$$F^{(n)}(t) = \sum_{r=0}^{n} C_n^r h^r k^{n-r} \frac{\partial^n f}{\partial x^r \partial y^{n-r}}\bigg|_{(x_0+ht, y_0+kt)} = \left(h\frac{\partial}{\partial x} + k\frac{\partial}{\partial y} \right)^n f(x_0 + ht, y_0 + kt),$$

$$F^{(n+1)}(t) = \sum_{r=0}^{n+1} C_{n+1}^r h^r k^{n+1-r} \frac{\partial^{n+1} f}{\partial x^r \partial y^{n+1-r}}\bigg|_{(x_0+ht, y_0+kt)}$$

$$= \left(h\frac{\partial}{\partial x} + k\frac{\partial}{\partial y} \right)^{n+1} f(x_0 + ht, y_0 + kt).$$

又根据公式 (3-11)(参见上册第 97 页), 有

$$F(1) = F(0) + F'(0) + \frac{1}{2!}F''(0) + \cdots$$
$$+ \frac{1}{n!}F^{(n)}(0) + \frac{1}{(n+1)!}F^{(n+1)}(\theta) \qquad (0 < \theta < 1)$$

将 $F(0) = f(x_0, y_0)$、$F(1) = f(x_0 + h, y_0 + k)$ 及上面求得的 $F(t)$ 的直到 n 阶导数在 $t = 0$ 的值以及 $F^{(n+1)}(t)$ 在 $t = \theta$ 的值代入上式，即得

$$f(x_0 + h, y_0 + k) = f(x_0, y_0) + \left(h\frac{\partial}{\partial x} + k\frac{\partial}{\partial y}\right)f(x_0, y_0)$$
$$+ \frac{1}{2!}\left(h\frac{\partial}{\partial x} + k\frac{\partial}{\partial y}\right)^2 f(x_0, y_0) + \cdots \qquad (8\text{-}33)$$
$$+ \frac{1}{n!}\left(h\frac{\partial}{\partial x} + k\frac{\partial}{\partial y}\right)^n f(x_0, y_0) + R_n ,$$

其中

$$R_n = \frac{1}{(n+1)!}\left(h\frac{\partial}{\partial x} + k\frac{\partial}{\partial y}\right)^{n+1} f(x_0 + \theta h, y_0 + \theta k) \quad (0 < \theta < 1). \qquad (8\text{-}34)$$

证毕.

公式（8-33）称为二元函数 $z = f(x, y)$ 在点 (x_0, y_0) 的 **n 阶泰勒公式**，而公式（8-34）称为 n 阶泰勒公式的**拉格朗日（Lagrange）型余项**. 若 $(x_0, y_0) = (0,0)$，则公式（8-33）相应地称为 **n 阶麦克劳林公式**.

下面证明当 $\rho = \sqrt{h^2 + k^2} \to 0$ 时，误差 $|R_n|$ 是比 ρ^n 高阶的无穷小.

事实上，令 $\rho = \sqrt{h^2 + k^2}$，因为函数 $z = f(x, y)$ 的直到 $n+1$ 阶偏导数都连续，故 $f(x,y)$ 的 $n+1$ 阶导数的绝对值在点 (x_0, y_0) 的某一邻域内都不超过某个正常数 M. 于是令 $\rho = \sqrt{h^2 + k^2}$，有

$$|R_n| \leqslant \frac{M}{(n+1)!}(|h| + |k|)^{n+1} = \frac{M}{(n+1)!}\rho^{n+1}\left(\frac{|h|}{\rho} + \frac{|k|}{\rho}\right)^{n+1}$$
$$= \frac{M}{(n+1)!}\rho^{n+1}(|\cos\alpha| + |\cos\beta|)^{n+1}$$
$$\leqslant \frac{(\sqrt{2})^{n+1}}{(n+1)!}M\rho^{n+1}.$$

这里 $\cos\alpha$ 和 $\cos\beta$ 从点 (x_0, y_0) 到点 $(x_0 + h, y_0 + k)$ 方向的方向余弦. 上式说明，当 $\rho \to 0$ 时，$|R_n|$ 是比 ρ^n 高阶的无穷小，即 R_n 也是比 ρ^n 高阶的无穷小. 我们将 $R_n = o(\rho^n)$ 这样的余项称为**佩亚诺（Peano）型余项**.

特别地，当 $n = 0$ 时，公式（8-33）变成

$$f(x_0 + h, y_0 + k)$$
$$= f(x_0, y_0) + hf_x(x_0 + \theta h, y_0 + \theta k) + kf_y(x_0 + \theta h, y_0 + \theta k) . \qquad (8\text{-}35)$$

公式（8-35）称为二元函数的拉格朗日中值公式.

公式（8-35）说明：如果函数 $f(x, y)$ 的偏导数 $f_x(x, y)$、$f_y(x, y)$ 在某一区域内都恒等于零，则函数 $f(x, y)$ 在该区域内为一常数.

例 8-41　求函数 $f(x, y) = \ln(1 + x + y)$ 的三阶麦克劳林公式.

解　$f_x(x, y) = f_y(x, y) = \dfrac{1}{1 + x + y}$ ，

$$f_{xx}(x, y) = f_{xy}(x, y) = f_{yy}(x, y) = -\frac{1}{(1 + x + y)^2} ,$$

$$\frac{\partial^3 f}{\partial x^r \partial y^{3-r}} = \frac{2!}{(1 + x + y)^3} \quad (r = 0, 1, 2, 3) ,$$

$$\frac{\partial^4 f}{\partial x^r \partial y^{4-r}} = -\frac{3!}{(1 + x + y)^4} \quad (r = 0, 1, 2, 3, 4) ,$$

所以

$$f(0, 0) = 0 ,$$

$$\left(h\frac{\partial}{\partial x} + k\frac{\partial}{\partial y} \right) f(0, 0) = hf_x(0, 0) + kf_y(0, 0) = h + k ,$$

$$\left(h\frac{\partial}{\partial x} + k\frac{\partial}{\partial y} \right)^2 f(0, 0) = h^2 f_{xx}(0, 0) + 2hk f_{xy}(0, 0) + k^2 f_{yy}(0, 0) = -(h + k)^2 ,$$

$$\left(h\frac{\partial}{\partial x} + k\frac{\partial}{\partial y} \right)^3 f(0, 0) = h^3 f_{xxx}(0, 0) + 3h^2 k f_{xxy}(0, 0) + 3hk^2 f_{xyy}(0, 0) + k^3 f_{yyy}(0, 0)$$

$$= 2(h + k)^3 ,$$

令 $x_0 = 0$、$y_0 = 0$ ，将上面的式子代入公式（8-33）得所求三阶麦克劳林公式为

$$\ln(1 + h + k) = h + k - \frac{1}{2}(h + k)^2 + \frac{1}{3}(h + k)^3 + R_3 ,$$

即

$$\ln(1 + x + y) = x + y - \frac{1}{2}(x + y)^2 + \frac{1}{3}(x + y)^3 + R_3 ,$$

其中

$$R_3 = \frac{1}{4!}\left(x\frac{\partial}{\partial x} + y\frac{\partial}{\partial y} \right)^4 f(\theta x, \theta y)$$

$$= -\frac{1}{4} \cdot \frac{(x + y)^4}{(1 + \theta x + \theta y)^4} \quad (0 < \theta < 1)$$

例 8-42 在点 $(0,0)$ 的邻域内，求函数 $f(x,y)=\sqrt{1-x^2-y^2}$ 的带佩亚诺型余项的二阶泰勒公式.

解 在公式（8-33）中，令 $n=2$、$x_0=0$、$y_0=0$、$h=x$、$k=y$，得

$$f(x,y)=f(0,0)+f_x(0,0)x+f_y(0,0)y$$

$$+\frac{1}{2!}[f_{xx}(0,0)x^2+2f_{xy}(0,0)xy+f_{yy}(0,0)y^2]+o(\rho^2),$$

这里 $\rho=\sqrt{x^2+y^2}$. 而 $f(0,0)=1$，$f_x(0,0)=\left[\dfrac{-x}{\sqrt{1-x^2-y^2}}\right]_{(0,0)}=0$，

$$f_y(0,0)=\left[\frac{-y}{\sqrt{1-x^2-y^2}}\right]_{(0,0)}=0,\quad f_{xx}(0,0)=\left[\frac{y^2-1}{(1-x^2-y^2)^{\frac{3}{2}}}\right]_{(0,0)}=-1,$$

$$f_{yy}(0,0)=\left[\frac{x^2-1}{(1-x^2-y^2)^{\frac{3}{2}}}\right]_{(0,0)}=-1,\quad f_{xy}(0,0)=\left[\frac{-xy}{(1-x^2-y^2)^{\frac{3}{2}}}\right]_{(0,0)}=0,$$

故

$$\sqrt{1-x^2-y^2}=f(x,y)=1+\frac{1}{2}(-x^2-y^2)+o(\rho^2).$$

下面我们证明定理 8-13（§8.9 节），即极值存在的充分条件.

设函数 $f(x,y)$ 在点 $P_0(x_0,y_0)$ 的某邻域 $U_1(P_0)$ 内连续且具有一阶及二阶连续偏导数且 $f_x(x_0,y_0)=f_y(x_0,y_0)=0$. 由公式（8-33），对于任意 $(x_0+h,y_0+k)\in U_1(P_0)$ 有

$$\Delta f=f(x_0+h,y_0+k)-f(x_0,y_0)=\frac{1}{2}[h^2f_{xx}(x_0+\theta h,y_0+\theta k)$$

$$+2hkf_{xy}(x_0+\theta h,y_0+\theta k)+k^2f_{yy}(x_0+\theta h,y_0+\theta k)]\quad(0<\theta<1),\quad(8\text{-}36)$$

令 $f_{xx}(x_0,y_0)=A$、$f_{xy}(x_0,y_0)=B$、$f_{yy}(x_0,y_0)=C$，则有如下 3 种情况：

① 当 $AC-B^2>0$ 时 $f_{xx}(x_0,y_0)f_{yy}(x_0,y_0)-[f_{xy}(x_0,y_0)]^2>0$，故 $f_{xx}(x_0,y_0)$、$f_{yy}(x_0,y_0)$ 同号. 由 $f(x,y)$ 的二阶偏导数在 $U_1(P_0)$ 内连续知，存在点 P_0 的邻域 $U_2(P_0)\subset U_1(P_0)$，使得对任意 $(x_0+h,y_0+k)\in U_2(P_0)$，一方面 $f_{xx}(x_0+h,y_0+k)$ 和 $f_{yy}(x_0+h,y_0+k)$ 与 $f_{xx}(x_0,y_0)$ 和 $f_{yy}(x_0,y_0)$ 同号，另一方面

$$f_{xx}(x_0+\theta h,y_0+\theta k)f_{yy}(x_0+\theta h,y_0+\theta k)-[f_{xy}(x_0+\theta h,y_0+\theta k)]^2>0\quad(0<\theta<1).$$

依次记 $f_{xx}(x,y)$、$f_{xy}(x,y)$、$f_{yy}(x,y)$ 在点 $(x_0+\theta h,y_0+\theta k)$ 处的值为 f_{xx}、f_{xy}、f_{yy}. 上式说明，当 $(x_0+h,y_0+k)\in U_2(P_0)$ 时，f_{xx} 与 f_{yy} 同号且都不为零. 于是

$$\Delta f=\frac{1}{2}(h^2f_{xx}+2hkf_{xy}+k^2f_{yy})=\frac{1}{2f_{xx}}(h^2f_{xx}^2+2hkf_{xx}f_{xy}+k^2f_{xx}f_{yy})$$

$$= \frac{1}{2f_{xx}}[(h^2 f_{xx}^2 + 2hkf_{xx}f_{xy} + k^2 f_{xy}^2) + (k^2 f_{xx}f_{yy} - k^2 f_{xy}^2)]$$

$$= \frac{1}{2f_{xx}}[(hf_{xx} + kf_{xy})^2 + k^2(f_{xx}f_{yy} - f_{xy}^2)]. \tag{**}$$

同理
$$\Delta f = \frac{1}{2f_{yy}}[(kf_{yy} + hf_{xy})^2 + h^2(f_{xx}f_{yy} - f_{xy}^2)]. \tag{***}$$

我们将说明当 h、k 不同时为零且 $(x_0 + h, y_0 + k) \in U_2(P_0)$ 时，在 $AC - B^2 > 0$ 的情况下，Δf 右边括号里的值为正，即 Δf 与 f_{xx}、f_{yy} 同号，从而与 A、C 同号. 事实上，当 $h \neq 0$ 时，利用等式（***），因为 $f_{xx}f_{yy} - f_{xy}^2 > 0$，故 $(kf_{yy} + hf_{xy})^2 + h^2(f_{xx}f_{yy} - f_{xy}^2) > 0$；当 $k \neq 0$ 时，利用等式（**），因为 $f_{xx}f_{yy} - f_{xy}^2 > 0$，故 $(hf_{xx} + kf_{xy})^2 + k^2(f_{xx}f_{yy} - f_{xy}^2) > 0$.

当 $A < 0$ 时，$\Delta f < 0$，即 $f(x_0 + h, y_0 + k) < f(x_0, y_0)$，故 $f(x_0, y_0)$ 为极大值. 当 $A > 0$ 时，$\Delta f > 0$，即 $f(x_0 + h, y_0 + k) > f(x_0, y_0)$，故 $f(x_0, y_0)$ 为极小值；

②当 $AC - B^2 < 0$ 时 $f_{xx}(x_0, y_0)f_{yy}(x_0, y_0) - [f_{xy}(x_0, y_0)]^2 < 0$. 下面我们分两种情况讨论.

情况 I：假设 $f_{xx}(x_0, y_0) = f_{yy}(x_0, y_0) = 0$，这时 $f_{xy}(x_0, y_0) \neq 0$.

分别令 $k = h$、$k = -h$，代入公式（8-36），分别得

$$\Delta f = \frac{h^2}{2}[f_{xx}(x_0 + \theta_1 h, y_0 + \theta_1 h) + 2f_{xy}(x_0 + \theta_1 h, y_0 + \theta_1 h)$$
$$+ f_{yy}(x_0 + \theta_1 h, y_0 + \theta_1 k)] \qquad (0 < \theta_1 < 1),$$

$$\Delta f = \frac{h^2}{2}[f_{xx}(x_0 + \theta_2 h, y_0 - \theta_2 h) - 2f_{xy}(x_0 + \theta_2 h, y_0 - \theta_2 h)$$
$$+ f_{yy}(x_0 + \theta_2 h, y_0 - \theta_2 h)] \qquad (0 < \theta_2 < 1).$$

当 $h \to 0$ 时，以上两式中方括号内的式子分别趋于极限 $2f_{xy}(x_0, y_0)$ 和 $-2f_{xy}(x_0, y_0)$，从而当 h 充分接近零时，两式中方括号内的值有相反的符号，这时 Δf 可以取不同符号的值，所以 $f(x_0, y_0)$ 不是极值.

情况 II：$f_{xx}(x_0, y_0)$ 和 $f_{yy}(x_0, y_0)$ 不同时为零. 不妨设 $f_{xx}(x_0, y_0) \neq 0$.

一方面，取 $k = 0$，于是由公式（8-36）知

$$\Delta f = \frac{1}{2}h^2 f_{xx}(x_0 + \theta h, y_0).$$

由此可见，当 h 充分接近零时，Δf 与 $f_{xx}(x_0, y_0)$ 同号.

另一方面，如果取 $h = -f_{xy}(x_0, y_0)s$、$k = f_{xx}(x_0, y_0)s$，其中 s 是异于零但充分接近零的数，则当 $|s|$ 充分小时，Δf 与 $f_{xx}(x_0, y_0)$ 异号. 事实上，由公式（8-36）有

$$\Delta f = \frac{1}{2}s^2\{[f_{xy}(x_0, y_0)]^2 f_{xx}(x_0 + \theta h, y_0 + \theta k)$$

$$-2f_{xy}(x_0,y_0)f_{xx}(x_0,y_0)f_{xy}(x_0+\theta h,y_0+\theta k)$$

$$+[f_{xx}(x_0,y_0)]^2 f_{yy}(x_0+\theta h,y_0+\theta k)\} \quad (0<\theta<1).$$

当 $s\to 0$ 时上式右边花括号中的式子趋于

$$f_{xx}(x_0,y_0)\{f_{xx}(x_0,y_0)f_{yy}(x_0,y_0)-[f_{xy}(x_0,y_0)]^2\}.$$

又由条件 $AC-B^2<0$ 即 $f_{xx}(x_0,y_0)f_{yy}(x_0,y_0)-[f_{xy}(x_0,y_0)]^2<0$ 知，当 $s\to 0$ 时，Δf 与 $f_{xx}(x_0,y_0)$ 异号.

综上所述，在满足 $AC-B^2<0$ 的条件下，在点 (x_0,y_0) 的任意邻域，Δf 可取不同符号的值，因此 $f(x_0,y_0)$ 不是极值.

③当 $AC-B^2=0$ 时，考察函数

$$f(x,y)=x^2+y^4 \quad 及 \quad g(x,y)=x^2+y^3.$$

容易验证，这两个函数都以点 $(0,0)$ 为驻点，且在点 $(0,0)$ 处都满足 $AC-B^2=0$. 但是 $f(x,y)$ 在点 $(0,0)$ 处有极小值 0，而 $g(x,y)$ 在点 $(0,0)$ 处却没有极值.

所以当 $AC-B^2=0$ 时，函数可能有极值，也可能没有极值，还需另行讨论.

*习题8.9

1. 在点 $(0,0)$ 的邻域内按佩亚诺余项把函数 $f(x,y)=\sqrt{1-x^2-y^2}$ 展开成二阶泰勒公式.

2. 利用函数 $f(x,y)=x^y$ 的三阶泰勒公式，计算 $1.1^{1.02}$ 的近似值.

总习题八

1. 填空题：

（1）与一元函数比较，说明二元函数连续、偏导之间的关系：一元函数在可导点处_____连续，但二元函数在偏导数存在处_____连续，二元函数在连续点处_____存在偏导数；

（2）在"充分"、"必要"和"充要"三者中选择一个正确的填入下列空格：

函数 $z=f(x,y)$ 在点 (x,y) 可微分是 $f(x,y)$ 在该点连续的_____条件，函数 $z=f(x,y)$ 在点 (x,y) 连续是 $f(x,y)$ 在该点可微分的_____条件. 函数 $z=f(x,y)$ 在点 (x,y) 的偏导数 $\dfrac{\partial z}{\partial x}$ 及 $\dfrac{\partial z}{\partial y}$ 存在是 $f(x,y)$ 在该点可微分的_____条件，

$z=f(x,y)$ 在点 (x,y) 可微分是函数在该点的偏导数 $\dfrac{\partial z}{\partial x}$ 及 $\dfrac{\partial z}{\partial y}$ 存在的_____条

件. 函数 $z = f(x,y)$ 的偏导数 $\dfrac{\partial z}{\partial x}$ 及 $\dfrac{\partial z}{\partial y}$ 在点 (x,y) 存在且连续是 $f(x,y)$ 在该点可微

分的_____条件. 函数 $z = f(x,y)$ 的两个二阶混合偏导数 $\dfrac{\partial^2 z}{\partial x \partial y}$ 及 $\dfrac{\partial^2 z}{\partial y \partial x}$ 在区域 D 内

连续是这两个二阶混合偏导数在 D 内相等的_____条件.

2. 选择题：函数 $f(x,y) = \begin{cases} \dfrac{xy}{x^2+y^2}, & x^2+y^2 \neq 0 \\ 0, & x^2+y^2 = 0 \end{cases}$ 在 $(0,0)$ 处（　　）.

A. 连续，偏导数存在　　　　　　　B. 连续，偏导数不存在

C. 不连续，偏导数存在　　　　　　D. 不连续，偏导数不存在

3. 求下列函数的定义域，并画出定义域的图形：

（1）$z = \arcsin \dfrac{x}{y^2}$；

（2）$z = \ln(1-x^2-y^2) - \sqrt{y-x}$；

（3）$z = \sqrt{4-x^2-y^2}\,\ln(x^2+y^2-1)$.

4. 若 $z = x^2 + y^2$，试求 $\dfrac{\partial z}{\partial x}\Big|_{\substack{x=1\\y=1}}$ 且说明其几何意义.

5. 设 $f(x,y) = \begin{cases} \dfrac{xy^2}{x^4+y^4}, & x^4+y^4 \neq 0 \\ 0, & x^4+y^4 = 0 \end{cases}$，证明函数 $f(x,y)$ 在 $(0,0)$ 处偏导数

存在，但不连续.

6. 设方程 $\mathrm{e}^z = xyz$ 确定函数 $z = z(x,y)$，求 $\dfrac{\partial z}{\partial x}$ 和 $\dfrac{\partial z}{\partial y}$.

7. 设 $z^3 - 2xz + y = 0$，求 $\dfrac{\partial^2 z}{\partial x^2}$ 和 $\dfrac{\partial^2 z}{\partial y^2}$.

8. 设 $z = \dfrac{y}{x}$，当 $x=2$、$y=1$、$\Delta x = 0.1$、$\Delta y = -0.2$ 时求 Δz 及 $\mathrm{d}z$.

9. 求 $u = \ln(2x+3y+4z^2)$ 的全微分.

10. 求曲面 $z = xy$ 平行于平面 $x+3y+z+9=0$ 的切平面方程.

11. 设 $u = f(x,y,z) = x^3 y^2 z^2$，其中 $z = z(x,y)$ 是由方程 $x^3 + y^3 + z^3 - 3xyz = 0$

所确定的函数，求 $\dfrac{\partial u}{\partial x}\Big|_{(-1,1,1)}$.

12. 设 $z = 1 - x^2 - y^2$.

（1）求 $z = 1 - x^2 - y^2$ 的极值；

（2）求 $z = 1 - x^2 - y^2$ 在条件 $y = 2$ 下的极值.

13．某工厂要用钢板制作一个容积为 $100\mathrm{m}^3$ 的有盖长方体容器，若不计钢板的厚度，怎样制作材料最省？

14．设企业在雇用 x 名技术人员和 y 名非技术人员时，产品的产量为

$$Q = -8x^2 + 12xy - 3y^2，$$

若企业只能雇 230 人，那么该雇多少名技术人员及多少名非技术人员才能使产量最大？

第9章 重积分

一元函数定积分是和的极限. 本章我们将把这种和的极限概念推广到二元函数和三元函数, 即二重积分和三重积分. 用二重积分或三重积分可以计算一般区域上的质量, 质心等.

§9.1 二重积分的概念与性质

9.1.1 二重积分的概念

一个空间立体, 它的底面是 xoy 面上面积为 A 的矩形闭区域:
$$R = [a,b] \times [c,d] = \{(x,y) \mid a \leqslant x \leqslant b, c \leqslant y \leqslant d\},$$
侧面是以 R 的边界曲线为准线而母线平行于 z 轴的柱面, 顶是由方程 $z = f(x,y)$ 所确定的曲面, 其中 $f(x,y) \geqslant 0$ 且在 R 上连续 (如图9-1所示). 这种立体称为**定义在矩形区域 R 上的曲顶柱体**, R 称为该曲顶柱体的**底面**. 那么该如何计算该曲顶柱体的体积 V 呢?

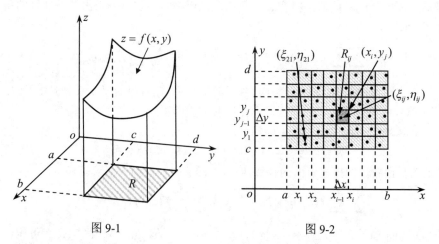

图 9-1   图 9-2

我们知道, 如果该曲顶柱体的顶是一张平行于 xoy 面的平面, 即 $z = f(x,y) = c$ (c 为常数), 则它的高为常量, 从而有: 体积=底面积×高, 即
$$V = A \times c. \tag{9-1}$$
但对于一般的曲顶柱体, 由于其高 $f(x,y)$ 会随着区域 R 上的点 (x,y) 的坐标的变化而变化, 我们显然不能直接再用公式 (9-1) 计算其体积, 但我们从第5章关

于曲边梯形的面积的计算中受到启发，按下列四个步骤来解决这个问题（注意，为了简便，我们在第一步中使用了等分的方法）：

（1）**大化小**：把矩形区域 R 等分成很多个小的矩形区域. 即把 $[a,b]$ 平均分成 m 个子区间 $[x_{i-1},x_i]$ $(i=1,2,\cdots,m)$，每个子区间的长度 $\Delta x=(b-a)/m$；把 $[c,d]$ 平均分成 n 个子区间 $[y_{j-1},y_j]$ $(j=1,2,\cdots,n)$，每个子区间的长度 $\Delta y=(d-c)/n$. 平行于坐标轴且过小区间的端点画直线得到 $m\times n$ 个面积都为 $\Delta A=\Delta x\Delta y$ 的小矩形（如图 9-2 所示）. 作为代表，其第 j 行第 i 列的小矩形为

$$R_{ij}=[x_{i-1},x_i]\times[y_{j-1},y_j]=\{(x,y)\,|\,x_{i-1}\leqslant x\leqslant x_i,y_{j-1}\leqslant y\leqslant y_j\}.$$

（2）**常代变**：任意选择代表点 $(\xi_{ij},\eta_{ij})\in R_{ij}$，以 R_{ij} 为底面的小曲顶柱体的高可看成近似等于 $f(\xi_{ij},\eta_{ij})$（平分得越细，即 m 或 n 越大，近似程度越好），从而得到该小曲顶柱体积 V_{ij} 的近似值，即

$$V_{ij}\approx f(\xi_{ij},\eta_{ij})\Delta A\;（或写成 V_{ij}\approx f(\xi_{ij},\eta_{ij})\Delta x\Delta y）.$$

（3）**求近似和**：将这 $m\times n$ 个小曲顶柱体的近似体积累加，便得到所求曲顶柱体体积的近似值，即

$$V\approx\sum_{i=1}^{m}\sum_{j=1}^{n}f(\xi_{ij},\eta_{ij})\Delta A\;（或写成 V\approx\sum_{i=1}^{m}\sum_{j=1}^{n}f(\xi_{ij},\eta_{ij})\Delta x\Delta y）.\qquad(9\text{-}2)$$

公式（9-2）的右端称为**二重黎曼和**.

（4）**取极限**：不难理解，当 m 和 n 越来越大时，公式（9-2）右边的值就越来越逼近体积 V 的精确值. 换言之，我们可以用极限的方法来求出曲顶柱体的精确体积，即

$$V=\lim_{\substack{m\to\infty\\n\to\infty}}\sum_{i=1}^{m}\sum_{j=1}^{n}f(\xi_{ij},\eta_{ij})\Delta A\;（或写成 V=\lim_{\substack{m\to\infty\\n\to\infty}}\sum_{i=1}^{m}\sum_{j=1}^{n}f(\xi_{ij},\eta_{ij})\Delta x\Delta y）.\quad(9\text{-}3)$$

像式（9-3）那样的和式的极限，在物理、力学、几何和工程技术中都会用到. 我们将 $f(x,y)$ 推广到 R 上的有界函数，就有如下的定义.

定义 9-1　设 $f(x,y)$ 是矩形闭区域

$$R=[a,b]\times[c,d]=\{(x,y)\,|\,a\leqslant x\leqslant b,c\leqslant y\leqslant d\}$$

上的有界函数，同样按上面的步骤（1）、（2）、（3）得到二重黎曼和

$$\sum_{i=1}^{m}\sum_{j=1}^{n}f(\xi_{ij},\eta_{ij})\Delta A\;（或写成 \sum_{i=1}^{m}\sum_{j=1}^{n}f(\xi_{ij},\eta_{ij})\Delta x\Delta y），$$

若当 m 和 n 趋于无穷大时，该和式的极限存在，则称 $f(x,y)$ 在区域 R 上**可积**，并称此极限值为函数 $f(x,y)$ 在区域 R 上的**二重积分**，记作

$$\iint_R f(x,y)\mathrm{d}A\;（或写成 \iint_R f(x,y)\mathrm{d}x\mathrm{d}y），$$

即

$$\iint\limits_{R} f(x,y)\mathrm{d}A = \iint\limits_{R} f(x,y)\mathrm{d}x\mathrm{d}y = \lim_{\substack{m\to\infty \\ n\to\infty}} \sum_{i=1}^{m}\sum_{j=1}^{n} f(\xi_{ij},\eta_{ij})\Delta A , \qquad (9\text{-}4)$$

其中 $f(x,y)$ 称为**被积函数**，R 称为**积分区域**，x 与 y 称为**积分变量**，$\mathrm{d}A$ 称为**面积微元**.

由定义 9-1 可知：当 $f(x,y)\equiv 0$ 时，有 $\iint\limits_{R} f(x,y)\mathrm{d}A = 0$；而当 $f(x,y)\geqslant 0$ 时，

$\iint\limits_{R} f(x,y)\mathrm{d}A$ 的值在几何上就是以 R 为底面，曲顶方程为 $z=f(x,y)$ 的曲顶柱体的体积，这就是二重积分的<u>几何意义</u>.

例 9-1 试估计底面为 $R=[0,2]\times[0,2]$，曲顶方程为 $z=16-x^2-2y^2$ 的曲顶柱体的体积.

解 令 $f(x,y)=16-x^2-2y^2$. 显然当 $(x,y)\in R$ 时，$f(x,y)\geqslant 0$. 将 R 平均分成 4 个小正方形（如图 9-3 所示），即 $m=n=2$，显然每个小正方形的面积 $\Delta A=1$. 若以每个 R_{ij} 右上角点作为其代表点 (ξ_{ij},η_{ij})，则通过求黎曼和（公式（9-2）），其体积的估计值如下：

$$V \approx \sum_{i=1}^{2}\sum_{j=1}^{2} f(\xi_{ij},\eta_{ij})\Delta A = f(1,1)\Delta A + f(1,2)\Delta A + f(2,1)\Delta A + f(2,2)\Delta A$$

$$= 13\times1 + 7\times1 + 10\times1 + 4\times1 = 34 .$$

注：选择 R_{ij} 上其他不同的点，例如小正方形左下角的点、中心点等作为 (ξ_{ij},η_{ij}) 时会得到不同的估计值. 若 $m=n=4$ 即将 R 平均分成 16 个小正方形时，按照上面的右上角取点方法可得 $V\approx41.5$；依此类推，若 $m=n=8$ 时，$V\approx44.875$；若 $m=n=16$ 时，$V\approx46.46875$. 而利用下一节的知识，我们可求得此曲顶柱体的体积 $V=48$，可见分得越细，估计值就越接近于精确值.

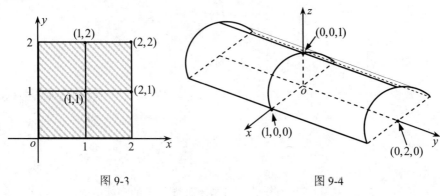

图 9-3　　　　　　　　　　　　　　　　　图 9-4

例 9-2 若 $R=[-1,1]\times[-2,2]$，计算二重积分 $\iint\limits_{R} \sqrt{1-x^2}\,\mathrm{d}A$.

解 由二重积分的几何意义知，所求的二重积分即是底面为 $R = [-1,1] \times [-2,2]$，曲顶为母线平行于 y 轴的圆柱面 $x^2 + z^2 = 1$ 在 xoy 平面的上面部分的曲顶柱体的体积．此曲顶柱体相当于高为 4，底面半径为 1 的圆柱体的一半（如图 9-4 所示），从而有

$$\iint_R \sqrt{1-x^2}\,\mathrm{d}A = \frac{1}{2}\pi \times 1^2 \times 4 = 2\pi .$$

9.1.2 二重积分的性质

下面给出二重积分的性质，它们与定积分的性质极其类似，便于理解，证明从略．在所列的性质中，我们先假定所涉及的积分区域为矩形闭区域，而被积函数在相应的积分区域上都是可积的．

性质 1（线性运算性质）

$$\iint_R [f(x,y) + g(x,y)]\mathrm{d}A = \iint_R f(x,y)\mathrm{d}A + \iint_R g(x,y)\mathrm{d}A ,$$

$$\iint_R cf(x,y)\mathrm{d}A = c\iint_R f(x,y)\mathrm{d}A \quad （其中 c 是任意常数）.$$

性质 2（对区域的可加性） 若区域 R 可分成两个区域 R_1 和 R_2，则有

$$\iint_R f(x,y)\mathrm{d}A = \iint_{R_1} f(x,y)\mathrm{d}A + \iint_{R_2} f(x,y)\mathrm{d}A .$$

性质 3 记 $\iint_R \mathrm{d}A = \iint_R 1\mathrm{d}A$，则有 $\iint_R \mathrm{d}A = A$（其中 A 是区域 R 的面积）.

性质 4（保号性） 若 $f(x,y) \geqslant 0$，则 $\iint_R f(x,y)\mathrm{d}A \geqslant 0$.

推论 1（单调性） 如果在 R 上有 $f(x,y) \leqslant g(x,y)$，则有

$$\iint_R f(x,y)\mathrm{d}A \leqslant \iint_R g(x,y)\mathrm{d}A .$$

推论 2 $\left| \iint_R f(x,y)\mathrm{d}A \right| \leqslant \iint_R |f(x,y)|\mathrm{d}A .$

性质 5 设 M 和 m 分别是 $f(x,y)$ 在 R 上的最大值和最小值，A 是 R 的面积，则有

$$m \cdot A \leqslant \iint_R f(x,y)\mathrm{d}A \leqslant M \cdot A .$$

上述不等式通常用于对二重积分进行估值．

性质 6（积分中值定理） 若 $f(x,y)$ 是闭区域 R 上的连续函数，A 是 R 的面积，则在 R 上至少存在一点 (ξ, η)，使得

$$\frac{1}{A} \iint_R f(x,y)\mathrm{d}A = f(\xi,\eta) \,.$$

与一元函数类似，这时我们称 $\frac{1}{A}\iint_R f(x,y)\mathrm{d}A$ 为二元函数 $f(x,y)$ 在闭区域 R 上的平均值.

习题 9.1

1. 曲顶柱体的底面为 $R = \{(x,y)|0 \leqslant x \leqslant 6, 0 \leqslant y \leqslant 4\}$，曲顶方程为 $z = xy$，将底 R 沿 x 轴方向平均分成 3 段，沿 y 轴方向平均分成 2 段，每一个小矩形的右上角点作为代表点，通过求黎曼和，估计此曲顶柱体体积的近似值.

2. 比较积分 $\iint_R (x+y)^2 \mathrm{d}A$ 和 $\iint_R (x+y)^3 \mathrm{d}A$ 的大小，其中 R 是矩形区域

$$R = \left\{ (x,y) \,\middle|\, 0 \leqslant x \leqslant \frac{1}{2}, 0 \leqslant y \leqslant \frac{1}{3} \right\} \,.$$

3. 根据二重积分的性质及几何意义，计算下列二重积分：

(1) $\displaystyle\iint_R 3\mathrm{d}A$，其中 $R = \{(x,y)\,|\,-2 \leqslant x \leqslant 2, 1 \leqslant y \leqslant 6\}$；

(2) $\displaystyle\iint_R (5-x)\mathrm{d}A$，其中 $R = \{(x,y)\,|\,0 \leqslant x \leqslant 5, 0 \leqslant y \leqslant 3\}$；

(3) $\displaystyle\iint_R (4-2y)\mathrm{d}A$，其中 $R = \{(x,y)\,|\,0 \leqslant x \leqslant 1, 0 \leqslant y \leqslant 1\}$.

§9.2 二重积分与二次积分

本节介绍一种计算矩形区域上的二重积分的方法，这种方法就是把二重积分转化成累次积分（即二次定积分，简称二次积分）来计算.

设 $f(x,y)$ 是定义在区域 $R = [a,b] \times [c,d]$ 上的二元函数，记号 $\displaystyle\int_c^d f(x,y)\mathrm{d}y$，表示将 x 看成常量后，关于 y 的一元函数 $\psi(y) = f(x,y)$ 在区间 $[c,d]$ 上的定积分，如果这个定积分存在，则其值与 x 有关，即其结果又是一个关于 x 的一元函数，记为 $A(x)$，即

$$A(x) = \int_c^d f(x,y)\mathrm{d}y \,.$$

我们再将上式两边在区间 $[a,b]$ 上求定积分（如果这个定积分存在），即

$$\int_a^b A(x)\mathrm{d}x = \int_a^b \left[\int_c^d f(x,y)\mathrm{d}y \right] \mathrm{d}x \,.$$

上式右边进行了两次定积分，所以称为**二次积分**. 为了书写方便，我们把右边的

方括号去掉，简记为 $\int_a^b \int_c^d f(x,y)\mathrm{d}y\mathrm{d}x$，即

$$\int_a^b \int_c^d f(x,y)\mathrm{d}y\mathrm{d}x = \int_a^b \left[\int_c^d f(x,y)\mathrm{d}y \right]\mathrm{d}x ， \tag{9-5}$$

它表示先将 x 看成常量，求 $f(x,y)$ 关于 y 在区间 $[c,d]$ 上的定积分，得到一个关于 x 的一元函数 $A(x)$，然后再将 $A(x)$ 在区间 $[a,b]$ 上求定积分. 同理

$$\int_c^d \int_a^b f(x,y)\mathrm{d}x\mathrm{d}y = \int_c^d \left[\int_a^b f(x,y)\mathrm{d}x \right]\mathrm{d}y ， \tag{9-6}$$

它表示先将 y 看成常量，求一元函数 $\varphi(x) = f(x,y)$ 关于 x 在区间 $[a,b]$ 上的定积分，得到一个关于 y 的一元函数 $A(y)$，然后再将 $A(y)$ 在区间 $[c,d]$ 上求定积分.

例 9-3 计算下列二次积分：

（1）$\int_0^3 \int_1^2 x^2 y\mathrm{d}y\mathrm{d}x$ ； （2）$\int_1^2 \int_0^3 x^2 y\mathrm{d}x\mathrm{d}y$.

解 （1）先固定 x，则有 $A(x) = \int_1^2 x^2 y\mathrm{d}y = \left[x^2 \dfrac{y^2}{2} \right]_{y=1}^{y=2} = \dfrac{3}{2}x^2$，从而有

$$\int_0^3 \int_1^2 x^2 y\mathrm{d}y\mathrm{d}x = \int_0^3 A(x)\mathrm{d}x = \int_0^3 \frac{3}{2}x^2\mathrm{d}x = \left[\frac{x^3}{2} \right]_{x=0}^{x=3} = \frac{27}{2}.$$

（2）先固定 y，则有 $A(y) = \int_0^3 x^2 y\mathrm{d}x = \left[y\dfrac{x^3}{3} \right]_{x=0}^{x=3} = 9y$，从而有

$$\int_1^2 \int_0^3 x^2 y\mathrm{d}x\mathrm{d}y = \int_1^2 A(y)\mathrm{d}y = \int_1^2 9y\mathrm{d}y = \frac{27}{2}.$$

例 9-3 中同一个二元函数的两种二次积分值相等，与先对哪个变量积分没有关系，这不是巧合. 事实上，只要二元函数满足一定的条件，其二重积分就可以使用任意顺序的二次积分来计算. 我们不加证明地给出下列定理：

定理 9-1（富比尼定理） 若二元函数 $z = f(x,y)$ 在矩形区域 $R = [a,b] \times [c,d]$ 上连续，则有

$$\iint_R f(x,y)\mathrm{d}A = \int_a^b \left[\int_c^d f(x,y)\mathrm{d}y \right]\mathrm{d}x = \int_c^d \left[\int_a^b f(x,y)\mathrm{d}x \right]\mathrm{d}y .$$

注 1 定理 9-1 的条件可以放宽到 $z = f(x,y)$ 在矩形区域 $R = [a,b] \times [c,d]$ 上除有限条连续曲线或有限条光滑曲线外都连续，结论不变.

注 2 当 $f(x,y) \geqslant 0$ 时，我们可以给出定理 9-1 的几何解释（如图 9-5 所示）：任取 $x \in [a,b]$，在空间直角坐标系 $oxyz$ 中，过点 $(x,0,0)$ 且与 x 轴垂直的平面与曲顶柱体相截，截面为一个曲边梯形，由定积分的几何意义知，该曲边梯形的面积为 $A(x) = \int_c^d f(x,y)\mathrm{d}y$，从而由微元法（参见《高等数学》（上册）6.2.2 小节），曲

顶柱体的体积 $\iint\limits_R f(x,y)\mathrm{d}A$ 的计算如下：

$$\iint\limits_R f(x,y)\mathrm{d}A = \int_a^b A(x)\mathrm{d}x = \int_a^b\left[\int_c^d f(x,y)\mathrm{d}y\right]\mathrm{d}x\,.$$

参照图 9-6，我们同样可得

$$\iint\limits_R f(x,y)\mathrm{d}A = \int_c^d\left[\int_a^b f(x,y)\mathrm{d}x\right]\mathrm{d}y\,.$$

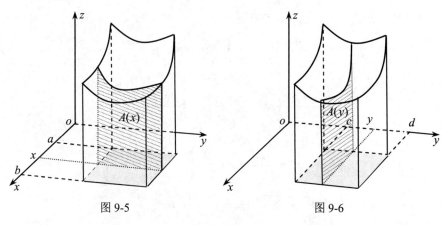

图 9-5　　　　　　　　　　　　　　　　　图 9-6

例 9-4　计算二重积分

$$\iint\limits_R (x-3y^2)\mathrm{d}A\,,$$

其中 $R = \{(x,y)\,|\,0\leqslant x\leqslant 2, 1\leqslant y\leqslant 2\}$.

解　显然函数 $f(x,y) = x-3y^2$ 在区域 R 上连续，由定理 9-1，先对 y 求定积分，得

$$\iint\limits_R (x-3y^2)\mathrm{d}A = \int_0^2\int_1^2 (x-3y^2)\mathrm{d}y\mathrm{d}x = \int_0^2 [xy-y^3]_{y=1}^{y=2}\mathrm{d}x$$

$$= \int_0^2 (x-7)\mathrm{d}x = -12\,.$$

若先对 x 求定积分，也可得

$$\iint\limits_R (x-3y^2)\mathrm{d}A = \int_1^2\int_0^2 (x-3y^2)\mathrm{d}x\mathrm{d}y = \int_1^2 [\frac{1}{2}x^2-xy^2]_{x=0}^{x=2}\mathrm{d}y$$

$$= \int_1^2 (2-6y^2)\mathrm{d}y = -12\,.$$

例 9-5　计算二重积分

$$\iint_R y\sin(xy)\mathrm{d}A \ ,$$

其中 $R = \{(x,y)\,|\,1 \leqslant x \leqslant 2, 0 \leqslant y \leqslant \pi\}$.

解 显然函数 $f(x,y) = y\sin(xy)$ 在区域 R 上连续，由定理 9-1，先对 x 求定积分，得

$$\iint_R y\sin(xy)\mathrm{d}A = \int_0^\pi \int_1^2 y\sin(xy)\mathrm{d}x\mathrm{d}y = \int_0^\pi [-\cos(xy)]_{x=1}^{x=2}\mathrm{d}y$$

$$= \int_0^\pi (\cos y - \cos 2y)\mathrm{d}y = 0 \ .$$

若先对 y 求定积分，由分部积分法

$$\int_0^\pi y\sin(xy)\mathrm{d}y = -\frac{y\cos(xy)}{x}\Big|_{y=0}^{y=\pi} + \frac{1}{x}\int_0^\pi \cos(xy)\mathrm{d}y = -\frac{\pi\cos(\pi x)}{x} + \frac{\sin(\pi x)}{x^2} \ ,$$

由于

$$-\int \frac{\pi\cos(\pi x)}{x}\mathrm{d}x = -\frac{\sin(\pi x)}{x} - \int \frac{\sin(\pi x)}{x^2}\mathrm{d}x \ ,$$

故有

$$\iint_R y\sin(xy)\mathrm{d}A = \int_1^2 \int_0^\pi y\sin(xy)\mathrm{d}y\mathrm{d}x = -\int_1^2 \frac{\pi\cos(\pi x)}{x}\mathrm{d}x + \int_1^2 \frac{\sin(\pi x)}{x^2}\mathrm{d}x$$

$$= \int_1^2 -\frac{\sin(\pi x)}{x}\mathrm{d}x = -\int_\pi^{2\pi} \frac{\sin x}{x}\mathrm{d}x \ .$$

虽然 $\dfrac{\sin x}{x}$ 在区间 $[\pi, 2\pi]$ 上可积（因为函数 $\dfrac{\sin x}{x}$ 在区间 $[\pi, 2\pi]$ 上连续），但它

不存在初等函数的原函数，所以 $-\displaystyle\int_\pi^{2\pi} \frac{\sin x}{x}\mathrm{d}x$ 不能再用牛顿－莱布尼兹公式计算了.

从该例可以看出，虽然从理论上讲我们可以使用任意顺序的二次积分计算二重积分，但从实际上看，它们的计算复杂度（有时甚至是计算难度）还是有区别的，所以我们需要具体问题具体分析，找一种计算难度和复杂度都较低的计算顺序计算二重积分.

如果 $R = [a,b] \times [c,d]$ 上的连续函数 $f(x,y)$ 能够分解成两个自变量分别为 x、y 的一元函数的乘积，即 $f(x,y) = g(x) \cdot h(y)$，则可以容易地得出如下公式：

$$\iint_R f(x,y)\mathrm{d}A = \int_a^b g(x)\mathrm{d}x \times \int_c^d h(y)\mathrm{d}y \ . \tag{9-7}$$

习题 9.2

1. 计算下列二次积分：

（1）$\displaystyle\int_1^4 \int_0^2 (6x^2y - 2x)\mathrm{d}y\mathrm{d}x$ ；

（2）$\displaystyle\int_0^2 \int_0^4 y^3 \mathrm{e}^{2x}\mathrm{d}y\mathrm{d}x$ ；

（3）$\int_{\pi/6}^{\pi/2}\int_{-1}^{5}\cos y\mathrm{d}x\mathrm{d}y$；　　　　　　　（4）$\int_{0}^{1}\int_{0}^{1}\sqrt{s+t}\mathrm{d}s\mathrm{d}t$．

2．计算下列二重积分：

（1）$\iint\limits_{R}\sin(x-y)\mathrm{d}A$，其中 $R=\left\{(x,y)\,|\,0\leqslant x\leqslant\pi/2,0\leqslant y\leqslant\pi/2\right\}$；

（2）$\iint\limits_{R}\dfrac{xy^{2}}{1+x^{2}}\mathrm{d}A$，其中 $R=\left\{(x,y)\,|\,0\leqslant x\leqslant\pi/2,-3\leqslant y\leqslant3\right\}$；

（3）$\iint\limits_{R}y\mathrm{e}^{-xy}\mathrm{d}A$，其中 $R=\left\{(x,y)\,|\,0\leqslant x\leqslant2,0\leqslant y\leqslant3\right\}$；

（4）$\iint\limits_{R}\dfrac{1}{1+x+y}\mathrm{d}A$，其中 $R=\left\{(x,y)\,|\,1\leqslant x\leqslant3,1\leqslant y\leqslant2\right\}$．

§9.3　一般积分区域上的二重积分

　　按照定义 9-1 来计算二重积分，对少数非常特殊的函数和区域来说是可行的，对一般的函数和区域来说，并不可行．本节我们将把有界函数在矩形区域上的二重积分推广到一般的有界闭区域 D 上．我们首先讨论被积函数非负的情况，然后再将被积函数推广到一般有界函数上．

　　假设 D 是一个有界闭区域（如图 9-7 所示），且 $f(x,y)$ 是 D 上的非负有界函数．显然，D 能够包含在一个矩形闭区域 R 里面，如图 9-8 所示．在矩形区域 R 上定义一个新的函数 $F(x,y)$：

$$F(x,y)=\begin{cases}f(x,y),&(x,y)\in D\\0,&(x,y)\in R-D\end{cases}.$$

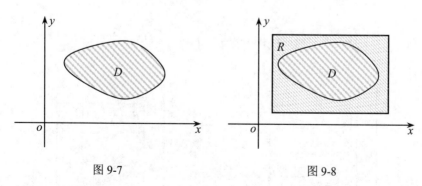

图 9-7　　　　　　　　　　　　图 9-8

　　根据二重积分的几何意义知 $f(x,y)$ 在 D 上的二重积分等于 $F(x,y)$ 在 R 上的二重积分（如图 9-9 和图 9-10 所示），即

$$\iint_D f(x,y)\mathrm{d}A = \iint_R F(x,y)\mathrm{d}A, \tag{9-8}$$

这时可利用矩形区域 R 上的二重积分去计算区域 D 上的二重积分.

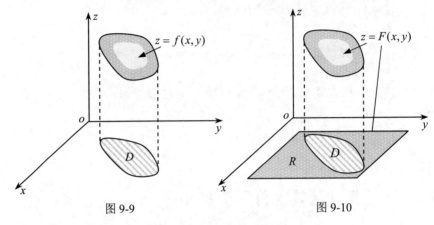

图 9-9   图 9-10

① 如果积分区域 D 可以表示为如图 9-11 和图 9-12 所示，即
$$D = \{(x,y)\,|\,a \leqslant x \leqslant b, g_1(x) \leqslant y \leqslant g_2(x)\}.$$

其中 $g_1(x)$、$g_2(x)$ 是区间 $[a,b]$ 上的连续函数，则这样的区域称为 **X 型区域**. 这时可取 R 的左、右边界线分别为 $x=a$、$x=b$，即 $R=[a,b]\times[c,d]$，根据定理 9-1 及其注 1，计算 $F(x,y)$ 在 R 上的二重积分可以通过二次积分来计算. 先固定 x，对 y 求定积分，有

$$\int_c^d F(x,y)\mathrm{d}y = \int_c^{g_1(x)} F(x,y)\mathrm{d}y + \int_{g_1(x)}^{g_2(x)} F(x,y)\mathrm{d}y + \int_{g_2(x)}^d F(x,y)\mathrm{d}y$$
$$= \int_{g_1(x)}^{g_2(x)} F(x,y)\mathrm{d}y = \int_{g_1(x)}^{g_2(x)} f(x,y)\mathrm{d}y,$$

即

$$\iint_D f(x,y)\mathrm{d}A = \iint_R F(x,y)\mathrm{d}A = \int_a^b [\int_{g_1(x)}^{g_2(x)} f(x,y)\mathrm{d}y]\mathrm{d}x. \tag{9-9}$$

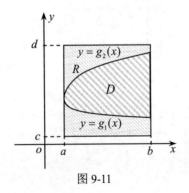 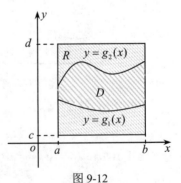

图 9-11   图 9-12

② 如果积分区域 D 可以表示为如图 9-13 和图 9-14 所示，即
$$D = \{(x,y) \mid h_1(y) \leqslant x \leqslant h_2(y), c \leqslant y \leqslant d\}.$$

其中 $h_1(y)$、$h_2(y)$ 是区间 $[c,d]$ 上的连续函数，则这样的区域称为 Y **型区域**. 这时可取 R 的上、下边界线分别为 $y=c$、$y=d$，即 $R = [a,b] \times [c,d]$. 同理可得

$$\iint\limits_D f(x,y)\mathrm{d}A = \int_c^d \left[\int_{h_1(y)}^{h_2(y)} f(x,y)\mathrm{d}x \right] \mathrm{d}y. \tag{9-10}$$

在讨论 $f(x,y)$ 在 D 上没有非负的限制之前，我们先不加证明地给出以下事实：当积分区域为一般的有界闭区域时，本章第一节的性质 1 至性质 6 同样成立.

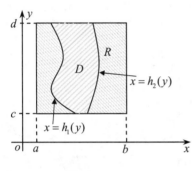

图 9-13   图 9-14

现在可以令
$$f_1(x,y) = \frac{|f(x,y)| + f(x,y)}{2}、\quad f_2(x,y) = \frac{|f(x,y)| - f(x,y)}{2}.$$

显然 $f(x,y) = f_1(x,y) - f_2(x,y)$ 且 $f_1(x,y)$、$f_2(x,y)$ 都是 D 上的非负有界函数. 则可以根据上述方法分别计算出

$$\iint\limits_D f_1(x,y)\mathrm{d}A = \iint\limits_R F_1(x,y)\mathrm{d}A, \quad \iint\limits_D f_2(x,y)\mathrm{d}A = \iint\limits_R F_2(x,y)\mathrm{d}A,$$

这里

$$F_1(x,y) = \begin{cases} f_1(x,y), & (x,y) \in D \\ 0, & (x,y) \in R-D \end{cases}, \quad F_2(x,y) = \begin{cases} f_2(x,y), & (x,y) \in D \\ 0, & (x,y) \in R-D \end{cases}.$$

从而根据二重积分的线性运算性质可知，公式（9-9）和公式（9-10）仍然成立. 详细的推导过程从略.

例 9-6 计算二重积分 $\iint\limits_D (x+2y)\mathrm{d}A$，其中 D 是抛物线 $y = 2x^2$ 和 $y = 1 + x^2$ 所围的区域.

解 如图 9-15 所示，易求得两条抛物的交点是 $(-1,2)$ 和 $(1,2)$，显然 D 是 X 型区域，且

$$[a,b] = [-1,1], \quad g_1(x) = 2x^2, \quad g_2(x) = 1 + x^2,$$

故由公式（9-9）得

$$\iint\limits_{D}(x+2y)\mathrm{d}A=\int_{-1}^{1}\left[\int_{2x^2}^{1+x^2}(x+2y)\mathrm{d}y\right]\mathrm{d}x$$

$$=\int_{-1}^{1}[xy+y^2]_{y=2x^2}^{y=1+x^2}\mathrm{d}x$$

$$=\int_{-1}^{1}[x(1+x^2)+(1+x^2)^2-x\cdot(2x^2)-(2x^2)^2]\mathrm{d}x$$

$$=\int_{-1}^{1}(-3x^4-x^3+2x^2+x+1)\mathrm{d}x=\frac{32}{15}.$$

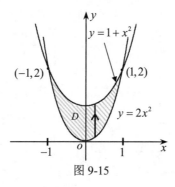

图 9-15

例 9-7　一曲顶柱体,其顶是抛物面 $z=x^2+y^2$,底面为曲线 $y=2x$ 和 $y=x^2$ 所围的区域,计算此曲顶柱体的体积.

解　方法一：如图 9-16 所示,若记曲顶柱体的底面 D 为 X 型区域

$$D=\{(x,y)\,|\,0\leqslant x\leqslant2,x^2\leqslant y\leqslant2x\}\,,$$

则由公式（9-9）得曲顶柱体的体积为

$$V=\iint\limits_{D}(x^2+y^2)\mathrm{d}A=\int_{0}^{2}\left[\int_{x^2}^{2x}(x^2+y^2)\mathrm{d}y\right]\mathrm{d}x$$

$$=\int_{0}^{2}\left[x^2y+\frac{y^3}{3}\right]_{y=x^2}^{y=2x}\mathrm{d}x=\int_{0}^{2}\left[x^2\cdot(2x)+\frac{(2x)^3}{3}-x^2\cdot x^2-\frac{(x^2)^3}{3}\right]\mathrm{d}x$$

$$=\int_{0}^{2}\left(-\frac{x^6}{3}-x^4+\frac{14x^3}{3}\right)\mathrm{d}x=\left[-\frac{x^7}{21}-\frac{x^5}{5}+\frac{7x^4}{6}\right]_{x=0}^{x=2}=\frac{216}{35}.$$

方法二：如图 9-17 所示,若记曲顶柱体的底面 D 为 Y 型区域

$$D=\{(x,y)\,|\,0\leqslant y\leqslant4,\frac{1}{2}y\leqslant x\leqslant\sqrt{y}\}\,,$$

则由公式（9-10）得曲顶柱体的体积为

$$V=\iint\limits_{D}(x^2+y^2)\mathrm{d}A=\int_{0}^{4}\left[\int_{\frac{1}{2}y}^{\sqrt{y}}(x^2+y^2)\mathrm{d}x\right]\mathrm{d}y$$

$$= \int_0^4 \left(\frac{y^{3/2}}{3} + y^{5/2} - \frac{y^3}{24} - \frac{y^3}{2} \right) \mathrm{d}y = \frac{216}{35}.$$

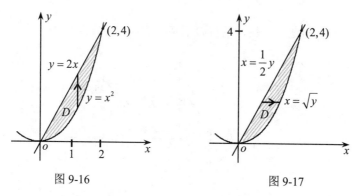

图 9-16   图 9-17

例9-8 计算二重积分 $\iint\limits_D xy\mathrm{d}A$，其中 D 是由抛物线 $y^2 = 2x+6$ 和直线 $y = x-1$

所围的区域.

解 如果将 D 看成 Y 型区域（如图 9-18 所示），则由公式（9-10）可得

$$\iint\limits_D xy\mathrm{d}A = \int_{-2}^4 \int_{\frac{y^2}{2}-3}^{y+1} xy\mathrm{d}x\mathrm{d}y = \int_{-2}^4 \left[\frac{x^2}{2} y \right]_{x=\frac{y^2}{2}-3}^{x=y+1} \mathrm{d}y$$

$$= \frac{1}{2} \int_{-2}^4 y \left[(y+1)^2 - \left(\frac{y^2}{2} - 3 \right)^2 \right] \mathrm{d}y$$

$$= \frac{1}{2} \int_{-2}^4 \left(-\frac{y^5}{4} + 4y^3 + 2y^2 - 8y \right) \mathrm{d}y$$

$$= \frac{1}{2} \left[-\frac{y^6}{24} + y^4 + \frac{2}{3} y^3 - 4y^2 \right]_{y=-2}^{y=4} = 36.$$

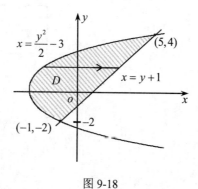

图 9-18

如果将 D 看成 X 型区域（如图 9-19 所示），则由公式（9-9）可得

$$\iint\limits_{D} xy\mathrm{d}A = \int_{-3}^{-1}\int_{-\sqrt{2x+6}}^{\sqrt{2x+6}} xy\mathrm{d}y\mathrm{d}x + \int_{-1}^{5}\int_{x-1}^{\sqrt{2x+6}} xy\mathrm{d}y\mathrm{d}x .$$

即需要对原区域进行分块，故将 D 看成 Y 型区域计算要简洁些.

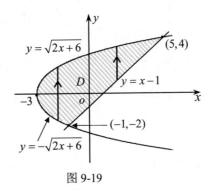

图 9-19

例 9-9 计算二次积分 $\int_{0}^{1}\int_{x}^{1} \sin(y^2)\mathrm{d}y\mathrm{d}x$.

解 由二次积分的形式可直接写出积分区域为 X 型区域（如图 9-20 所示）

$$D = \{(x,y)\,|\,0 \leqslant x \leqslant 1, x \leqslant y \leqslant 1\},$$

但在求关于 y 的定积分 $\int_{x}^{1} \sin(y^2)\mathrm{d}y$ 时，不能直接使用牛顿－莱布尼兹公式，因为 $\int \sin(y^2)\mathrm{d}y$ 并非初等函数. 我们如果将 D 改写成如下的 Y 型区域（如图 9-21 所示）

$$D = \{(x,y)\,|\,0 \leqslant y \leqslant 1, 0 \leqslant x \leqslant y\},$$

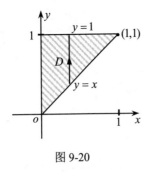

图 9-20

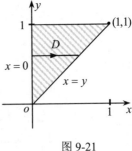

图 9-21

则有

$$\int_{0}^{1}\int_{x}^{1} \sin(y^2)\mathrm{d}y\mathrm{d}x = \iint\limits_{D} \sin(y^2)\mathrm{d}A = \int_{0}^{1}\left[\int_{0}^{y} \sin(y^2)\mathrm{d}x\right]\mathrm{d}y = \int_{0}^{1}\left[x\sin(y^2)\right]_{x=0}^{x=y}\mathrm{d}y$$

$$= \int_0^1 y\sin(y^2)\mathrm{d}y = -\frac{1}{2}\cos(y^2)\Big|_{y=0}^{y=1} = \frac{1}{2}(1-\cos 1) .$$

例 9-9 进一步说明，交换积分顺序会使得某些二重积分的计算变得更简单.

习题 9.3

1．计算下列二次积分：

（1）$\displaystyle\int_0^4\int_0^{\sqrt{y}} xy^2\mathrm{d}x\mathrm{d}y$ ；   （2）$\displaystyle\int_0^1\int_{x^2}^{x}(1+2y)\mathrm{d}y\mathrm{d}x$ ；

（3）$\displaystyle\int_0^1\int_0^{s^2}\cos(s^3)\mathrm{d}t\mathrm{d}s$ ；   （4）$\displaystyle\int_0^2\int_y^{2y} xy\mathrm{d}x\mathrm{d}y$.

2．计算下列二重积分：

（1）$\displaystyle\iint_D y^2\mathrm{d}A$ ，其中 $D = \{(x,y)\,|\,-1\leqslant y\leqslant 1, -y-2\leqslant x\leqslant y\}$ ；

（2）$\displaystyle\iint_D x\mathrm{d}A$ ，其中 $D = \{(x,y)\,|\,0\leqslant x\leqslant\pi, 0\leqslant y\leqslant\sin x\}$ ；

（3）$\displaystyle\iint_D y\mathrm{d}A$ ，其中 D 是由直线 $y = x-2$ 和抛物线 $x = y^2$ 所围的区域；

（4）$\displaystyle\iint_D y^2\mathrm{e}^{xy}\mathrm{d}A$ ，其中 D 是由直线 $y = x$、$y = 4$ 和 $x = 0$ 所围的区域；

（5）$\displaystyle\iint_D x\cos y\mathrm{d}A$ ，其中 D 是由直线 $y = 0$、$x = 1$ 和抛物线 $y = x^2$ 所围的区域；

（6）$\displaystyle\iint_D y^2\mathrm{d}A$ ，其中 D 是三角形区域，其顶点是 $(0,1)$、$(1,2)$ 和 $(4,1)$.

3．计算下列立体的体积：

（1）由平面 $x-2y+z = 1$ 的下方和 $x+y = 1$、$x^2+y = 1$ 所围区域的上方构成的立体；

（2）曲顶柱体：顶为方程 $z = 1+x^2y^2$ ，底面是由 $x = y^2$ 和 $x = 4$ 所围的区域；

（3）由抛物面 $z = x^2+y^2$ ，平面 $x = 0$、$y = 1$、$y = x$、$z = 0$ 所围的区域；

（4）由坐标面和平面 $3x+2y+z = 6$ 所围的区域.

4．画出下列各题的积分区域，并交换积分顺序：

（1）$\displaystyle\int_0^1\int_0^y f(x,y)\mathrm{d}x\mathrm{d}y$ ；   （2）$\displaystyle\int_0^2\int_{x^2}^4 f(x,y)\mathrm{d}y\mathrm{d}x$ ；

（3）$\displaystyle\int_0^{\pi/2}\int_0^{\cos x} f(x,y)\mathrm{d}y\mathrm{d}x$ ；   （4）$\displaystyle\int_{-2}^2\int_0^{\sqrt{4-y^2}} f(x,y)\mathrm{d}x\mathrm{d}y$.

5．计算下列积分：

（1）$\displaystyle\iint_D x^2\mathrm{d}A$ ，其中积分区域 D 是如图 9-22 所示的阴影部分；

（2）$\iint\limits_{D} y\mathrm{d}A$，其中积分区域 D 是如图 9-23 所示的阴影部分.

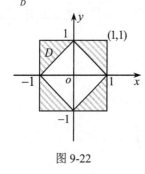

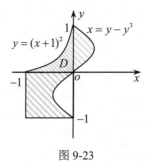

图 9-22   图 9-23

§9.4　利用极坐标计算二重积分

在计算二重积分时，有时会遇到像如图 9-24 和图 9-25 阴影部分所示的积分区域的情况，它们分别用如下的极坐标来表示更方便一些：

$$R=\{(r,\theta)|0\leqslant r\leqslant 1,0\leqslant\theta\leqslant 2\pi\}，\quad R=\{(r,\theta)|1\leqslant r\leqslant 2,0\leqslant\theta\leqslant\pi\}.$$

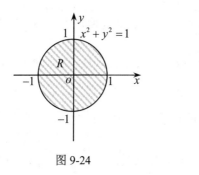

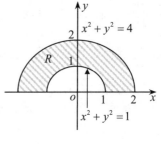

图 9-24   图 9-25

而如图 9-26 阴影部分所示的积分区域 $R=\{(r,\theta)|a\leqslant r\leqslant b,\alpha\leqslant\theta\leqslant\beta\}$ 是这种极坐标表示的更一般的情况，这种区域称为**极坐标系下的矩形区域**.

同样也会遇到二重积分的被积函数在极坐标系下的表示也相对比较简单的情况. 本节我们将讨论这些情况下的二重积分的计算问题. 为了简便，我们只考虑 $f(x,y)$ 非负的情况，而将一般情况作自然推广而不加证明.

在图 9-26 中，将 $[a,b]$ 平均分成 m 个子区域 $[r_{i-1},r_i]$（$i=1,2,\cdots,m$），则第 i 个子区域是以原点为圆心，半径为 r_{i-1},r_i 的圆环与原区域相交的部分，且有

$$\Delta r=r_i-r_{i-1}=(b-a)/m，$$

将 $[\alpha,\beta]$ 平均分成 n 个子区域 $[\theta_{j-1},\theta_j]$（$j=1,2,\cdots,n$），则第 j 个子区域为射线

$\theta = \theta_{j-1}$ 逆时针地转到 $\theta = \theta_j$ 所扫过的平面区域，且有

$$\Delta\theta = \theta_j - \theta_{j-1} = (\beta - \alpha)/n \,,$$

则圆周 $r = r_i$（$i = 1, 2, \cdots, m$）和射线 $\theta = \theta_j$（$j = 1, 2, \cdots, n$）将矩形划分成小的极坐标下的矩形区域（如图 9-27 所示）.

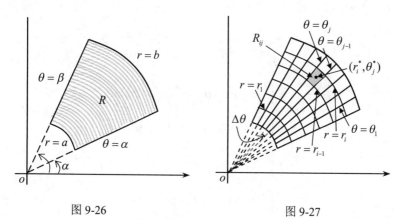

图 9-26   图 9-27

取 $r_i^* = \dfrac{1}{2}(r_i + r_{i-1})$ 和 $\theta_j^* = \dfrac{1}{2}(\theta_j + \theta_{j-1})$，则 $(r_i^*, \theta_j^*) \in R_{ij}$，且 R_{ij} 的面积为

$$\Delta A_{ij} = \frac{1}{2} r_i^2 \Delta\theta - \frac{1}{2} r_{i-1}^2 \Delta\theta = \frac{1}{2}(r_i + r_{i-1})(r_i - r_{i-1})\Delta\theta = r_i^* \Delta r \Delta\theta \,.$$

记 $\xi_{ij} = r_i^* \cos\theta_j^*$，$\eta_{ij} = r_i^* \sin\theta_j^*$. 由极坐标与直角坐标的关系知 $(\xi_{ij}, \eta_{ij}) \in R_{ij}$，故有

$$\iint\limits_R f(x, y)\mathrm{d}A = \lim_{\substack{m \to \infty \\ n \to \infty}} \sum_{i=1}^m \sum_{j=1}^n f(\xi_{ij}, \eta_{ij})\Delta A_{ij}$$

$$= \lim_{m, n \to \infty} \sum_{i=1}^m \sum_{j=1}^n f(r_i^* \cos\theta_j^*, r_i^* \sin\theta_j^*) r_i^* \Delta r \Delta\theta$$

$$= \iint\limits_R f(r\cos\theta, r\sin\theta) r \mathrm{d}r \mathrm{d}\theta \,.$$

推而广之，我们可以得到如下定理：

定理 9-2 $f(x, y)$ 是极坐标系下的矩形区域 $R = \{(r, \theta) | a \leqslant r \leqslant b, \alpha \leqslant \theta \leqslant \beta\}$（其中 $\beta - \alpha \leqslant 2\pi$）上的连续函数，则有

$$\iint\limits_R f(x, y)\mathrm{d}A = \int_\alpha^\beta \int_a^b f(r\cos\theta, r\sin\theta) r \mathrm{d}r \mathrm{d}\theta \,. \tag{9-11}$$

公式（9-11）告诉我们，要计算连续函数在极标系下的二重积分，只要通过变换 $x = r\cos\theta$，$y = r\sin\theta$ 将直角坐标变元 x、y 替换成极坐标变元 r、θ（注意换元必换限），再用 $r\mathrm{d}r\mathrm{d}\theta$ 代替 $\mathrm{d}A$ 后，计算二次积分即可. 注意 $r\mathrm{d}r\mathrm{d}\theta$ 中的因子 r 必不可少.

例 9-10 计算二重积分

$$\iint\limits_{D}(3x+4y^2)\mathrm{d}A ,$$

其中 $D = \{(x,y)\,|\,1\leqslant x^2+y^2 \leqslant 4, y \geqslant 0\}$.

解 积分区域 D 可表示为极坐标下的矩形区域：$\{1\leqslant r \leqslant 2, 0\leqslant\theta\leqslant\pi\}$. 由公式（9-11），有

$$\iint\limits_{D}(3x+4y^2)\mathrm{d}A = \iint\limits_{D}(3r\cos\theta+4r^2\sin^2\theta)r\mathrm{d}r\mathrm{d}\theta$$

$$= \int_0^\pi \int_1^2 (3r\cos\theta+4r^2\sin^2\theta)r\mathrm{d}r\mathrm{d}\theta$$

$$= \int_0^\pi [r^3\cos\theta+r^4\sin^2\theta]_{r=1}^{r=2}\mathrm{d}\theta$$

$$= \int_0^\pi (7\cos\theta+15\sin^2\theta)\mathrm{d}\theta$$

$$= \int_0^\pi [7\cos\theta+\frac{15}{2}(1-\cos 2\theta)\mathrm{d}\theta = \frac{15}{2}\pi .$$

例 9-11 计算由平面 $z=0$ 和抛物面 $z=1-x^2-y^2$ 所围区域的体积.

解 如图 9-28 所示，记 $D = \{(x,y)\,|\,x^2+y^2\leqslant 1\}$，它在极坐标系下是一个矩形区域

$$\{(x,y)\,|\,0\leqslant r \leqslant 1, 0\leqslant\theta\leqslant 2\pi\} .$$

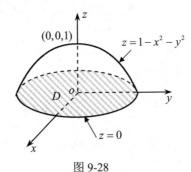

图 9-28

由公式（9-11），易知所围区域的体积为

$$V = \iint\limits_{D}(1-x^2-y^2)\mathrm{d}A = \iint\limits_{D}(1-r^2\cos^2\theta-r^2\sin^2\theta)r\mathrm{d}r\mathrm{d}\theta$$

$$= \int_0^{2\pi}\int_0^1 (1-r^2)r\mathrm{d}r\mathrm{d}\theta = \int_0^{2\pi}\left[\frac{1}{2}r^2-\frac{1}{4}r^4\right]_{r=0}^{r=1}\mathrm{d}\theta = \int_0^{2\pi}\frac{1}{4}\mathrm{d}\theta = \frac{\pi}{2}.$$

在极坐标系下，如果积分区域 D 能表示为如下所示的 θ 型区域（如图 9-29 所示）：

$$D = \{(r,\theta) \mid \alpha \leqslant \theta \leqslant \beta, h_1(\theta) \leqslant r \leqslant h_2(\theta)\},$$

则在 D 上的二重积分有与公式（9-10）类似的公式. 有下面的定理，证明从略.

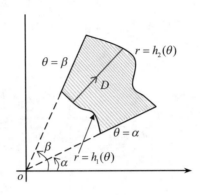

图 9-29

定理 9-3　如果 $f(x,y)$ 是区域 D 上的连续函数，且 D 能用极坐标表示为
$$D = \{(r,\theta) \mid \alpha \leqslant \theta \leqslant \beta, h_1(\theta) \leqslant r \leqslant h_2(\theta)\},$$

则有

$$\iint\limits_{D} f(x,y)\mathrm{d}A = \int_{\alpha}^{\beta} \int_{h_1(\theta)}^{h_2(\theta)} f(r\cos\theta, r\sin\theta)r\mathrm{d}r\mathrm{d}\theta . \qquad (9\text{-}12)$$

在上式中，若 $f(x,y) = 1$，$h_1(\theta) = 0$，$h_2(\theta) = h(\theta)$，则被 $\theta = \alpha$，$\theta = \beta$ 和 $r = h(\theta)$ 所围的曲边扇形区域 D 的面积为

$$A(D) = \iint\limits_{D} 1\mathrm{d}A = \int_{\alpha}^{\beta} \int_{o}^{h(\theta)} r\mathrm{d}r\mathrm{d}\theta = \int_{\alpha}^{\beta} \frac{1}{2}[h(\theta)]^2 \,\mathrm{d}\theta .$$

特别地，当 $h(\theta) = k$（k 为一非零常数）时，就得到圆心角为 $\beta - \alpha$，半径为 k 的扇形面积公式

$$S = \int_{\alpha}^{\beta} \int_{o}^{k} r\mathrm{d}r\mathrm{d}\theta = \int_{\alpha}^{\beta} \frac{1}{2}k^2 \mathrm{d}\theta = \frac{1}{2}(\beta - \alpha)k^2 .$$

例 9-12　计算由圆柱体 $(x-1)^2 + y^2 = 1$，抛物面 $z = x^2 + y^2$ 和 xoy 平面所围区域的体积.

解　所围区域如图 9-30 所示，易知所围区域在 xoy 平面的投影区域为
$$(x-1)^2 + y^2 \leqslant 1 ,$$

它在极坐标系下可表示为

$$D = \{(r,\theta) \mid -\frac{\pi}{2} \leqslant \theta \leqslant \frac{\pi}{2}, 0 \leqslant r \leqslant 2\cos\theta\} ,$$

由公式（9-12），所求体积为

$$V = \iint\limits_{D} (x^2 + y^2)\mathrm{d}A = \int_{-\pi/2}^{\pi/2} \int_{0}^{2\cos\theta} r^2 \cdot r\mathrm{d}r\mathrm{d}\theta$$

$$= \int_{-\pi/2}^{\pi/2} \left[\frac{r^4}{4} \right]_{r=0}^{r=2\cos\theta} \mathrm{d}\theta = 4 \int_{-\pi/2}^{\pi/2} \cos^4\theta \mathrm{d}\theta$$

$$= 8 \int_0^{\pi/2} \cos^4\theta \mathrm{d}\theta = 8 \int_0^{\pi/2} \left(\frac{1+\cos 2\theta}{2} \right)^2 \mathrm{d}\theta$$

$$= 2 \int_0^{\pi/2} \left[1 + 2\cos 2\theta + \frac{1}{2}(1+\cos 4\theta) \right] \mathrm{d}\theta = \frac{3}{2}\pi \ .$$

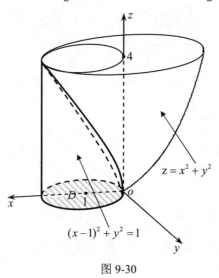

图 9-30

习题 9.4

1. 计算下列二次积分并画出积分区域：

（1）$\int_{\pi/4}^{3\pi/4} \int_1^2 r\mathrm{d}r\mathrm{d}\theta$ ； （2）$\int_{\pi/2}^{\pi} \int_0^{2\sin\theta} r\mathrm{d}r\mathrm{d}\theta$ ．

2. 计算二重积分 $\iint\limits_D x^2 y\mathrm{d}A$ ，其中 $D = \{(x,y) \mid x^2+y^2 \leqslant 25, y \leqslant 0\}$ ．

3. 计算二重积分 $\iint\limits_R \sin(x^2+y^2)\mathrm{d}A$ ，其中 $R = \{(x,y) \mid 1 \leqslant x^2+y^2 \leqslant 9, x \geqslant 0,$

$y \geqslant 0\}$ ．

4. 计算二重积分 $\iint\limits_R \mathrm{e}^{-x^2-y^2}\mathrm{d}A$ ，其中 R 是由半圆 $x = \sqrt{4-y^2}$ 和 y 轴所围成的

区域．

5. 计算下列二次积分：

（1）$\int_0^a \int_{-\sqrt{a^2-y^2}}^0 x^2 y\mathrm{d}x\mathrm{d}y$ ； （2）$\int_0^2 \int_0^{\sqrt{2x-x^2}} \sqrt{x^2+y^2}\mathrm{d}y\mathrm{d}x$ ；

（3）$\int_0^1 \int_y^{\sqrt{2-y^2}} \sqrt{x^2+y^2}\,\mathrm{d}x\mathrm{d}y$.

§9.5　二重积分的应用

本节我们讨论二重积分在几何、物理上的一些应用.

9.5.1　曲面的面积

设曲面 S 由方程 $z=f(x,y)$ 给出，它在 xoy 平面上的投影区域为 D ，函数 $f(x,y)$ 在区域 D 上具有连续的偏导数 $f_x(x,y)$ 和 $f_y(x,y)$ ，我们要计算曲面 S 的面积 $A(S)$.

为了简便，我们只考虑 $f(x,y)$ 非负和 D 是矩形区域的情况，而将一般情况作自然推广而不加证明.

如图 9-31 所示，将 D 划分成长、宽分别等于 Δx 、 Δy 的小矩形区域，设 R_{ij} 为其中一个小区域，其面积 $\Delta A=\Delta x\Delta y$. 将 R_{ij} 最接近原点的顶点记为 (ξ_i,η_j) ，对应曲面 S 上的一点 $P_{ij}(\xi_i,\eta_j,f(\xi_i,\eta_j))$ ，其在 xoy 平面上的投影的空间坐标为 $(\xi_i,\eta_j,0)$. 以 R_{ij} 的边界为准线作母线平行于 z 轴的柱面，此柱面在曲面 S 上截下一小片曲面 S_{ij} ，在点 P_{ij} 的切平面上截下一小片平面 T_{ij} . 我们用 T_{ij} 的面积 ΔT_{ij} 近似代替 S_{ij} 的面积 ΔS_{ij} ，这样 $\sum\sum\Delta T_{ij}$ 近似等于 S 的面积 $A(S)$ ，划分越细精确程度越高，从而有

$$A(S)=\lim\sum\sum\Delta T_{ij} . \tag{9-13}$$

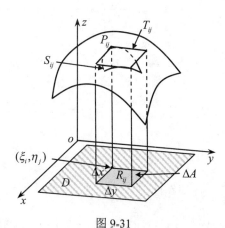

图 9-31

为了寻找比公式（9-13）更方便的计算公式，我们用 $\boldsymbol{a}$ 和 $\boldsymbol{b}$ 表示以 P_{ij} 为始点且与平行四边形 T_{ij} 的相邻两条边重合的两个向量（如图 9-32 所示），则

$$\Delta T_{ij} = |\, \boldsymbol{a} \times \boldsymbol{b} \,| \,.$$

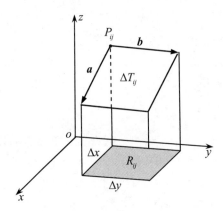

图 9-32

由导数的几何意义，有

$$\boldsymbol{a} = (\Delta x, 0, f_x(\xi_i, \eta_j)\Delta x) \,, \quad \boldsymbol{b} = (0, \Delta y, f_y(\xi_i, \eta_j)\Delta y) \,,$$

从而

$$\boldsymbol{a} \times \boldsymbol{b} = (-f_x(\xi_i, \eta_j)\Delta x \Delta y, -f_y(\xi_i, \eta_j)\Delta x \Delta y, \Delta x \Delta y)$$

$$= (-f_x(\xi_i, \eta_j), -f_y(\xi_i, \eta_j), 1)\Delta x \Delta y \,,$$

$$\Delta T_{ij} = |\, \boldsymbol{a} \times \boldsymbol{b} \,| = \sqrt{[f_x(\xi_i, \eta_j)]^2 + [f_y(\xi_i, \eta_j)]^2 + 1}\, \Delta x \Delta y$$

$$= \sqrt{[f_x(\xi_i, \eta_j)]^2 + [f_y(\xi_i, \eta_j)]^2 + 1}\, \Delta A \,.$$

由公式（9-13）可得

$$A(S) = \lim \sum \sum \Delta T_{ij} = \lim \sum \sum \sqrt{[f_x(\xi_i, \eta_j)]^2 + [f_y(\xi_i, \eta_j)]^2 + 1}\, \Delta A \,. \qquad (9\text{-}14)$$

推而广之，我们可以得到如下定理：

定理 9-4　设有空间曲面 $z = f(x, y), (x, y) \in D$，且 f_x 和 f_y 在 D 上连续，则该曲面的面积为

$$A(S) = \iint\limits_{D} \sqrt{[f_x(x, y)]^2 + [f_y(x, y)]^2 + 1}\, \mathrm{d}A \qquad (9\text{-}15)$$

或写成

$$A(S) = \iint\limits_{D} \sqrt{1 + \left(\frac{\partial z}{\partial x}\right)^2 + \left(\frac{\partial z}{\partial y}\right)^2}\, \mathrm{d}A \,. \qquad (9\text{-}16)$$

例 9-13　计算抛物面 $z = x^2 + y^2$ 在平面 $z = 9$ 下方的面积.

解　如图 9-33 所示，所求曲面部分在 xoy 平面中的投影区域 D 可表示为

$$D = \{(x, y) \mid x^2 + y^2 \leqslant 9\} \,.$$

由公式（9-16），得

$$A(S) = \iint\limits_D \sqrt{1 + \left(\frac{\partial z}{\partial x}\right)^2 + \left(\frac{\partial z}{\partial y}\right)^2} \, dA$$

$$= \iint\limits_D \sqrt{1 + 4(x^2 + y^2)} \, dA \ .$$

用极坐标计算，有

$$A(S) = \int_0^{2\pi} \int_0^3 \sqrt{1 + 4r^2} \, r \, dr \, d\theta$$

$$= \int_0^{2\pi} d\theta \int_0^3 \frac{1}{8} \sqrt{1 + 4r^2} \, 8r \, dr$$

$$= \frac{\pi}{6}(1 + 4r^2)^{3/2} \rceil_0^3 = \frac{\pi}{6}(37\sqrt{37} - 1) \ .$$

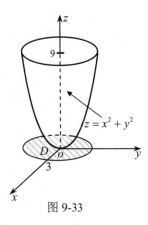

图 9-33

例 9-14 计算曲面 $z = x^2 + 2y$ 在 xoy 平面中三角形区域 D 上方的面积，其中 D 的顶点坐标为 $(0,0)$、$(1,0)$ 和 $(1,1)$．

解 区域 D 可以表示为

$$D = \{(x, y) \mid 0 \leqslant x \leqslant 1, 0 \leqslant y \leqslant x\} \ .$$

由公式（9-15），得

$$A(S) = \iint\limits_D \sqrt{(2x)^2 + (2)^2 + 1} \, dA = \int_0^1 \int_0^x \sqrt{4x^2 + 5} \, dy \, dx$$

$$= \int_0^1 x\sqrt{4x^2 + 5} \, dx = \frac{1}{8} \cdot \frac{2}{3}[(4x^2 + 5)^{3/2}]_0^1 = \frac{1}{12}(27 - 5\sqrt{5}) \ .$$

9.5.2 平面薄片的质量、力矩、质心

一个薄片占有 xoy 平面中的闭区域 D（如图 9-34 所示），在 (x, y) 点的面密度为 $\rho(x, y)$，其中 $\rho(x, y)$ 是区域 D 上的连续函数，我们要计算此薄片的质量 m、此薄片关于 x 和 y 轴的力矩 M_x 与 M_y 以及此薄片的质心坐标 $(\bar{x}, \bar{y})$．

先用一个矩形区域 R 将 D 覆盖（如图 9-35 所示），若 $(x, y) \in R - D$，定义 $\rho(x, y) = 0$．然后将 R 平均划分成面积为 ΔA 的一个一个的小矩形 R_{ij}．选取 $(\xi_{ij}, \eta_{ij}) \in R_{ij}$，则薄片覆盖 R_{ij} 部分的质量近似等于 $\rho(\xi_{ij}, \eta_{ij})\Delta A$，薄片覆盖 R_{ij} 部分关于 x 和 y 轴的力矩近似等于 $[\rho(\xi_{ij}, \eta_{ij})\Delta A]\eta_{ij}$、$[\rho(\xi_{ij}, \eta_{ij})\Delta A]\xi_{ij}$．如果把各个部分加在一起，可得此薄片质量的近似值

$$m \approx \sum\sum \rho(\xi_{ij}, \eta_{ij})\Delta A \ ,$$

及薄片关于 x、y 轴的力矩的近似值

$$M_x \approx \sum\sum [\rho(\xi_{ij}, \eta_{ij})\Delta A]\eta_{ij} \ , \quad M_y \approx \sum\sum [\rho(\xi_{ij}, \eta_{ij})\Delta A]\xi_{ij} \ ,$$

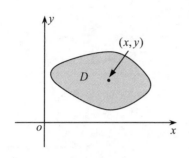 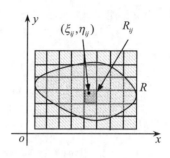

图 9-34   图 9-35

如果划分得越细，近似程度越高，于是有

$$m = \lim \sum \sum \rho(\xi_{ij}, \eta_{ij}) \Delta A = \iint_R \rho(x, y) \mathrm{d}A = \iint_D \rho(x, y) \mathrm{d}A , \qquad (9\text{-}17)$$

$$M_x = \lim \sum \sum \eta_{ij} [\rho(\xi_{ij}, \eta_{ij}) \Delta A] = \iint_R y\rho(x, y) \mathrm{d}A = \iint_D y\rho(x, y) \mathrm{d}A ,$$

$$M_y = \lim \sum \sum \xi_{ij} [\rho(\xi_{ij}, \eta_{ij}) \Delta A] = \iint_R x\rho(x, y) \mathrm{d}A = \iint_D x\rho(x, y) \mathrm{d}A , \qquad (9\text{-}18)$$

进而可求得该薄片的<u>质心坐标</u> $(\overline{x}, \overline{y})$，即

$$\overline{x} = \frac{M_y}{m} = \frac{\displaystyle\iint_D x\rho(x, y) \mathrm{d}A}{\displaystyle\iint_D \rho(x, y) \mathrm{d}A} , \quad \overline{y} = \frac{M_x}{m} = \frac{\displaystyle\iint_D y\rho(x, y) \mathrm{d}A}{\displaystyle\iint_D \rho(x, y) \mathrm{d}A} . \qquad (9\text{-}19)$$

特别地，若薄片的质量分布是均匀的，即 $\rho(x, y) = \rho$ 为一常数，则可以得到更为简单的质心坐标公式，即

$$\overline{x} = \iint_D x\mathrm{d}A , \quad \overline{y} = \iint_D y\mathrm{d}A . \qquad (9\text{-}20)$$

物理学家还考虑计算区域 D 上的总电量，即：若 $\sigma(x, y)$ 表示 D 内 (x, y) 点的电荷密度，则同理可得区域 D 上的总电量为

$$Q = \iint_D \sigma(x, y) \mathrm{d}A . \qquad (9\text{-}21)$$

例 9-15　一薄片占有顶点分别为 $(0,0)$、$(1,0)$ 和 $(0,2)$ 的三角形区域 D（如图 9-36 的阴影部分所示），其面密度函数为 $\rho(x, y) = 1 + 3x + y$，求此薄片的质量和质心.

解　由公式（9-17）可知，薄片的质量为

$$m = \iint_D \rho(x, y) \mathrm{d}A = \int_0^1 \int_0^{2-2x} (1 + 3x + y) \mathrm{d}y \mathrm{d}x$$

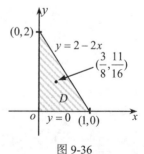

图 9-36

$$= \int_0^1 \left[y + 3xy + \frac{y^2}{2} \right]_{y=0}^{y=2-2x} \mathrm{d}x = 4\int_0^1 (1-x^2)\mathrm{d}x = \frac{8}{3}.$$

再由公式（9-19）可知

$$\bar{x} = \frac{M_y}{m} = \frac{\iint\limits_D x\rho(x,y)\mathrm{d}A}{\iint\limits_D \rho(x,y)\mathrm{d}A} = \frac{3}{8}\int_0^1\int_0^{2-2x}(x+3x^2+yx)\mathrm{d}y\mathrm{d}x,$$

$$= \frac{3}{8}\int_0^1 \left[xy + 3x^2y + \frac{1}{2}xy^2 \right]_{y=0}^{y=2-2x} \mathrm{d}x = \frac{3}{2}\int_0^1(x-x^3)\mathrm{d}x = \frac{3}{8},$$

$$\bar{y} = \frac{M_x}{m} = \frac{\iint\limits_D y\rho(x,y)\mathrm{d}A}{\iint\limits_D \rho(x,y)\mathrm{d}A} = \frac{3}{8}\int_0^1\int_0^{2-2x}(y+3xy+y^2)\mathrm{d}y\mathrm{d}x$$

$$= \frac{3}{8}\int_0^1 \left[\frac{y^2}{2} + \frac{3xy^2}{2} + \frac{y^3}{3} \right]_{y=0}^{y=2-2x} \mathrm{d}x = \frac{1}{4}\int_0^1(7-9x-3x^2+5x^3)\mathrm{d}x = \frac{11}{16},$$

故薄片的质心坐标为 $\left(\frac{3}{8}, \frac{11}{16} \right)$.

例 9-16 分布在区域 D（如图 9-37 的阴影部分所示）上电荷密度函数为 $\sigma(x,y)=xy$，求区域 D 上的总电量.

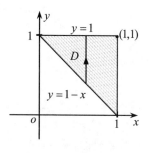

图 9-37

解 由公式（9-22），有

$$Q = \iint\limits_D \sigma(x,y)\mathrm{d}A = \int_0^1\int_{1-x}^1 xy\mathrm{d}y\mathrm{d}x = \int_0^1 \left[x \cdot \frac{y^2}{2} \right]_{y=1-x}^{y=1} \mathrm{d}x$$

$$= \frac{1}{2}\int_0^1(2x^2-x^3)\mathrm{d}x = \frac{1}{2}\left[\frac{2}{3}x^3 - \frac{x^4}{4} \right]_0^1 = \frac{5}{24}.$$

*9.5.3　平面薄片的转动惯量

设 xoy 平面有 n 个质点构成质点系，它们的坐标分别是 (x_1, y_1)，(x_2, y_2)，$\cdots, (x_n, y_n)$，质量分别是 m_1，$m_2, \cdots, m_n$，由力学知道，该质点系关于 x 轴的转动惯量 I_x、关于 y 轴的转动惯量 I_y 和关于原点的转动惯量 I_o 依次为

$$I_x = \sum_{i=1}^{n} y_i^2 m_i, \quad I_y = \sum_{i=1}^{n} x_i^2 m_i \quad \text{和} \quad I_o = \sum_{i=1}^{n} (x_i^2 + y_i^2) m_i.$$

一般地，设有一薄片，占有 xoy 平面中的闭区域 D，在点 (x, y) 的面密度 $\rho(x, y)$ 为区域 D 上的连续函数. 我们仍可以用与 9.5.2 小节同样的方法求得该薄片关于 x 轴的转动惯量 I_x、关于 y 轴的转动惯量 I_y 和关于原点的转动惯量 I_o 依次为

$$\begin{aligned} I_x &= \lim \sum \sum (\eta_{ij})^2 [\rho(\xi_{ij}, \eta_{ij}) \Delta A] \\ &= \iint\limits_{R} y^2 \rho(x, y) \mathrm{d}A = \iint\limits_{D} y^2 \rho(x, y) \mathrm{d}A, \end{aligned} \tag{9-22}$$

$$\begin{aligned} I_y &= \lim \sum \sum (\xi_{ij})^2 [\rho(\xi_{ij}, \eta_{ij}) \Delta A] \\ &= \iint\limits_{R} x^2 \rho(x, y) \mathrm{d}A = \iint\limits_{D} x^2 \rho(x, y) \mathrm{d}A, \end{aligned} \tag{9-23}$$

$$\begin{aligned} I_o &= \lim \sum \sum [(\xi_{ij})^2 + (\eta_{ij})^2][\rho(\xi_{ij}, \eta_{ij}) \Delta A] \\ &= \iint\limits_{R} (x^2 + y^2) \rho(x, y) \mathrm{d}A = \iint\limits_{D} (x^2 + y^2) \rho(x, y) \mathrm{d}A, \end{aligned} \tag{9-24}$$

显然

$$I_0 = I_x + I_y.$$

例 9-17　半径为 a 的均匀圆薄片，密度为 ρ，圆心与坐标原点重合，求该薄片关于 x 轴的转动惯量 I_x、关于 y 轴的转动惯量 I_y 和关于圆心的转动惯量 I_o.

解　此均匀圆薄片的边界曲线为 $x^2 + y^2 = a^2$，其占有的区域 D 可用极坐标表示为

$$\{(r, \theta) \mid 0 \leqslant r \leqslant a, 0 \leqslant \theta \leqslant 2\pi\},$$

从而有

$$I_o = \iint\limits_{D} (x^2 + y^2) \rho \mathrm{d}A = \rho \int_0^{2\pi} \int_0^a r^2 r \mathrm{d}r \mathrm{d}\theta = \frac{\pi \rho a^4}{2},$$

由对称性知 $I_x = I_y$，故有

$$I_x = I_y = \frac{I_0}{2} = \frac{\pi \rho a^4}{4}.$$

习题 9.5

1. 求平面 $z = 2 + 3x + 4y$ 位于矩形区域 $[0,5] \times [1,4]$ 上方部分的面积.

2. 求平面 $2x + 5y + z = 10$ 位于圆柱面 $x^2 + y^2 = 9$ 里面部分的面积.

3. 求曲面 $z = xy$ 位于圆柱面 $x^2 + y^2 = 1$ 里面部分的面积.

4. 求下列薄片的质量,其所占区域为 D,密度为 $\rho(x, y)$:

（1） $D = \{(x, y) \mid 1 \leqslant x \leqslant 3, 1 \leqslant y \leqslant 4\}$,$\rho(x, y) = ky^2$（$k \neq 0$ 为常数）;

（2） D 是直线 $y = 0$、$y = x$ 和 $2x + y = 6$ 所围的区域,$\rho(x, y) = x^2$;

（3） D 是直线 $y = x + 2$ 和抛物线 $y = x^2$ 所围的区域,$\rho(x, y) = kx$（$k \neq 0$ 为常数）.

5. 设有一等腰直角三角形薄片,腰长为 a,各点处的面密度等于该点到直角顶点的距离的平方,求该薄片的质心.

*6. 设均匀薄片（面密度为常数 1）所占闭区域 D 如下,求指定的转动惯量:

（1） $D = \left\{ (x, y) \mid \dfrac{x^2}{a^2} + \dfrac{y^2}{b^2} \leqslant 1 \right\}$,求 I_y;

（2） D 由抛物线 $y^2 = \dfrac{9}{2}x$ 与直线 $x = 2$ 围成,求 I_x 和 I_y;

（3） D 为矩形区域 $D = \{(x, y) \mid 0 \leqslant x \leqslant a, 0 \leqslant y \leqslant b\}$,求 I_x 和 I_y.

§9.6 三重积分

定积分和二重积分这种特殊和式的极限的概念,可以很自然地推广到三重积分.

先考虑最简单的情形. 如图 9-38 所示,设有界函数 $u = f(x, y, z)$ 的定义域是三维空间的一个矩形闭区域（称为**矩形盒**）:
$$B = \{(x, y, z) \mid a \leqslant x \leqslant b, c \leqslant y \leqslant d, e \leqslant z \leqslant f\},$$

将 B 分解成 $l \times m \times n$ 个体积均为 $\Delta V = \Delta x \Delta y \Delta z$ 的小矩形盒:将 $[a, b]$ 平均分成 l 个子区间 $[x_{i-1}, x_i]$（$i = 1, 2, \cdots, l$）,每个子区间的长度为 $\Delta x = (b - a)/l$;将 $[c, d]$ 平均分成 m 个子区间 $[y_{j-1}, y_j]$（$j = 1, 2, \cdots, m$）,每个子区间的长度为 $\Delta y = (d - c)/m$;将 $[r, s]$ 平均分成 n 个子区间 $[z_{k-1}, z_k]$（$k = 1, 2, \cdots, n$）,每个子区间的长度为 $\Delta z = (f - e)/n$. 对于小矩形盒（如图 9-39 所示）:
$$B_{ijk} = [x_{i-1}, x_i] \times [y_{j-1}, y_j] \times [z_{k-1}, z_k],$$

任意取点 $(\xi_{ijk}, \eta_{ijk}, \zeta_{ijk}) \in B_{ijk}$,就得到**三重黎曼和**:
$$\sum_{i=1}^{l} \sum_{j=1}^{m} \sum_{k=1}^{n} f(\xi_{ijk}, \eta_{ijk}, \zeta_{ijk}) \Delta V,$$

因而我们有如下定义:

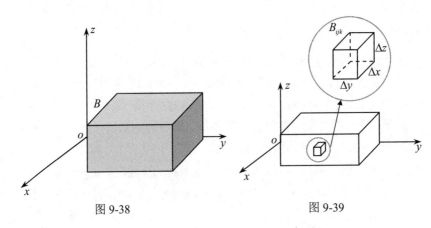

图 9-38　　　　　　　　　　图 9-39

定义 9-2　若当 l, m, n 趋于无穷时，三重黎曼和 $\sum\limits_{i=1}^{l}\sum\limits_{j=1}^{m}\sum\limits_{k=1}^{n} f(\xi_{ijk}, \eta_{ijk}, \zeta_{ijk})\Delta V$ 的

极限存在，则称函数 $f(x, y, z)$ 在矩形盒 B 上**可积**，并称此极限值为函数 $f(x, y, z)$ 在

闭区域 B 上的**三重积分**，记作

$$\iiint\limits_B f(x, y, z)\mathrm{d}V \quad （或写成 \iiint\limits_B f(x, y, z)\mathrm{d}x\mathrm{d}y\mathrm{d}z ），$$

即

$$\iiint\limits_B f(x, y, z)\mathrm{d}V = \iiint\limits_B f(x, y, z)\mathrm{d}x\mathrm{d}y\mathrm{d}z$$

$$= \lim_{\substack{l\to\infty \\ m\to\infty \\ n\to\infty}} \sum_{i=1}^{l}\sum_{j=1}^{m}\sum_{k=1}^{n} f(\xi_{ijk}, \eta_{ijk}, \zeta_{ijk})\Delta V , \quad （9-25）$$

其中 $f(x, y, z)$ 称为**被积函数**，B 称为**积分区域**，x、y 和 z 称为**积分变量**. $\mathrm{d}V$ 称

为**体积微元**.

　　显然，当 $f(x, y, z) \equiv 0$ 时，有 $\iint\limits_B f(x, y, z)\mathrm{d}V = 0$.

　　若函数 $f(x, y, z)$ 在 B 上连续，则 $f(x, y, z)$ 在 B 上可积. 和二重积分一样，三

重积分需转换成累次积分即三次积分来计算. 我们不加证明地给出如下定理：

　　定理 9-5（**富比尼定理**）　若函数 $f(x, y, z)$ 在闭区域 $B = [a,b]\times[c,d]\times[e,f]$ 上

连续，则有

$$\iiint\limits_B f(x, y, z)\mathrm{d}V = \int_e^f \int_c^d \int_a^b f(x, y, z)\mathrm{d}x\mathrm{d}y\mathrm{d}z . \quad （9-26）$$

　　定理 9-5 表明，在一定的条件下，三重积分可以转化成三次积分来计算：先把

y 和 z 看成常量，关于 x 求定积分；再把 z 看成常量，关于 y 求定积分；最后关于 z

求定积分.

注 1 按照排列法则,从理论上讲,在满足定理 9-5 的条件下,三重积分还可以按另外五种三次积分的计算顺序来计算,且计算结果相等,比如其中一种顺序为

$$\iiint_B f(x,y,z)dV = \int_a^b \int_e^f \int_c^d f(x,y,z)dydzdx ,$$

但在实际上,我们应该选取一种难度和复杂度都相对较低的顺序进行计算.

注 2 定理 9-5 的条件可以放宽到 $z = f(x,y,z)$ 在矩形区域

$$B = [a,b] \times [c,d] \times [e,f]$$

上除有限张连续曲面或有限张光滑曲面外都连续,结论不变.

例 9-18 计算三重积分

$$\iiint_B xyz^2 dV ,$$

其中 $B = \{(x,y,z) \mid 0 \leqslant x \leqslant 1, -1 \leqslant y \leqslant 2, 0 \leqslant z \leqslant 3\}$.

解 由定理 9-5,有

$$\iiint_B xyz^2 dV = \int_0^3 \int_{-1}^2 \int_0^1 xyz^2 dxdydz = \int_0^3 \int_{-1}^2 \left[\frac{x^2 yz^2}{2} \right]_{x=0}^{x=1} dydz$$

$$= \int_0^3 \int_{-1}^2 \frac{yz^2}{2} dydz = \int_0^3 \left[\frac{y^2 z^2}{4} \right]_{y=-1}^{y=2} dz$$

$$= \int_0^3 \frac{3z^2}{4} dz = \left[\frac{z^3}{4} \right]_{z=0}^{z=3} = \frac{27}{4} .$$

现在我们讨论有界函数 $u = f(x,y,z)$ 在一般有界闭区域 E 上的三重积分,和二重积分一样,先把 E 置于一个空间矩形盒 B 内. 定义

$$F(x,y,z) = \begin{cases} f(x,y,z), & (x,y,z) \in E \\ 0, & (x,y,z) \in B-E \end{cases},$$

则 $f(x,y,z)$ 在 E 上的三重积分如下:

$$\iiint_E f(x,y,z)dV = \iiint_B F(x,y,z)dV . \tag{9-27}$$

①若 $E = \{(x,y,z) \mid (x,y) \in D_{xy}, u_1(x,y) \leqslant z \leqslant u_2(x,y)\}$,其中 D_{xy} 是 E 在 xoy 平面上的投影(如图 9-40 所示),则 E 称为 **1 型区域**(或 XY 型区域),由方程 $z = u_1(x,y)$ 和 $z = u_2(x,y)$ 所确定的曲面分别称为 E 的**下方边界曲面**和**上方边界曲面**,这时 $f(x,y,z)$ 在区域 E 上的三重积分可以如下计算:

$$\iiint_E f(x,y,z)dV = \iint_{D_{xy}} \left[\int_{u_1(x,y)}^{u_2(x,y)} f(x,y,z)dz \right] dA . \tag{9-28}$$

上式右端的计算过程是这样的:首先将 x 和 y 固定,即将 $u_1(x,y)$ 和 $u_2(x,y)$ 看

成常数，计算内部定积分 $\int_{u_1(x,y)}^{u_2(x,y)} f(x,y,z)\mathrm{d}z$ ，得到的结果显然是关于自变量 x 和 y

的二元函数 $A(x,y)$ ，然后再计算二重积分 $\iint\limits_{D_{xy}} A(x,y)\mathrm{d}A$ 即可.

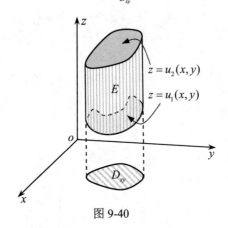

图 9-40

若 D_{xy} 是 X 型区域（如图 9-41 所示），即

$$D_{xy} = \{(x,y) \mid a \leqslant x \leqslant b, g_1(x) \leqslant y \leqslant g_2(x)\} ,$$

或

$$E = \{(x,y,z) \mid a \leqslant x \leqslant b, g_1(x) \leqslant y \leqslant g_2(x), u_1(x,y) \leqslant z \leqslant u_2(x,y)\} ,$$

则有

$$\iiint\limits_E f(x,y,z)\mathrm{d}V = \int_a^b \left[\int_{g_1(x)}^{g_2(x)} \left[\int_{u_1(x,y)}^{u_2(x,y)} f(x,y,z)\mathrm{d}z \right] \mathrm{d}y \right] \mathrm{d}x . \qquad (9\text{-}29)$$

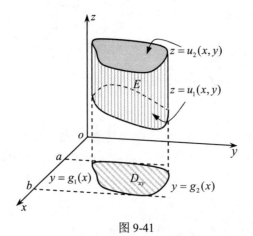

图 9-41

若 D_{xy} 是 Y 型区域（如图 9-42 所示），即

$$D_{xy} = \{(x,y) \mid c \leqslant y \leqslant d, h_1(y) \leqslant x \leqslant h_2(y)\},$$

或

$$E = \{(x,y,z) \mid c \leqslant y \leqslant d, h_1(y) \leqslant x \leqslant h_2(y), u_1(x,y) \leqslant z \leqslant u_2(x,y)\}$$

则有

$$\iiint\limits_E f(x,y,z)\mathrm{d}V = \int_c^d \left[\int_{h_1(y)}^{h_2(y)} \left[\int_{u_1(x,y)}^{u_2(x,y)} f(x,y,z)\mathrm{d}z \right] \mathrm{d}x \right] \mathrm{d}y. \qquad (9\text{-}30)$$

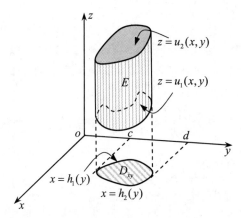

图 9-42

例 9-19 计算三重积分 $\iiint\limits_E z\mathrm{d}V$，其中 E 是由坐标平面 $x=0$、$y=0$、$z=0$ 以

及平面 $x+y+z=1$ 所围的空间四面体.

解 积分区域 E 如图 9-43 所示，显然 E 的下方边界曲面方程和上方边界曲面方程分别为 $z=u_1(x,y)=0$ 和 $z=u_2(x,y)=1-x-y$，而 E 在 xoy 平面上的投影区域 D_{xy} 是一个三角形区域（如图 9-44 所示），即

$$D_{xy} = \{(x,y) \mid 0 \leqslant x \leqslant 1, 0 \leqslant y \leqslant 1-x\},$$

或

$$E = \{(x,y,z) \mid 0 \leqslant x \leqslant 1, 0 \leqslant y \leqslant 1-x, 0 \leqslant z \leqslant 1-x-y\},$$

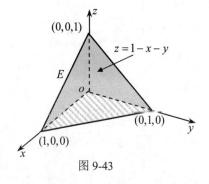

图 9-43

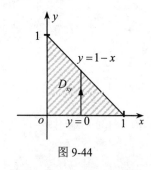

图 9-44

从而有

$$\iiint_E z\,\mathrm{d}V = \int_0^1\left[\int_0^{1-x}\left[\int_0^{1-x-y}z\,\mathrm{d}z\right]\mathrm{d}y\right]\mathrm{d}x = \int_0^1\left[\int_0^{1-x}\left[\frac{1}{2}z^2\right]_{z=0}^{z=1-x-y}\mathrm{d}y\right]\mathrm{d}x$$

$$= \frac{1}{2}\int_0^1\left[\int_0^{1-x}(1-x-y)^2\,\mathrm{d}y\right]\mathrm{d}x = \frac{1}{2}\int_0^1 -\frac{1}{3}[(1-x-y)^3)]_{y=0}^{y=1-x}\,\mathrm{d}x$$

$$= \frac{1}{6}\int_0^1(1-x)^3\,\mathrm{d}x = \frac{1}{24}.$$

② 若 $E = \{(x,y,z)\,|\,(y,z)\in D_{yz},v_1(y,z)\leqslant x\leqslant v_2(y,z)\}$，其中 D_{yz} 是 E 在 yoz 平面上的投影（如图 9-45 所示），则 E 称为 **2 型区域**（或 **YZ 型区域**），由方程 $x=v_1(y,z)$ 和 $x=v_2(y,z)$ 所确定的曲面分别称为 E 的 **后方边界曲面** 和 **前方边界曲面**，这时 $f(x,y,z)$ 在区域 E 上的三重积分可以如下计算：

$$\iiint_E f(x,y,z)\,\mathrm{d}V = \iint_{D_{yz}}\left[\int_{v_1(y,z)}^{v_2(y,z)}f(x,y,z)\,\mathrm{d}x\right]\mathrm{d}A = \iint_{D_{yz}}A(y,z)\,\mathrm{d}A, \quad (9\text{-}31)$$

其中 $A(y,z) = \displaystyle\int_{v_1(y,z)}^{v_2(y,z)}f(x,y,z)\,\mathrm{d}x$.

③ 若 $E = \{(x,y,z)\,|\,(z,x)\in D_{zx},w_1(z,x)\leqslant y\leqslant w_2(z,x)\}$，其中 D_{zx} 是 E 在 zox 平面上的投影（如图 9-46 所示），则 E 称为 **3 型区域**（或 **ZX 型区域**），由方程 $y=w_1(z,x)$ 和 $y=w_2(z,x)$ 所确定的曲面分别称为 E 的 **左方边界曲面** 和 **右方边界曲面**，这时 $f(x,y,z)$ 在区域 E 上的三重积分可以如下计算：

$$\iiint_E f(x,y,z)\,\mathrm{d}V = \iint_{D_{zx}}\left[\int_{w_1(z,x)}^{w_2(z,x)}f(x,y,z)\,\mathrm{d}y\right]\mathrm{d}A = \iint_{D_{zx}}A(z,x)\,\mathrm{d}A, \quad (9\text{-}32)$$

其中 $A(z,x) = \displaystyle\int_{w_1(z,x)}^{w_2(z,x)}f(x,y,z)\,\mathrm{d}y$.

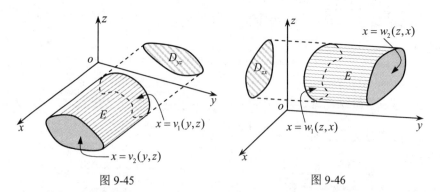

图 9-45　　　　　　　　　　　　图 9-46

例 9-20　计算三重积分 $\displaystyle\iiint_E\sqrt{x^2+z^2}\,\mathrm{d}V$，其中 E 是由抛物面 $y=x^2+z^2$ 和平面

$y=4$ 所围的空间区域.

解 积分区域 E 如图 9-47 所示，显然 $D_{xy}=\{(x,y)\,|\,-2\leqslant x\leqslant 2,x^2\leqslant y\leqslant 4\}$ 和 $D_{zx}=\{(z,x)\,|\,x^2+z^2\leqslant 4\}$ 分别是 E 在 xoy 平面和 zox 平面的投影（如图 9-48 和图 9-49 所示）.

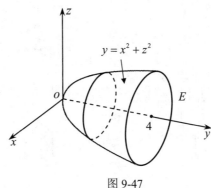

图 9-47

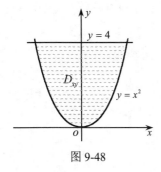

图 9-48

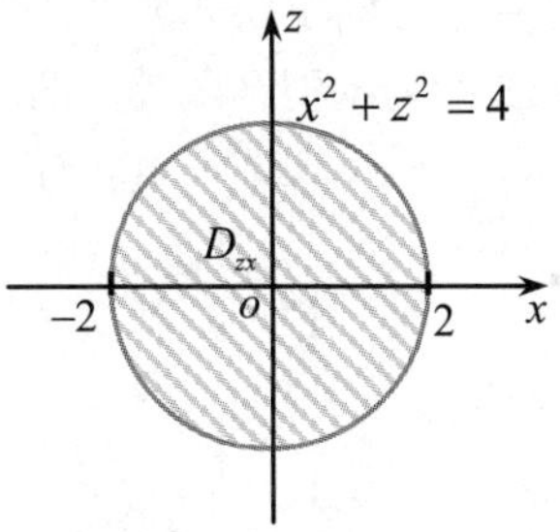

图 9-49

如果将 E 看成 XY 型区域，则可由
$$y=x^2+z^2$$
解得 $z=\pm\sqrt{y-x^2}$. 从而由公式（9-29），有
$$\iiint\limits_{E}\sqrt{x^2+z^2}\,\mathrm{d}V=\int_{-2}^{2}\left[\int_{x^2}^{4}\left[\int_{-\sqrt{y-x^2}}^{\sqrt{y-x^2}}\sqrt{x^2+z^2}\,\mathrm{d}z\right]\mathrm{d}y\right]\mathrm{d}x\ .$$

上式右端的三次积分的计算显然比较困难，但如果将 E 看成 ZX 型区域，此时 E 的左方边界曲面和右方边界曲面的方程分别为
$$y=w_1(z,x)=x^2+z^2\ ,\quad y=w_2(z,x)=4\ ,$$
从而由公式（9-32），有
$$\iiint\limits_{E}\sqrt{x^2+z^2}\,\mathrm{d}V=\iint\limits_{D_{zx}}(\int_{x^2+z^2}^{4}\sqrt{x^2+z^2}\,\mathrm{d}y)\mathrm{d}A=\iint\limits_{D_{zx}}[(4-x^2-z^2)\sqrt{x^2+z^2}]\mathrm{d}A\ .$$

显然上式最右端的二重积分用极坐标计算更为简便，于是令 $x = r\cos\theta$，$z = r\sin\theta$，则有

$$\iiint_E \sqrt{x^2+z^2}\,\mathrm{d}V = \iint_{D_{zx}}[(4-x^2-z^2)\sqrt{x^2+z^2}]\,\mathrm{d}A$$

$$= \int_0^{2\pi}[\int_0^2(4-r^2)r\cdot r\mathrm{d}r]\mathrm{d}\theta$$

$$= 2\pi\left[\frac{4r^3}{3}-\frac{r^5}{5}\right]_0^2 = \frac{128\pi}{15}.$$

例 9-21 将三次积分 $\int_0^1\int_0^{x^2}\int_0^y f(x,y,z)\mathrm{d}z\mathrm{d}y\mathrm{d}x$ 转化成三重积分，然后再转化成先关于 x，再关于 z，最后关于 y 的三次积分.

解 如图 9-50 所示，$\int_0^1\int_0^{x^2}\int_0^y f(x,y,z)\mathrm{d}z\mathrm{d}y\mathrm{d}x = \iiint_E f(x,y,z)\mathrm{d}V$，其中积分区域

$$E = \{(x,y,z)\,|\,0\leqslant x\leqslant 1, 0\leqslant y\leqslant x^2, 0\leqslant z\leqslant y\}.$$

要先求关于 x 的定积分，再求关于 z 的定积分，则必须将 E 投影到 yoz 平面，且投影区域必须为 y 型区域（如图 9-51 所示），即

$$D_{yz} = \{(y,z)\,|\,0\leqslant y\leqslant 1, 0\leqslant z\leqslant y\},$$

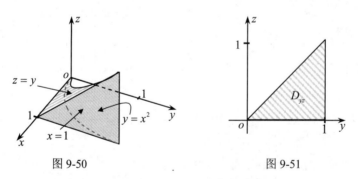

图 9-50   图 9-51

这时区域 E 的后方边界曲面和前方边界曲面的方程分别为 $x = \sqrt{y}$ 和 $x = 1$，从而由公式（9-31），可得

$$\iiint_E f(x,y,z)\mathrm{d}V = \iint_{D_{yz}}[\int_{\sqrt{y}}^1 f(x,y,z)\mathrm{d}x]\mathrm{d}A = \int_0^1\mathrm{d}y\int_0^y\mathrm{d}z\int_{\sqrt{y}}^1 f(x,y,z)\mathrm{d}x.$$

注 3 三重积分的性质与二重积分的性质是完全类似的，并且也可以推广到一般的有界闭区域 E 上. 比如：若记 $\iiint_E\mathrm{d}V = \iiint_E 1\mathrm{d}V$，则有 $\iiint_E\mathrm{d}V = V$（其中 V 是区域 E 的体积）. 其他性质读者可以自己列出，这里不再赘述.

习题 9.6

1. 用三种不同积分顺序计算三重积分 $\iiint\limits_{E}(xy+z^2)\mathrm{d}V$，其中

$$E = \{(x,y,z)\mid 0 \leqslant x \leqslant 2, 0 \leqslant y \leqslant 1, 0 \leqslant z \leqslant 3\}.$$

2. 计算下列三次积分：

（1）$\displaystyle\int_0^2\int_0^{z^2}\int_0^{y-z}(2x-y)\mathrm{d}x\mathrm{d}y\mathrm{d}z$；　　（2）$\displaystyle\int_0^1\int_x^{2x}\int_0^y 2xyz\mathrm{d}z\mathrm{d}y\mathrm{d}x$；

（3）$\displaystyle\int_1^2\int_0^{2z}\int_0^{\ln x}x\mathrm{e}^{-y}\mathrm{d}y\mathrm{d}x\mathrm{d}z$；　　（4）$\displaystyle\int_0^1\int_0^1\int_0^{\sqrt{1-z^2}}\frac{z}{y+1}\mathrm{d}x\mathrm{d}z\mathrm{d}y$；

（5）$\displaystyle\int_0^{\pi/2}\int_0^y\int_0^x\cos(x+y+z)\mathrm{d}z\mathrm{d}x\mathrm{d}y$；　　（6）$\displaystyle\int_0^{\sqrt{\pi}}\int_0^x\int_0^{xz}x^2\sin y\mathrm{d}y\mathrm{d}z\mathrm{d}x$．

3. 计算三重积分 $\iiint\limits_{E}y\mathrm{d}V$，其中

$$E = \{(x,y,z)\mid 0 \leqslant x \leqslant 3, 0 \leqslant y \leqslant x, x-y \leqslant z \leqslant x+y\}.$$

4. 计算三重积分 $\iiint\limits_{E}\mathrm{e}^{z/y}\mathrm{d}V$，其中

$$E = \{(x,y,z)\mid 0 \leqslant y \leqslant 1, y \leqslant x \leqslant 1, 0 \leqslant z \leqslant xy\}.$$

5. 计算三重积分 $\iiint\limits_{E}\dfrac{z}{x^2+z^2}\mathrm{d}V$，其中

$$E = \{(x,y,z)\mid 1 \leqslant y \leqslant 4, y \leqslant z \leqslant 4, 0 \leqslant x \leqslant z\}.$$

6. 计算三重积分 $\iiint\limits_{E}\sin y\mathrm{d}V$，其中 E 是以顶点分别为 $(0,0,0)$、$(\pi,0,0)$ 和 $(0,\pi,0)$ 的三角形闭区域为底面，曲顶方程为 $z=x\,(z\geqslant0)$ 的曲顶柱体.

7. 计算三重积分 $\iiint\limits_{E}6xy\mathrm{d}V$，其中 E 是一个曲顶柱体：底面是 xoy 平面上由曲线 $y=\sqrt{x}$、$y=0$ 和 $x=1$ 所围的闭区域，曲顶方程为 $z=1+x+y$.

8. 计算三重积分 $\iiint\limits_{E}xy\mathrm{d}V$，其中 E 是由抛物柱面 $y=x^2$、$x=y^2$ 以及平面 $z=0$ 和 $z=x+y$ 所围的空间闭区域.

§9.7　利用柱面坐标和球面坐标计算三重积分

就像某些二重积分适合用极坐标来计算一样，某些三重积分适合用柱面坐标来计算，柱面坐标系是极坐标系在三维空间的一种推广. 本节在分析利用柱面坐标来计算三重积分的同时，还将引入一种球面坐标系. 我们将看到，在某些特殊的情况下，使用球面坐标来计算三重积分比直角坐标和柱面坐标更简单有效.

9.7.1 利用柱面坐标计算三重积分

设 $P(x,y,z)$ 为三维空间中的一点，点 P 在 xoy 平面上的投影 Q 的极坐标为 (r,θ)，则有序对 (r,θ,z) 构成的坐标就称为点 P 的**柱面坐标**（如图 9-52 所示），记作 $P(r,\theta,z)$．我们规定 r、θ 和 z 的变化范围为

$$0 \leqslant r < +\infty,\quad 0 \leqslant \theta \leqslant 2\pi,\quad -\infty < z < +\infty.$$

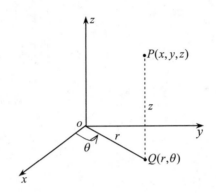

图 9-52

柱面坐标系的三组坐标面分别为 $r=$ 常数：以 z 为轴的圆柱面；$\theta=$ 常数：过 z 轴的半平面；$z=$ 常数：与 z 轴垂直的平面．

点 P 的直角坐标和柱面坐标之间的转化关系为

$$\begin{cases} x = r\cos\theta \\ y = r\sin\theta \\ z = z \end{cases} \quad\text{和}\quad \begin{cases} r^2 = x^2 + y^2 \\ \tan\theta = \dfrac{y}{x} \\ z = z \end{cases},$$

即我们如果要把空间直角坐标转化为柱面坐标，则只需将 (x,y) 通过上述关系转化为极坐标 (r,θ)，z 不变即可．

下面我们用微元法来分析三重积分 $\iiint\limits_{E} f(x,y,z)\mathrm{d}V$ 在柱面坐标下的表达式．

若 $\iiint\limits_{E} f(x,y,z)\mathrm{d}V = \iint\limits_{D_{xy}} \left[\int_{u_1(x,y)}^{u_2(x,y)} f(x,y,z)\mathrm{d}z \right] \mathrm{d}A$，即积分区域 E 是 XY 型区域，且

$$D_{xy} = \{(r,\theta)\,|\,\alpha \leqslant \theta \leqslant \beta, h_1(\theta) \leqslant r \leqslant h_2(\theta)\},$$

则利用公式（9-12），有

$$\iiint\limits_{E} f(x,y,z)\mathrm{d}V = \int_{\alpha}^{\beta}\int_{h_1(\theta)}^{h_2(\theta)}\int_{u_1(r\cos\theta,r\sin\theta)}^{u_2(r\cos\theta,r\sin\theta)} f(r\cos\theta, r\sin\theta, z)r\mathrm{d}z\mathrm{d}r\mathrm{d}\theta. \qquad （9-33）$$

若令 r、θ、z 各取得微小增量 $\mathrm{d}r$、$\mathrm{d}\theta$、$\mathrm{d}z$，就得到如图 9-53 所示的柱体：高为

dz，底面是圆环的一部分，其圆心角为 dθ，半径分别为 r 和 $r+dr$．如果不计高阶无穷小，该柱体的体积 dV 可以用宽为 dr，长为 $r \cdot d\theta$，高为 dz 的长方体的体积来计算，即

$$dV = r dz dr d\theta ,$$

上式右端称为**柱面坐标系中的体积微元.**

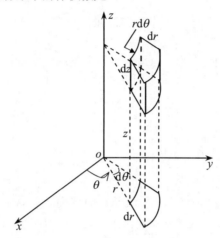

图 9-53

例 9-22 计算三次积分 $\int_{-2}^{2} \int_{-\sqrt{4-x^2}}^{\sqrt{4-x^2}} \int_{\sqrt{x^2+y^2}}^{2} (x^2 + y^2) dz dy dx$.

解 如图 9-54 所示，积分区域 E 可以表示为

$$E = \{(x,y,z) \mid -2 \leqslant x \leqslant 2, -\sqrt{4-x^2} \leqslant y \leqslant \sqrt{4-x^2}, \sqrt{x^2+y^2} \leqslant z \leqslant 2\} .$$

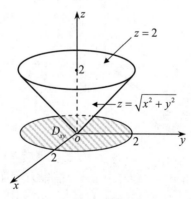

图 9-54

E 的下方边界曲面和上方边界曲面方程分别为 $z = \sqrt{x^2+y^2}$ 和 $z = 2$，E 在 xoy 平面上的投影区域为 $D_{xy} = \{(x,y) \mid x^2 + y^2 \leqslant 4\}$，因而直接用直角坐标计算该

积分较为困难，但如果我们将投影区域变为极坐标系下的形式，即

$$D_{xy} = \{(r,\theta) \mid 0 \leqslant \theta \leqslant 2\pi, 0 \leqslant r \leqslant 2\},$$

便可得到 E 在柱面坐标系下的形式，即

$$E = \{(r,\theta,z) \mid 0 \leqslant \theta \leqslant 2\pi, 0 \leqslant r \leqslant 2, r \leqslant z \leqslant 2\}.$$

利用公式（9-33），有

$$\int_{-2}^{2} \int_{-\sqrt{4-x^2}}^{\sqrt{4-x^2}} \int_{\sqrt{x^2+y^2}}^{2} (x^2 + y^2) \mathrm{d}z \mathrm{d}y \mathrm{d}x$$

$$= \iint\limits_{D_{xy}} [\int_{\sqrt{x^2+y^2}}^{2} (x^2 + y^2) \mathrm{d}z] \mathrm{d}A = \int_{0}^{2\pi} \int_{0}^{2} \int_{r}^{2} r^2 r \mathrm{d}z \mathrm{d}r \mathrm{d}\theta$$

$$= \int_{0}^{2\pi} \mathrm{d}\theta \int_{0}^{2} r^3 (2-r) \mathrm{d}r = 2\pi \left[\frac{r^4}{2} - \frac{r^5}{5} \right]_{0}^{2} = \frac{16}{5}\pi.$$

*9.7.2 利用球面坐标计算三重积分

设 $P(x,y,z)$ 为三维空间中的一点，点 P 在 xoy 平面上的投影坐标为 $Q(x,y)$，则有序对 (ρ,θ,φ) 构成的坐标就称为点 P 的**球面坐标**，记作 $P(\rho,\theta,\varphi)$．其中 $\rho = |OP|$ 表示点 P 到原点的距离；θ 和柱面坐标中一样，表示点 Q 的极角；而 φ 则表示向量 $\overrightarrow{OP}$ 和 z 轴正半轴的夹角（如图 9-55 所示）．显然 ρ、θ 和 φ 的变化范围为

$$0 \leqslant \rho < +\infty, \quad 0 \leqslant \theta \leqslant 2\pi, \quad 0 \leqslant \varphi \leqslant \pi.$$

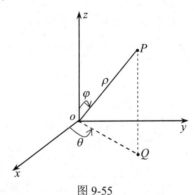

图 9-55

球面坐标系的三组坐标面分别为 $\rho =$ 常数：以原点为圆心的球面；$\theta =$ 常数：过 z 轴的半平面；$\varphi =$ 常数：以原点为顶点，z 轴为轴的圆锥面．

点 P 的直角坐标和球面坐标之间的转化关系为

$$\begin{cases} x = |OQ| \cdot \cos\theta = |OP| \sin\varphi \cos\theta = \rho \sin\varphi \cos\theta \\ y = |OQ| \cdot \sin\theta = |OP| \sin\varphi \sin\theta = \rho \sin\varphi \sin\theta \\ z = |OP| \cos\varphi = \rho \cos\varphi \end{cases} \qquad (9\text{-}34)$$

一般地，我们将球面坐标下的一个矩形区域
$$E = \{(\rho,\theta,\varphi) \,|\, a \leqslant \rho \leqslant b, \alpha \leqslant \theta \leqslant \beta, c \leqslant \varphi \leqslant d\}$$
称为**球面锲体**. 为了分析三重积分
$$\iiint\limits_{E} f(x,y,z)\mathrm{d}V$$

在球面坐标下的表达式，与柱面坐标一样，我们只要在确定了体积微元 $\mathrm{d}V$ 在球面坐标下的表达式后，将被积分函数中的变量 x、y、z 按公式（9-34）换成 ρ、θ、φ 的表达式即可（注意换元必换限）. 为此，我们令 ρ、θ、φ 各取得微小增量 $\mathrm{d}\rho$、$\mathrm{d}\theta$、$\mathrm{d}\varphi$，得到如图 9-56 所示的一个球面锲体：经线方向的长为 $\rho \cdot \mathrm{d}\varphi$，纬线方向的宽为 $\rho \cdot \sin\varphi \cdot \mathrm{d}\theta$，向径方向的高为 $\mathrm{d}\rho$（参见图 9-56），如果不计高阶无穷小，其体积可以使用上述的长×宽×高公式来计算，即

$$\mathrm{d}V = (\rho \cdot \mathrm{d}\varphi) \cdot (\rho\sin\varphi \cdot \mathrm{d}\theta) \cdot \mathrm{d}\rho = \rho^2\sin\varphi\mathrm{d}\rho\mathrm{d}\theta\mathrm{d}\varphi \ .$$

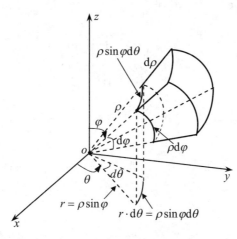

图 9-56

上式最右端称为**球面坐标系中的体积微元**. 由此可得球面坐标系下的三重积分公式

$$\iiint\limits_{E} f(x,y,z)\mathrm{d}V$$

$$= \iiint\limits_{E} f(\rho\sin\varphi\cos\theta, \rho\sin\varphi\sin\theta, \rho\cos\varphi)\rho^2\sin\varphi\mathrm{d}\rho\mathrm{d}\theta\mathrm{d}\varphi \qquad （9\text{-}35）$$

$$= \int_c^d\int_\alpha^\beta\int_a^b f(\rho\sin\varphi\cos\theta, \rho\sin\varphi\sin\theta, \rho\cos\varphi)\rho^2\sin\varphi\mathrm{d}\rho\mathrm{d}\theta\mathrm{d}\varphi.$$

当然，积分区域 E 也可推广为
$$E = \{(\rho,\theta,\varphi) \,|\, \alpha \leqslant \theta \leqslant \beta, c \leqslant \varphi \leqslant d, g_1(\theta,\varphi) \leqslant \rho \leqslant g_2(\theta,\varphi)\} \ ,$$
这时公式（9-35）变为

$$\iiint\limits_E f(x, y, z)\mathrm{d}V$$

$$= \int_c^d \int_\alpha^\beta \int_{g_1(\theta,\varphi)}^{g_2(\theta,\varphi)} f(\rho\sin\varphi\cos\theta, \rho\sin\varphi\sin\theta, \rho\cos\varphi)\rho^2\sin\varphi\mathrm{d}\rho\mathrm{d}\theta\mathrm{d}\varphi.$$

$$(9\text{-}36)$$

例 9-23　计算三重积分 $\iiint\limits_E \mathrm{e}^{(x^2+y^2+z^2)^{\frac{3}{2}}}\mathrm{d}V$，其中

$$E = \{(x,y,z)\,|\,x^2+y^2+z^2 \leqslant 1\}.$$

解　由于积分区域和被积分函数含有 x^2、y^2 和 z^2 项的系数相同，我们考虑用球面坐标计算比较方便. 这时积分区域变为

$$E = \{(\rho,\theta,\varphi)\,|\,0 \leqslant \rho \leqslant 1, 0 \leqslant \theta \leqslant 2\pi, 0 \leqslant \varphi \leqslant \pi\},$$

且由公式（9-34）知 $x^2+y^2+z^2 = \rho^2$，从而

$$\iiint\limits_E \mathrm{e}^{(x^2+y^2+z^2)^{\frac{3}{2}}}\mathrm{d}V = \int_0^\pi \int_0^{2\pi} \int_0^1 \mathrm{e}^{(\rho^2)^{\frac{3}{2}}}\rho^2\sin\varphi\mathrm{d}\rho\mathrm{d}\theta\mathrm{d}\varphi$$

$$= \int_0^\pi \sin\varphi\mathrm{d}\varphi \int_0^{2\pi} \mathrm{d}\theta \int_0^1 \mathrm{e}^{\rho^3}\rho^2\mathrm{d}\rho$$

$$= \frac{4\pi}{3}(\mathrm{e}-1).$$

例 9-24　求由圆锥面 $z = \sqrt{x^2+y^2}$ 上方和上半球面 $x^2+y^2+z^2 = z$（$z \geqslant \dfrac{1}{2}$）所围立体的体积.

解　所围立体 E 如图 9-57 所示. 由三重积分的性质，该立体体积为

$$V = \iiint\limits_E \mathrm{d}V,$$

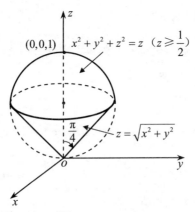

图 9-57

由于构成 E 的球面含有 x^2、y^2 和 z^2 项的系数相同，我们考虑用球面坐标计算

比较方便．由公式（9-34）知，上半球面和圆锥面方程分别为 $\rho=\cos\varphi$ 和 $\rho\cos\varphi=\rho\sin\varphi$ 即 $\varphi=\dfrac{\pi}{4}$，从而积分区域可写成

$$E=\{(\rho,\theta,\varphi)\,|\,0\leqslant\theta\leqslant 2\pi,0\leqslant\varphi\leqslant\frac{\pi}{4},0\leqslant\rho\leqslant\cos\varphi\}.$$

由公式（9-36），有

$$V=\iiint\limits_{E}\mathrm{d}V=\int_{0}^{2\pi}\int_{0}^{\pi/4}\int_{0}^{\cos\varphi}\rho^2\sin\varphi\mathrm{d}\rho\mathrm{d}\varphi\mathrm{d}\theta=\frac{\pi}{8}.$$

习题 9.7

*1. 把下面球面坐标转换成直角坐标：

（1）$\left(6,\dfrac{\pi}{3},\dfrac{\pi}{6}\right)$；　　（2）$\left(3,\dfrac{\pi}{2},\dfrac{3\pi}{4}\right)$；　　（3）$\left(2,\dfrac{\pi}{2},\dfrac{\pi}{2}\right)$．

2. 利用柱面坐标计算下列三重积分：

（1）$\iiint\limits_{E}xy\mathrm{d}V$，其中 E 是柱面 $x^2+y^2=1$ 及平面 $z=1$、$z=0$、$x=0$、$y=0$ 所围成的在第 I 卦限内的闭区域；

（2）$\iiint\limits_{E}z\mathrm{d}V$，其中 E 是由曲面 $z=\sqrt{2-x^2-y^2}$ 及 $z=x^2+y^2$ 所围成的闭区域；

（3）$\iiint\limits_{E}(x^2+y^2)\mathrm{d}V$，其中 E 是由曲面 $4z^2=25(x^2+y^2)$ 及平面 $z=5$ 所围成的闭区域．

3. 计算下列三次积分：

（1）$\int_{0}^{\frac{\pi}{6}}\int_{0}^{\frac{\pi}{2}}\int_{0}^{3}\rho^2\sin\varphi\mathrm{d}\rho\mathrm{d}\theta\mathrm{d}\varphi$；　　　　（2）$\int_{0}^{2\pi}\int_{\frac{\pi}{2}}^{\pi}\int_{1}^{2}\rho^2\sin\varphi\mathrm{d}\rho\mathrm{d}\varphi\mathrm{d}\theta$．

*4. 利用球面坐标计算下列三重积分：

（1）$\iiint\limits_{E}(x^2+y^2+z^2)^2\mathrm{d}V$，其中 E 是圆心在原点半径不超过 5 的球体；

（2）$\iiint\limits_{E}(9-x^2-y^2)\mathrm{d}V$，其中 E 为上半球体 $x^2+y^2+z^2\leqslant 9$（$z\geqslant 0$）；

（3）$\iiint\limits_{E}y^2\mathrm{d}V$，$E$ 为右半球体 $x^2+y^2+z^2\leqslant 9$（$y\geqslant 0$）．

总习题九

1. 填空题：

（1）$\int_{-a}^{a} dx \int_{a-\sqrt{a^2-x^2}}^{a+\sqrt{a^2-x^2}} f(x,y)dy$ 在极坐标下的二次积分形式为_____；

（2）设 $D = \{(x,y) \mid x^2 + y^2 \leqslant R^2\}$，则 $\iint\limits_{D} \sqrt{R^2 - x^2 - y^2}\,dA = $ _____；

（3）设 $D = \{(x,y) \mid \sqrt{x^2 + y^2} \leqslant a\}$，函数 $f(x,y)$ 在 D 上连续，则 $\lim\limits_{a \to 0^+} \dfrac{1}{\pi a^2}$ $\iint\limits_{D} f(x,y)dA = $ _____.

2. 选择题：

（1）设 $f(x)$ 为连续函数，$F(t) = \int_1^t dy \int_y^t f(x)dx$，则 $F'(2) = $（   ）；

    A．$2f(2)$ B．$f(2)$ C．$-f(2)$ D．0

（2）若平面闭区域 D 由圆周 $x^2 + y^2 = a^2$ 围成，则 $\iint\limits_{D}(x^2 + y^2)dA = $（   ）；

    A．$\iint\limits_{D} a^2 dA = \pi a^3$ B．$\int_0^{2\pi} d\theta \int_0^a r^2 dr = \dfrac{2}{3}\pi a^3$

    C．$\int_0^{2\pi} d\theta \int_0^a r^3 dr = \dfrac{1}{2}\pi a^4$ D．$\int_0^{2\pi} d\theta \int_0^a a^3 dr = 2\pi a^4$

（3）设平面闭区域 $R = \{(x,y) \mid -a \leqslant x \leqslant a, -a \leqslant y \leqslant a\}$，$R_1 = \{(x,y) \mid 0 \leqslant x \leqslant a, 0 \leqslant y \leqslant a\}$，则 $\iint\limits_{R}(xy + \cos x \cos y)dxdy = $（   ）；

    A．$4\iint\limits_{R_1} \cos x \cos y\,dxdy$ B．$4\iint\limits_{R_1} xy\,dxdy$

    C．$4\iint\limits_{R_1}(xy + \cos x \cos y)dxdy$ D．0

（4）设空间闭区域 $E_1 = \{(x,y,z) \mid x^2 + y^2 + z^2 \leqslant a^2, z \geqslant 0\}$，$E_2 = \{(x,y,z) \mid x^2 + y^2 + z^2 \leqslant a^2, x \geqslant 0, y \geqslant 0, z \geqslant 0\}$，则有（   ）；

    A．$\iint\limits_{E_1} x\,dV = 4\iint\limits_{E_2} x\,dV$ B．$\iint\limits_{E_1} y\,dV = 4\iint\limits_{E_2} y\,dV$

    C．$\iint\limits_{E_1} z\,dV = 4\iint\limits_{E_2} z\,dV$ D．$\iint\limits_{E_1} xyz\,dV = 4\iint\limits_{E_2} xyz\,dV$

（5）设函数 $f(x,y)$ 连续，则 $\int_1^2 dx \int_x^2 f(x,y)dy + \int_1^2 dy \int_y^{4-y} f(x,y)dx = $（   ）；

A. $\int_1^2 dy \int_y^2 f(x,y)dx$ B. $\int_1^2 dx \int_1^{4-x} f(x,y)dy$

C. $\int_1^2 dx \int_x^{4-x} f(x,y)dy$ D. $\int_1^2 dy \int_1^{4-y} f(x,y)dx$

3. 计算下列二次积分：

（1）$\int_1^2 \int_0^2 (y + 2xe^y)dxdy$ ；   （2）$\int_0^1 \int_0^1 ye^{xy}dxdy$ ；

（3）$\int_0^1 \int_0^x \cos(x^2)dydx$ ；   （4）$\int_0^1 \int_x^{e^x} 3xy^2 dydx$ ；

（5）$\int_0^1 \int_0^y \int_x^1 6xyzdzdxdy$.

4. 通过交换积分顺序计算二次积分：

（1）$\int_0^1 \int_x^1 \cos(y^2)dydx$ ；   （2）$\int_0^1 \int_{\sqrt{y}}^1 \dfrac{ye^{x^2}}{x^3}dxdy$.

5. 计算下列重积分：

（1）$\iint\limits_R ye^{xy}dA$ ，其中 $R = \{(x,y)\,|\,0 \leqslant x \leqslant 2, 0 \leqslant y \leqslant 3\}$ ；

（2）$\iint\limits_D xydA$ ，其中 $D = \{(x,y)\,|\,0 \leqslant y \leqslant 1, y^2 \leqslant x \leqslant y+2\}$ ；

（3）$\iint\limits_D \dfrac{y}{1+x^2}dA$ ，其中 D 是由直线 $y = 0$、$x = 1$ 和曲线 $y = \sqrt{x}$ 所围成的区域；

（4）$\iiint\limits_E xydV$ ，其中 $E = \{(x,y,z)\,|\,0 \leqslant x \leqslant 3, 0 \leqslant y \leqslant x, 0 \leqslant z \leqslant x+y\}$ ；

（5）$\iiint\limits_E y^2z^2dV$ ，其中 E 是由抛物面 $x = 1 - y^2 - z^2$ 和平面 $x = 0$ 所围成的区域.

6. 计算下列区域的体积：

（1）底面为矩形区域 $R = [0,2] \times [1,4]$ ，曲顶为抛物面 $z = x^2 + 4y^2$ 的曲顶柱体；

（2）圆柱体 $x^2 + y^2 = 4$ 和平面 $z = 0$、$y + z = 3$ 所围成的区域；

（3）曲面 $z = x^2 + 2y^2$ 及 $z = 6 - 2x^2 - y^2$ 所围成的区域.

7. 用极坐标计算二次积分 $\int_0^3 \int_{-\sqrt{9-x^2}}^{\sqrt{9-x^2}} (x^3 + xy^2)dydx$.

*8. 用球面坐标计算三次积分 $\int_2^2 \int_0^{\sqrt{4-y^2}} \int_{-\sqrt{4-x^2-y^2}}^{\sqrt{4-x^2-y^2}} y^2\sqrt{x^2+y^2+z^2}\,dzdxdy$.

第 10 章　曲线积分与曲面积分

本章我们将进一步把特殊形式的和的极限推广到积分区域为一段具有有限长度的曲线弧或一片具有有限面积的曲面的情形，这就是所谓的<u>曲线积分</u>和<u>曲面积分</u>.

§10.1　对弧长的曲线积分

10.1.1　对弧长的曲线积分的概念与性质

曲线形构件的质量：在工程技术中，需要根据曲线形构件各部分受力的不同情况，设计构件上各点处的粗细. 因此可以认为该构件的线密度（单位长度的质量）是变量. 假设构件占有 xoy 平面内端点为 A、B 的一段曲线弧 L（如图 10-1 所示），且 L 上任一点 (x, y) 处的线密度为 $\mu(x, y)$，我们要计算 L 的质量 m.

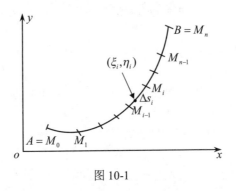

图 10-1

如果构件的线密度为常量 μ，那么它的质量就等于它的线密度与长度的乘积，即

$$M = \mu \times |\widehat{AB}|.$$

现在构件上各点处的线密度是变量，就不能直接用上述方法来计算. 为了克服这个困难，同第 5 章定积分的引入方法一样，我们仍可以通过下列步骤来求出该构件的质量：

（1）**大化小**：在 L 内任意插入 $n-1$ 个分点 $M_1, M_2, \cdots, M_{n-1}$，从而把 L 分成 n 个长度分别为 Δs_i 的小弧段 $\widehat{M_{i-1}M_i}$（$i = 1, 2, \cdots, n$）（$M_0 = A, M_n = B$）.

（2）**常代变**：在第 i 个小弧段 $\widehat{M_{i-1}M_i}$ 上任取一点 (ξ_i, η_i)，并以该点的线密度 $\mu(\xi_i, \eta_i)$ 近似代替第 i 个小弧段上各点的线密度，从而近似求出第 i 个小弧段的质量 Δm_i，即

$$\Delta m_i \approx \mu(\xi_i, \eta_i)\Delta s_i \; (i = 1, 2, \cdots, n).$$

（3）**求近似和**：将上面的 n 个小弧段的近似质量加起来，作为整个构件质量的近似值，即

$$m = \sum_{i=1}^{n} \Delta m_i \approx \sum_{i=1}^{n} \mu(\xi_i, \eta_i)\Delta s_i.$$

（4）**取极限**：当上述分割越来越细（即分点越来越多，同时各个小弧段的长度越来越小）时，上式最右端和式的值就越来越接近该构件的质量. 因此当最长的小弧段的长度 λ 趋于零时，就有 $\sum_{i=1}^{n} \mu(\xi_i, \eta_i)\Delta s_i$ 的极限为 m，即

$$\lim_{\lambda \to 0} \sum_{i=1}^{n} \mu(\xi_i, \eta_i)\Delta s_i = \sum_{i=1}^{n} \Delta m_i = m. \; (\lambda = \max_{1 \leqslant i \leqslant n}\{\Delta s_i\})$$

上面这种和的极限在研究其他问题时也会遇到，故我们抽象出下面的定义.

定义 10-1　设 L 为 xoy 平面内的一条光滑曲线弧，函数 $f(x, y)$ 在 L 上有界. 在 L 内任意插入一点列 $M_1, M_2, \cdots, M_{n-1}$ 把 L 分成 n 个小弧段. 设第 i 个小弧段的长度为 Δs_i，又 (ξ_i, η_i) 为第 i 个小弧段上任意取定的一点，作乘积 $f(\xi_i, \eta_i)\Delta s_i$ $(i = 1, 2, \cdots, n)$，并作式 $\sum_{i=1}^{n} f(\xi_i, \eta_i)\Delta s_i$，如果当各小弧段的长度的最大值 λ 趋于零时，这和式的极限总存在，则称 $f(x, y)$ 在 L 上**可积**，并将此极限值称为函数 $f(x, y)$ 在曲线弧 L 上**对弧长的曲线积分**或**第一类曲线积分**，记作

$$\int_L f(x, y)\mathrm{d}s,$$

即

$$\int_L f(x, y)\mathrm{d}s = \lim_{\lambda \to 0} \sum_{i=1}^{n} f(\xi_i, \eta_i)\Delta s_i,$$

其中 $f(x, y)$ 称为**被积函数**，L 称为**积分弧段**.

后面我们将看到，当 $f(x, y)$ 在光滑曲线弧 L 上连续时，对弧长的曲线积分 $\int_L f(x, y)\mathrm{d}s$ 是存在的. 以后我们总假定 $f(x, y)$ 在 L 上是连续的.

根据定义 10-1，前述曲线形构件的质量 m 当线密度 $\mu(x, y)$ 在 L 上连续时，就等于函数 $\mu(x, y)$ 在 L 上对弧长的曲线积分，即

$$m = \int_L \mu(x, y)\mathrm{d}s.$$

注 1　我们规定，当 L 为封闭曲线时，将函数 $f(x, y)$ 在 L 上对弧长的曲线积分记作 $\oint_L f(x, y)\mathrm{d}s$.

注 2　如果 L 是分段光滑的，我们规定函数 $f(x, y)$ 在 L 上对弧长的曲线积分等于该函数在光滑的各段曲线弧上对弧长的曲线积分之和. 例如，设 L 可分成两

段光滑曲线弧 L_1 和 L_2 （记作 $L = L_1 + L_2$），则有

$$\int_{L_1+L_2} f(x,y)\mathrm{d}s = \int_{L_1} f(x,y)\mathrm{d}s + \int_{L_2} f(x,y)\mathrm{d}s .$$

注 3 定义 10-1 可以类似地推广到积分弧段为空间曲线弧 Γ 的情形，即三元函数 $f(x,y,z)$ 在空间曲线弧 Γ 上对弧长的曲线积分可以如下表示：

$$\int_{\Gamma} f(x,y,z)\mathrm{d}s = \lim_{\lambda \to 0} \sum_{i=1}^{n} f(\xi_i,\eta_i,\zeta_i)\Delta s_i ,$$

其中 (ξ_i,η_i,ζ_i) 是 Γ 的第 i 个小弧段上任取的一点，λ 的意义同上.

第一类曲线积分有以下与定积分类似的性质（假设以下所列的被积函数在相应的积分弧段上都是可积的）.

性质 1（线性运算性质） 设 c_1、c_2 均为常数，则

$$\int_L [c_1 f(x,y) + c_2 g(x,y)]\mathrm{d}s = c_1\int_L f(x,y)\mathrm{d}s + c_2\int_L g(x,y)\mathrm{d}s .$$

性质 2（对积分弧段的可加性） 若积分弧段 L 可分成两段光滑曲线弧 L_1 和 L_2，则

$$\int_L f(x,y)\mathrm{d}s = \int_{L_1} f(x,y)\mathrm{d}s + \int_{L_2} f(x,y)\mathrm{d}s .$$

性质 3 记 $\int_L \mathrm{d}s = \int_L 1\mathrm{d}s$，则有 $\int_L \mathrm{d}s = s$（其中 s 是积分弧段 L 的长度）.

性质 4（保号性） 若 $f(x,y) \geqslant 0$，则 $\int_L f(x,y)\mathrm{d}s \geqslant 0$.

推论 1（单调性） 设在 L 上 $f(x,y) \leqslant g(x,y)$，则

$$\int_L f(x,y)\mathrm{d}s \leqslant \int_L g(x,y)\mathrm{d}s .$$

推论 2 $\left|\int_L f(x,y)\mathrm{d}s\right| \leqslant \int_L |f(x,y)|\mathrm{d}s .$

10.1.2 对弧长的曲线积分的计算

定理 10-1 设 $f(x,y)$ 在由参数方程 $\begin{cases} x = \varphi(t) \\ y = \psi(t) \end{cases}$ （$\alpha \leqslant t \leqslant \beta$）给出的平面光滑曲线弧 L 上连续，则曲线积分 $\int_L f(x,y)\mathrm{d}s$ 存在，且

$$\int_L f(x,y)\mathrm{d}s = \int_\alpha^\beta f[\varphi(t),\psi(t)]\sqrt{[\varphi'(t)]^2 + [\psi'(t)]^2}\,\mathrm{d}t \quad (\alpha < \beta). \quad (10\text{-}1)$$

证 设曲线 L 上对应于参数 $t = \alpha$ 和 $t = \beta$ 的点分别为 A 和 B，在曲线 L 上从 A 到 B 依次插入一列分点

$$A = M_0, M_1, M_2, \cdots, M_{n-1}, M_n = B ,$$

它们对应于一列单调增加的参数值.

$$\alpha = t_0, t_1, t_2, \cdots, t_{n-1}, t_n = \beta .$$

根据对弧长的曲线积分的定义，有

$$\int_L f(x,y)\mathrm{d}s = \lim_{\lambda \to 0} \sum_{i=1}^{n} f(\xi_i, \eta_i)\Delta s_i\,,$$

这里 (ξ_i, η_i) 为第 i 个小弧段 $\widehat{M_{i-1}M_i}$ 上任意取定的一点，$\Delta s_i = |\widehat{M_{i-1}M_i}|$.

设点 (ξ_i, η_i) 对应的参数值为 τ_i，即 $\xi_i = \varphi(\tau_i), \eta_i = \psi(\tau_i)$，显然 $t_{i-1} \leqslant \tau_i \leqslant t_i$. 由 3.1.7 节的弧长公式及定积分的积分中值定理，我们有

$$\Delta s_i = \int_{t_{i-1}}^{t_i} \sqrt{[\varphi'(t)]^2 + [\psi'(t)]^2}\,\mathrm{d}t = \sqrt{[\varphi'(\tau_i^*)]^2 + [\psi'(\tau_i^*)]^2}\,\Delta t_i\,,$$

其中 $\Delta t_i = t_i - t_{i-1}$，$t_{i-1} \leqslant \tau_i^* \leqslant t_i$. 于是

$$\int_L f(x,y)\mathrm{d}s = \lim_{\lambda \to 0} \sum_{i=1}^{n} f[\varphi(\tau_i), \psi(\tau_i)]\sqrt{[\varphi'(\tau_i^*)]^2 + [\psi'(\tau_i^*)]^2}\,\Delta t_i\,.$$

由于函数 $\sqrt{\varphi'^2(t) + \psi'^2(t)}$ 在闭区间 $[\alpha, \beta]$ 上连续，在极限状态下我们可以把上式中的 τ_i^* 换成 τ_i（注：这样的替换可以通过闭区间上的连续函数一致连续来证明，不属于本套教材的范畴，从略），并且当 λ 趋于 0 时，参数子区间 $[t_{i-1}, t_i]$ $(i = 1, 2, \cdots, n)$ 的最大长度（记为 λ'）也趋于 0. 从而有

$$\int_L f(x,y)\mathrm{d}s = \lim_{\lambda' \to 0} \sum_{i=1}^{n} f[\varphi(\tau_i), \psi(\tau_i)]\sqrt{[\varphi'(\tau_i)]^2 + [\psi'(\tau_i)]^2}\,\Delta t_i\,.$$

上式右端的和式的极限就是连续的复合函数

$$F(t) = f[\varphi(t), \psi(t)]\sqrt{[\varphi'(t)]^2 + [\psi'(t)]^2}$$

在区间 $[\alpha, \beta]$ 上的定积分，这个定积分显然是存在的，因此上式左端的曲线积分 $\int_L f(x,y)\mathrm{d}s$ 也存在，并且有

$$\int_L f(x,y)\mathrm{d}s = \int_\alpha^\beta f[\varphi(t), \psi(t)]\sqrt{[\varphi'(t)]^2 + [\psi'(t)]^2}\,\mathrm{d}t \quad (\alpha < \beta)\,.$$

证毕.

公式（10-1）表明，计算对弧长的曲线积分 $\int_L f(x,y)\mathrm{d}s$ 时，只要把 x、y、$\mathrm{d}s$ 依次换成 $\varphi(t)$、$\psi(t)$、$\sqrt{[\varphi'(t)]^2 + [\psi'(t)]^2}\,\mathrm{d}t$，然后从 α 到 β 作定积分就可以了. 这里必须注意，<u>定积分的下限 α 一定要小于上限 β</u>，这由推导过程中使用了小弧段弧长公式（Δs_i 总是正的），从而 $\Delta t_i > 0$ 可以看出.

注 4 如果曲线 L 由直角坐标方程

$$y = \psi(x) \quad (a \leqslant x \leqslant b)$$

给出，其中 $\psi(x)$ 具有连续的一阶导数，那么可以把上式看做是特殊的参数方程

$$\begin{cases} x = x \\ y = \psi(x) \end{cases} \quad (a \leqslant x \leqslant b)$$

的情形，从而由公式（10-1）得出

$$\int_L f(x,y)\mathrm{d}s = \int_a^b f[x,\psi(x)]\sqrt{1+[\psi'(x)]^2}\,\mathrm{d}x \quad (a<b). \tag{10-2}$$

类似地，如果曲线 L 由直角坐标方程

$$x=\varphi(y) \quad (c\leqslant y\leqslant d)$$

给出，其中 $\varphi(y)$ 具有连续的一阶导数，则有

$$\int_L f(x,y)\mathrm{d}s = \int_c^d f[\varphi(y),y]\sqrt{1+[\varphi'(y)]^2}\,\mathrm{d}y \quad (c<d). \tag{10-3}$$

注 5 公式（10-1）可推广到空间光滑曲线弧 Γ 由参数方程 $\begin{cases} x=\varphi(t) \\ y=\psi(t) \\ z=\omega(t) \end{cases}$

$(\alpha\leqslant t\leqslant\beta)$ 给出的情形，这时有

$$\int_\Gamma f(x,y,z)\mathrm{d}s$$
$$= \int_\alpha^\beta f[\varphi(t),\psi(t),\omega(t)]\sqrt{[\varphi'(t)]^2+[\psi'(t)]^2+[\omega'(t)]^2}\,\mathrm{d}t \quad (\alpha<\beta). \tag{10-4}$$

注 6 由第一类曲线积分的性质 2 知，可以将公式（10-1）推广到积分弧段为平面或空间中的分段光滑曲线的情形.

例 10-1 计算曲线积分 $\int_L (2x+y)\mathrm{d}s$，其中 L 是半径为 R 的四分之一圆周

$$\begin{cases} x=R\cos t \\ y=R\sin t \end{cases} (0\leqslant t\leqslant\frac{\pi}{2}).$$

解 显然被积函数 $f(x,y)=2x+y$ 是光滑曲线弧 L 上的连续函数，故由公式（10-1）得

$$\int_L (2x+y)\mathrm{d}s = \int_0^{\frac{\pi}{2}} (2R\cos t+R\sin t)\sqrt{[(R\cos t)']^2+[(R\sin t)']^2}\,\mathrm{d}t$$

$$= R^2\int_0^{\frac{\pi}{2}} (2\cos t+\sin t)\mathrm{d}t = R^2(2\sin t-\cos t)\big|_0^{\frac{\pi}{2}} = 3R^2.$$

例 10-2 计算曲线积分 $\int_L \sqrt{y}\,\mathrm{d}s$，其中 L 是抛物线 $y=x^2$ 上点 $O(0,0)$ 与点 $B(1,1)$ 之间的一段弧（如图 10-2 所示）.

解 方法一：由于 L：$y=x^2$ $(0\leqslant x\leqslant1)$ 在区间 $[0,1]$ 上存在连续的一阶导数，且被积函数 $\sqrt{y}$ 在 L 上连续，故由公式（10-2）得

$$\int_L \sqrt{y}\,\mathrm{d}s = \int_0^1 \sqrt{x^2}\sqrt{1+(x^2)'^2}\,\mathrm{d}x = \int_0^1 x\sqrt{1+4x^2}\,\mathrm{d}x$$

$$= \frac{1}{12}(1+4x^2)^{\frac{3}{2}}\bigg|_0^1 = \frac{1}{12}(5\sqrt{5}-1).$$

方法二：由于 L：$x = \sqrt{y}\ (0 \leqslant y \leqslant 1)$ 在区间 $[0,1]$ 上存在连续的一阶导数，且被积函数 $\sqrt{y}$ 在 L 上连续，故由公式（10-3）得

$$\int_L \sqrt{y}\,\mathrm{d}s = \int_0^1 \sqrt{y}\sqrt{1 + (\sqrt{y})'^2}\,\mathrm{d}y = \frac{1}{4}\int_0^1 \sqrt{1 + 4y}\,\mathrm{d}y$$

$$= \frac{1}{12}(1 + 4y)^{\frac{3}{2}}\Big|_0^1 = \frac{1}{12}(5\sqrt{5} - 1)\,.$$

例 10-3　计算曲线积分 $\oint_L \sqrt{x^2 + y^2}\,\mathrm{d}s$，其中 L 是 $x^2 + y^2 = ax\ (y \geqslant 0)$ 与 x 所围成的闭区域的整个边界.

解　把 L 分成 L_1：$y = 0\ (0 \leqslant x \leqslant a)$ 和 L_2：$x^2 + y^2 = ax\ (y \geqslant 0,\ 0 \leqslant x \leqslant a)$ 两段（如图 10-3 所示），而 L_2 又可以写成参数方程 $\begin{cases} x = \dfrac{a}{2} + \dfrac{a}{2}\cos t \\ y = \dfrac{a}{2}\sin t \end{cases}$ $(0 \leqslant t \leqslant \pi)$ 的形式，从而由性质 2、公式（10-1）及公式（10-2），有

$$\oint_L \sqrt{x^2 + y^2}\,\mathrm{d}s$$

$$= \int_{L_1} \sqrt{x^2 + y^2}\,\mathrm{d}s + \int_{L_2} \sqrt{x^2 + y^2}\,\mathrm{d}s$$

$$= \int_0^a \sqrt{x^2 + 0^2}\sqrt{1 + 0^2}\,\mathrm{d}x + \frac{a}{2}\int_0^\pi \sqrt{\left(\frac{a}{2} + \frac{a}{2}\cos t\right)^2 + \frac{a^2}{4}\sin^2 t}\,\mathrm{d}t$$

$$= \frac{a^2}{2} + \frac{\sqrt{2}a^2}{4}\int_0^\pi \sqrt{1 + \cos t}\,\mathrm{d}t = \frac{a^2}{2} + \frac{a^2}{2}\int_0^\pi \sin\frac{t}{2}\,\mathrm{d}t = \frac{3}{2}a^2\,.$$

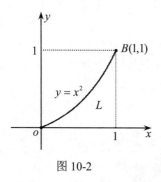

图 10-2

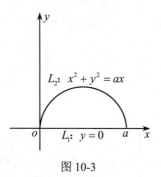

图 10-3

例 10-4　计算曲线积分 $\int_\Gamma (x^2 + y^2 + z^2)\,\mathrm{d}s$，其中 L 为螺旋线 $\begin{cases} x = a\cos t \\ y = a\sin t \\ z = kt \end{cases}$ 上相应于 t 从 0 到 2π 的一段弧.

解 由公式（10-4），可得

$$\int_{\Gamma}(x^2+y^2+z^2)\mathrm{d}s$$

$$=\int_0^{2\pi}[(a\cos t)^2+(a\sin t)^2+(kt)^2]\sqrt{(-a\sin t)^2+(a\cos t)^2+k^2}\,\mathrm{d}t$$

$$=\int_0^{2\pi}(a^2+k^2t^2)\sqrt{a^2+k^2}\,\mathrm{d}t=\sqrt{a^2+k^2}\left[a^2t+\frac{k^2}{3}t^3\right]_0^{2\pi}$$

$$=\frac{2}{3}\pi\sqrt{a^2+k^2}(3a^2+4\pi^2k^2).$$

习题 10.1

1. 利用对弧长的曲线积分的定义证明性质 2.

2. 设在 xoy 平面内有一分布着质量的曲线弧 L，在点 (x,y) 处的线密度为 $\mu(x,y)$，用对弧长的曲线积分分别表示：

（1）L 的质心的横、纵坐标 $\bar{x}$、$\bar{y}$；

*（2）L 对 x 轴、y 轴的转动惯量 I_x、I_y.

3. 计算下列对弧长的曲线积分：

（1）$\int_L(x+y)\mathrm{d}s$，其中 L 为连接 $(0,1)$ 及 $(1,0)$ 两点的直线段；

（2）$\oint_L x\mathrm{d}s$，其中 L 为由直线 $y=x$ 及抛物线 $y=x^2$ 所围成区域的整个边界；

（3）$\oint_L(x^2+y^2)^n\mathrm{d}s$，其中 L 为圆周 $\begin{cases}x=a\cos t\\y=a\sin t\end{cases}(0\leqslant t\leqslant 2\pi)$；

（4）$\oint_L e^{\sqrt{x^2+y^2}}\mathrm{d}s$，其中 L 为圆周 $x^2+y^2=a^2$、直线 $y=x$ 及 x 轴在第一象限内所围成的扇形的整个边界；

（5）$\int_{\Gamma}\dfrac{1}{x^2+y^2+z^2}\mathrm{d}s$，其中 Γ 为曲线 $\begin{cases}x=e^t\cos t\\y=e^t\sin t\\z=e^t\end{cases}$ 上相应于 t 从 0 变到 2 的一段弧；

（6）$\int_{\Gamma}x^2yz\mathrm{d}s$，其中 Γ 为折线 $ABCD$，这里 A、B、C、D 的坐标依次为点 $(0,0,0)$、$(0,0,2)$、$(1,0,2)$、$(1,3,2)$；

（7）$\int_L y^2\mathrm{d}s$，其中 L 为摆线的一拱 $\begin{cases}x=a(t-\sin t)\\y=a(1-\cos t)\end{cases}(0\leqslant t\leqslant 2\pi)$；

（8）$\int_L(x^2+y^2)\mathrm{d}s$，其中 L 为曲线 $\begin{cases}x=a(\cos t+t\sin t)\\y=a(\sin t-t\cos t)\end{cases}(0\leqslant t\leqslant 2\pi)$.

4. 求半径为 a，中心角为 2α 的均匀圆弧（线密度 $\mu=1$）的质心.

5. 设螺旋形弹簧一圈的方程为 $x = a\cos t$, $y = a\sin t$, $z = kt$ （$0 \le t \le 2\pi$），它的线密度 $\rho(x,y,z) = x^2 + y^2 + z^2$，求：

（1）该弹簧的质心坐标；

*（2）该弹簧关于 z 轴的转动惯量 I_z.

§10.2　对坐标的曲线积分

10.2.1　对坐标的曲线积分的概念与性质

变力沿曲线所做的功：设一个质点在 xoy 平面内受到力 $\boldsymbol{F}(x,y) = P(x,y)\boldsymbol{i} + Q(x,y)\boldsymbol{j}$ 的作用，从起点 A 沿光滑曲线弧 L 移动到终点 B （如图 10-4 所示），其中函数 $P(x,y)$, $Q(x,y)$ 在 L 上连续．我们要计算在上述移动过程中变力 $\boldsymbol{F}(x,y)$ 所做的功 W．

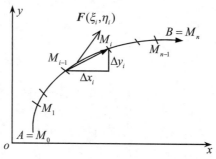

图 10-4

显然，如果变力 $\boldsymbol{F}(x,y)$ 变成是恒力 $\boldsymbol{F}$，且质点从 A 沿直线移动到 B，那么 $\boldsymbol{F}$ 所做的功 W 等于向量 $\boldsymbol{F}$ 与向量 $\overrightarrow{AB}$ 的数量积，即

$$W = \boldsymbol{F} \cdot \overrightarrow{AB} \quad .$$

但现在 $\boldsymbol{F}(x,y)$ 是变力，且质点沿曲线 L 移动，功 W 不能直接按以上公式计算．我们仍然可以按 10.1.1 小节的四个步骤来解决这个问题.

（1）**大化小**：在 L 上从起点 A 到终点 B 的方向依次插入 $n-1$ 个分点

$$M_1(x_1,y_1)，\quad M_2(x_2,y_2)，\quad \cdots，\quad M_{n-1}(x_{n-1},y_{n-1}),$$

从而把 L 分成 n 个有向小弧段 $\overparen{M_{i-1}M_i}$ （$i=1,2,\cdots,n$）（$M_0(x_0,y_0) = A$, $M_n(x_n,y_n) = B$）.

（2）**常代变**：对于第 i（$i=1,2,\cdots,n$）个有向小弧段 $\overparen{M_{i-1}M_i}$，由于其光滑而且很短，可以用有向线段

$$\overrightarrow{M_{i-1}M_i} = \Delta x_i \boldsymbol{i} + \Delta y_i \boldsymbol{j}$$

来近似代替它，其中 $\Delta x_i = x_i - x_{i-1}, \Delta y_i = y_i - y_{i-1}$；又由于函数 $P(x,y)$、$Q(x,y)$ 在 L

上连续，可以用 $\overset{\frown}{M_{i-1}M_i}$ 上任意取定的一点 (ξ_i,η_i) 处的力

$$\boldsymbol{F}(\xi_i,\eta_i) = P(\xi_i,\eta_i)\boldsymbol{i} + Q(\xi_i,\eta_i)\boldsymbol{j}$$

来近似代替这小弧段上各点处的力. 这样，变力 $\boldsymbol{F}(x,y)$ 沿有向小弧段 $\overset{\frown}{M_{i-1}M_i}$ 所做的功 ΔW_i 可以认为近似地等于恒力 $\boldsymbol{F}(\xi_i,\eta_i)$ 沿有向线段 $\overrightarrow{M_{i-1}M_i}$ 所做的功，即

$$\Delta W_i \approx \boldsymbol{F}(\xi_i,\eta_i) \cdot \overrightarrow{M_{i-1}M_i} = P(\xi_i,\eta_i)\Delta x_i + Q(\xi_i,\eta_i)\Delta y_i.$$

（3）**求近似和**：将变力沿上面的 n 个有向小弧段所做的功相加，便得到质点从 A 移动到 B 到时，变力 $\boldsymbol{F}(x,y)$ 所做功的近似值，即

$$W = \sum_{i=1}^{n} \Delta W_i \approx \sum_{i=1}^{n} P(\xi_i,\eta_i)\Delta x_i + Q(\xi_i,\eta_i)\Delta y_i.$$

（4）**取极限**：当（1）中的分割越来越细（即分点越来越多，同时各个小弧段的长度越来越小）时，上式最右端和式的值就越来越接近于所求的功. 因此当最长的小弧段的长度 λ 趋于零时，就有 $\sum\limits_{i=1}^{n} P(\xi_i,\eta_i)\Delta x_i + Q(\xi_i,\eta_i)\Delta y_i$ 的极限为 W，即

$$W = \sum_{i=1}^{n} \Delta W_i = \lim_{\lambda \to 0} \sum_{i=1}^{n} P(\xi_i,\eta_i)\Delta x_i + Q(\xi_i,\eta_i)\Delta y_i. \quad \left(\lambda = \max_{1 \le i \le n}\left\{\left\|\overset{\frown}{M_{i-1}M_i}\right\|\right\}\right)$$

上面这种和的极限在研究其他问题时也会遇到，故我们抽象出下面的定义.

定义 10-2 设 L 是 xoy 平面内从起点 A 到终点 B 的一条有向光滑曲线，函数 $P(x,y)$、$Q(x,y)$ 在 L 上有界. 在 L 上从 A 到 B 的方向任意插入一点列

$$M_1(x_1,y_1),\quad M_2(x_2,y_2),\quad \cdots,\quad M_{n-1}(x_{n-1},y_{n-1}),$$

把 L 分成 n 个有向小弧段

$$\overset{\frown}{M_{i-1}M_i}\ (i=1,2,\cdots,n)\ (M_0(x_0,y_0)=A,\quad M_n(x_n,y_n)=B).$$

设 $\Delta x_i = x_i - x_{i-1}, \Delta y_i = y_i - y_{i-1}$，点 (ξ_i,η_i) 为 $\overset{\frown}{M_{i-1}M_i}$ 上任意取定的点. 如果当各小弧段长度的最大值 $\lambda \to 0$ 时，$\sum\limits_{i=1}^{n} P(\xi_i,\eta_i)\Delta x_i$ 的极限总存在，则称函数 $P(x,y)$ 在 L 上**可积**，并将此极限称为函数 $P(x,y)$ 在有向曲线弧 L 上**对坐标 x 的曲线积分**，记作 $\int_L P(x,y)\mathrm{d}x$；类似地，如果 $\lim\limits_{\lambda \to \infty} \sum\limits_{i=1}^{n} Q(\xi_i,\eta_i)\Delta y_i$ 总存在，则称函数 $Q(x,y)$ 在 L 可积，并将此极限称为函数 $Q(x,y)$ 在有向曲线弧 L 上对**坐标 y 的曲线积分**，记作 $\int_L Q(x,y)\mathrm{d}y$，即

$$\int_L P(x,y)\mathrm{d}x = \lim_{\lambda \to 0} \sum_{i=1}^{n} P(\xi_i,\eta_i)\Delta x_i,$$

$$\int_L Q(x,y)\mathrm{d}y = \lim_{\lambda \to 0} \sum_{i=1}^{n} Q(\xi_i, \eta_i)\Delta y_i .$$

其中 $P(x,y)$、$Q(x,y)$ 称为**被积函数**，L 称为**积分弧段**.

以上两个积分也称为**第二类曲线积分**.

后面我们将看到，当函数 $P(x,y)$、$Q(x,y)$ 在有向光滑曲线弧 L 上连续时，对坐标的曲线积分 $\int_L P(x,y)\mathrm{d}x$ 和 $\int_L Q(x,y)\mathrm{d}y$ 都是存在的. 以后我们总假定 $P(x,y)$、$Q(x,y)$ 在 L 上是连续的.

根据定义 10-2，当 $P(x,y)$、$Q(x,y)$ 在 L 上连续时，前述变力 $\boldsymbol{F}(x,y) = P(x,y)\boldsymbol{i}$ $+ Q(x,y)\boldsymbol{j}$ 沿有向曲线 L （从起点 A 到终点 B ）所做的功 W 就等于函数 $P(x,y)$ 在有向曲线弧 L 上对坐标 x 的曲线积分 $\int_L P(x,y)\mathrm{d}x$ 与函数 $Q(x,y)$ 在有向曲线弧 L 上对坐标 y 的曲线积分 $\int_L Q(x,y)\mathrm{d}y$ 之和，即

$$W = \int_L P(x,y)\mathrm{d}x + \int_L Q(x,y)\mathrm{d}y .$$

我们以后将上式右端的这种积分的和的形式，简写成和的积分的形式，进而还可以写成向量的数量积的积分形式，即

$$\int_L P(x,y)\mathrm{d}x + \int_L Q(x,y)\mathrm{d}y = \int_L P(x,y)\mathrm{d}x + Q(x,y)\mathrm{d}y = \int_L \boldsymbol{F}(x,y)\cdot\mathrm{d}\boldsymbol{r} .$$

其中 $\boldsymbol{F}(x,y) = P(x,y)\boldsymbol{i} + Q(x,y)\boldsymbol{j}$，　$\mathrm{d}\boldsymbol{r} = \mathrm{d}x\boldsymbol{i} + \mathrm{d}y\boldsymbol{j} = (\mathrm{d}x, \mathrm{d}y)$.

注 1　我们规定，当 L 为封闭有向曲线时，将曲线积分 $\int_L P(x,y)\mathrm{d}x$ 记为 $\oint_L P(x,y)\mathrm{d}x$，将曲线积分 $\int_L Q(x,y)\mathrm{d}y$ 记为 $\oint_L Q(x,y)\mathrm{d}y$.

注 2　定义 10-2 可以类似地推广到积分弧段为空间有向弧段 Γ 的情形：

$$\int_\Gamma P(x,y,z)\mathrm{d}x = \lim_{\lambda \to 0} \sum_{i=1}^{n} P(\xi_i, \eta_i, \zeta_i)\Delta x_i ,$$

$$\int_\Gamma Q(x,y,z)\mathrm{d}y = \lim_{\lambda \to 0} \sum_{i=1}^{n} Q(\xi_i, \eta_i, \zeta_i)\Delta y_i ,$$

$$\int_\Gamma R(x,y,z)\mathrm{d}z = \lim_{\lambda \to 0} \sum_{i=1}^{n} R(\xi_i, \eta_i, \zeta_i)\Delta z_i ,$$

其中 (ξ_i, η_i, ζ_i) 是 Γ 的第 i 个有向小弧段上任取的一点，λ 的意义同上.

同样可以把

$$\int_\Gamma P(x,y,z)\mathrm{d}x + \int_\Gamma Q(x,y,z)\mathrm{d}y + \int_\Gamma R(x,y,z)\mathrm{d}z$$

简写成

$$\int_\Gamma P(x,y,z)\mathrm{d}x + Q(x,y,z)\mathrm{d}y + R(x,y,z)\mathrm{d}z$$

或

$$\int_{\Gamma} A(x, y, z) \cdot \mathrm{d}\boldsymbol{r} \ ,$$

其中 $A(x, y, z) = P(x, y, z)\boldsymbol{i} + Q(x, y, z)\boldsymbol{j} + R(x, y, z)\boldsymbol{k}$ ，$\mathrm{d}\boldsymbol{r} = \mathrm{d}x\boldsymbol{i} + \mathrm{d}y\boldsymbol{j} + \mathrm{d}z\boldsymbol{k}$.

注 3 如果 L （或 Γ）是分段光滑的，我们规定函数在有向曲线弧 L （或 Γ）上对坐标的曲线积分等于在光滑的各段上对坐标的曲线积分之和.

根据定义 10-2，可以导出对坐标的曲线积分的一些性质. 我们仅列出对坐标 x 的曲线积分的情形（假设以下所列的被积函数在相应的有向积分弧段上对坐标 x 的曲线积分总是存在的），对坐标 y 的曲线积分的情形是完全类似的，请读者自己给出.

性质 1（<u>线性运算性质</u>） 设 c_1, c_2 均为常数，则

$$\int_L [c_1 P_1(x, y) + c_2 P_2(x, y)]\mathrm{d}x = c_1 \int_L P_1(x, y)\mathrm{d}x + c_2 \int_L P_2(x, y)\mathrm{d}x \ .$$

性质 2（<u>对积分弧段的可加性</u>） 若有向曲线弧 L 可分成两段光滑的有向曲线弧 L_1 和 L_2 ，则

$$\int_L P(x, y)\mathrm{d}x = \int_{L_1} P(x, y)\mathrm{d}x + \int_{L_2} P(x, y)\mathrm{d}x \ .$$

性质 3 若记 L^- 是有向光滑曲线弧 L 的反向曲线弧，则

$$\int_{L^-} P(x, y)\mathrm{d}x = -\int_L P(x, y)\mathrm{d}x \ .$$

对于性质 3，我们解释为：当把 L 分成 n 小段，相应的 L^- 也分成 n 小段，对于每一个小弧段来说，当曲线弧的方向改变时，有向线段 $\overline{M_{i-1}M_i}$ 在坐标轴上的投影 Δx_i （$i = 1, 2, \cdots, n$），其绝对值不变，但符号要改变.

性质 3 说明，当积分弧段变向时，对坐标的曲线积分要变号，<u>故对于第二类曲线积分，我们一定要注意积分弧段的方向</u>，这是它与第一类曲线积分区别的本质所在.

10.2.2 对坐标的曲线积分的计算

定理 10-2 设 $P(x, y)$、$Q(x, y)$ 在由参数方程 $\begin{cases} x = \varphi(t) \\ y = \psi(t) \end{cases}$ 给出的有向光滑曲线弧 L 上连续，当参数 t 单调地由 α 变到 β 时，点 $M(x, y)$ 从 L 的起点 A 沿 L 运动到终点 B ，则曲线积分 $\int_L P(x, y)\mathrm{d}x + Q(x, y)\mathrm{d}y$ 存在，且

$$\int_L P(x, y)\mathrm{d}x + Q(x, y)\mathrm{d}y \tag{10-5}$$
$$= \int_\alpha^\beta \{P[\varphi(t), \psi(t)]\varphi'(t) + Q[\varphi(t), \psi(t)]\psi'(t)\}\mathrm{d}t.$$

证 由公式（10-5）可以看出，我们只要证明

$$\int_L P(x,y)\mathrm{d}x = \int_\alpha^\beta P[\varphi(t),\psi(t)]\varphi'(t)\mathrm{d}t,$$

$$\int_L Q(x,y)\mathrm{d}y = \int_\alpha^\beta Q[\varphi(t),\psi(t)]\psi'(t)\mathrm{d}t$$

同时成立即可，证明时我们以前一个等式为例，后一个等式证明方法类似，请读者自行给出．

在曲线 L 依次取一点列

$$A = M_0, M_1, M_2, \cdots, M_{n-1}, M_n = B,$$

它们对应于一列单调变化的参数值为

$$\alpha = t_0, t_1, t_2, \cdots, t_{n-1}, t_n = \beta.$$

根据对坐标 x 的曲线积分的定义，有

$$\int_L P(x,y)\mathrm{d}x = \lim_{\lambda \to 0} \sum_{i=1}^n P(\xi_i, \eta_i)\Delta x_i,$$

这里 (ξ_i, η_i) 为第 i 个有向小弧段 $\widehat{M_{i-1}M_i}$ 上任意取定的一点，$\Delta x_i = x_i - x_{i-1}$．

若设点 (ξ_i, η_i) 对应的参数值为 τ_i，即 $\xi_i = \varphi(\tau_i)$，$\eta_i = \psi(\tau_i)$，显然 τ_i 介于 t_{i-1} 和 t_i 之间．由微分中值定理，我们有

$$\Delta x_i = x_i - x_{i-1} = \varphi(t_i) - \varphi(t_{i-1}) = \varphi'(\tau_i^*)\Delta t_i,$$

其中 $\Delta t_i = t_i - t_{i-1}$，$\tau_i^*$ 介于 t_{i-1} 和 t_i 之间．于是

$$\int_L P(x,y)\mathrm{d}x = \lim_{\lambda \to 0} \sum_{i=1}^n P[\varphi(\tau_i),\psi(\tau_i)]\varphi'(\tau_i^*)\Delta t_i.$$

由于函数 $\varphi'(t)$ 在闭区间 $[\alpha,\beta]$（或 $[\beta,\alpha]$）上连续，在极限状态下我们可以把上式中的 τ_i^* 换成 τ_i（注：这样的替换可以通过闭区间上的连续函数一致连续来证明，不属于本套教材的范畴，从略），并且当 λ 趋于 0 时，参数子区间 $[t_{i-1}, t_i]$ 或 $[t_i, t_{i-1}]$（$i = 1, 2, \cdots, n$）的最大长度（记为 λ'）也趋于 0．从而有

$$\int_L P(x,y)\mathrm{d}x = \lim_{\lambda' \to 0} \sum_{i=1}^n P[\varphi(\tau_i),\psi(\tau_i)]\varphi'(\tau_i)\Delta t_i.$$

上式右端的和式的极限就是连续的复合函数 $G(t) = P[\varphi(t),\psi(t)]\varphi'(t)$ 从 α 到 β 的定积分，这个定积分显然是存在的，因此上式左端的曲线积分 $\int_L P(x,y)\mathrm{d}x$ 也存在，并且有

$$\int_L P(x,y)\mathrm{d}x = \int_\alpha^\beta P[\varphi(t),\psi(t)]\varphi'(t)\mathrm{d}t,$$

同理

$$\int_L Q(x,y)\mathrm{d}x = \int_\alpha^\beta Q[\varphi(t),\psi(t)]\psi'(t)\mathrm{d}t,$$

把上面两式相加，得

$$\int_L P(x,y)\mathrm{d}x + Q(x,y)\mathrm{d}y = \int_\alpha^\beta \{P[\varphi(t),\psi(t)]\varphi'(t) + Q[\varphi(t),\psi(t)]\psi'(t)\}\mathrm{d}t,$$

这里下限 α 对应于 L 的起点，上限 β 对应于 L 的终点. 证毕.

公式（10-5）表明，计算对坐标的曲线积分

$$\int_L P(x,y)\mathrm{d}x + Q(x,y)\mathrm{d}y$$

时，只要把 x、y、$\mathrm{d}x$、$\mathrm{d}y$ 依次换为 $\varphi(t)$、$\psi(t)$、$\varphi'(t)\mathrm{d}t$、$\psi'(t)\mathrm{d}t$，然后从 L 的起点所对应的参数值 α 到 L 的终点所对应的参数值 β（α 不一定小于 β）作定积分即可.

如果 L 由方程 $y=\psi(x)$（这时可将 x 看成参数）或 $x=\varphi(y)$（这时可将 y 看成参数）给出，则公式（10-5）变为

$$\int_L P(x,y)\mathrm{d}x + Q(x,y)\mathrm{d}y = \int_a^b \{P[x,\psi(x)] + Q[x,\psi(x)]\psi'(x)\}\mathrm{d}x, \qquad (10\text{-}6)$$

这里下限 a 对应于 L 的起点参数值，上限 b 对应 L 的终点参数值. 或

$$\int_L P(x,y)\mathrm{d}x + Q(x,y)\mathrm{d}y = \int_c^d \{P[\varphi(y),y]\varphi'(y) + Q[\varphi(y),y]\}\mathrm{d}y, \qquad (10\text{-}7)$$

这里下限 c 对应于 L 的起点参数值，上限 d 对应 L 的终点参数值.

公式（10-5）可推广到空间曲线 Γ 由参数方程 $\begin{cases} x=\varphi(t) \\ y=\psi(t) \\ z=\omega(t) \end{cases}$ 给出的情形，这样便得到

$$\begin{aligned} \int_\Gamma P(x,y,z)&\mathrm{d}x + Q(x,y,z)\mathrm{d}y + R(x,y,z)\mathrm{d}z \\ &= \int_\alpha^\beta \{P[\varphi(t),\psi(t),\omega(t)]\varphi'(t) \\ &\quad + Q[\varphi(t),\psi(t),\omega(t)]\psi'(t) \\ &\quad + R[\varphi(t),\psi(t),\omega(t)]\omega'(t)\}\mathrm{d}t, \end{aligned} \qquad (10\text{-}8)$$

这里下限 α 对应于 Γ 的起点参数值，上限 β 对应于 Γ 的终点参数值.

例 10-5　计算曲线积分 $\int_L x^2 y\mathrm{d}x$，其中 L 为抛物线 $y=x^2$ 与直线 $y=1$ 所围成区域的整个边界按逆时针方向绕行（如图 10-5 所示）.

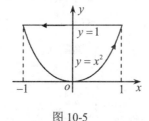

图 10-5

解　$L=L_1+L_2$，其中 $L_1: y=x^2$，x 由 -1 变到 1；$L_2: y=1$，x 由 1 变到 -1. 故

由性质 2 和公式（10-6）可得

$$\int_L x^2 y \mathrm{d}x = \int_{L_1} x^2 y \mathrm{d}x + \int_{L_2} x^2 y \mathrm{d}x = \int_{-1}^{1} x^2 \cdot x^2 \mathrm{d}x + \int_{1}^{-1} x^2 \mathrm{d}x = \frac{2}{5} - \frac{2}{3} = -\frac{4}{15}.$$

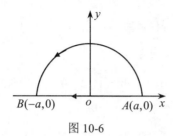

图 10-6

例 10-6　计算曲线积分 $\int_L y^2 \mathrm{d}x$，其中 L 如图 10-6 所示：

（1）半径为 a、圆心为原点、按逆时针方向绕行的上半圆周；

（2）从点 $A(a,0)$ 沿 x 轴到点 $B(-a,0)$ 的直线段.

解　（1）L 为参数方程 $\begin{cases} x = a\cos\theta \\ y = a\sin\theta \end{cases}$ 当参数 θ 从 0 变到 π 的曲线弧，因此

$$\int_L y^2 \mathrm{d}x = \int_0^\pi a^2 \sin^2\theta(-a\sin\theta)\mathrm{d}\theta$$

$$= a^3 \int_0^\pi (1 - \cos^2\theta)\mathrm{d}(\cos\theta)$$

$$= a^3 \left[\cos\theta - \frac{\cos^3\theta}{3}\right]_0^\pi = -\frac{4}{3}a^3.$$

（2）L 的方程为 $y = 0$，x 从 a 变到 $-a$. 所以有

$$\int_L y^2 \mathrm{d}x = \int_a^{-a} 0 \mathrm{d}x = 0.$$

从例 10-6 看出，虽然两个曲线积分的被积函数相同，起点和终点也相同，但沿不同路径得出的积分值并不相等.

例 10-7　计算 $\int_L 2xy\mathrm{d}x + x^2\mathrm{d}y$，其中 L 如图 10-7 所示：

（1）抛物线 $y = x^2$ 上从 $O(0,0)$ 到 $B(1,1)$ 的一段弧；

（2）抛物线 $x = y^2$ 上从 $O(0,0)$ 到 $B(1,1)$ 的一段弧；

（3）有向折线 OAB，这里 O、A、B 依次是点 $(0,0)$、$(1,0)$、$(1,1)$.

解　（1）化为对 x 的定积分，这时有 $L: y = x^2$，x 从 0 变到 1. 所以

$$\int_L 2xy\mathrm{d}x + x^2\mathrm{d}y = \int_0^1 (2x \cdot x^2 + x^2 \cdot 2x)\mathrm{d}x = 4\int_0^1 x^3 \mathrm{d}x = 1.$$

（2）化为对 y 的定积分，这时有 $L: x = y^2$，y 从 0 变到 1. 所以

$$\int_L 2xy\mathrm{d}x + x^2\mathrm{d}y = \int_0^1 (2y^2 \cdot y \cdot 2y + y^4)\mathrm{d}y$$

$$= 5\int_0^1 y^4 \mathrm{d}y = 1 .$$

（3）$\displaystyle\int_L 2xy\mathrm{d}x + x^2\mathrm{d}y = \int_{OA} 2xy\mathrm{d}x + x^2\mathrm{d}y + \int_{AB} 2xy\mathrm{d}x + x^2\mathrm{d}y$，

在 OA 上 $y=0$，x 从 0 变到 1. 所以

$$\int_{OA} 2xy\mathrm{d}x + x^2\mathrm{d}y = \int_0^1 (2x \cdot 0 + x^2 \cdot 0)\mathrm{d}x = 0 ;$$

在 AB 上 $x=1$，y 从 0 变到 1. 所以

$$\int_{AB} 2xy\mathrm{d}x + x^2\mathrm{d}y = \int_0^1 1\mathrm{d}y = 1 .$$

从而

$$\int_L 2xy\mathrm{d}x + x^2\mathrm{d}y = 0 + 1 = 1 .$$

从例 10-7 可以看出，同一被积分函数沿起点和终点相同的不同路径，曲线积分的值有时可以相等.

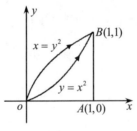

图 10-7

例 10-8　计算曲线积分 $\displaystyle\int_\Gamma x^3\mathrm{d}x + 3zy^2\mathrm{d}y - x^2 y\mathrm{d}z$，其中 Γ 是从点 $A(3,2,1)$ 到点 $B(0,0,0)$ 的直线段 AB.

解　直线段 AB 的（对称式）方程为

$$\frac{x}{3} = \frac{y}{2} = \frac{z}{1} ,$$

化为参数方程得 $x=3t$，$y=2t$，$z=t$，t 从 1 变到 0.

所以

$$\int_\Gamma x^3\mathrm{d}x + 3zy^2\mathrm{d}y - x^2 y\mathrm{d}z$$

$$= \int_1^0 [(3t)^3 \cdot 3 + 3t(2t)^2 \cdot 2 - (3t)^2 \cdot 2t]\mathrm{d}t = 87\int_1^0 t^3\mathrm{d}t = -\frac{87}{4} .$$

例 10-9　设一个质点在 $M(x,y)$ 处受到力 $\boldsymbol{F}(x,y)$ 的作用，$\boldsymbol{F}(x,y)$ 的大小与 M 到原点 O 的距离成正比，$\boldsymbol{F}(x,y)$ 的方向恒指向原点. 此质点由点 $A(a,0)$ 沿椭圆

$\dfrac{x^2}{a^2} + \dfrac{y^2}{b^2} = 1$ 按逆时针方向移动到点 $B(0,b)$，求这一过程中力 $\boldsymbol{F}(x,y)$ 所做的功 W .

解 $\quad \boldsymbol{r} = \overrightarrow{OM} = x\boldsymbol{i} + y\boldsymbol{j}$，$|\overrightarrow{OM}| = \sqrt{x^2 + y^2}$. 由题意，有

$$\boldsymbol{F}(x,y) = -k(x\boldsymbol{i} + y\boldsymbol{j}),$$

其中 $k > 0$ 是比例常数. 于是

$$W = \int_{\overparen{AB}} \boldsymbol{F} \cdot \mathrm{d}\boldsymbol{r} = \int_{\overparen{AB}} -kx\mathrm{d}x - ky\mathrm{d}y = -k \int_{\overparen{AB}} x\mathrm{d}x + y\mathrm{d}y ,$$

因为 AB 的参数方程为 $\begin{cases} x = a\cos t \\ y = b\sin t \end{cases}$，且起点 A 和终点 B 分别对应参数 $t = 0$ 和

$t = \dfrac{\pi}{2}$. 从而有

$$W = -k \int_0^{\frac{\pi}{2}} (-a^2 \cos t \sin t + b^2 \sin t \cos t)\mathrm{d}t = k(a^2 - b^2) \int_0^{\frac{\pi}{2}} \sin t \cos t \mathrm{d}t = \frac{k}{2}(a^2 - b^2) .$$

10.2.3 两类曲线积分之间的联系

设有向光滑曲线弧 L 由参数方程 $\begin{cases} x = \varphi(t) \\ y = \psi(t) \end{cases}$ 给出，起点 A 和终点 B 分别对应参数 α 和 β . 不妨设 $\alpha < \beta$（若 $\alpha > \beta$，则可令 $s = -t$ 后将参数 t 换成参数 s，这时同样有 A 和 B 对应参数 $-\alpha$ 和 $-\beta$ 满足 $-\alpha < -\beta$，把下面的讨论对参数 s 进行即可），又函数 $P(x,y)$、$Q(x,y)$ 在 L 上连续. 由对坐标的曲线积分计算公式（10-5）有

$$\int_L P(x,y)\mathrm{d}x + Q(x,y)\mathrm{d}y = \int_\alpha^\beta \{P[\varphi(t),\psi(t)]\varphi'(t) + Q[\varphi(t),\psi(t)]\psi'(t)\}\mathrm{d}t .$$

我们知道，向量 $\boldsymbol{\tau} = \varphi'(t)\boldsymbol{i} + \psi'(t)\boldsymbol{j}$ 是曲线弧 L 在点 $M(\varphi(t),\psi(t))$ 处的一个切向量，它的指向与参数 t 的增长方向一致，当 $\alpha < \beta$ 时，这个指向就是有向曲线弧 L 的方向. 以后，我们称这种指向与有向曲线弧的方向一致的切向量为**有向曲线弧的切向量**. 于是，有向曲线弧 L 的切向量为

$$\boldsymbol{\tau} = \varphi'(t)\boldsymbol{i} + \psi'(t)\boldsymbol{j},$$

它的方向余弦为

$$\cos\alpha = \frac{\varphi'(t)}{\sqrt{[\varphi'(t)]^2 + [\psi'(t)]^2}}, \quad \cos\beta = \frac{\psi'(t)}{\sqrt{[\varphi'(t)]^2 + [\psi'(t)]^2}} .$$

由对弧长的曲线积分的计算公式（10-1）可得

$$\int_L [P(x,y)\cos\alpha + Q(x,y)\cos\beta]\mathrm{d}s$$

$$= \int_\alpha^\beta \left\{ P[\psi(t),\psi(t)] \frac{\varphi'(t)}{\sqrt{[\varphi'(t)]^2 + [\psi'(t)]^2}} + Q[\varphi(t),\psi(t)] \frac{\psi'(t)}{\sqrt{[\varphi'(t)]^2 + [\psi'(t)]^2}} \right\}$$

$$\sqrt{[\varphi'(t)]^2 + [\psi'(t)]^2} \, \mathrm{d}t$$

$$= \int_\alpha^\beta \left\{ P[\varphi(t),\psi(t)]\varphi'(t) + Q[\varphi(t),\psi(t)]\psi'(t) \right\}\mathrm{d}t$$

由此可见，平面曲线 L 上的两类曲线积分之间有如下关系：

$$\int_L P\mathrm{d}x + Q\mathrm{d}y = \int_L (P\cos\alpha + Q\cos\beta)\mathrm{d}s ,$$

其中 P、Q、α、β 都是关于 x、y 的二元函数，且 $\alpha(x,y)$、$\beta(x,y)$ 为有向光滑曲线弧 L 在点 (x,y) 处的切向量的方向角.

类似地，可知空间有向光滑曲线 Γ 上的两类曲线积分之间有如下联系：

$$\int_\Gamma P\mathrm{d}x + Q\mathrm{d}y + R\mathrm{d}z = \int_\Gamma (P\cos\alpha + Q\cos\beta + R\cos\gamma)\mathrm{d}s ,$$

其中 P、Q、R、α、β、γ 都是关于 x、y、z 的三元函数，且 $\alpha(x,y,z)$、$\beta(x,y,z)$、$\gamma(x,y,z)$ 为曲线 Γ 在点 (x,y,z) 处的切向量的方向角.

习题 10.2

1. 设 L 为 xoy 平面内直线 $y=b$ 上的一段，证明：$\displaystyle\int_L Q(x,y)\mathrm{d}y = 0$.

2. 设 L 为 xoy 平面内 y 轴上从点 $(0,a)$ 到点 $(0,b)$ 的一段直线，证明：

$$\int_L Q(x,y)\mathrm{d}y = \int_a^b Q(0,y)\mathrm{d}y .$$

3. 计算下列对坐标的曲线积分：

（1）$\displaystyle\int_L y\mathrm{d}x + x\mathrm{d}y$，其中 L 是沿右半椭圆周 $\dfrac{x^2}{4}+y^2=1\ (x\geqslant 0)$ 从点 $A(0,-1)$ 到点 $B(0,1)$ 的一段弧；

（2）$\displaystyle\int_L xy\mathrm{d}x$，其中 L 为抛物线 $y^2=x$ 上从点 $A(1,-1)$ 到点 $B(1,1)$ 的一段弧；

（3）$\displaystyle\int_L (x^2-y^2)\mathrm{d}x$，其中 L 是抛物线 $y=x^2$ 上从点 $(0,0)$ 到点 $(2,4)$ 的一段弧；

（4）$\displaystyle\oint_L \dfrac{(x+y)\mathrm{d}x - (x-y)\mathrm{d}y}{x^2+y^2}$，其中 L 为圆周 $x^2+y^2=a^2$（按逆时针方向绕行）；

（5）$\displaystyle\int_\Gamma x^2\mathrm{d}x + z\mathrm{d}y - y\mathrm{d}z$，其中 Γ 为曲线 $x=k\theta$、$y=a\cos\theta$、$z=a\sin\theta$ 上对应 θ 从 0 到 π 的一段弧；

（6）$\displaystyle\int_\Gamma x\mathrm{d}x + y\mathrm{d}y + (x+y-1)\mathrm{d}z$，其中 Γ 是从点 $(1,1,1)$ 到点 $(2,3,4)$ 的一段直线；

（7）$\displaystyle\oint_\Gamma \mathrm{d}x - \mathrm{d}y + y\mathrm{d}z$，其中 Γ 为有向闭折线 $ABCA$，这里的 A、B、C 依次为点 $(1,0,0)$、$(0,1,0)$、$(0,0,1)$；

（8）$\displaystyle\int_L (x^2-2xy)\mathrm{d}x + (y^2-2xy)\mathrm{d}y$，其中 L 是抛物线 $y=x^2$ 上从点 $(-1,1)$ 到点 $(1,1)$ 的一段弧.

4. 计算 $\int_L (x+y)\mathrm{d}x + (y-x)\mathrm{d}y$，其中 L 是：

（1）抛物线 $x = y^2$ 上从点 $(1,1)$ 到点 $(4,2)$ 的一段弧；

（2）从点 $(1,1)$ 到点 $(4,2)$ 的直线段；

（3）先沿直线从点 $(1,1)$ 到点 $(1,2)$，再沿直线从点 $(1,2)$ 到点 $(4,2)$ 的折线；

（4）沿曲线 $x = 2t^2 + t + 1$，$y = t^2 + 1$ 上从点 $(1,1)$ 到点 $(4,2)$ 的一段弧.

5. 把对坐标的曲线积分 $\int_L P(x,y)\mathrm{d}x + Q(x,y)\mathrm{d}y$ 化成对弧长的曲线积分，其中 L 为：

（1）在 xoy 平面内沿直线从点 $(0,0)$ 到点 $(1,1)$；

（2）沿抛物线 $y = x^2$ 从点 $(0,0)$ 到点 $(1,1)$；

（3）沿上半圆周 $x^2 + y^2 = 2x$ 从点 $(0,0)$ 到点 $(1,1)$.

6. 设 Γ 为曲线 $x = t$，$y = t^2$，$z = t^3$ 上相应于 t 从 0 变到 1 的曲线弧. 把对坐标的曲线积分 $\int_\Gamma P\mathrm{d}x + Q\mathrm{d}y + R\mathrm{d}z$ 化成对弧长的曲线积分.

7. 一力场由沿横轴正方向的场力 $\boldsymbol{F}$ 所构成，试求当一质量为 m 的质点沿圆周 $x^2 + y^2 = R^2$ 按逆时针方向移过位于第一象限的那一段时场力所做的功.

8. 设 z 轴与重力的方向一致，求质量为 m 的质点从位置 (x_1, y_1, z_1) 沿直线移到 (x_2, y_2, z_2) 时重力所做的功.

§10.3 格林公式及其应用

10.3.1 格林公式

本小节讨论平面闭区域 D 上的二重积分与 D 的边界曲线 L 上的曲线积分之间的关系. 首先介绍有关平面区域连通性以及平面区域边界方向的概念.

设 D 为平面区域，如果 D 内任一闭曲线所围成的部分都属于 D，则称 D 为**平面单连通区域**，否则称 D 为**平面复连通区域**. 通俗地说，平面单连通区域就是不含有"洞"（包括点"洞"）的区域，平面复连通区域是含有"洞"（包括点"洞"）的区域. 例如，圆形区域 $\{(x,y)\,|\,x^2 + y^2 < 1\}$ 及上半平面 $\{(x,y)\,|\,y > 0\}$ 都是平面单连通区域，圆环形区域 $\{(x,y)\,|\,1 < x^2 + y^2 < 4\}$ 及 $\{(x,y)\,|\,0 < x^2 + y^2 < 2\}$ 都是平面复连通区域.

对平面区域 D 的边界曲线 L，我们规定 L 的正向如下：当观察者沿 L 的这个方向行走时，D 内在他近处的那一部分总在他的左边. 例如，如图 10-8 所示，D 是由边界曲线 L_1 及 L_2 所围成的复连通区域，作为 D 的正向边界，L_1 的方向应为逆时针方向，而 L_2 的方向应为顺时针方向.

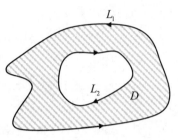

图 10-8

定理 10-3 设平面闭区域 D 由分段光滑的曲线 L 所围成，函数 $P(x, y)$ 及 $Q(x, y)$ 在 D 上具有一阶连续偏导数，则有

$$\iint\limits_{D}\left(\frac{\partial Q}{\partial x} - \frac{\partial P}{\partial y}\right)\mathrm{d}x\mathrm{d}y = \oint_{L} P\mathrm{d}x + Q\mathrm{d}y ，\qquad (10\text{-}9)$$

其中 L 是 D 的取正向的边界曲线.

公式（10-9）称为**格林公式**.

证 先考虑特殊情况：区域 D 既是 X 型区域又是 Y 型区域（如图 10-9 和图 10-10 阴影部分所示）. 以图 10-9 为例（图 10-10 类似）加以证明. 首先说明图 10-9 中的区域 D 既是 X 型的又是 Y 型的. 事实上，D 显然是 X 型区域，即

$$D = \{(x, y) \mid a \leqslant x \leqslant b, \varphi_1(x) \leqslant y \leqslant \varphi_2(x)\}，$$

但若用 $L_1 : x = \psi_1(y)$ 表示有向曲线弧 $\overset{\frown}{BAC}$，用 $L_2 : x = \psi_2(y)$ 表示有向线段 $\overline{CB}$，则 D 也可表示成 Y 型区域，即

$$D = \{(x, y) \mid c \leqslant y \leqslant d, \psi_1(y) \leqslant x \leqslant \psi_2(y)\}.$$

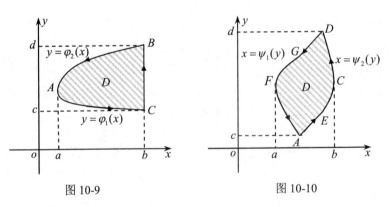

图 10-9 图 10-10

其次，因为 $\dfrac{\partial P}{\partial y}$ 连续，所以由二重积分的计算公式，有

$$\iint\limits_{D}\frac{\partial P}{\partial y}\mathrm{d}x\mathrm{d}y = \int_a^b\left\{\int_{\varphi_1(x)}^{\varphi_2(x)}\frac{\partial P(x, y)}{\partial y}\mathrm{d}y\right\}\mathrm{d}x = \int_a^b\{P[x, \varphi_2(x)] - P[x, \varphi_1(x)]\}\mathrm{d}x.$$

另一方面，由对坐标的曲线积分的性质及计算公式，有

$$\oint_L P(x,y)\mathrm{d}x = \int_{\overset{\frown}{BA}} P(x,y)\mathrm{d}x + \int_{\overset{\frown}{AC}} P(x,y)\mathrm{d}x + \int_{\overset{\frown}{CB}} P(x,y)\mathrm{d}x$$

$$= \int_b^a P[x,\varphi_2(x)]\mathrm{d}x + \int_a^b P[x,\varphi_1(x)]\mathrm{d}x + 0$$

$$= \int_a^b \{P[x,\varphi_1(x)] - P[x,\varphi_2(x)]\}\mathrm{d}x ,$$

因此

$$-\iint_D \frac{\partial P}{\partial y}\mathrm{d}x\mathrm{d}y = \oint_L P\mathrm{d}x . \tag{10-9（1）}$$

又 $\dfrac{\partial Q}{\partial x}$ 连续，故同样有

$$\iint_D \frac{\partial Q}{\partial x}\mathrm{d}x\mathrm{d}y = \int_c^d [\int_{\psi_1(y)}^{\psi_2(y)} \frac{\partial Q}{\partial x}\mathrm{d}x\}\mathrm{d}y = \int_c^d \{Q[\psi_2(y),y] - Q[\psi_1(y),y]\}\mathrm{d}y$$

$$= \int_{L_2} Q(x,y)\mathrm{d}y + \int_{L_1} Q(x,y)\mathrm{d}y = \oint_L Q(x,y)\mathrm{d}y.$$

即有

$$\iint_D \frac{\partial Q}{\partial x}\mathrm{d}x\mathrm{d}y = \oint_L Q\mathrm{d}y , \tag{10-9（2）}$$

合并公式（10-9（1））和公式（10-9（2））后即得格林公式（10-9）.

再考虑一般情形：区域 D 不满足既是 X 型区域又是 Y 型区域的条件. 这时可以在 D 内引入一条或几条辅助曲线把 D 分成有限个部分闭区域，使得每个部分闭区域都满足上述条件. 例如，就如图 10-11 所示的闭区域 D 来说，引入一条辅助线 ABC 就可把 D 分成 D_1、D_2 和 D_3 三部分，它们的边界分别是 $\overset{\frown}{AEFCBA}$、$\overset{\frown}{BCGB}$ 和 $\overset{\frown}{ABHA}$，格林公式（10-9）对于每个部分都成立，即

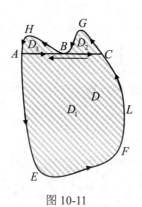

图 10-11

$$\iint\limits_{D_1}\left(\frac{\partial Q}{\partial x}-\frac{\partial P}{\partial y}\right)\mathrm{d}x\mathrm{d}y=\oint_{\overline{AEFCBA}}P\mathrm{d}x+Q\mathrm{d}y ,$$

$$\iint\limits_{D_2}\left(\frac{\partial Q}{\partial x}-\frac{\partial P}{\partial y}\right)\mathrm{d}x\mathrm{d}y=\oint_{\overline{BCGB}}P\mathrm{d}x+Q\mathrm{d}y ,$$

$$\iint\limits_{D_3}\left(\frac{\partial Q}{\partial x}-\frac{\partial P}{\partial y}\right)\mathrm{d}x\mathrm{d}y=\oint_{\overline{ABHA}}P\mathrm{d}x+Q\mathrm{d}y ,$$

三式相加，并利用二重积分及第二类曲线积分的性质，得

$$\iint\limits_{D}\left(\frac{\partial Q}{\partial x}-\frac{\partial P}{\partial y}\right)\mathrm{d}x\mathrm{d}y$$

$$=\iint\limits_{D_1}\left(\frac{\partial Q}{\partial x}-\frac{\partial P}{\partial y}\right)\mathrm{d}x\mathrm{d}y+\iint\limits_{D_2}\left(\frac{\partial Q}{\partial x}-\frac{\partial P}{\partial y}\right)\mathrm{d}x\mathrm{d}y+\iint\limits_{D_3}\left(\frac{\partial Q}{\partial x}-\frac{\partial P}{\partial y}\right)\mathrm{d}x\mathrm{d}y$$

$$=\oint_{\overline{AEFCBA}}P\mathrm{d}x+Q\mathrm{d}y+\oint_{\overline{BCGB}}P\mathrm{d}x+Q\mathrm{d}y+\oint_{\overline{ABHA}}P\mathrm{d}x+Q\mathrm{d}y$$

$$=\left(\int_{\overline{AEFC}}P\mathrm{d}x+Q\mathrm{d}y+\int_{\overline{CB}}P\mathrm{d}x+Q\mathrm{d}y+\int_{\overline{BA}}P\mathrm{d}x+Q\mathrm{d}y\right)$$

$$+\left(\int_{\overline{BC}}P\mathrm{d}x+Q\mathrm{d}y+\int_{\overline{CGB}}P\mathrm{d}x+Q\mathrm{d}y\right)+\left(\int_{\overline{AB}}P\mathrm{d}x+Q\mathrm{d}y+\int_{\overline{BHA}}P\mathrm{d}x+Q\mathrm{d}y\right)$$

$$=\left(\int_{\overline{AEFC}}P\mathrm{d}x+Q\mathrm{d}y+\int_{\overline{CGB}}P\mathrm{d}x+Q\mathrm{d}y+\int_{\overline{BHA}}P\mathrm{d}x+Q\mathrm{d}y\right)$$

$$+\left(\int_{\overline{CB}}P\mathrm{d}x+Q\mathrm{d}y+\int_{\overline{BC}}P\mathrm{d}x+Q\mathrm{d}y+\int_{\overline{BA}}P\mathrm{d}x+Q\mathrm{d}y+\int_{\overline{AB}}P\mathrm{d}x+Q\mathrm{d}y\right)$$

$$=\oint_L P\mathrm{d}x+Q\mathrm{d}y+0=\oint_L P\mathrm{d}x+Q\mathrm{d}y .$$

证毕.

注 1 若 D 为复连通区域，格林公式（10-9）右端应包括沿区域 D 的全部边界的曲线积分，且边界的方向对区域 D 来说都是正向的.

注 2 在公式（10-9）中，若取 $P=-y,Q=x$，即得

$$2\iint\limits_{D}\mathrm{d}x\mathrm{d}y=\oint_L x\mathrm{d}y-y\mathrm{d}x .$$

上式左端是闭区域 D 的面积 A 的两倍，因此有

$$A=\frac{1}{2}\oint_L x\mathrm{d}y-y\mathrm{d}x . \tag{10-10}$$

这是格林公式的一个简单应用.

例 10-10 计算椭圆 $x=a\cos\theta,\ y=b\sin\theta$ 所围成图形的面积 A.

解 根据公式（10-10），有

$$A=\frac{1}{2}\oint_L x\mathrm{d}y-y\mathrm{d}x=\frac{1}{2}\int_0^{2\pi}(ab\cos^2\theta+ab\sin^2\theta)\mathrm{d}\theta=\frac{1}{2}ab\int_0^{2\pi}\mathrm{d}\theta=\pi ab.$$

例 10-11　设 L 是任意一条分段光滑的闭曲线，证明：

$$\oint_L 2xy\mathrm{d}x + x^2\mathrm{d}y = 0$$

证　令 $P = 2xy$，$Q = x^2$，它们在任意平面闭区域上都具有一阶连续偏导数，且 $\dfrac{\partial Q}{\partial x} - \dfrac{\partial P}{\partial y} = 2x - 2x = 0$．因此，由公式（10-9），有

$$\oint_L 2xy\mathrm{d}x + x^2\mathrm{d}y = \pm\iint_D 0\mathrm{d}x\mathrm{d}y = 0 .$$

上式中间取 ± 号的原因是没有明确指明 L 的方向．

例 10-12　计算 $\displaystyle\iint_D \mathrm{e}^{-y^2}\mathrm{d}x\mathrm{d}y$，其中 D 是以 $O(0,0)$、$A(1,1)$、$B(0,1)$ 为顶点的三角形闭区域．

解　如图 10-12 所示，令 $P = 0$，$Q = x\mathrm{e}^{-y^2}$，它们在区域 D 都具有一阶连续偏导数，且 $\dfrac{\partial Q}{\partial x} - \dfrac{\partial P}{\partial y} = \mathrm{e}^{-y^2}$．因此，由公式（10-9），有

$$\iint_D \mathrm{e}^{-y^2}\mathrm{d}x\mathrm{d}y = \int_{\overline{OA}+\overline{AB}+\overline{BO}} x\mathrm{e}^{-y^2}\mathrm{d}y = \int_{\overline{OA}} x\mathrm{e}^{-y^2}\mathrm{d}y = \int_0^1 x\mathrm{e}^{-x^2}\mathrm{d}x = \frac{1}{2}(1-\mathrm{e}^{-1}) .$$

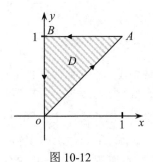

图 10-12

例 10-13　计算 $\displaystyle\oint_L \frac{x\mathrm{d}y - y\mathrm{d}x}{x^2 + y^2}$，其中 L 为一条无重点、分段光滑且不经过原点的连续闭曲线，L 的方向为逆时针方向．

解　令 $P = \dfrac{-y}{x^2+y^2}$，$Q = \dfrac{x}{x^2+y^2}$，则当 $x^2 + y^2 \neq 0$ 时，有

$$\frac{\partial Q}{\partial x} = \frac{y^2 - x^2}{(x^2+y^2)^2} = \frac{\partial P}{\partial y} .$$

记 L 所围成的闭区域为 D．当 D 不包括原点时，由公式（10-9）便得

$$\oint_L \frac{x\mathrm{d}y - y\mathrm{d}x}{x^2 + y^2} = \iint_D \left(\frac{\partial Q}{\partial x} - \frac{\partial P}{\partial y} \right) \mathrm{d}x\mathrm{d}y = 0 \ ;$$

当 D 包括原点时，作位于 D 内的圆周 $l: x^2 + y^2 = r^2$（只要 r 足够小就可以实现）. 由 L 及 l 围成了一个复连通区域 D_1（如图 10-13 所示）. 对 D_1 应用格林公式 (10-9)，得

$$\oint_L \frac{x\mathrm{d}y - y\mathrm{d}x}{x^2 + y^2} - \oint_l \frac{x\mathrm{d}y - y\mathrm{d}x}{x^2 + y^2} = 0 \ ,$$

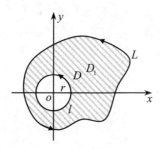

图 10-13

这里 l 的方向取逆时针方向. 于是

$$\oint_L \frac{x\mathrm{d}y - y\mathrm{d}x}{x^2 + y^2} = \oint_l \frac{x\mathrm{d}y - y\mathrm{d}x}{x^2 + y^2} = \int_0^{2\pi} \frac{r^2 \cos^2\theta + r^2 \sin^2\theta}{r^2} \mathrm{d}\theta = 2\pi \ .$$

10.3.2 平面上曲线积分与路径无关的条件

在物理学中要研究所谓势场，就要研究在什么样的条件下场力所作的功与路径无关的问题. 这个问题在数学上就是要研究曲线积分与路径无关的条件. 为了研究这个问题，要先明确什么叫做曲线积分 $\int_L P\mathrm{d}x + Q\mathrm{d}y$ 与路径无关.

设 D 是一个区域，$P(x, y)$，$Q(x, y)$ 在 D 内具有一阶连续偏导数. 如果对于 D 内任意两点 A、B 以及 D 内任意两条从点 A 到点 B 的曲线 L_1 和 L_2（如图 10-14 所示），都有等式

$$\int_{L_1} P\mathrm{d}x + Q\mathrm{d}y = \int_{L_2} P\mathrm{d}x + Q\mathrm{d}y$$

恒成立，则称**曲线积分** $\int_L P\mathrm{d}x + Q\mathrm{d}y$ **在** D **内与路径无关**，否则便称该曲线积分与路**径有关**.

由图 10-14 可知，$L = L_2 + L_1^-$（这里 L_1^- 和 L_1 为同一条曲线，但它的方向与 L_1 相反）为 D 内的一条有向闭曲线，如果曲线积分与路径无关，则由曲线积分的性质，一定有

$$\oint_L P\mathrm{d}x + Q\mathrm{d}y = \int_{L_2} P\mathrm{d}x + Q\mathrm{d}y + \int_{L_1^-} P\mathrm{d}x + Q\mathrm{d}y$$
$$= \int_{L_2} P\mathrm{d}x + Q\mathrm{d}y - \int_{L_1} P\mathrm{d}x + Q\mathrm{d}y = 0 .$$

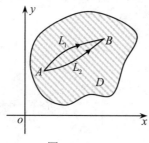

图 10-14

结合格林公式，我们给出如下定理.

定理 10-4 设 D 是平面上的一个单连通区域，函数 $P(x, y)$，$Q(x, y)$ 在 D 内具有一阶连续偏导数，则以下三个命题是等价的：

（1）对 D 内任意一点 (x, y)，都有 $\dfrac{\partial P}{\partial y} = \dfrac{\partial Q}{\partial x}$；

（2）对 D 内的任意一条分段光滑的闭曲线 L，都有 $\oint_L P\mathrm{d}x + Q\mathrm{d}y = 0$；

（3）曲线积分 $\int_L P\mathrm{d}x + Q\mathrm{d}y$ 在 D 内与路径无关（即只要 L 是 D 内的分段光滑曲线，则 $\int_L P\mathrm{d}x + Q\mathrm{d}y$ 的值由 L 的起点和终点唯一确定）.

证 （1）$\Rightarrow$（2）. 设 L 是 D 内的任意一条分段光滑的闭曲线，由于 D 是单连通区域，所以 L 所围成的闭区域 G 包含在 D 内，由格林公式和命题（1），有

$$\oint_L P\mathrm{d}x + Q\mathrm{d}y = \iint_G \left(\frac{\partial Q}{\partial x} - \frac{\partial P}{\partial y} \right) \mathrm{d}x\mathrm{d}y = 0 ,$$

即命题（2）成立.

（2）$\Rightarrow$（3）. 设 L_1、L_2 是 D 内任意两条从起点 A 到终点 B 的分段光滑曲线，则 $L = L_2 + L_1^-$ 可看成是从起点 A 出发再回到起点 A 的分段光滑闭曲线，由命题（2）及曲线积分的性质，有

$$\oint_L P\mathrm{d}x + Q\mathrm{d}y = \int_{L_2} P\mathrm{d}x + Q\mathrm{d}y + \int_{L_1^-} P\mathrm{d}x + Q\mathrm{d}y = 0 ,$$

或

$$\int_{L_2} P\mathrm{d}x + Q\mathrm{d}y = -\int_{L_1^-} P\mathrm{d}x + Q\mathrm{d}y = \int_{L_1} P\mathrm{d}x + Q\mathrm{d}y .$$

即命题（3）成立.

（3）$\Rightarrow$（1）.（用反证法）. 不妨设在 D 内至少存在一点 $M_0(x_0, y_0)$，使得

$$\left(\frac{\partial Q}{\partial x} - \frac{\partial P}{\partial y}\right)_{M_0} = \mu > 0.$$

由于 $\dfrac{\partial P}{\partial y}$、$\dfrac{\partial Q}{\partial x}$ 在 D 内连续，故可以在 D 内取得一个以 M_0 为圆心、半径足够

小的圆形闭区域 K，使得在 K 上恒有

$$\frac{\partial Q}{\partial x} - \frac{\partial P}{\partial y} \geqslant \frac{\mu}{2}.$$

于是由格林公式及二重积分的性质有

$$\oint_{\gamma} P\mathrm{d}x + Q\mathrm{d}y = \iint_{K}\left(\frac{\partial Q}{\partial x} - \frac{\partial P}{\partial y}\right)\mathrm{d}x\mathrm{d}y \geqslant \frac{\mu}{2}\cdot\sigma.$$

这里 γ 是 K 的正向边界曲线，σ 是 K 的面积. 因为 $\mu > 0, \sigma > 0$，所以有

$$\oint_{\gamma} P\mathrm{d}x + Q\mathrm{d}y > 0.$$

设 L_1, L_2 分别为 K 的上半边界圆周和下半边界圆周，它们的起点都是半圆周直径的左端点，终点都是半圆周直径的右端点，即起点和终点都分别相同，但

$$\int_{L_2} P\mathrm{d}x + Q\mathrm{d}y + \int_{L_1^-} P\mathrm{d}x + Q\mathrm{d}y = \oint_{\gamma} P\mathrm{d}x + Q\mathrm{d}y > 0,$$

从而

$$\int_{L_2} P\mathrm{d}x + Q\mathrm{d}y > \int_{L_1} P\mathrm{d}x + Q\mathrm{d}y,$$

这与命题（3）矛盾.

证毕.

定理 10-4 解释了例 10-6 和例 10-7 的计算结果. 对于例 10-6，$P(x,y) = y^2$，$Q(x,y) = 0$，当 $y \neq 0$ 时，$\dfrac{\partial P}{\partial y} \neq \dfrac{\partial Q}{\partial x}$，故虽然包括两条积分路径的平面区域是单连通的，但曲线积分 $\displaystyle\int_L y^2\mathrm{d}x$ 与路径有关，即看到起点与终点相同的两个曲线积分 $\displaystyle\int_L y^2\mathrm{d}x$ 不相等；对于例 10-7，$P(x,y) = 2xy$，$Q(x,y) = x^2$，从而 $\dfrac{\partial P}{\partial y} = \dfrac{\partial Q}{\partial x} = 2x$ 在整个平面内恒成立，而整个平面区域是单连通的，因此曲线积分 $\displaystyle\int_L 2xy\mathrm{d}x + x^2\mathrm{d}y$ 与路径无关，即看到起点与终点相同的三个曲线积分 $\displaystyle\int_L 2xy\mathrm{d}x + x^2\mathrm{d}y$ 相等.

当然，在定理 10-4 中，如果去掉 D 是单连通区域或函数 $P(x,y)$、$Q(x,y)$ 在 D 内具有一阶连续偏导数的条件，那么定理的结论不能保证成立. 例如，在例 10-13 中，我们已经看到，当 L 所围成的区域含有原点时，虽然除去原点外，恒有 $\dfrac{\partial P}{\partial y} = \dfrac{\partial Q}{\partial x}$，但沿闭曲线的积分 $\displaystyle\oint_L P\mathrm{d}x + Q\mathrm{d}y \neq 0$，其原因在于区域内含有破坏函数

P、Q 及 $\dfrac{\partial P}{\partial y}$、$\dfrac{\partial Q}{\partial x}$ 连续条件的原点，这种点通常称为**奇点**.

10.3.3　二元函数的全微分求积

我们进一步观察发现，曲线积分 $\displaystyle\int_L P(x,y)\mathrm{d}x + Q(x,y)\mathrm{d}y$ 的被积表达式 $P(x,y)\mathrm{d}x + Q(x,y)\mathrm{d}y$ 具有全微分的形式．那么，函数 $P(x,y)$、$Q(x,y)$ 满足什么条件时，表达式 $P(x,y)\mathrm{d}x + Q(x,y)\mathrm{d}y$ 才是某个二元函数 $u(x,y)$ 的全微分呢？当这个二元函数存在时，又如何把它求出来呢？我们有如下定理.

定理 10-5　设 D 是平面上的一个单连通区域，函数 $P(x,y)$、$Q(x,y)$ 在 D 内具有一阶连续偏导数，则 $P(x,y)\mathrm{d}x + Q(x,y)\mathrm{d}y$ 在 D 内为某一函数 $u(x,y)$ 的全微分的充分必要条件是

$$\frac{\partial P}{\partial y} = \frac{\partial Q}{\partial x} \tag{10-11}$$

在 D 内恒成立.

证　必要性．假设存在某一函数 $u(x,y)$，使得

$$\mathrm{d}u = P(x,y)\mathrm{d}x + Q(x,y)\mathrm{d}y,$$

则由公式（8-5），必有

$$P(x,y) = \frac{\partial u}{\partial x}, \quad Q(x,y) = \frac{\partial u}{\partial y},$$

从而有

$$\frac{\partial P}{\partial y} = \frac{\partial^2 u}{\partial x \partial y}, \quad \frac{\partial Q}{\partial x} = \frac{\partial^2 u}{\partial y \partial x},$$

由于 $P(x,y), Q(x,y)$ 具有一阶连续偏导数，所以 $\dfrac{\partial^2 u}{\partial x \partial y}$、$\dfrac{\partial^2 u}{\partial y \partial x}$ 连续，由定理 8-3，$\dfrac{\partial^2 u}{\partial x \partial y} = \dfrac{\partial^2 u}{\partial y \partial x}$，即 $\dfrac{\partial P}{\partial y} = \dfrac{\partial Q}{\partial x}$.

充分性．设 $\dfrac{\partial P}{\partial y} = \dfrac{\partial Q}{\partial x}$ 在 D 内恒成立，则由定理 10-4 可知，起点为 $M_0(x_0, y_0)$，终点为 $M(x,y)$ 的曲线积分在区域 D 内与路径无关，于是可把这个曲线积分写作

$$\int_{(x_0,y_0)}^{(x,y)} P(x,y)\mathrm{d}x + Q(x,y)\mathrm{d}y.$$

若 $M_0(x_0, y_0)$ 固定，这个积分的值仅取决于终点 $M(x,y)$，因此，它是 x、y 的函数，把这个函数记作 $u(x,y)$，即

$$u(x,y) = \int_{(x_0,y_0)}^{(x,y)} P(x,y)\mathrm{d}x + Q(x,y)\mathrm{d}y. \tag{10-12}$$

下面来证明函数 $u(x,y)$ 的全微分就是

$$P(x,y)\mathrm{d}x + Q(x,y)\mathrm{d}y \ .$$

由于 $P(x,y)$、$Q(x,y)$ 在 D 内连续，所以由定理 8-5，只要证明

$$\frac{\partial u}{\partial x} = P(x,y), \quad \frac{\partial u}{\partial y} = Q(x,y)$$

即可．事实上

$$\frac{\partial u}{\partial x} = \lim_{\Delta x \to 0} \frac{u(x+\Delta x, y) - u(x,y)}{\Delta x}$$

由公式（10-12），有

$$u(x+\Delta x, y) = \int_{(x_0,y_0)}^{(x+\Delta x, y)} P(x,y)\mathrm{d}x + Q(x,y)\mathrm{d}y \ .$$

由于这里的曲线积分与路径无关，我们可以这样选择从点 $M_0(x_0,y_0)$ 到点 $N(x+\Delta x, y)$ 的积分路径（如图 10-15 所示）：先在区域 D 内取从点 $M_0(x_0,y_0)$ 到点 $M(x,y)$ 的任意光滑曲线 L_1，再取沿着平行于 x 轴从点 $M(x,y)$ 到点 $N(x+\Delta x, y)$ 的直线段 L_2（只要 Δx 充分小，就可以保证 L_2 全在区域 D 内）．从而有

$$u(x+\Delta x, y) = \int_{L_1} P(x,y)\mathrm{d}x + Q(x,y)\mathrm{d}y + \int_{L_2} P(x,y)\mathrm{d}x + Q(x,y)\mathrm{d}y$$

$$= u(x,y) + \int_{L_2} P(x,y)\mathrm{d}x + Q(x,y)\mathrm{d}y \ ,$$

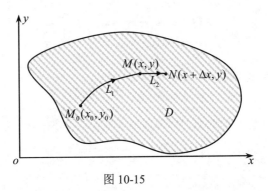

图 10-15

即

$$u(x+\Delta x, y) - u(x,y) = \int_{L_2} P(x,y)\mathrm{d}x + Q(x,y)\mathrm{d}y \ .$$

而对于有向曲线 L_2，y 为常数，$\mathrm{d}y = 0$．根据公式（10-6）及积分中值定理，有

$$u(x+\Delta x, y) - u(x,y) = \int_x^{x+\Delta x} P(x,y)\mathrm{d}x = P(x+\theta\Delta x, y)\Delta x \quad (0 \leqslant \theta \leqslant 1) \ ,$$

再由 $P(x,y)$ 连续知

$$\frac{\partial u}{\partial x} = \lim_{\Delta x \to 0} \frac{P(x+\theta\Delta x, y)\Delta x}{\Delta x} = P(x,y) \ .$$

同理可证

$$\frac{\partial u}{\partial y} = Q(x, y) .$$

证毕.

由定理 10-5，我们可以在定理 10-4 增加第四个等价命题如下：

（4）在 D 内存在可微函数 $u(x, y)$ ，使得 $\mathrm{d}u = P\mathrm{d}x + Q\mathrm{d}y$.

定理 10-5 充分性的证明过程同时也给出了可微函数 $u(x, y)$ 的求法. 由于曲线积分与路径无关，在实际计算 $u(x, y) = \int_{(x_0, y_0)}^{(x, y)} P(x, y)\mathrm{d}x + Q(x, y)\mathrm{d}y$ 时，我们注意以下两点：

1）为了与积分路径的终点坐标相区别，我们在计算时将积分变量 x、y 改成对应的积分变量 s、t ，即计算 $u(x, y) = \int_{(x_0, y_0)}^{(x, y)} P(s, t)\mathrm{d}s + Q(s, t)\mathrm{d}t$ 即可.

2）可以选择一些特殊的从点 (x_0, y_0) 到点 (x, y) 的路径以简化计算，比如由圆弧或平行于坐标轴的直线段连接而构成的路径，当然，我们必须保证这样的路径完全位于区域 D 内.

例 10-14 验证 $\dfrac{x\mathrm{d}y - y\mathrm{d}x}{x^2 + y^2}$ 在右半平面（$x > 0$）内是某个函数的全微分，并求出一个这样的函数.

解 令 $P = \dfrac{-y}{x^2 + y^2}$ ，$Q = \dfrac{x}{x^2 + y^2}$ ，则在右半平面内

$$\frac{\partial P}{\partial y} = \frac{y^2 - x^2}{(x^2 + y^2)^2} = \frac{\partial Q}{\partial x}$$

恒成立. 由定理 10-5 知，在右半平面内，$\dfrac{x\mathrm{d}y - y\mathrm{d}x}{x^2 + y^2}$ 是某个函数的全微分.

取积分路径如图 10-16 所示，利用公式（10-12）得所求函数为

$$u(x, y) = \int_{(1,0)}^{(x,y)} \frac{x\mathrm{d}y - y\mathrm{d}x}{x^2 + y^2} = \int_{(1,0)}^{(x,y)} \frac{s\mathrm{d}t - t\mathrm{d}s}{s^2 + t^2}$$

$$= \int_{\overline{M_0 A}} \frac{s\mathrm{d}t - t\mathrm{d}s}{s^2 + t^2} + \int_{\overline{AM}} \frac{s\mathrm{d}t - t\mathrm{d}s}{s^2 + t^2}$$

$$= 0 + \int_0^y \frac{x\mathrm{d}t}{x^2 + t^2}$$

$$= \left[\arctan \frac{t}{x} \right]_{t=0}^{t=y} = \arctan \frac{y}{x} .$$

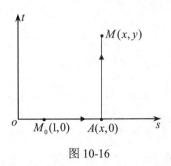

图 10-16

例 10-15 验证在整个 xoy 平面内，$xy^2\mathrm{d}x + x^2y\mathrm{d}y$ 是某个函数的全微分，并求出一个这样的函数.

解 令 $P(x,y) = xy^2$，$Q(x,y) = x^2y$，则在整个 xoy 平面内

$$\frac{\partial Q}{\partial x} = 2xy = \frac{\partial P}{\partial y}$$

恒成立，由定理 10-5 知，在整个 xoy 平面内，$xy^2\mathrm{d}x + x^2y\mathrm{d}y$ 是某个函数的全微分.

取积分路径如图 10-17 所示，利用公式（10-12）得所求函数为

$$u(x,y) = \int_{(0,0)}^{(x,y)} xy^2\mathrm{d}x + x^2y\mathrm{d}y = \int_{(0,0)}^{(x,y)} st^2\mathrm{d}s + s^2t\mathrm{d}t$$

$$= \int_{\overline{OA}} st^2\mathrm{d}s + s^2t\mathrm{d}t + \int_{\overline{AM}} st^2\mathrm{d}s + s^2t\mathrm{d}t$$

$$= 0 + \int_0^y x^2t\mathrm{d}t = x^2\int_0^y t\mathrm{d}t = \frac{x^2y^2}{2}.$$

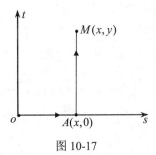

图 10-17

*10.3.4　曲线积分的基本定理

若变力场 $\boldsymbol{F}(x,y) = P(x,y)\boldsymbol{i} + Q(x,y)\boldsymbol{j}$ 沿有向曲线 L（从起点 A 到终点 B）所做的功 $\int_L \boldsymbol{F}(x,y)\cdot\mathrm{d}\boldsymbol{r}$ 在区域 D 内与积分路径无关，则称向量场 $\boldsymbol{F}(x,y)$ 为**保守场**. 若 $\boldsymbol{F}(x,y)$ 是某一个二元函数 $f(x,y)$ 的梯度，则称向量场 $\boldsymbol{F}(x,y)$ 为（$f(x,y)$ 的）**势场**. 相应地，数量场 $f(x,y)$ 称为（$\boldsymbol{F}(x,y)$ 的）**势函数**. 这里 $\boldsymbol{r} = x\boldsymbol{i} + y\boldsymbol{j} = (x,y)$，

$dr = dx\boldsymbol{i} + dy\boldsymbol{j} = (dx, dy)$. 下面的定理给出了平面曲线积分与路径无关的另一种形式的条件，并为计算保守场中的曲线积分提供了一种简便的方法.

定理 10-6（<u>曲线积分的基本定理</u>） 设向量场 $\boldsymbol{F}(x,y) = P(x,y)\boldsymbol{i} + Q(x,y)\boldsymbol{j}$ 是平面区域 D 内的一个势场，$P(x,y)$、$Q(x,y)$ 都在 D 内连续，则曲线积分 $\int_L \boldsymbol{F}(x,y) \cdot d\boldsymbol{r}$ 在 D 内与路径无关，且

$$\int_L \boldsymbol{F}(x,y) \cdot d\boldsymbol{r} = f(B) - f(A)， \tag{10-13}$$

其中 L 是位于 D 内起点为 A，终点为 B 的任意一条分段光滑曲线.

证 设 L 的向量方程为

$$\boldsymbol{r} = \varphi(t)\boldsymbol{i} + \psi(t)\boldsymbol{j}，\quad t \in [\alpha, \beta]，$$

起点 A 对应参数 $t = \alpha$，终点 B 对应参数 $t = \beta$.

又设 $\boldsymbol{F}(x,y) = \nabla f(x,y)$，则由假设知，$f_x = P(x,y), f_y = Q(x,y)$ 在 D 内连续. 根据定理 8-5，f 可微，且

$$\frac{df}{dt} = f_x \frac{dx}{dt} + f_y \frac{dy}{dt} = \nabla f(x,y) \cdot \left(\frac{dx}{dt}, \frac{dy}{dt} \right) = \boldsymbol{F}(x,y) \cdot \frac{d\boldsymbol{r}}{dt}.$$

于是

$$\int_L \boldsymbol{F}(x,y) \cdot d\boldsymbol{r} = \int_\alpha^\beta \boldsymbol{F}(x,y) \cdot \frac{d\boldsymbol{r}}{dt} dt = \int_\alpha^\beta \frac{df}{dt} dt = f[\varphi(t), \psi(t)]\Big|_\alpha^\beta = f(B) - f(A).$$

证毕.

定理 10-6 表明，对于势场 $\boldsymbol{F}(x,y)$，曲线积分 $\int_L \boldsymbol{F}(x,y) \cdot d\boldsymbol{r}$ 的值仅依赖于它的势函数 $f(x,y)$ 在路径 L 的两端点的值，而不依赖于两端点间的路径，即曲线积分 $\int_L \boldsymbol{F}(x,y) \cdot d\boldsymbol{r}$ 在 D 内与路径无关. 也就是说：<u>势场是保守场</u>.

公式（10-13）是与微积分基本公式 $\int_a^b f(x)dx = F(b) - F(a)$（其中 $F'(x) = f(x)$）完全类似地向量微积分的相应公式，称为**曲线积分的基本公式**.

习题 10.3

1. 计算下列曲线积分，并验证格林公式的正确性：

（1）$\oint_L (2xy - x^2)dx + (x + y^2)dy$，其中 L 是由抛物线 $y = x^2$ 及 $y^2 = x$ 所围成的区域的正向边界曲线；

（2）$\oint_L (x^2 - xy^3)dx + (y^2 - 2xy)dy$，其中 L 是四个顶点分别为 $(0,0)$、$(2,0)$、$(2,2)$ 和 $(0,2)$ 的正方形区域的正向边界.

2. 利用曲线积分，求下列曲线所围成的图形的面积：

（1）星形线 $x = a\cos^3 t，y = a\sin^3 t$；

（2）椭圆 $9x^2 + 16y^2 = 144$ ；

（3）圆 $x^2 + y^2 = 2ax$.

3. 计算曲线积分 $\oint_L \dfrac{y\mathrm{d}x - x\mathrm{d}y}{2(x^2 + y^2)}$ ，其中 L 为圆周 $(x-1)^2 + y^2 = 2$ ， L 的方向为逆时针方向.

4. 证明下列曲线积分在整个 xoy 平面内与路径无关，并计算积分值：

（1） $\displaystyle\int_{(1,1)}^{(2,3)} (x + y)\mathrm{d}x + (x - y)\mathrm{d}y$ ；

（2） $\displaystyle\int_{(1,2)}^{(3,4)} (6xy^2 - y^3)\mathrm{d}x + (6x^2y - 3xy^2)\mathrm{d}y$ ；

（3） $\displaystyle\int_{(1,0)}^{(2,1)} (2xy - y^4 + 3)\mathrm{d}x + (x^2 - 4xy^3)\mathrm{d}y$.

5. 利用格林公式，计算下列曲线积分：

（1） $\oint_L (2x - y + 4)\mathrm{d}x + (5y + 3x - 6)\mathrm{d}y$ ，其中 L 为三顶点分别为 $(0,0)$ 、 $(3,0)$ 和 $(3,2)$ 的三角形正向边界；

（2） $\oint_L (x^2 y\cos x + 2xy\sin x - y^2 \mathrm{e}^x)\mathrm{d}x + (x^2 \sin x - 2y\mathrm{e}^x)\mathrm{d}y$ ，其中 L 为正向星形线 $x^{\frac{2}{3}} + y^{\frac{2}{3}} = a^{\frac{2}{3}}$ （ $a > 0$ ）；

（3） $\displaystyle\int_L (2xy^3 - y^2\cos x)\mathrm{d}x + (1 - 2y\sin x + 3x^2 y^2)\mathrm{d}y$ ，其中 L 为在抛物线 $2x = \pi y^2$ 上由点 $(0,0)$ 到 $\left(\dfrac{\pi}{2}, 1\right)$ 的一段弧；

（4） $\displaystyle\int_L (x^2 - y)\mathrm{d}x - (x + \sin^2 y)\mathrm{d}y$ ，其中 L 是在圆周 $y = \sqrt{2x - x^2}$ 上由点 $(0,0)$ 到点 $(1,1)$ 的一段弧.

6. 验证下列 $P(x,y)\mathrm{d}x + Q(x,y)\mathrm{d}y$ 在整个 xoy 平面内是某一函数 $u(x,y)$ 的全微分，并求出这样的一个 $u(x,y)$ ：

（1） $(x + 2y)\mathrm{d}x + (2x + y)\mathrm{d}y$ ；

（2） $2xy\mathrm{d}x + x^2 \mathrm{d}y$ ；

（3） $4\sin x\sin 3y\cos x\mathrm{d}x - 3\cos 3y\cos 2x\mathrm{d}y$ ；

（4） $(3x^2 y + 8xy^2)\mathrm{d}x + (x^3 + 8x^2 y + 12y\mathrm{e}^y)\mathrm{d}y$ ；

（5） $(2x\cos y + y^2\cos x)\mathrm{d}x + (2y\sin x - x^2 \sin y)\mathrm{d}y$.

*7. 设有一变力在坐标轴上的投影为 $X = x + y^2$ ， $Y = 2xy - 8$ ，这变力确定了一个力场，证明质点在此场内移动时场力所做的功与路径无关.

§10.4 对面积的曲面积分

10.4.1 对面积的曲面积分的概念与性质

如果我们这样修改 10.1.1 小节的质量问题：把曲线改为曲面，且其边界为分段光滑的闭曲线；把线密度 $\mu(x,y)$ 改为面密度 $\mu(x,y,z)$；小段曲线的弧长 Δs_i 改为小块曲面的面积 ΔS_i；第 i 小段曲线上的一点 (ξ_i,η_i) 改为第 i 小块曲面上的一点 (ξ_i,η_i,ζ_i). 那么，在面密度 $\mu(x,y,z)$ 连续的前提下，所求的质量 m 就是下列和的极限：

$$m = \lim_{\lambda \to 0} \sum_{i=1}^{n} \mu(\xi_i,\eta_i,\zeta_i)\Delta S_i,$$

其中 λ 表示 n 个小块曲面的直径的最大值.

上面这种和的极限在研究其他问题时也会遇到，故我们抽象出下面的定义.

定义 10-3 设 Σ 为一片光滑曲面，函数 $f(x,y,z)$ 在 Σ 上有界. 把 Σ 任意分成 n 小块曲面，并设第 i 个小块曲面的面积为 ΔS_i，又 (ξ_i,η_i,ζ_i) 为第 i 个小块曲面上任意取定的一点，作乘积 $f(\xi_i,\eta_i,\zeta_i)\Delta S_i$ $(i=1,2,\cdots,n)$，并作和式

$$\sum_{i=1}^{n} f(\xi_i,\eta_i,\zeta_i)\Delta S_i.$$

如果当各小块曲面的直径的最大值 λ 趋于零时，这和式的极限总存在，则称 $f(x,y,z)$ 在 Σ 上**可积**，并将此极限值称为函数 $f(x,y,z)$ 在曲面 Σ 上**对面积的曲面积分**或**第一类曲面积分**，记作 $\iint\limits_{\Sigma} f(x,y,z)\mathrm{d}S$，即

$$\iint\limits_{\Sigma} f(x,y,z)\mathrm{d}S = \lim_{\lambda \to 0} \sum_{i=1}^{n} f(\xi_i,\eta_i,\zeta_i)\Delta S_i,$$

其中 $f(x,y,z)$ 称为**被积函数**，Σ 称为**积分曲面**.

后面我们将看到，当 $f(x,y,z)$ 在光滑曲面 Σ 上连续时，对面积的曲面积分 $\iint\limits_{\Sigma} f(x,y,z)\mathrm{d}S$ 是存在的. 以后我们总假定 $f(x,y,z)$ 在 Σ 上是连续的.

根据定义 10-3，面密度为连续函数 $\mu(x,y,z)$ 的光滑曲面 Σ 的质量 m，可表示为 $\mu(x,y,z)$ 在 Σ 上对面积的曲面积分：

$$m = \iint\limits_{\Sigma} \mu(x,y,z)\mathrm{d}S.$$

注 1 我们规定，当 Σ 为封闭曲面时，将函数 $f(x,y,z)$ 在 Σ 上对面积的曲面积分记作 $\oiint\limits_{\Sigma} f(x,y,z)\mathrm{d}S$.

注 2　如果 Σ 是分片光滑的，我们规定函数 $f(x,y,z)$ 在 Σ 上对面积的曲面积分等于该函数在光滑的各片曲面上对面积的曲面积分之和. 例如，设 Σ 可分成两片光滑曲面 Σ_1 和 Σ_2（记作 $\Sigma = \Sigma_1 + \Sigma_2$），则有

$$\iint_{\Sigma} f(x,y,z)\mathrm{d}S = \iint_{\Sigma_1} f(x,y,z)\mathrm{d}S + \iint_{\Sigma_2} f(x,y,z)\mathrm{d}S .$$

对面积的曲面积分具有对弧长的曲线积分相类似的性质，这里不再赘述.

10.4.2　对面积的曲面积分的计算

如图 10-18 所示，设积分曲面 Σ 由方程 $z = z(x,y)$ 给出，Σ 在 xoy 平面上的投影区域为 D_{xy}，函数 $z = z(x,y)$ 在 D_{xy} 上具有连续偏导数，被积函数 $f(x,y,z)$ 在 Σ 上连续. 则按定义 10-3，有

$$\iint_{\Sigma} f(x,y,z)\mathrm{d}S = \lim_{\lambda \to 0} \sum_{i=1}^{n} f(\xi_i,\eta_i,\zeta_i)\Delta S_i .$$

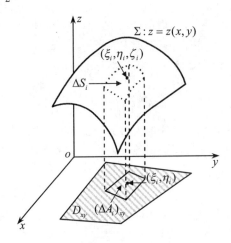

图 10-18

设 Σ 上第 i 小块曲面（它的面积为 ΔS_i）在 xoy 面上的投影区域为 $(\Delta D_i)_{xy}$（其面积记为 $(\Delta A_i)_{xy}$），则由定理 9-4 及二重积分的中值定理，上式中的 ΔS_i 可表示为二重积分

$$\Delta S_i = \iint_{(\Delta D_i)_{xy}} \sqrt{1 + z_x^2(x,y) + z_y^2(x,y)}\,\mathrm{d}A = \sqrt{1 + z_x^2(\xi_i^*,\eta_i^*) + z_y^2(\xi_i^*,\eta_i^*)}\,(\Delta A_i)_{xy} ,$$

其中 (ξ_i^*,η_i^*) 是小闭区域 $(\Delta D_i)_{xy}$ 上的一点. 又因为在曲面 Σ 上有 $\zeta_i = z(\xi_i,\eta_i)$ 且 $(\xi_i,\eta_i,0)$ 也是小闭区域 $(\Delta D_i)_{xy}$ 上的点. 于是

$$\sum_{i=1}^{n} f(\xi_i,\eta_i,\zeta_i)\Delta S_i$$

$$= \sum_{i=1}^{n} f[(\xi_i, \eta_i, z(\xi_i, \eta_i))]\sqrt{1 + z_x^2(\xi_i^*, \eta_i^*) + z_y^2(\xi_i^*, \eta_i^*)}(\Delta A_i)_{xy} .$$

由于函数 $f[x, y, z(x, y)]$ 以及函数 $\sqrt{1 + z_x^2(x, y) + z_y^2(x, y)}$ 都在闭区域 D_{xy} 上连续, 可以证明, 在 $\lambda \to 0$ 的极限状态下, 可以把上式右端的 (ξ_i^*, η_i^*) 换成 (ξ_i, η_i), 从而有

$$\iint\limits_{\Sigma} f(x, y, z)\mathrm{d}S = \lim_{\lambda \to 0} \sum_{i=1}^{n} f[(\xi_i, \eta_i, z(\xi_i, \eta_i))]\sqrt{1 + z_x^2(\xi_i, \eta_i) + z_y^2(\xi_i, \eta_i)}(\Delta A_i)_{xy} .$$

上式右端的和式的极限就是连续的复合函数

$$f[(x, y, z(x, y))]\sqrt{1 + z_x^2(x, y) + z_y^2(x, y)}$$

在区域 D_{xy} 上的二重积分, 这个二重积分显然是存在的, 因此上式左端的曲面积分 $\iint\limits_{\Sigma} f(x, y, z)\mathrm{d}S$ 也存在, 并且有

$$\iint\limits_{\Sigma} f(x, y, z)\mathrm{d}S = \iint\limits_{D_{xy}} f[x, y, z(x, y)]\sqrt{1 + z_x^2(x, y) + z_y^2(x, y)}\mathrm{d}x\mathrm{d}y . \quad (10\text{-}14)$$

公式 (10-14) 表明, 计算对面积的曲面积分 $\iint\limits_{\Sigma} f(x, y, z)\mathrm{d}S$ 时, 只要把变量 z 换成 $z(x, y)$, $\mathrm{d}S$ 换成 $\sqrt{1 + z_x^2 + z_y^2}\mathrm{d}x\mathrm{d}y$, 再确定 Σ 在 xoy 平面上的投影区域 D_{xy}, 这样就把面积的曲面积分化为相应的二重积分了.

如果积分曲面 Σ 的方程 $x = x(y, z)$ 或 $y = y(z, x)$ 给出, 也可类似地把对面积的曲面积分化为相应的二重积分, 请读者自己写出.

例 10-16　计算曲面积分 $\iint\limits_{\Sigma} \dfrac{1}{z}\mathrm{d}S$, 其中 Σ 是球面 $x^2 + y^2 + z^2 = a^2$ 被平面 $z = h$ $(0 < h < a)$ 截出的顶部 (如图 10-19 所示).

解　Σ 的方程为 $z = \sqrt{a^2 - x^2 - y^2}$, $D_{xy} = \{(x, y) \mid x^2 + y^2 \leqslant a^2 - h^2\}$. 因为

$$\mathrm{d}S = \sqrt{1 + z_x^2 + z_y^2}\mathrm{d}x\mathrm{d}y = \frac{a}{\sqrt{a^2 - x^2 - y^2}}\mathrm{d}x\mathrm{d}y ,$$

所以

$$\iint\limits_{\Sigma} \frac{1}{z}\mathrm{d}S = \iint\limits_{D_{xy}} \frac{a}{a^2 - x^2 - y^2}\mathrm{d}x\mathrm{d}y = a\int_0^{2\pi}\mathrm{d}\theta\int_0^{\sqrt{a^2 - h^2}} \frac{r\mathrm{d}r}{a^2 - r^2}$$

$$= 2\pi a\left[-\frac{1}{2}\ln(a^2 - r^2)\right]_0^{\sqrt{a^2 - h^2}} = 2\pi a\ln\frac{a}{h} .$$

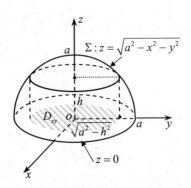

图 10-19

例 10-17 计算曲面积分 $\oiint\limits_{\Sigma} xyz\mathrm{d}S$，其中 Σ 是由平面 $x=0$，$y=0$，$z=0$ 及 $x+y+z=1$ 所围成的四面体的整个边界曲面.

解 Σ 是分片光滑的曲面，我们把整个边界曲面 Σ 在平面 $x=0$，$y=0$，$z=0$ 及 $x+y+z=1$ 上的部分依次记为 Σ_1、Σ_2、Σ_3 及 Σ_4（如图 10-20 所示）. 于是

$$\oiint\limits_{\Sigma} xyz\mathrm{d}S = \iint\limits_{\Sigma_1} xyz\mathrm{d}S + \iint\limits_{\Sigma_2} xyz\mathrm{d}S + \iint\limits_{\Sigma_3} xyz\mathrm{d}S + \iint\limits_{\Sigma_4} xyz\mathrm{d}S$$

$$= 0+0+0+\iint\limits_{\Sigma_4} xyz\mathrm{d}S = \iint\limits_{D_{xy}} \sqrt{3}xy(1-x-y)\mathrm{d}x\mathrm{d}y$$

$$= \sqrt{3}\int_0^1 x\mathrm{d}x\int_0^{1-x} y(1-x-y)\mathrm{d}y = \sqrt{3}\int_0^1 x\cdot\frac{(1-x)^3}{6}\mathrm{d}x = \frac{\sqrt{3}}{120}.$$

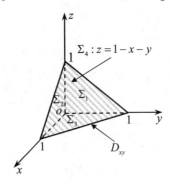

图 10-20

习题 10.4

1. 按对面积的曲面积分的定义证明公式

$$\iint\limits_{\Sigma} f(x,y,z)\mathrm{d}S = \iint\limits_{\Sigma_1} f(x,y,z)\mathrm{d}S + \iint\limits_{\Sigma_2} f(x,y,z)\mathrm{d}S \ .$$

其中 Σ 是由 Σ_1 和 Σ_2 组成的.

2. 当 Σ 是 xoy 平面内的一个闭区域时，曲面积分 $\iint\limits_{\Sigma} f(x,y,z)\mathrm{d}S$ 与二重积分有什么关系？

3. 计算曲面积分 $\iint\limits_{\Sigma} f(x,y,z)\mathrm{d}S$，其中 Σ 为抛物面 $z = 2 - (x^2 + y^2)$ 在 xoy 平面上方的部分，$f(x,y,z)$ 分别如下：

（1）$f(x,y,z) = 1$；（2）$f(x,y,z) = x^2 + y^2$；（3）$f(x,y,z) = 3z$.

4. 计算曲面积分 $\iint\limits_{\Sigma} (x^2 + y^2)\mathrm{d}S$，其中 Σ 是：

（1）锥面 $z = \sqrt{x^2 + y^2}$ 及平面 $z = 1$ 所围成的区域的整个边界曲面；

（2）锥面 $z^2 = 3(x^2 + y^2)$ 被平面 $z = 0$ 及 $z = 3$ 所截得的部分.

5. 计算对面积的曲面积分：

（1）$\iint\limits_{\Sigma}\left(z + 2x + \dfrac{4}{3}y\right)\mathrm{d}S$，其中 Σ 为平面 $\dfrac{x}{2} + \dfrac{y}{3} + \dfrac{z}{4} = 1$ 在第一象限中的部分；

（2）$\iint\limits_{\Sigma} (2xy - 2x^2 - x + z)\mathrm{d}S$，其中 Σ 为平面 $2x + 2y + z = 6$ 在第一象限中的部分；

（3）$\iint\limits_{\Sigma} (x + y + z)\mathrm{d}S$，其中 Σ 为球面 $x^2 + y^2 + z^2 = a^2$ 上 $z \geqslant h\ (0 < h < a)$ 的部分（提示：$\mathrm{d}S = \sqrt{1 + \left(\dfrac{-x}{\sqrt{a^2 - x^2 + y^2}}\right)^2 + \left(\dfrac{-y}{\sqrt{a^2 - x^2 + y^2}}\right)^2}\,\mathrm{d}x\mathrm{d}y = \dfrac{a}{\sqrt{a^2 - x^2 - y^2}}\mathrm{d}x\mathrm{d}y$）；

（4）$\iint\limits_{\Sigma} (xy + yz + zx)\mathrm{d}S$，其中 Σ 为锥面 $z = \sqrt{x^2 + y^2}$ 被圆柱面 $x^2 + y^2 = 2ax$ 所截得的有限部分.

6. 求抛物面壳 $z = \dfrac{1}{2}(x^2 + y^2)\ (0 \leqslant z \leqslant 1)$ 的质量，此壳的面密度为 $\mu = z$.

*7. 设有一分布着质量的曲面 Σ，在点 (x,y,z) 处它的面密度为 $\mu(x,y,z)$，用对面积的曲面积分表达该曲面对于 x 轴的转动惯量. 并用类似的方法求面密度为 μ_0 的均匀半球壳 $x^2 + y^2 + z^2 = a^2\ (z \geqslant 0)$ 对于 z 轴的转动惯量.

§10.5 对坐标的曲面积分

10.5.1 对坐标的曲面积分的概念与性质

对坐标的曲面积分与对坐标的曲线积分有相似之处，对坐标的曲线积分的积分区域是有向弧段，而对坐标的曲面积分的积分曲面也有方向，为此先定义**曲面的侧**.

通常遇到的曲面都是双侧的，如果曲面是闭合的，则曲面有内侧与外侧之分；如果曲面不是闭合的，则曲面有上侧与下侧、左侧与右侧、前侧与后侧之分. 这种曲面称为双侧曲面. 以后我们总假定所考虑的曲面是双侧且光滑的曲面.

可以通过曲面上法向量的指向来定义曲面的侧. 例如，对于曲面 $z = z(x, y)$，其两侧可用曲面上点的法向量与 z 轴的正向的夹角小于或等于 $\pi/2$ 和大于或等于 $\pi/2$ 来区分，若是前者则称为曲面的**上侧**，若是后者称为曲面的**下侧**；对于曲面 $x = x(y, z)$，则要考虑曲面上点的法向量和 x 轴正向夹角的情况，若该夹角小于或等于 $\pi/2$ 则称为**前侧**，若该夹角大于或 $\pi/2$ 则称为**后侧**；对于曲面 $y = y(z, x)$，则要考虑曲面上点的法向量和 y 轴正向夹角的情况，若该夹角小于或等于 $\pi/2$ 则称为**右侧**，若该夹角大于或等于 $\pi/2$ 则称为**左侧**. 这种确定了法向量指向即选定了侧的曲面，称为**有向曲面**.

下面讨论一个例子，然后引进对坐标的曲面积分的概念.

流向曲面一侧的流量：设稳定流动的不可压缩流体的速度场由
$$v(x, y, z) = (P(x, y, z), Q(x, y, z), R(x, y, z))$$
给出，Σ 是速度场中的一片有向曲面，函数 $P(x, y, z)$、$Q(x, y, z)$、$R(x, y, z)$ 都在 Σ 上连续，求在单位时间内流向 Σ 指定侧的流体的体积，即流量 Φ.

如果流体流过平面上面积为 A 的一个闭区域（为了方便，我们也将该闭区域命名为 A），且流体在这闭区域上各点处的流速为（常向量）$\boldsymbol{v}$，又设 $\boldsymbol{n}$ 为该平面的单位法向量（如图 10-21 所示），那么在单位时间内流过这闭区域的流体组成一个底面积为 A、斜高为 $|\boldsymbol{v}|$ 的斜柱体（如图 10-22 所示）.

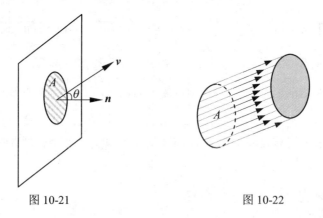

图 10-21　　　　　　　　　　图 10-22

当 $(\overset{\wedge}{\boldsymbol{v}, \boldsymbol{n}}) = \theta < \pi/2$ 时，该斜柱体的体积为
$$A|\boldsymbol{v}|\cos\theta = A|\boldsymbol{v}||\boldsymbol{n}|\cos\theta = A\boldsymbol{v} \cdot \boldsymbol{n},$$

这就是通过闭区域 A 流向 n 所指一侧的流量 Φ；

当 $(\overset{\wedge}{v,n}) = \pi/2$ 时，显然流体通过闭区域 A 的流向 n 所指一侧的流量 Φ 为 0，而 $Av \cdot n = 0$，故同样有 $\Phi = Av \cdot n$；

当 $(\overset{\wedge}{v,n}) > \pi/2$ 时，$Av \cdot n < 0$，这时我们仍把 $Av \cdot n$ 称为流体通过闭区域 A 流向 n 所指一侧的流量，它表示流体通过闭区域 A 实际上流向 $-n$ 所指一侧，且流向 $-n$ 所指一侧的流量为 $-Av \cdot n$．

因此，不论 $(\overset{\wedge}{v,n})$ 为何值，流体通过闭区域 A 流向 n 所指一侧的流量 Φ 都满足

$$\Phi = Av \cdot n .$$

由于现在考虑的不是平面区域而是一片曲面，且流速 v 也不是常向量，因此所求流量不能直接用上述方法计算．

为此，我们把有向曲面 Σ 分成 n 小块 ΔS_i（ΔS_i 同时也代表第 i 小块曲面的面积）（$i = 1, 2, \cdots, n$），在 Σ 光滑和 v 是连续的前提下，只要 ΔS_i 的直径足够小，我们就可以用 ΔS_i 上任一点 (ξ_i, η_i, ζ_i) 处的流速 $v_i = (P(\xi_i, \eta_i, \zeta_i), Q(\xi_i, \eta_i, \zeta_i), R(\xi_i, \eta_i, \zeta_i))$ 近似代替 ΔS_i 上其他各点处的流速，以该点 (ξ_i, η_i, ζ_i) 处曲面 Σ 的单位法向量

$$n_i = (\cos \alpha_i, \cos \beta_i, \cos \gamma_i)$$

近似代替 ΔS_i 上其他各点处的单位法向量（如图 10-23 所示）．从而得到通过 ΔS_i 流向指定侧的流量的近似值为 $v_i \cdot n_i \Delta S_i$ （$i = 1, 2, \cdots, n$）．于是，通过 Σ 流向指定侧的流量

$$\Phi \approx \sum_{i=1}^{n} v_i \cdot n_i \Delta S_i$$

$$= \sum_{i=1}^{n} [P(\xi_i, \eta_i, \zeta_i) \cos \alpha_i + Q(\xi_i, \eta_i, \zeta_i) \cos \beta_i + R(\xi_i, \eta_i, \zeta_i) \cos \gamma_i] \Delta S_i . \qquad (*)$$

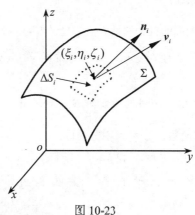

图 10-23

但

$$\cos\alpha_i\Delta S_i \approx (\Delta S_i)_{yz}, \cos\beta_i\Delta S_i \approx (\Delta S_i)_{zx}, \cos\gamma_i\Delta S_i \approx (\Delta S_i)_{xy},$$

因此（＊）式可写成

$$\Phi \approx \sum_{i=1}^{n}[P(\xi_i,\eta_i,\zeta_i)(\Delta S_i)_{yz} + Q(\xi_i,\eta_i,\zeta_i)(\Delta S_i)_{zx} + R(\xi_i,\eta_i,\zeta_i)(\Delta S_i)_{xy}].$$

这里 $(\Delta S_i)_{yz}$、$(\Delta S_i)_{zx}$、$(\Delta S_i)_{xy}$ 既表示 ΔS_i 在 yoz、zox、xoy 平面的投影区域，又表示相应投影区域的面积 $(\Delta A_i)_{yz}$、$(\Delta A_i)_{zx}$、$(\Delta A_i)_{xy}$ 再附以一定的正负号（具体取决于 $\cos\alpha_i$、$\cos\beta_i$、$\cos\gamma_i$ 的正负），即

$$(\Delta S_i)_{yz} = \begin{cases} (\Delta A_i)_{yz} & \cos\alpha_i > 0 \\ -(\Delta A_i)_{yz} & \cos\alpha_i < 0 \\ 0 & \cos\alpha_i \equiv 0 \end{cases},$$

$$(\Delta S_i)_{zx} = \begin{cases} (\Delta A_i)_{zx} & \cos\beta_i > 0 \\ -(\Delta A_i)_{zx} & \cos\beta_i < 0 \\ 0 & \cos\beta_i \equiv 0 \end{cases},$$

$$(\Delta S_i)_{xy} = \begin{cases} (\Delta A_i)_{xy} & \cos\gamma_i > 0 \\ -(\Delta A_i)_{xy} & \cos\gamma_i < 0 \\ 0 & \cos\gamma_i \equiv 0 \end{cases}.$$

令 $\lambda \to 0$（λ 表示小块曲面的最大直径）取上述和的极限，就得到流量 Φ 的精确值．这样的极限还会在其他问题中遇到．抽去它们的具体意义，就得出下列对坐标的曲面积分的定义．

定义 10-4 设 Σ 为一片有向光滑曲面，函数 $R(x,y,z)$ 在 Σ 上有界．把 Σ 任意分成 n 小块曲面，并设第 i 个小块曲面的名称和面积都为 ΔS_i，ΔS_i 在 xoy 平面的投影区域为 $(\Delta S_i)_{xy}$．又 (ξ_i,η_i,ζ_i) 为 ΔS_i 上任意取定的一点，作和式 $\sum\limits_{i=1}^{n}R(\xi_i,\eta_i,\zeta_i)(\Delta S_i)_{xy}$．如果当各小块曲面的直径的最大值 λ 趋于零时，该和式的极限总存在，则此极限称为函数 $R(x,y,z)$ 在 Σ 上**对坐标** x、y **的曲面积分**，记作 $\iint\limits_{\Sigma}R(x,y,z)\mathrm{d}x\mathrm{d}y$，即

$$\iint\limits_{\Sigma}R(x,y,z)\mathrm{d}x\mathrm{d}y = \lim_{\lambda\to 0}\sum_{i=1}^{n}R(\xi_i,\eta_i,\zeta_i)(\Delta S_i)_{xy},$$

其中 $R(x,y,z)$ 称为**被积函数**，Σ 称为**积分曲面**．

类似地可以定义函数 $P(x,y,z)$ 在有向曲面 Σ 上对坐标 y、z 的曲面积分 $\iint\limits_{\Sigma}P(x,y,z)\mathrm{d}y\mathrm{d}z$ 及函数 $Q(x,y,z)$ 在有向曲面 Σ 上对坐标 z、x 的曲面积分 $\iint\limits_{\Sigma}Q(x,y,z)\mathrm{d}z\mathrm{d}x$ 分别为

$$\iint\limits_{\Sigma} P(x,y,z)\mathrm{d}y\mathrm{d}z = \lim_{\lambda \to 0} \sum_{i=1}^{n} P(\xi_i,\eta_i,\zeta_i)(\Delta S_i)_{yz},$$

$$\iint\limits_{\Sigma} Q(x,y,z)\mathrm{d}z\mathrm{d}x = \lim_{\lambda \to 0} \sum_{i=1}^{n} Q(\xi_i,\eta_i,\zeta_i)(\Delta S_i)_{zx}.$$

以上三个曲面积分也称为**第二类曲面积分**.

后面我们将看到，当函数 $P(x,y,z)$、$Q(x,y,z)$、$R(x,y,z)$ 在有向光滑曲面 Σ 上连续时，对坐标的曲面积分是存在的，以后总假定 $P(x,y,z)$、$Q(x,y,z)$、$R(x,y,z)$ 在 Σ 上连续.

根据定义 10-4，前述速度场为 $v(x,y,z)=(P(x,y,z),Q(x,y,z),R(x,y,z))$ 的稳定流动的不可压缩流体流过曲面 Σ 指定侧的流量 Φ 当 $P(x,y,z)$、$Q(x,y,z)$、$R(x,y,z)$ 在 Σ 上连续时，就等于函数 $P(x,y,z)$ 在 Σ 上对坐标 y、z 的曲面积分与函数 $Q(x,y,z)$ 在 Σ 上对坐标 z、x 的曲面积分及函数 $R(x,y,z)$ 在 Σ 上对坐标 x、y 的曲面积分之和，即

$$\Phi = \iint\limits_{\Sigma} P(x,y,z)\mathrm{d}y\mathrm{d}z + \iint\limits_{\Sigma} Q(x,y,z)\mathrm{d}z\mathrm{d}x + \iint\limits_{\Sigma} R(x,y,z)\mathrm{d}x\mathrm{d}y.$$

我们以后将上式右端的这种积分的和的形式简写成和的积分的形式，即

$$\iint\limits_{\Sigma} P(x,y,z)\mathrm{d}y\mathrm{d}z + \iint\limits_{\Sigma} Q(x,y,z)\mathrm{d}z\mathrm{d}x + \iint\limits_{\Sigma} R(x,y,z)\mathrm{d}x\mathrm{d}y$$

$$= \iint\limits_{\Sigma} P(x,y,z)\mathrm{d}y\mathrm{d}z + Q(x,y,z)\mathrm{d}z\mathrm{d}x + R(x,y,z)\mathrm{d}x\mathrm{d}y.$$

注 1 我们规定，当 Σ 为封闭有向曲面时，将曲面积分

$$\iint\limits_{\Sigma} P(x,y,z)\mathrm{d}y\mathrm{d}z, \quad \iint\limits_{\Sigma} Q(x,y,z)\mathrm{d}z\mathrm{d}x, \quad \iint\limits_{\Sigma} R(x,y,z)\mathrm{d}x\mathrm{d}y$$

分别记为

$$\oiint\limits_{\Sigma} P(x,y,z)\mathrm{d}y\mathrm{d}z, \quad \oiint\limits_{\Sigma} Q(x,y,z)\mathrm{d}z\mathrm{d}x, \quad \oiint\limits_{\Sigma} R(x,y,z)\mathrm{d}x\mathrm{d}y.$$

注 2 如果 Σ 是分片光滑的有向曲面，我们规定函数在有向曲面上对坐标的曲面积分等于在光滑的各片有向曲面上对坐标的曲面积分之和.

对坐标的曲面积分具有与对坐标的曲线积分类似的一些性质.

性质 1（<u>线性运算性质</u>） 设 c_1、c_2 均为常数，则

$$\iint\limits_{\Sigma} [c_1 R_1(x,y,z) + c_2 R_2(x,y,z)]\mathrm{d}x\mathrm{d}y$$

$$= c_1 \iint\limits_{\Sigma} R_1(x,y,z)\mathrm{d}x\mathrm{d}y + c_2 \iint\limits_{\Sigma} R_2(x,y,z)\mathrm{d}x\mathrm{d}y.$$

性质 2（<u>对积分曲面片的可加性</u>） 若有向曲面 Σ 可分成两片光滑的有向曲面片 Σ_1 和 Σ_2，则

$$\iint\limits_{\Sigma} R(x,y,z)\mathrm{d}x\mathrm{d}y = \iint\limits_{\Sigma_1} R(x,y,z)\mathrm{d}x\mathrm{d}y + \iint\limits_{\Sigma_2} R(x,y,z)\mathrm{d}x\mathrm{d}y .$$

性质 3　若 Σ^- 表示是对有向曲面 Σ 取相反侧的有向曲面，则

$$\iint\limits_{\Sigma^-} R(x,y,z)\mathrm{d}x\mathrm{d}y = -\iint\limits_{\Sigma} R(x,y,z)\mathrm{d}x\mathrm{d}y .$$

上式表示：当积分曲面改变为相反侧时，对坐标的曲面积分要改变符号．因此关于对坐标的曲面积分，我们必须注意积分曲面所取的侧．

10.5.2　对坐标的曲面积分的计算

设积分曲面 Σ 是由方程 $z = z(x,y)$ 给出的上侧，Σ 在 xoy 平面上的投影区域为 D_{xy}，函数 $z = z(x,y)$ 在 D_{xy} 上具有一阶连续偏导数，被积函数 $R(x,y,z)$ 在 Σ 上连续．则按定义 10-4，有

$$\iint\limits_{\Sigma} R(x,y,z)\mathrm{d}x\mathrm{d}y = \lim_{\lambda\to 0}\sum_{i=1}^{n} R(\xi_i,\eta_i,\zeta_i)(\Delta S_i)_{xy} .$$

若 Σ 取上侧，则 $\cos\gamma_i > 0$，所以 $(\Delta S_i)_{xy} = (\Delta A_i)_{xy}$．又 (ξ_i,η_i,ζ_i) 是 Σ 上的一点，故有 $\zeta_i = z(\xi_i,\eta_i)$．从而有

$$\sum_{i=1}^{n} R(\xi_i,\eta_i,\zeta_i)(\Delta S_i)_{xy} = \sum_{i=1}^{n} R[\xi_i,\eta_i,z(\xi_i,\eta_i)](\Delta A_i)_{xy} ,$$

进而

$$\iint\limits_{\Sigma} R(x,y,z)\mathrm{d}x\mathrm{d}y = \lim_{\lambda\to 0}\sum_{i=1}^{n} R[\xi_i,\eta_i,z(\xi_i,\eta_i)_i](\Delta A_i)_{xy} ,$$

即

$$\iint\limits_{\Sigma} R(x,y,z)\mathrm{d}x\mathrm{d}y = \iint\limits_{D_{xy}} R[x,y,z(x,y)]\mathrm{d}x\mathrm{d}y . \tag{10-15}$$

公式（10-15）表明，计算曲面积分 $\iint\limits_{\Sigma} R(x,y,z)\mathrm{d}x\mathrm{d}y$ 时，只需要将其中变量 z 换为表示 Σ 的函数 $z(x,y)$，然后在 Σ 在 xoy 平面上的投影区域为 D_{xy} 上计算二重积分即可．

必须注意，公式（10-15）的曲面积分是取在积分曲面 Σ 上侧的；如果曲面积分取在 Σ 的下侧，这时 $\cos\gamma_i < 0$，$(\Delta S_i)_{xy} = -(\Delta A_i)_{xy}$，从而有

$$\iint\limits_{\Sigma} R(x,y,z)\mathrm{d}x\mathrm{d}y = -\iint\limits_{D_{xy}} R[x,y,z(x,y)]\mathrm{d}x\mathrm{d}y . \tag{10-16}$$

类似地，如果积分曲面 Σ 由方程 $x = x(y,z)$ 给出，则有

$$\iint\limits_{\Sigma} P(x,y,z)\mathrm{d}y\mathrm{d}z = \pm\iint\limits_{D_{yz}} P[x(y,z),y,z]\mathrm{d}y\mathrm{d}z , \tag{10-17}$$

其中 D_{yz} 是 Σ 在 yoz 平面上的投影区域，且等式右端的符号这样决定：如果积分曲面 Σ 是由方程 $x = x(y,z)$ 所给出的积分曲面前侧，即 $\cos\alpha > 0$，应取正号；反之，如果积分曲面 Σ 是由方程 $x = x(y,z)$ 所给出的积分曲面后侧，即 $\cos\alpha < 0$，应取负号．这里 $\alpha = \alpha(x,y)$ 是有向曲面 Σ 上点 (x,y) 处的法向量与 x 轴正向的夹角．

如果积分曲面 Σ 由方程 $y = y(z,x)$ 给出，则有

$$\iint\limits_{\Sigma} Q(x,y,z)\mathrm{d}z\mathrm{d}x = \pm\iint\limits_{D_{zx}} Q[x,y(z,x),z]\mathrm{d}z\mathrm{d}x , \qquad (10\text{-}18)$$

其中 D_{yz} 是 Σ 在 zox 平面上的投影区域，且等式右端的符号这样决定：如果积分曲面 Σ 是由方程 $y = y(z,x)$ 所给出的积分曲面右侧，即 $\cos\beta > 0$，应取正号；反之，如果积分曲面 Σ 是由方程 $y = y(z,x)$ 所给出的积分曲面左侧，即 $\cos\beta < 0$，应取负号．这里 $\beta = \beta(x,y)$ 是有向曲面 Σ 上点 (x,y) 处的法向量与 y 轴正向的夹角．

例 10-18 计算曲面积分 $\iint\limits_{\Sigma} x^2\mathrm{d}y\mathrm{d}z + y^2\mathrm{d}z\mathrm{d}x + z^2\mathrm{d}x\mathrm{d}y$，其中 Σ 是长方体 B 的整个表面的外侧，$B = \{(x,y,z)\,|\,0 \leqslant x \leqslant a, 0 \leqslant y \leqslant b, 0 \leqslant z \leqslant c\}$．

解 把有向曲面 Σ 分成以下六个部分：

$\Sigma_1 : z = c \quad (0 \leqslant x \leqslant a,\ 0 \leqslant y \leqslant b)$ 的上侧；

$\Sigma_2 : z = 0 \quad (0 \leqslant x \leqslant a,\ 0 \leqslant y \leqslant b)$ 的下侧；

$\Sigma_3 : x = a \quad (0 \leqslant y \leqslant b,\ 0 \leqslant z \leqslant c)$ 的前侧；

$\Sigma_4 : x = 0 \quad (0 \leqslant y \leqslant b,\ 0 \leqslant z \leqslant c)$ 的后侧；

$\Sigma_5 : y = b \quad (0 \leqslant z \leqslant c,\ 0 \leqslant x \leqslant a)$ 的右侧；

$\Sigma_6 : y = 0 \quad (0 \leqslant z \leqslant c,\ 0 \leqslant x \leqslant a)$ 的左侧．

对于曲面积分 $\iint\limits_{\Sigma} x^2\mathrm{d}y\mathrm{d}z$，除 Σ_3 和 Σ_4 外，其余四片曲面在 yoz 平面上的投影区域面积为零，因此

$$\iint\limits_{\Sigma} x^2\mathrm{d}y\mathrm{d}z = \iint\limits_{\Sigma_3} x^2\mathrm{d}y\mathrm{d}z + \iint\limits_{\Sigma_4} x^2\mathrm{d}y\mathrm{d}z ,$$

根据公式（10-18），有

$$\iint\limits_{\Sigma} x^2\mathrm{d}y\mathrm{d}z = \iint\limits_{D_{yz}} a^2\mathrm{d}y\mathrm{d}z - \iint\limits_{D_{yz}} 0^2\mathrm{d}y\mathrm{d}z = a^2bc .$$

类似地可得

$$\iint\limits_{\Sigma} y^2\mathrm{d}z\mathrm{d}x = b^2ac , \qquad \iint\limits_{\Sigma} z^2\mathrm{d}x\mathrm{d}y = c^2ab .$$

于是

$$\iint\limits_{\Sigma} x^2\mathrm{d}y\mathrm{d}z + y^2\mathrm{d}z\mathrm{d}x + z^2\mathrm{d}x\mathrm{d}y = \iint\limits_{\Sigma} x^2\mathrm{d}y\mathrm{d}z + \iint\limits_{\Sigma} y^2\mathrm{d}z\mathrm{d}x + \iint\limits_{\Sigma} z^2\mathrm{d}x\mathrm{d}y$$

$$= (a+b+c)abc .$$

例 10-19 计算曲面积分 $\iint\limits_{\Sigma} xyz\mathrm{d}x\mathrm{d}y$，其中 Σ 是球面 $x^2+y^2+z^2=1$ 外侧在 $x\geq0$，$y\geq0$ 的部分.

解 把 Σ 分为 Σ_1 和 Σ_2 两部分（如图 10-24 所示），则其中 Σ_1 和 Σ_2 的方程分别为

$$z=\sqrt{1-x^2-y^2}\ ,\quad z=-\sqrt{1-x^2-y^2}\ .$$

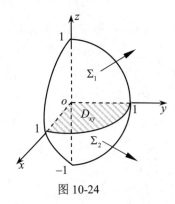

图 10-24

根据题意，积分曲面 Σ_1 应取上侧，积分曲面 Σ_2 应取下侧，因此根据性质 2 并分别应用公式（10-16）及公式（10-17），就有

$$\iint\limits_{\Sigma} xyz\mathrm{d}x\mathrm{d}y=\iint\limits_{\Sigma_1} xyz\mathrm{d}x\mathrm{d}y+\iint\limits_{\Sigma_2} xyz\mathrm{d}x\mathrm{d}y$$

$$=\iint\limits_{D_{xy}} xy\sqrt{1-x^2-y^2}\mathrm{d}x\mathrm{d}y-\iint\limits_{D_{xy}} xy(-\sqrt{1-x^2-y^2})\mathrm{d}x\mathrm{d}y$$

$$=2\iint\limits_{D_{xy}} xy\sqrt{1-x^2-y^2}\mathrm{d}x\mathrm{d}y\ ,$$

其中 D_{xy} 是 Σ_1 和 Σ_2 在 xoy 平面上的投影区域，就是位于第一象限内的扇形 $x^2+y^2\leq1$（$x\geq0$，$y\geq0$），可利用极坐标计算这个二重积分如下：

$$2\iint\limits_{D_{xy}} xy\sqrt{1-x^2-y^2}\mathrm{d}x\mathrm{d}y=2\iint\limits_{D_{xy}} r^2\sin\theta\cos\theta\sqrt{1-r^2}\,r\mathrm{d}r\mathrm{d}\theta$$

$$=\int_0^{\frac{\pi}{2}}\sin2\theta\mathrm{d}\theta\int_0^1 r^3\sqrt{1-r^2}\mathrm{d}r$$

$$=1\times\frac{2}{15}=\frac{2}{15}\ ,$$

从而

$$\iint\limits_{\Sigma} xyz\mathrm{d}x\mathrm{d}y=\frac{2}{15}\ .$$

10.5.3 两类曲面积分的联系

设积分曲面 Σ 由方程 $z = z(x, y)$ 给出，Σ 在 xoy 平面上的投影区域为 D_{xy}，函数 $z = z(x, y)$ 在 D_{xy} 上具有一阶连续偏导数，被积函数 $R(x, y, z)$ 在 Σ 上连续. 如果 Σ 取上侧，则由公式（10-15），有

$$\iint\limits_{\Sigma} R(x, y, z)\mathrm{d}x\mathrm{d}y = \iint\limits_{D_{xy}} R[x, y, z(x, y)]\mathrm{d}x\mathrm{d}y .$$

另一方面，上述有向曲面 Σ 的法向量的方向余弦为

$$\cos\alpha = \frac{-z_x}{\sqrt{1 + z_x^2 + z_y^2}} , \quad \cos\beta = \frac{-z_y}{\sqrt{1 + z_x^2 + z_y^2}} , \quad \cos\gamma = \frac{1}{\sqrt{1 + z_x^2 + z_y^2}} ,$$

故由公式（10-14），有

$$\iint\limits_{\Sigma} R(x, y, z)\cos\gamma\,\mathrm{d}S$$

$$= \iint\limits_{\Sigma} R[x, y, z(x, y)] \cdot \frac{1}{\sqrt{1 + z_x^2 + z_y^2}} \cdot \sqrt{1 + z_x^2 + z_y^2}\,\mathrm{d}x\mathrm{d}y = \iint\limits_{D_{xy}} R[x, y, z(x, y)]\mathrm{d}x\mathrm{d}y .$$

由此可见

$$\iint\limits_{\Sigma} R(x, y, z)\mathrm{d}x\mathrm{d}y = \iint\limits_{\Sigma} R(x, y, z)\cos\gamma\,\mathrm{d}S . \tag{10-19}$$

如果 Σ 取下侧，则由公式（10-15），有

$$\iint\limits_{\Sigma} R(x, y, z)\mathrm{d}x\mathrm{d}y = -\iint\limits_{D_{xy}} R[x, y, z(x, y)]\mathrm{d}x\mathrm{d}y ,$$

但这时 $\cos\gamma = \dfrac{-1}{\sqrt{1 + z_x^2 + z_y^2}}$ ，因此（10-19）仍然成立.

类似地可推得

$$\iint\limits_{\Sigma} P(x, y, z)\mathrm{d}y\mathrm{d}z = \iint\limits_{\Sigma} P(x, y, z)\cos\alpha\,\mathrm{d}S , \tag{10-20}$$

$$\iint\limits_{\Sigma} Q(x, y, z)\mathrm{d}z\mathrm{d}x = \iint\limits_{\Sigma} Q(x, y, z)\cos\beta\,\mathrm{d}S , \tag{10-21}$$

合并公式（10-19）、（10-20）、（10-21），得两类曲面积分之间的如下联系：

$$\iint\limits_{\Sigma} P\mathrm{d}y\mathrm{d}z + Q\mathrm{d}z\mathrm{d}x + R\mathrm{d}x\mathrm{d}y = \iint\limits_{\Sigma} (P\cos\alpha + Q\cos\beta + R\cos\gamma)\mathrm{d}S . \tag{10-22}$$

其中 P、Q、R 分别是 $P(x, y, z)$、$Q(x, y, z)$、$R(x, y, z)$ 的简写形式，$\cos\alpha$、$\cos\beta$、$\cos\gamma$ 是有向曲面 Σ 上点 (x, y, z) 处的法向量的方向余弦.

两类曲面积分之间的联系也可写成如下向量的形式：

$$\iint_{\Sigma} \boldsymbol{A} \cdot \mathrm{d}\boldsymbol{S} = \iint_{\Sigma} \boldsymbol{A} \cdot \boldsymbol{n}\mathrm{d}S \,, \qquad\qquad (10\text{-}23)$$

或

$$\iint_{\Sigma} \boldsymbol{A} \cdot \mathrm{d}\boldsymbol{S} = \iint_{\Sigma} A_n\mathrm{d}S \,. \qquad\qquad (10\text{-}23')$$

其中 $\boldsymbol{A} = (P,Q,R)$，$\boldsymbol{n} = (\cos\alpha,\cos\beta,\cos\gamma)$ 是有向曲面 Σ 上点 (x,y,z) 处的单位法向量，$\mathrm{d}\boldsymbol{S} = \boldsymbol{n}\mathrm{d}S = (\mathrm{d}y\mathrm{d}z,\mathrm{d}z\mathrm{d}x,\mathrm{d}x\mathrm{d}y)$ 称为**有向曲面元**，A_n 为向量 $\boldsymbol{A}$ 在向量 $\boldsymbol{n}$ 上的投影.

例 10-20 计算曲面积分 $\displaystyle\iint_{\Sigma} (z^2+x)\mathrm{d}y\mathrm{d}z - z\mathrm{d}x\mathrm{d}y$，其中 Σ 是曲面 $z = \dfrac{1}{2}(x^2+y^2)$ 介于平面 $z=0$ 及 $z=2$ 之间的部分的下侧.

解 曲面 Σ 及其方向如图 10-25 所示. 由公式（10-21）和公式（10-20），有

$$\iint_{\Sigma} (z^2+x)\mathrm{d}y\mathrm{d}z = \iint_{\Sigma} (z^2+x)\cos\alpha\,\mathrm{d}S = \iint_{\Sigma} (z^2+x)\frac{\cos\alpha}{\cos\gamma}\mathrm{d}x\mathrm{d}y \,.$$

在曲面 Σ 上，有

$$\cos\alpha = \frac{x}{\sqrt{1+x^2+y^2}} \,, \quad \cos\gamma = \frac{-1}{\sqrt{1+x^2+y^2}} \,,$$

故

$$\iint_{\Sigma} (z^2+x)\mathrm{d}y\mathrm{d}z - z\mathrm{d}x\mathrm{d}y = \iint_{\Sigma} [(z^2+x)(-x) - z]\mathrm{d}x\mathrm{d}y \,.$$

再根据公式（10-17），便得

$$\iint_{\Sigma} (z^2+x)\mathrm{d}y\mathrm{d}z - z\mathrm{d}x\mathrm{d}y = -\iint_{D_{xy}} \left\{ \left[\frac{1}{4}(x^2+y^2)^2 + x\right]\cdot(-x) - \frac{1}{2}(x^2+y^2) \right\}\mathrm{d}x\mathrm{d}y \,.$$

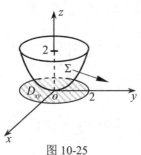

图 10-25

对于二重积分 $\displaystyle\iint_{D_{xy}} \frac{1}{4}x(x^2+y^2)^2\mathrm{d}x\mathrm{d}y$，因为被积函数是关于 x 的奇函数且积分区域关于 y 轴对称，故其积分值为 0. 从而有

$$\iint\limits_{\Sigma} (z^2+x)\mathrm{d}y\mathrm{d}z - z\mathrm{d}x\mathrm{d}y = \iint\limits_{D_{xy}} [x^2+\frac{1}{2}(x^2+y^2)]\mathrm{d}x\mathrm{d}y$$

$$= \int_0^{2\pi}\mathrm{d}\theta\int_0^2\left(r^2\cos^2\theta+\frac{1}{2}r^2\right)r\mathrm{d}r = 8\pi .$$

习题 10.5

1. 按对坐标的曲面积分的定义证明公式:

$$\iint\limits_{\Sigma}[P_1(x,y,z)\pm P_2(x,y,z)]\mathrm{d}y\mathrm{d}z = \iint\limits_{\Sigma}P_1(x,y,z)\mathrm{d}y\mathrm{d}z \pm \iint\limits_{\Sigma}P_2(x,y,z)]\mathrm{d}y\mathrm{d}z .$$

2. 当 Σ 为 xoy 平面内的一个闭区域时, 曲面积分 $\iint\limits_{\Sigma}R(x,y,z)\mathrm{d}x\mathrm{d}y$ 与二重积分

有什么关系?

3. 计算下列对坐标的曲面积分:

(1) $\iint\limits_{\Sigma}x^2y^2z\mathrm{d}x\mathrm{d}y$, 其中 Σ 是球面 $x^2+y^2+z^2=R^2$ 的下半部分的下侧;

(2) $\iint\limits_{\Sigma}z\mathrm{d}x\mathrm{d}y + x\mathrm{d}y\mathrm{d}z + y\mathrm{d}z\mathrm{d}x$, 其中 Σ 是柱面 $x^2+y^2=1$ 被平面 $z=0$ 及 $z=3$ 所

截得的第一卦限内的部分的前侧;

(3) $\iint\limits_{\Sigma}[f(x,y,z)+x]\mathrm{d}y\mathrm{d}z + [2f(x,y,z)+y]\mathrm{d}z\mathrm{d}x + [f(x,y,z)+z]\mathrm{d}x\mathrm{d}y$, 其中 Σ 是

平面 $x-y+z=1$ 在第四卦限部分的上侧, $f(x,y,z)$ 为连续函数;

(4) $\oiint\limits_{\Sigma}xz\mathrm{d}x\mathrm{d}y + xy\mathrm{d}y\mathrm{d}z + yz\mathrm{d}z\mathrm{d}x$, 其中 Σ 是平面 $x+y+z=1$, $x=0$, $y=0$,

$z=0$ 所围成的空间区域的整个边界曲面的外侧.

4. 把对坐标的曲面积分 $\iint\limits_{\Sigma}P(x,y,z)\mathrm{d}y\mathrm{d}z + Q(x,y,z)\mathrm{d}z\mathrm{d}x + R(x,y,z)\mathrm{d}x\mathrm{d}y$ 化成对

面积的曲面积分:

(1) Σ 为平面 $3x+2y+2\sqrt{3}z=6$ 在第一卦限的部分的上侧;

(2) Σ 是抛物面 $z=8-(x^2+y^2)$ 在 xoy 平面上方的部分的上侧.

§10.6 高斯公式

10.6.1 高斯公式

格林公式表达了平面闭区域 D 上的二重积分与其边界曲线 L 上的曲线积分之间的关系, 而高斯 (Gauss) 公式表达了空间闭区域 E 上的三重积分与其边界曲面

Σ 上的曲面积分之间的关系，这个关系可陈述如下：

定理 10-7 设空间闭区域 E 由分片光滑的闭曲面 Σ 所围成，函数 $P(x,y,z)$、$Q(x,y,z)$ 及 $R(x,y,z)$ 在 E 上具有一阶连续偏导数，则

$$\iiint\limits_{E}\left(\frac{\partial P}{\partial x}+\frac{\partial Q}{\partial y}+\frac{\partial R}{\partial z}\right)\mathrm{d}V = \oiint\limits_{\Sigma}P\mathrm{d}y\mathrm{d}z + Q\mathrm{d}z\mathrm{d}x + R\mathrm{d}x\mathrm{d}y,\qquad(10\text{-}24)$$

或

$$\iiint\limits_{E}\left(\frac{\partial P}{\partial x}+\frac{\partial Q}{\partial y}+\frac{\partial R}{\partial z}\right)\mathrm{d}V = \oiint\limits_{\Sigma}(P\cos\alpha + Q\cos\beta + R\cos\gamma)\mathrm{d}S.\quad(10\text{-}24')$$

这里 Σ 是 E 的整个边界曲面的外侧，$\cos\alpha$、$\cos\beta$、$\cos\gamma$ 是有向曲面 Σ 上点 (x,y,z) 处的法向量的方向余弦. 公式（10-24）或（10-24'）称为**高斯公式**.

证 由公式（10-22）可知，（10-24）和（10-24'）的右端是相等的，因此这里只要证明公式（10-24）就可以了.

设闭区域 E 在 xoy 平面上的投影区域为 D_{xy}. 假定穿过 E 内部且平行于 z 轴的直线与 E 的边界曲面 Σ 的交点恰好是两个. 这样，可设 Σ 由 Σ_1、Σ_2 和 Σ_3 三部分组成（如图 10-26 所示），其中 Σ_1 和 Σ_2 分别由方程 $z = z_1(x,y)$ 和 $z = z_2(x,y)$ 给定，这里 $z_1(x,y) \leqslant z_2(x,y)$，$\Sigma_1$ 取下侧；Σ_2 取上侧；Σ_3 是以 D_{xy} 的边界曲线为准线而母线平行于 z 轴的柱面上的一部分，取外侧.

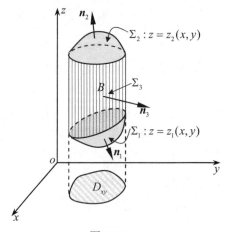

图 10-26

根据三重积分的计算公式，有

$$\iiint\limits_{E}\frac{\partial R}{\partial z}\mathrm{d}V = \iint\limits_{D_{xy}}\left\{\int_{z_1(x,y)}^{z_2(x,y)}\frac{\partial R}{\partial z}\mathrm{d}z\right\}\mathrm{d}x\mathrm{d}y$$

$$= \iint\limits_{D_{xy}}\{R[x,y,z_2(x,y)] - R[x,y,z_1(x,y)]\}\mathrm{d}x\mathrm{d}y.$$

另一方面，根据曲面积分的计算公式，有

$$\iint\limits_{\Sigma_1} R(x,y,z)\mathrm{d}x\mathrm{d}y = -\iint\limits_{D_{xy}} R[x,y,z_1(x,y)]\mathrm{d}x\mathrm{d}y ,$$

$$\iint\limits_{\Sigma_2} R(x,y,z)\mathrm{d}x\mathrm{d}y = \iint\limits_{D_{xy}} R[x,y,z_2(x,y)]\mathrm{d}x\mathrm{d}y ,$$

因为 Σ_3 上任意一块在 xoy 平面上的投影面积为零，所以直接根据对坐标的曲面积分的定义可知

$$\iint\limits_{\Sigma_3} R(x,y,z)\mathrm{d}x\mathrm{d}y = 0 ,$$

以上三式相加，可得

$$\oiint\limits_{\Sigma} R(x,y,z)\mathrm{d}x\mathrm{d}y = \iint\limits_{D_{xy}} \{R[x,y,z_2(x,y)] - R[x,y,z_1(x,y)]\}\mathrm{d}x\mathrm{d}y .$$

于是

$$\iiint\limits_{B} \frac{\partial R}{\partial z}\mathrm{d}V = \oiint\limits_{\Sigma} R(x,y,z)\mathrm{d}x\mathrm{d}y .$$

如果穿过 E 内部且平行于 x 轴的直线以及平行于 y 轴的直线与 E 的边界曲面 Σ 的交点恰好是两个，那么类似地可得

$$\iiint\limits_{B} \frac{\partial P}{\partial x}\mathrm{d}V = \oiint\limits_{\Sigma} P(x,y,z)\mathrm{d}y\mathrm{d}z ,$$

$$\iiint\limits_{\Omega} \frac{\partial Q}{\partial y}\mathrm{d}V = \oiint\limits_{\Sigma} Q(x,y,z)\mathrm{d}z\mathrm{d}x ,$$

把以上三式两端分别相加，即得高斯公式（10-24）. 证毕.

在上述证明中，我们对闭区域 E 作了这样的限制，即穿过 E 内部且平行于坐标轴的直线与 E 的边界曲面 Σ 的交点恰好是两点. 如果 E 不满足这样的条件，则可以引进几片辅助曲面把 E 分为有限个闭区域，使得每个闭区域满足这样的条件，并注意到沿辅助曲面相反两侧的两个曲面积分的绝对值相等而符号相反，相加时正好抵消，因此公式（10-24）对于这样的闭区域 E 仍然是成立的.

例 10-21 利用高斯公式计算曲面积分

$$\oiint\limits_{\Sigma} (x-y)\mathrm{d}x\mathrm{d}y + (y-z)x\mathrm{d}y\mathrm{d}z ,$$

其中 Σ 为柱面 $x^2+y^2=1$ 及平面 $z=0$、$z=3$ 所围成的空间闭区域 E 的整个边界曲面的外侧（如图 10-27 所示）.

解 由 $P = (y-z)x$，$Q = 0$，$R = x-y$ 知

$$\frac{\partial P}{\partial x} = y-z , \quad \frac{\partial Q}{\partial y} = 0 , \quad \frac{\partial R}{\partial z} = 0 ,$$

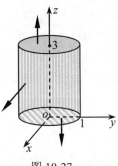

图 10-27

利用高斯公式把所给曲面积分化为三重积分，再利用柱面坐标计算三重积分，得

$$\oiint_{\Sigma} (x-y)\mathrm{d}x\mathrm{d}y + (y-z)\mathrm{d}y\mathrm{d}z = \iiint_{E} (y-z)\mathrm{d}x\mathrm{d}y\mathrm{d}z = \iiint_{E} (r\sin\theta - z)r\mathrm{d}r\mathrm{d}\theta\mathrm{d}z$$

$$= \int_{0}^{2\pi} \mathrm{d}\theta \int_{0}^{1} r\mathrm{d}r \int_{0}^{3} (r\sin\theta - z)\mathrm{d}z = -\frac{9\pi}{2}.$$

例 10-22　利用高斯公式计算曲面积分

$$\iint_{\Sigma} (x^2\cos\alpha + y^2\cos\beta + z^2\cos\gamma)\mathrm{d}S,$$

其中 Σ 为锥面 $x^2 + y^2 = z^2$ 介于平面 $z = 0$ 及 $z = h$（$h > 0$）之间的部分的下侧，$\cos\alpha, \cos\beta, \cos\gamma$ 是有向曲面 Σ 上点 (x, y, z) 处的法向量的方向余弦.

解　因曲面 Σ 不是封闭曲面，故不能直接利用高斯公式. 若设 Σ' 为平面 $z = h$（$x^2 + y^2 \leq h^2$）的上侧，则 Σ 与 Σ' 一起构成一个封闭曲面（如图 10-28 所示），记它们围成的空间闭区域为 E，利用高斯公式，便得

$$\iint_{\Sigma+\Sigma'} (x^2\cos\alpha + y^2\cos\beta + z^2\cos\gamma)\mathrm{d}S$$

$$= 2\iiint_{E} (x+y+z)\mathrm{d}v = 2\iint_{D_{xy}} \mathrm{d}x\mathrm{d}y \int_{\sqrt{x^2+y^2}}^{h} (x+y+z)\mathrm{d}z.$$

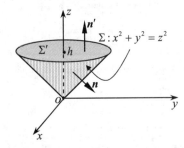

图 10-28

其中 $D_{xy} = \{(x,y) \mid x^2 + y^2 \leqslant h^2\}$，注意到

$$\iint\limits_{x^2+y^2 \leqslant h^2} \mathrm{d}x\mathrm{d}y \int_{\sqrt{x^2+y^2}}^{h} (x+y)\mathrm{d}z$$

$$= \iint\limits_{x^2+y^2 \leqslant h^2} x(h-\sqrt{x^2+y^2})\mathrm{d}x\mathrm{d}y + \iint\limits_{x^2+y^2 \leqslant h^2} y(h-\sqrt{x^2+y^2})\mathrm{d}x\mathrm{d}y,$$

且第一项的被积函数是关于 x 的奇函数且积分区域关于 y 轴对称,第二项的被积函数是关于 y 的奇函数且积分区域关于 x 轴对称，从而有

$$\iint\limits_{x^2+y^2 \leqslant h^2} \mathrm{d}x\mathrm{d}y \int_{\sqrt{x^2+y^2}}^{h} (x+y)\mathrm{d}z = 0+0=0.$$

因此

$$\oiint\limits_{\Sigma+\Sigma'} (x^2\cos\alpha + y^2\cos\beta + z^2\cos\gamma)\mathrm{d}S$$

$$= 2\iint\limits_{D_{xy}} \mathrm{d}x\mathrm{d}y \int_{\sqrt{x^2+y^2}}^{h} z\mathrm{d}z$$

$$= \iint\limits_{D_{xy}} (h^2-x^2-y^2)\mathrm{d}x\mathrm{d}y = \frac{1}{2}\pi h^4,$$

而

$$\iint\limits_{\Sigma'} (x^2\cos\alpha + y^2\cos\beta + z^2\cos\gamma)\mathrm{d}S = \iint\limits_{\Sigma'} z^2\mathrm{d}S = \iint\limits_{x^2+y^2 \leqslant h^2} h^2\mathrm{d}x\mathrm{d}y = \pi h^4,$$

于是

$$\iint\limits_{\Sigma} (x^2\cos\alpha + y^2\cos\beta + z^2\cos\gamma)\mathrm{d}S = \frac{1}{2}\pi h^4 - \pi h^4 = -\frac{1}{2}\pi h^4.$$

例 10-23 设函数 $u(x,y,z)$ 和 $v(x,y,z)$ 在闭区域 E 上具有一阶及二阶连续偏导数，证明

$$\iiint\limits_{E} u\Delta v\mathrm{d}x\mathrm{d}y\mathrm{d}z = \oiint\limits_{\Sigma} u\frac{\partial v}{\partial n}\mathrm{d}S - \iiint\limits_{E} \left(\frac{\partial u}{\partial x}\frac{\partial v}{\partial x} + \frac{\partial u}{\partial y}\frac{\partial v}{\partial y} + \frac{\partial u}{\partial z}\frac{\partial v}{\partial z}\right)\mathrm{d}x\mathrm{d}y\mathrm{d}z. \qquad (10\text{-}25)$$

其中 Σ 是闭区域 E 的整个边界曲面，$\dfrac{\partial v}{\partial n}$ 为函数 $v(x,y,z)$ 沿 Σ 的外法线方向的方向导数，符号 $\Delta = \dfrac{\partial^2}{\partial x^2} + \dfrac{\partial^2}{\partial y^2} + \dfrac{\partial^2}{\partial z^2}$，称为**拉普拉斯（Laplace）算子**. 公式（10-25）称为**格林第一公式**.

证 设 $\cos\alpha$、$\cos\beta$、$\cos\gamma$ 是曲面 Σ 上点 (x,y,z) 处的外法向量的方向余弦，则有

$$\frac{\partial v}{\partial n} = \frac{\partial v}{\partial x}\cos\alpha + \frac{\partial v}{\partial y}\cos\beta + \frac{\partial v}{\partial z}\cos\gamma,$$

于是

$$\oiint_{\Sigma} u \frac{\partial v}{\partial n} \mathrm{d}S = \oiint_{\Sigma} u \left(\frac{\partial v}{\partial x} \cos \alpha + \frac{\partial v}{\partial y} \cos \beta + \frac{\partial v}{\partial z} \cos \gamma \right) \mathrm{d}S$$

$$= \oiint_{\Sigma} \left[\left(u \frac{\partial v}{\partial x} \right) \cos \alpha + \left(u \frac{\partial v}{\partial y} \right) \cos \beta + \left(u \frac{\partial v}{\partial z} \right) \cos \gamma \right] \mathrm{d}S .$$

利用高斯公式，即得

$$\oiint_{\Sigma} u \frac{\partial v}{\partial n} \mathrm{d}S = \iiint_{B} \left[\frac{\partial}{\partial x} \left(u \frac{\partial v}{\partial x} \right) + \frac{\partial}{\partial y} \left(u \frac{\partial v}{\partial y} \right) + \frac{\partial}{\partial z} \left(u \frac{\partial v}{\partial z} \right) \right] \mathrm{d}x\mathrm{d}y\mathrm{d}z$$

$$= \iiint_{B} u \Delta v \mathrm{d}x\mathrm{d}y\mathrm{d}z + \iiint_{B} \left(\frac{\partial u}{\partial x} \frac{\partial v}{\partial x} + \frac{\partial u}{\partial y} \frac{\partial v}{\partial y} + \frac{\partial u}{\partial z} \frac{\partial v}{\partial z} \right) \mathrm{d}x\mathrm{d}y\mathrm{d}z ,$$

将上式右端第二个积分移至左端便得公式（10-25）.

*10.6.2　沿空间任意闭曲面的曲面积分为零的条件

现在提出与 10.3.2 小节讨论的问题相类似的问题：在怎样的条件下，曲面积分

$$\iint_{\Sigma} P\mathrm{d}y\mathrm{d}z + Q\mathrm{d}z\mathrm{d}x + R\mathrm{d}x\mathrm{d}y$$

与曲面 Σ 无关而只取决于 Σ 的边界曲线？该问题相当于在怎样的条件下，沿任意闭曲面的曲面积分为零，可用高斯公式来解决.

先介绍空间二维单连通区域及一维单连通区域的概念. 对空间区域 E，如果 E 内任一闭曲面所围成的区域全属于 E，则称 E 是**空间二维单连通区域**；如果 E 内任一闭曲线总可以张成一片完全属于 E 的曲面，则称 E 是**空间一维单连通区域**. 例如球面所围成的区域既是空间二维单连通区域，又是空间一维单连通区域；环面所围成的区域是空间二维单连通区域，但不是空间一维单连通区域；两个同心球面之间的区域是空间一维单连通区域，但不是空间二维单连通区域.

对于沿任意闭曲面的曲面积分为零的条件，我们有以下结论.

定理 10-8　设 E 是空间二维单连通区域，$P(x,y,z)$、$Q(x,y,z)$、$R(x,y,z)$ 在 E 内具有一阶连续偏导数，则曲面积分

$$\iint_{\Sigma} P\mathrm{d}y\mathrm{d}z + Q\mathrm{d}z\mathrm{d}x + R\mathrm{d}x\mathrm{d}y$$

在 E 内与所取曲面 Σ 无关而只取决于 Σ 的边界曲线（或沿 E 内任一闭曲面的曲面积分为零）的充分必要条件是

$$\frac{\partial P}{\partial x} + \frac{\partial Q}{\partial y} + \frac{\partial R}{\partial z} = 0$$

在 E 内恒成立.

证 充分性. 若 $\dfrac{\partial P}{\partial x}+\dfrac{\partial Q}{\partial y}+\dfrac{\partial R}{\partial z}=0$ 在 E 内恒成立，则由高斯公式（10-24）立即可看出沿 E 内的任一闭曲面的曲面积分为零.

必要性. 若 $\dfrac{\partial P}{\partial x}+\dfrac{\partial Q}{\partial y}+\dfrac{\partial R}{\partial z}=0$ 在 E 内不恒成立，即在 E 内至少一点 M_0，使得

$$\left(\frac{\partial P}{\partial x}+\frac{\partial Q}{\partial y}+\frac{\partial R}{\partial z}\right)_{M_0}\neq 0,$$

则使用与定理 10-4（3）$\Rightarrow$（1）同样的证明方法，就可以得出在 E 内存在着这样的闭曲面 Σ'，使得曲面积分 $\displaystyle\iint\limits_{\Sigma'}P\mathrm{d}y\mathrm{d}z+Q\mathrm{d}z\mathrm{d}x+R\mathrm{d}x\mathrm{d}y\neq 0$. 证毕.

*10.6.3 通量与散度

设有向量场

$$\boldsymbol{A}(x,y,z)=P(x,y,z)\boldsymbol{i}+Q(x,y,z)\boldsymbol{j}+R(x,y,z)\boldsymbol{k},$$

其中函数 P、Q、R 具有一阶连续偏导数，Σ 是场内的一片有向曲面，$\boldsymbol{n}$ 是 Σ 上点 (x,y,z) 处的单位法向量，则积分

$$\iint\limits_{\Sigma}\boldsymbol{A}\cdot\boldsymbol{n}\mathrm{d}S$$

称为向量场 $\boldsymbol{A}$ 通过曲面 Σ 向着指定侧的**通量**. 特别地，如果向量场是一个速度场，则相应的通量就称为**流量**.

由两类曲面积分的关系，通量又可表达为

$$\iint\limits_{\Sigma}\boldsymbol{A}\cdot\boldsymbol{n}\mathrm{d}S=\iint\limits_{\Sigma}\boldsymbol{A}\cdot\mathrm{d}\boldsymbol{S}=\iint\limits_{\Sigma}P\mathrm{d}y\mathrm{d}z+Q\mathrm{d}z\mathrm{d}x+R\mathrm{d}x\mathrm{d}y.$$

例 10-24 求向量场 $\boldsymbol{A}=yz\boldsymbol{j}+z^2\boldsymbol{k}$ 穿过曲面 Σ 流向上侧的通量，其中 Σ 为柱面 $y^2+z^2=1\,(z\geqslant 0)$ 被平面 $x=0$ 及 $x=1$ 截下的有限部分.

解 曲面 Σ 上侧的法向量可以由

$$f(x,y,z)=y^2+z^2-1$$

的梯度 ∇f 得出，即 Σ 上侧的单位法向量为

$$\boldsymbol{n}=\frac{\nabla f}{|\nabla f|}=\frac{2y\boldsymbol{j}+2z\boldsymbol{k}}{\sqrt{(2y)^2+(2z)^2}}=y\boldsymbol{j}+z\boldsymbol{k}\quad(y^2+z^2=1).$$

在曲面 Σ 上，

$$\boldsymbol{A}\cdot\boldsymbol{n}=y^2z+z^3=z(y^2+z^2)=z.$$

因此，$\boldsymbol{A}$ 穿过 Σ 流向上侧的通量为

$$\iint\limits_{\Sigma}\boldsymbol{A}\cdot\boldsymbol{n}\mathrm{d}S=\iint\limits_{\Sigma}z\mathrm{d}S=\iint\limits_{D_{xy}}\sqrt{1-y^2}\cdot\frac{1}{\sqrt{1-y^2}}\mathrm{d}x\mathrm{d}y$$

$$= \iint\limits_{D_{xy}} dxdy = 2 .$$

下面我们来解释高斯公式

$$\iiint\limits_{E} \left(\frac{\partial P}{\partial x} + \frac{\partial Q}{\partial y} + \frac{\partial R}{\partial z} \right) dV = \oiint\limits_{\Sigma} Pdydz + Qdzdx + Rdxdy$$

的物理意义.

设在闭区域 E 上有稳定流动的、不可压缩的流体（假定流体的密度为 1）的速度场

$$\bm{v}(x,y,z) = P(x,y,z)\bm{i} + Q(x,y,z)\bm{j} + R(x,y,z)\bm{k} ,$$

其中函数 P、Q、R 均具有一阶连续偏导数，Σ 是闭区域 E 的边界曲面的外侧，$\bm{n}$ 是 Σ 上点 (x,y,z) 处的单位法向量，则由 10.5.1 节可知，单位时间内流体经过曲面 Σ 流向指定侧的流体总质量就是

$$\iint\limits_{\Sigma} \bm{v} \cdot \bm{n}dS = \iint\limits_{\Sigma} v_{n}dS = \iint\limits_{\Sigma} Pdydz + Qdzdx + Rdxdy .$$

因此，高斯公式（10-24）的右端可解释为速度场 $\bm{v}$ 通过闭曲面 Σ 流向外侧的通量，即流体在单位时间内离开闭区域 E 的总质量. 由于我们假定流体是不可压缩且流动是稳定的，因此在流体离开 E 的同时，E 内部必须有产生流体的"源头"产生出同样多的流体来进行补充. 所以高斯公式（10-24）的左端可解释为分布在 E 内的源头在单位时间内所产生的流体的总质量.

为简便起见，把高斯公式（10-24）改写成

$$\iiint\limits_{E} \left(\frac{\partial P}{\partial x} + \frac{\partial Q}{\partial y} + \frac{\partial R}{\partial z} \right) dV = \oiint\limits_{\Sigma} v_{n}dS ,$$

以闭区域 E 的体积 V 除上式两端，得

$$\frac{1}{V} \iiint\limits_{E} \left(\frac{\partial P}{\partial x} + \frac{\partial Q}{\partial y} + \frac{\partial R}{\partial z} \right) dV = \frac{1}{V} \oiint\limits_{\Sigma} v_{n}dS .$$

上式左端表示 E 内源头在单位时间单位体积内所产生的流体质量的平均值.

应用积分中值定理于上式左端，得

$$\left. \left(\frac{\partial P}{\partial x} + \frac{\partial Q}{\partial y} + \frac{\partial R}{\partial z} \right) \right|_{(\xi,\eta,\zeta)} = \frac{1}{V} \oiint\limits_{\Sigma} v_{n}dS .$$

这里 (ξ,η,ζ) 是 E 内的某个点. 令 E 缩向一点 $M(x,y,z)$，取上式的极限，得

$$\frac{\partial P}{\partial x} + \frac{\partial Q}{\partial y} + \frac{\partial R}{\partial z} = \lim_{E \to M} \frac{1}{V} \oiint\limits_{\Sigma} v_{n}dS .$$

上式左端称为速度场 $\bm{v}$ 在点 M 的**通量密度**或**散度**，记作 $\mathrm{div}\bm{v}(M)$，即

$$\mathrm{div}\bm{v}(M) = \frac{\partial P}{\partial x} + \frac{\partial Q}{\partial y} + \frac{\partial R}{\partial z} .$$

$\text{div}\boldsymbol{v}(M)$ 在这里可看做稳定流动的不可压缩流体在点 M 的源头强度，即在单位时间单位体积内所产生的流体质量．在 $\text{div}\boldsymbol{v}(M)>0$ 的点 M 处，流体从该点向外发散，表示流体在该点处有正源；在 $\text{div}\boldsymbol{v}(M)<0$ 的点 M 处，流体向该点汇聚，表示流体在该点处有吸收流体的负源（又称为汇或洞）；在 $\text{div}\boldsymbol{v}(M)=0$ 的点 M 处，表示流体在该点处无源．

对于一般的向量场

$$\boldsymbol{A}(x,y,z)=P(x,y,z)\boldsymbol{i}+Q(x,y,z)\boldsymbol{j}+R(x,y,z)\boldsymbol{k}\,,$$

$\dfrac{\partial P}{\partial x}+\dfrac{\partial Q}{\partial y}+\dfrac{\partial R}{\partial z}$ 叫做向量场 $\boldsymbol{A}$ 的**散度**，记作 $\text{div}\boldsymbol{A}$，即

$$\text{div}\boldsymbol{A}=\frac{\partial P}{\partial x}+\frac{\partial Q}{\partial y}+\frac{\partial R}{\partial z}\,.$$

如果向量场 $\boldsymbol{A}$ 的散度 $\text{div}\boldsymbol{A}$ 处处为零，则称向量场 $\boldsymbol{A}$ 为**无源场**．

例 10-25　求例 10-24 中向量场 $\boldsymbol{A}$ 的散度．

解　$\text{div}\boldsymbol{A}=\dfrac{\partial}{\partial y}(yz)+\dfrac{\partial}{\partial z}(z^2)=z+2z=3z\,.$

利用向量场的通量和散度，高斯公式可以写成下面的向量形式

$$\iiint\limits_{E}\text{div}\boldsymbol{A}\mathrm{d}v=\oiint\limits_{\Sigma}A_n\mathrm{d}S\,.$$

上式表示：向量场 $\boldsymbol{A}$ 通过闭曲面 Σ 流向外侧的通量等于向量场 $\boldsymbol{A}$ 的散度在闭曲面 Σ 所围闭区域 E 上的积分．

习题 10.6

1．利用高斯公式计算曲面积分：

（1）$\oiint\limits_{\Sigma}4xz\mathrm{d}y\mathrm{d}z-y^2\mathrm{d}z\mathrm{d}x+yz\mathrm{d}x\mathrm{d}y$，其中 Σ 为立方体

$$B=\{(x,y,z)\,|\,0\leqslant x\leqslant 1,0\leqslant y\leqslant 1,0\leqslant z\leqslant 1\}$$

的全表面的外侧；

（2）$\oiint\limits_{\Sigma}x\mathrm{d}y\mathrm{d}z+y\mathrm{d}z\mathrm{d}x+z\mathrm{d}x\mathrm{d}y$，其中 Σ 为圆柱体 $x^2+y^2\leqslant 9$ 界于 $z=0$ 和 $z=3$ 之间的整个表面的外侧；

（3）$\oiint\limits_{\Sigma}x^2\mathrm{d}y\mathrm{d}z+y^2\mathrm{d}z\mathrm{d}x+z^2\mathrm{d}x\mathrm{d}y$，其中 Σ 为立方体

$$B=\{(x,y,z)\,|\,0\leqslant x\leqslant a,0\leqslant y\leqslant a,0\leqslant z\leqslant a\}$$

的全表面的外侧；

＊（4）$\oiint\limits_{\Sigma}x^3\mathrm{d}y\mathrm{d}z+y^3\mathrm{d}z\mathrm{d}x+z^3\mathrm{d}x\mathrm{d}y$，其中 Σ 为球面 $x^2+y^2+z^2=a^2$ 的外侧；

*（5）$\oiint\limits_{\Sigma} xz^2\mathrm{d}y\mathrm{d}z+(x^2y-z^3)\mathrm{d}z\mathrm{d}x+(2xy+y^2z)\mathrm{d}x\mathrm{d}y$，其中 Σ 为上半球体

$$\{(x,y,z)\,|\,0\leqslant z\leqslant\sqrt{a^2-x^2-y^2},x^2+y^2\leqslant a^2\}$$

的全表面的外侧.

*2．求下列向量 A 穿过曲面 Σ 流向指定侧的通量：

（1）$A=yz\boldsymbol{i}+xz\boldsymbol{j}+xy\boldsymbol{k}$，$\Sigma$ 为圆柱 $x^2+y^2\leqslant a^2$（$0\leqslant z\leqslant h$）的全表面，流向外侧；

（2）$A=(2x-z)\boldsymbol{i}+x^2y\boldsymbol{j}-xz^2\boldsymbol{k}$，$\Sigma$ 为立方体
$$B=\{(x,y,z)\,|\,0\leqslant x\leqslant a,0\leqslant y\leqslant a,0\leqslant z\leqslant a\}$$

的全表面，流向外侧；

（3）$A=(2x+3z)\boldsymbol{i}-(xz+y)\boldsymbol{j}+(y^2+2z)\boldsymbol{k}$，$\Sigma$ 是以点 $(3,-1,2)$ 为球心，半径为 3 的球面，流向外侧.

*3．求下列向量 A 的散度：

（1）$A=(x^2+yz)\boldsymbol{i}+(y^2+xz)\boldsymbol{j}+(z^2+xy)\boldsymbol{k}$；

（2）$A=\mathrm{e}^{xy}\boldsymbol{i}+\cos(xy)\boldsymbol{j}+\cos(xz^2)\boldsymbol{k}$；

（3）$A=y^2z\boldsymbol{i}+xy\boldsymbol{j}+xz\boldsymbol{k}$.

4．设 $u(x,y,z)$、$v(x,y,z)$ 是两个定义在闭区域 E 上的具有二阶连续偏导数的函数，$\dfrac{\partial u}{\partial n}$、$\dfrac{\partial v}{\partial n}$ 表示 $u(x,y,z)$、$v(x,y,z)$ 沿 Σ 的外法线方向的方向导数. 证明：

$$\iiint\limits_{E}(u\Delta v-v\Delta u)\mathrm{d}x\mathrm{d}y\mathrm{d}z=\oiint\limits_{\Sigma}\left(u\frac{\partial v}{\partial n}-v\frac{\partial u}{\partial n}\right)\mathrm{d}S,$$

其中 Σ 是空间闭区间 E 的整个边界曲面，这个公式称为**格林第二公式**.

*5．利用高斯公式推证阿基米德原理：浸没在液体中的物体所受液体的压力的合力（即浮力）的方向铅直向上，其大小等于这物体所排开的液体的重力.

§10.7　斯托克斯公式

10.7.1　斯托克斯公式

斯托克斯（Stokes）公式是格林公式的推广. 格林公式表达了平面闭区域上的二重积分与其边界曲线上的曲线积分间的关系，而斯托克斯公式则把曲面 Σ 上的曲面积分与沿着 Σ 的边界曲线的曲线积分联系起来. 这个联系可陈述如下.

定理 10-9　设 Γ 为分段光滑的空间有向闭曲线，Σ 是以 Γ 为边界的分片光滑的有向曲面，Γ 的正向与 Σ 的侧符合右手规则，函数 $P(x,y,z)$、$Q(x,y,z)$、$R(x,y,z)$ 在曲面 Σ（连同边界 Γ）上具有一阶连续偏导数，则有

$$\iint\limits_{\Sigma}\left(\frac{\partial R}{\partial y}-\frac{\partial Q}{\partial z}\right)\mathrm{d}y\mathrm{d}z+\left(\frac{\partial P}{\partial z}-\frac{\partial R}{\partial x}\right)\mathrm{d}z\mathrm{d}x+\left(\frac{\partial Q}{\partial x}-\frac{\partial P}{\partial y}\right)\mathrm{d}x\mathrm{d}y$$

（10-26）

$$=\oint\limits_{\Gamma}P\mathrm{d}x+Q\mathrm{d}y+R\mathrm{d}z .$$

公式（10-26）称为**斯托克斯公式**.

证 先假定 Σ 与平行于 z 轴的直线相交不多于一点，并设 Σ 为曲面 $z=f(x,y)$ 的上侧. Σ 的正向边界在 xoy 平面上的投影为平面有向曲线 C，C 所围成的闭区域为 D_{xy}（如图 10-29 所示）. 我们设法把曲面积分

$$\iint\limits_{\Sigma}\frac{\partial P}{\partial z}\mathrm{d}z\mathrm{d}x-\frac{\partial P}{\partial y}\mathrm{d}x\mathrm{d}y$$

化为闭区域 D_{xy} 上的二重积分，然后通过格林公式使它与曲线积分相联系.

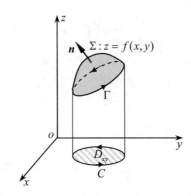

图 10-29

根据第一类曲面积分和第二类曲面积分间的关系，有

$$\iint\limits_{\Sigma}\frac{\partial P}{\partial z}\mathrm{d}z\mathrm{d}x-\frac{\partial P}{\partial y}\mathrm{d}x\mathrm{d}y=\iint\limits_{\Sigma}\left(\frac{\partial P}{\partial z}\cos\beta-\frac{\partial P}{\partial y}\cos\gamma\right)\mathrm{d}S ,$$

（1）

而有向曲面 Σ 的法向量的方向余弦为

$$\cos\alpha=\frac{-f_x}{\sqrt{1+f_x^2+f_y^2}} ,\quad \cos\beta=\frac{-f_y}{\sqrt{1+f_x^2+f_y^2}} ,\quad \cos\gamma=\frac{1}{\sqrt{1+f_x^2+f_y^2}} ,$$

因此 $\cos\beta=-f_y\cos\gamma$，把它代入（1）式得

$$\iint\limits_{\Sigma}\frac{\partial P}{\partial z}\mathrm{d}z\mathrm{d}x-\frac{\partial P}{\partial y}\mathrm{d}x\mathrm{d}y=-\iint\limits_{\Sigma}\left(\frac{\partial P}{\partial y}+\frac{\partial P}{\partial z}\cdot f_y\right)\cos\gamma\mathrm{d}S ,$$

即

$$\iint\limits_{\Sigma}\frac{\partial P}{\partial z}\mathrm{d}z\mathrm{d}x-\frac{\partial P}{\partial y}\mathrm{d}x\mathrm{d}y=-\iint\limits_{\Sigma}\left(\frac{\partial P}{\partial y}+\frac{\partial P}{\partial z}\cdot f_y\right)\mathrm{d}x\mathrm{d}y ,$$

（2）

上式右端的曲面积分化为二重积分时，应把 $P(x,y,z)$ 中的 z 用 $f(x,y)$ 来代

替. 而由复合函数的微分法, 有

$$\frac{\partial}{\partial y}P[x,y,f(x,y)] = \frac{\partial P}{\partial y} + \frac{\partial P}{\partial z} \cdot f_y,$$

所以,（2）式可写成

$$\iint_{\Sigma}\frac{\partial P}{\partial z}\mathrm{d}z\mathrm{d}x - \frac{\partial P}{\partial y}\mathrm{d}x\mathrm{d}y = -\iint_{D_{xy}}\frac{\partial}{\partial y}P[x,y,f(x,y)]\mathrm{d}x\mathrm{d}y.$$

根据格林公式的证明过程, 即公式（10-9（1）), 上式右端的二重积分可化为沿闭区域 D_{xy} 的边界 C 的曲线积分, 即

$$-\iint_{D_{xy}}\frac{\partial}{\partial y}P[x,y,f(x,y)]\mathrm{d}x\mathrm{d}y = \oint_C P[x,y,f(x,y)]\mathrm{d}x,$$

于是

$$\iint_{\Sigma}\frac{\partial P}{\partial z}\mathrm{d}z\mathrm{d}x - \frac{\partial P}{\partial y}\mathrm{d}x\mathrm{d}y = \oint_C P[x,y,f(x,y)]\mathrm{d}x,$$

因为函数 $P[x,y,f(x,y)]$ 在曲线 C 上点 (x,y) 处的值与函数 $P(x,y,z)$ 在曲线 Γ 上对应点 (x,y,z) 处的值一样, 并且两曲线上的对应小弧线段在 x 轴上的投影也一样, 根据曲线积分的定义, 上式右端的曲线积分等于曲线 Γ 上的曲线积分 $\int_{\Gamma}P(x,y,z)\mathrm{d}x$. 因此, 我们证得

$$\iint_{\Sigma}\frac{\partial P}{\partial z}\mathrm{d}z\mathrm{d}x - \frac{\partial P}{\partial y}\mathrm{d}x\mathrm{d}y = \oint_{\Gamma}P(x,y,z)\mathrm{d}x. \tag{3}$$

如果 Σ 取下侧, Γ 也相应的改成相反的方向, 那么（3）式两端同时改变符号, 因此（3）式仍成立.

其次, 如果曲面与平行于 z 轴的直线的交点多于一个, 则可作辅助曲线把曲面分成几部分, 然后应用公式（3）并相加. 因为沿辅助曲线而方向相反的两个曲线积分相加时正好抵消, 所以对于这一类曲面积分, 公式（3）仍然成立.

同样可证

$$\iint_{\Sigma}\frac{\partial Q}{\partial x}\mathrm{d}x\mathrm{d}y - \frac{\partial Q}{\partial z}\mathrm{d}y\mathrm{d}z = \oint_{\Gamma}Q(x,y,z)\mathrm{d}y, \tag{4}$$

$$\iint_{\Sigma}\frac{\partial R}{\partial y}\mathrm{d}y\mathrm{d}z - \frac{\partial R}{\partial x}\mathrm{d}z\mathrm{d}x = \oint_{\Gamma}R(x,y,z)\mathrm{d}z. \tag{5}$$

把它们与公式（3）相加便得公式（10-26）. 证毕.

为了便于记忆, 我们可以利用行列式记号把斯托克斯公式（10-26）写成

$$\iint_{\Sigma}\begin{vmatrix} \mathrm{d}y\mathrm{d}z & \mathrm{d}z\mathrm{d}x & \mathrm{d}x\mathrm{d}y \\ \dfrac{\partial}{\partial x} & \dfrac{\partial}{\partial y} & \dfrac{\partial}{\partial z} \\ P & Q & R \end{vmatrix} = \oint_{\Gamma}P\mathrm{d}x + Q\mathrm{d}y + R\mathrm{d}z. \tag{10-27}$$

要理解上式，我们把其中的行列式按第一行展开，并把 $\dfrac{\partial}{\partial y}$ 与 R 的"积"理解

为 $\dfrac{\partial R}{\partial y}$，$\dfrac{\partial}{\partial z}$ 与 Q 的"积"理解为 $\dfrac{\partial Q}{\partial z}$ 等，于是这个行列式就"等于"

$$\left(\frac{\partial R}{\partial y}-\frac{\partial Q}{\partial z}\right)\mathrm{d}y\mathrm{d}z+\left(\frac{\partial P}{\partial z}-\frac{\partial R}{\partial x}\right)\mathrm{d}z\mathrm{d}x+\left(\frac{\partial Q}{\partial x}-\frac{\partial P}{\partial y}\right)\mathrm{d}x\mathrm{d}y\ .$$

这恰好是公式（10-26）左端的被积分表达式.

利用两类曲面积分间的关系，可得斯托克斯公式的另一形式

$$\iint\limits_{\Sigma}\begin{vmatrix}\cos\alpha & \cos\beta & \cos\gamma\\[4pt] \dfrac{\partial}{\partial x} & \dfrac{\partial}{\partial y} & \dfrac{\partial}{\partial z}\\[6pt] P & Q & R\end{vmatrix}\mathrm{d}S=\oint_{\Gamma}P\mathrm{d}x+Q\mathrm{d}y+R\mathrm{d}z\ . \tag{10-27$'$}$$

其中 $\boldsymbol{n}=(\cos\alpha,\cos\beta,\cos\gamma)$ 为有向曲面 Σ 在点 (x,y,z) 处的单位法向量.

如果 Σ 是 xoy 平面上的一块闭区域，这时 $\cos\alpha$ 与 $\cos\beta$ 同时为 0，$z=0$ 从而 $R\mathrm{d}z=0$，斯托克斯公式就变成格林公式. 因此，格林公式是斯托克斯公式的一种特殊形式.

例 10-26　利用斯托克斯公式计算曲线积分 $\oint_{\Gamma}z\mathrm{d}x+x\mathrm{d}y+y\mathrm{d}z$，其中 Γ 为平面 $x+y+z=1$ 被三个坐标面所截成的三角形的整个边界，它的正向与这个三角形平面 Σ 上侧的法向量之间符合右手规则（如图 10-30 所示）.

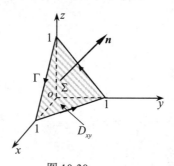

图 10-30

解　由公式（10-26），有

$$\oint_{\Gamma}z\mathrm{d}x+x\mathrm{d}y+y\mathrm{d}z=\iint\limits_{\Sigma}\mathrm{d}y\mathrm{d}z+\mathrm{d}z\mathrm{d}x+\mathrm{d}x\mathrm{d}y\ .$$

而

$$\iint\limits_{\Sigma}\mathrm{d}y\mathrm{d}z=\iint\limits_{D_{yz}}\mathrm{d}A=\frac{1}{2}\ ,$$

$$\iint_\Sigma dzdx = \iint_{D_{zx}} dA = \frac{1}{2} , \quad \iint_\Sigma dxdy = \iint_{D_{xy}} dA = \frac{1}{2} ,$$

其中 D_{yz}、D_{zx}、D_{xy} 分别为 Σ 在 yoz、zox、xoy 平面上的投影区域，因此

$$\oint_\Gamma zdx + xdy + ydz = \frac{3}{2} .$$

例 10-27　利用斯托克斯公式计算曲线积分

$$I = \oint_\Gamma (y^2 - z^2)dx + (z^2 - x^2)dy + (x^2 - y^2)dz ,$$

其中 Γ 是用平面 $x+y+z=\frac{3}{2}$ 截立方体 $\{(x,y,z)\,|\,0 \le x \le 1, 0 \le y \le 1, 0 \le z \le 1\}$ 的表面所得的截痕，若从 ox 轴的正向看去，取逆时针方向（如图 10-31（a）所示）.

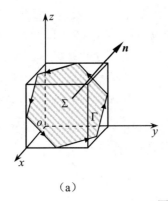
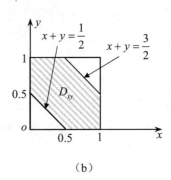

（a）　　　　　　　　　（b）

图 10-31

解　取 Σ 为平面 $x+y+z=\frac{3}{2}$ 的上侧被 Γ 所围成的部分，Σ 的单位法向量 $\boldsymbol{n} = \frac{1}{\sqrt{3}}(1,1,1)$，即 $\cos\alpha = \cos\beta = \cos\gamma = \frac{1}{\sqrt{3}}$. 由公式（10-27'），有

$$I = \iint_\Sigma \begin{vmatrix} \dfrac{1}{\sqrt{3}} & \dfrac{1}{\sqrt{3}} & \dfrac{1}{\sqrt{3}} \\ \dfrac{\partial}{\partial x} & \dfrac{\partial}{\partial y} & \dfrac{\partial}{\partial z} \\ y^2-z^2 & z^2-x^2 & x^2-y^2 \end{vmatrix} dS = -\frac{4}{\sqrt{3}} \iint_\Sigma (x+y+z)dS .$$

因为在 Σ 上 $x+y+z=\frac{3}{2}$，故

$$I = -\frac{4}{\sqrt{3}} \cdot \frac{3}{2} \iint_{\Sigma} \mathrm{d}S = -2\sqrt{3} \iint_{D_{xy}} \sqrt{3}\mathrm{d}x\mathrm{d}y = -6A_{xy},$$

其中 D_{xy} 为 Σ 在 xoy 平面上的投影区域（如图 10-31（b）阴影部分所示），A_{xy} 为 D_{xy} 的面积，而

$$A_{xy} = 1 - 2 \times \frac{1}{8} = \frac{3}{4},$$

故

$$I = -\frac{9}{2}.$$

*10.7.2 空间曲线积分与路径无关的条件

在 10.3 节中，利用格林公式推得了平面曲线积分与路径无关的条件. 完全类似地，利用斯托克斯公式，可推得空间曲线积分与路径无关的条件.

首先我们指出，空间曲线积分与路径无关相当于沿任意空间闭曲线的曲线积分为零. 关于空间曲线积分在什么条件下与路径无关的问题，有以下结论.

定理 10-10 设空间区域 E 是一维单连通域，函数 $P(x,y,z)$、$Q(x,y,z)$、$R(x,y,z)$ 在 E 内具有一阶连续偏导数，则空间曲线积分 $\int_{\Gamma} P\mathrm{d}x + Q\mathrm{d}y + R\mathrm{d}z$ 在 E 内与路径无关（或沿 E 内任意闭曲线的曲线积分为零）的充分必要条件是

$$\frac{\partial P}{\partial y} = \frac{\partial Q}{\partial x}, \frac{\partial Q}{\partial z} = \frac{\partial R}{\partial y}, \frac{\partial R}{\partial x} = \frac{\partial P}{\partial z} \tag{10-28}$$

在 E 内恒成立.

证 如果式（10-28）在 E 内恒成立，则由斯托克斯公式（10-26）立即可看出，沿闭曲线的曲线积分为零，因此条件是充分的. 反之，设沿 E 内任意闭曲线的曲线积分为零，若 E 内有一点 M_0 使式（10-28）中的三个等式不完全成立，例如 $\frac{\partial P}{\partial y} \neq \frac{\partial Q}{\partial x}$. 不妨假定

$$\left(\frac{\partial Q}{\partial x} - \frac{\partial P}{\partial y}\right)_{M_0} = \eta > 0.$$

过 $M_0(x_0, y_0, z_0)$ 作平面 $z = z_0$，并在这个平面上取一个以 M_0 为圆心、半径 r 足够小的圆形闭区域 K，使得在 K 上恒有

$$\frac{\partial Q}{\partial x} - \frac{\partial P}{\partial y} \geqslant \frac{\eta}{2}.$$

设 γ 是 K 的正向边界曲线. 因为 γ 在平面 $z = z_0$ 上，所以按定义有

$$\oint_{\gamma} P\mathrm{d}x + Q\mathrm{d}y + R\mathrm{d}z = \oint_{\gamma} P\mathrm{d}x + Q\mathrm{d}y.$$

又由式（10-26）有

$$\oint_{\gamma} P\mathrm{d}x + Q\mathrm{d}y + R\mathrm{d}z = \iint_{K}\left(\frac{\partial Q}{\partial x} - \frac{\partial P}{\partial y}\right)\mathrm{d}x\mathrm{d}y \geq \frac{\eta}{2}\cdot A_{K}\;,$$

其中 A_{K} 是 K 的面积，因为 $\eta > 0$，$A_{K} > 0$，从而

$$\oint_{\gamma} P\mathrm{d}x + Q\mathrm{d}y + R\mathrm{d}z > 0\;.$$

由于可以保证 γ 是 E 内的一条闭曲线，故上式与假设矛盾，从而式（10-28）在 E 内恒成立.

证毕.

应用定理 10-10 并仿照定理 10-5 的证法，便可以得到如下定理.

定理 10-11 设区域 E 是空间一维单连通域，函数 $P(x,y,z)$、$Q(x,y,z)$、$R(x,y,z)$ 在 E 内具有一阶连续偏导数，则表达式 $P\mathrm{d}x + Q\mathrm{d}y + R\mathrm{d}z$ 在 E 内成为某一函数 $u(x,y,z)$ 的全微分的充分必要条件是等式（10-28）在 E 内恒成立；当等式（10-28）成立时，这函数（不计一常数之差）可用下式求出：

$$u(x,y,z) = \int_{(x_0,y_0,z_0)}^{(x,y,z)} P\mathrm{d}x + Q\mathrm{d}y + R\mathrm{d}z\;, \tag{10-29}$$

或用定积分表示为（按如图 10-32 所示取积分路径，且此积分路径在 E 内）

$$u(x,y,z) = \int_{x_0}^{x} P(r,y_0,z_0)\mathrm{d}r + \int_{y_0}^{y} Q(x,s,z_0)\mathrm{d}s + \int_{z_0}^{z} R(x,y,t)\mathrm{d}t\;, \tag{10-29$'$}$$

其中 $M_0(x_0,y_0,z_0)$ 为 E 内某一点，点 $M(x,y,z) \in E$.

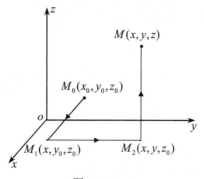

图 10-32

值得注意的是，为了避免积分变量与积分上限混淆，已把上式三个定积分中的积分变量分别改成了 r、s、t.

*10.7.3 环流量与旋度

设有向量场

$$A(x,y,z) = P(x,y,z)\boldsymbol{i} + Q(x,y,z)\boldsymbol{j} + R(x,y,z)\boldsymbol{k}\;,$$

其中函数 P、Q、R 均连续，Γ 是 A 的定义域内的分段光滑的有向闭曲线，τ 是 Γ

在点 (x, y, z) 处的单位切向量，则积分

$$\oint_\Gamma \boldsymbol{A} \cdot \boldsymbol{\tau} \mathrm{d}s$$

称为向量场 $\boldsymbol{A}$ 沿有向闭曲线 Γ 的**环流量**.

由两类曲线积分的关系，环流量又可表达为

$$\oint_\Gamma \boldsymbol{A} \cdot \boldsymbol{\tau} \mathrm{d}s = \oint_\Gamma \boldsymbol{A} \cdot \mathrm{d}\boldsymbol{r} = \oint_\Gamma P \mathrm{d}x + Q \mathrm{d}y + R \mathrm{d}z .$$

例 10-28 求向量场 $\boldsymbol{A} = (x^2 - y)\boldsymbol{i} + 4z\boldsymbol{j} + x^2\boldsymbol{k}$ 沿闭曲线 Γ 的环流量，其中 Γ 为锥面 $z = \sqrt{x^2 + y^2}$ 和平面 $z = 2$ 的交线，从 z 轴正向看 Γ 为逆时针方向.

解 $z = \sqrt{x^2 + y^2}$ 和 $z = 2$ 的交线是平面 $z = 2$ 上的圆周 $x^2 + y^2 = 4$，所以 Γ 的向量方程为

$$\boldsymbol{r} = 2\cos\theta\boldsymbol{i} + 2\sin\theta\boldsymbol{j} + 2\boldsymbol{k} , \quad 0 \leqslant \theta \leqslant 2\pi .$$

于是在 Γ 上有

$$\boldsymbol{A} = (x^2 - y)\boldsymbol{i} + 4z\boldsymbol{j} + x^2\boldsymbol{k} = (4\cos^2\theta - 2\sin\theta)\boldsymbol{i} + 8\boldsymbol{j} + 4\cos^2\theta\boldsymbol{k} ,$$

$$\mathrm{d}\boldsymbol{r} = (-2\sin\theta\mathrm{d}\theta)\boldsymbol{i} + (2\cos\theta\mathrm{d}\theta)\boldsymbol{j} ,$$

从而所求的环流量为

$$\oint_\Gamma \boldsymbol{A} \cdot \boldsymbol{\tau} \mathrm{d}s = \oint_\Gamma \boldsymbol{A} \cdot \mathrm{d}\boldsymbol{r} = \int_0^{2\pi} (-8\cos^2\theta\sin\theta + 4\sin^2\theta + 16\cos\theta)\mathrm{d}\theta = 4\pi .$$

与由向量场 $\boldsymbol{A}$ 的通量可以引出向量场 $\boldsymbol{A}$ 在一点的通量密度（即散度）一样，由向量场 $\boldsymbol{A}$ 沿一闭曲线的环流量可引出向量场 $\boldsymbol{A}$ 在一点的<u>环量密度</u>或<u>旋度</u>. 它是一个向量，定义如下：

设有一向量场

$$\boldsymbol{A}(x, y, z) = P(x, y, z)\boldsymbol{i} + Q(x, y, z)\boldsymbol{j} + R(x, y, z)\boldsymbol{k} ,$$

其中函数 P、Q、R 均具有一阶连续偏导数，则向量

$$\left(\frac{\partial R}{\partial y} - \frac{\partial Q}{\partial z}\right)\boldsymbol{i} + \left(\frac{\partial P}{\partial z} - \frac{\partial R}{\partial x}\right)\boldsymbol{j} + \left(\frac{\partial R}{\partial x} - \frac{\partial P}{\partial y}\right)\boldsymbol{k} \qquad (10\text{-}30)$$

称为向量场 $\boldsymbol{A}$ 的**旋度**，记作 **rot$A$**，即

$$\mathbf{rot}\boldsymbol{A} = \left(\frac{\partial R}{\partial y} - \frac{\partial Q}{\partial z}\right)\boldsymbol{i} + \left(\frac{\partial P}{\partial z} - \frac{\partial R}{\partial x}\right)\boldsymbol{j} + \left(\frac{\partial R}{\partial x} - \frac{\partial P}{\partial y}\right)\boldsymbol{k} .$$

若记 $\nabla = \left(\dfrac{\partial}{\partial x}, \dfrac{\partial}{\partial y}, \dfrac{\partial}{\partial z}\right)$ 为<u>向量微分算子</u>，则向量场 $\boldsymbol{A}$ 的旋度 **rot$A$** 可表示为 $\nabla \times \boldsymbol{A}$，即

$$\mathbf{rot}\boldsymbol{A} = \nabla \times \boldsymbol{A} = \begin{vmatrix} \boldsymbol{i} & \boldsymbol{j} & \boldsymbol{k} \\ \dfrac{\partial}{\partial x} & \dfrac{\partial}{\partial y} & \dfrac{\partial}{\partial z} \\ P & Q & R \end{vmatrix} . \qquad (10\text{-}31)$$

如果向量场 $\boldsymbol{A}$ 的旋度 $\mathbf{rot}\boldsymbol{A}$ 处处为零，则称向量场 $\boldsymbol{A}$ 为<u>无旋场</u>. 而一个无源、无旋的向量场称为<u>调和场</u>. 调和场是物理学中另一类重要的向量场，这种场与调和函数有着密切的关系.

例 10-29 求例 10-28 中的向量场 $\boldsymbol{A}$ 的旋度.

解

$$\mathbf{rot}\boldsymbol{A} = \nabla \times \boldsymbol{A} = \begin{vmatrix} \boldsymbol{i} & \boldsymbol{j} & \boldsymbol{k} \\ \dfrac{\partial}{\partial x} & \dfrac{\partial}{\partial y} & \dfrac{\partial}{\partial z} \\ x^2 - y & 4z & x^2 \end{vmatrix} = -4\boldsymbol{i} - 2x\boldsymbol{j} + \boldsymbol{k} \ .$$

设斯托克斯公式中的有向曲面 Σ 在点 (x, y, z) 处的单位法向量为

$$\boldsymbol{n} = \cos\alpha\,\boldsymbol{i} + \cos\beta\,\boldsymbol{j} + \cos\gamma\,\boldsymbol{k} \ ,$$

则

$$\mathbf{rot}\boldsymbol{A} \cdot \boldsymbol{n} = (\nabla \times \boldsymbol{A}) \cdot \boldsymbol{n} = \begin{vmatrix} \cos\alpha & \cos\beta & \cos\gamma \\ \dfrac{\partial}{\partial x} & \dfrac{\partial}{\partial y} & \dfrac{\partial}{\partial z} \\ P & Q & R \end{vmatrix} \ .$$

于是，斯托克斯公式可以写成下面的向量形式

$$\iint\limits_{\Sigma} \mathbf{rot}\boldsymbol{A} \cdot \boldsymbol{n}\,\mathrm{d}S = \oint_{\Gamma} \boldsymbol{A} \cdot \boldsymbol{\tau}\,\mathrm{d}s \ , \tag{10-32}$$

或

$$\iint\limits_{\Sigma} (\mathbf{rot}\boldsymbol{A})_n\,\mathrm{d}S = \oint_{\Gamma} A_\tau\,\mathrm{d}s \ . \tag{10-32$'$}$$

斯托克斯公式（10-32）表示：向量场 $\boldsymbol{A}$ 沿有向曲线 Γ 的环流量等于向量场 $\boldsymbol{A}$ 的旋度通过曲面 Σ 的通量，这里 Γ 的正向与 Σ 的侧符合右手规则.

最后，我们从力学角度来对 $\mathbf{rot}\boldsymbol{A}$ 的含义做些解释.

如图 10-33 所示，设有刚体绕定轴 l 转动，角速度为 $\boldsymbol{\omega}$，M 为刚体内任意一点. 在定轴 l 上任取一点 O 为坐标原点，作空间直角坐标系，使 z 轴与定轴 l 重合，则 $\boldsymbol{\omega} = \omega\boldsymbol{k}$（这里 $\omega = |\boldsymbol{\omega}|$），而点 M 可用向量 $\boldsymbol{r} = \overrightarrow{OM} = (x, y, z)$ 来确定. 由力学知道，点 M 的线速度 $\boldsymbol{v}$ 可表示为

$$\boldsymbol{v} = \boldsymbol{\omega} \times \boldsymbol{r} \ .$$

由此有

$$\boldsymbol{v} = \begin{vmatrix} \boldsymbol{i} & \boldsymbol{j} & \boldsymbol{k} \\ 0 & 0 & \omega \\ x & y & z \end{vmatrix} = (-\omega y, \omega x, 0) \ ,$$

从而

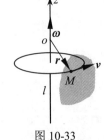

图 10-33

$$\mathbf{rot}v = \begin{vmatrix} \boldsymbol{i} & \boldsymbol{j} & \boldsymbol{k} \\ \dfrac{\partial}{\partial x} & \dfrac{\partial}{\partial y} & \dfrac{\partial}{\partial z} \\ -\omega y & \omega x & 0 \end{vmatrix} = (0,0,2\omega) = 2\boldsymbol{\omega} \,.$$

从速度场 $\boldsymbol{v}$ 的旋度与旋转角速度 $\boldsymbol{\omega}$ 的这个关系，可见"旋度"这一名词的由来.

习题 10.7

1. 利用斯托克斯公式计算下列曲线积分：

（1）$\oint_{\Gamma} y\mathrm{d}x + z\mathrm{d}y + x\mathrm{d}z$，其中 Γ 为圆周 $\begin{cases} x^2 + y^2 + z^2 = a^2 \\ x + y + z = 0 \end{cases}$，若从 z 轴的正向看去，这圆周取逆时针方向；

（2）$\oint_{\Gamma} (y-z)\mathrm{d}z + (z-x)\mathrm{d}y + (x-y)\mathrm{d}z$，其中 Γ 为椭圆 $\begin{cases} x^2 + y^2 = a^2 \\ \dfrac{x}{a} + \dfrac{z}{b} = 1 \end{cases}$ $(a>0,$ $b>0)$，若从 x 轴正向看去，这椭圆取逆时针方向；

（提示：Σ（即 $z = b - \dfrac{b}{a}x$）的面积微元为 $\mathrm{d}S = \dfrac{\sqrt{a^2 + b^2}}{a}\mathrm{d}x\mathrm{d}y$）

（3）$\oint_{\Gamma} 3y\mathrm{d}x - xz\mathrm{d}y + yz^2\mathrm{d}z$，其中 Γ 为圆周 $\begin{cases} x^2 + y^2 = 2z \\ z = 2 \end{cases}$，若从 z 轴的正向看去，这圆周是取逆时针方向；

（4）$\oint_{\Gamma} 2y\mathrm{d}x + 3x\mathrm{d}y - z^2\mathrm{d}z$，其中 Γ 为圆周 $\begin{cases} x^2 + y^2 + z^2 = 9 \\ z = 0 \end{cases}$，若从 z 轴的正向看去，这圆周是取逆时针方向.

*2. 求下列向量场 $\boldsymbol{A}$ 的旋度：

（1）$\boldsymbol{A} = (2z - 3y)\boldsymbol{i} + (3x - z)\boldsymbol{j} + (y - 2x)\boldsymbol{k}$；

（2）$\boldsymbol{A} = (z + \sin y)\boldsymbol{i} - (z - x\cos y)\boldsymbol{k}$；

（3）$\boldsymbol{A} = x^2\sin y\boldsymbol{i} + y^2\sin(xz)\boldsymbol{j} + xy\sin(\cos z)\boldsymbol{k}$.

*3. 利用斯托克斯公式把曲面积分 $\iint_{\Sigma} \mathbf{rot}\boldsymbol{A} \cdot \boldsymbol{n}\mathrm{d}S$ 化为曲线积分，并计算积分值，其中 $\boldsymbol{A}$、Σ、$\boldsymbol{n}$ 如下：

（1）$\boldsymbol{A} = y^2\boldsymbol{i} + xy\boldsymbol{j} + xz\boldsymbol{k}$，$\Sigma$ 为上半球面 $z = \sqrt{1 - x^2 - y^2}$ 的上侧，$\boldsymbol{n}$ 是 Σ 的单位法向量；

（2）$\boldsymbol{A} = (y-z)\boldsymbol{i} + yz\boldsymbol{j} - xz\boldsymbol{k}$，$\Sigma$ 为立方体
$$\{(x,y,z) \mid 0 \leqslant x \leqslant 2, 0 \leqslant y \leqslant 2, 0 \leqslant z \leqslant 2\}$$
的表面外侧去掉 xoy 平面上的那个底面，$\boldsymbol{n}$ 是 Σ 的单位法向量.

*4．求下列向量场 A 沿闭曲线 Γ（从 z 轴正向看依逆时针方向）的环流量：

（1）$A = -y\boldsymbol{i} + x\boldsymbol{j} + c\boldsymbol{k}$（$c$ 为常量），Γ 为圆周 $\begin{cases} x^2 + y^2 = 1 \\ z = 0 \end{cases}$；

（2）$A = (x - z)\boldsymbol{i} + (x^3 + yz)\boldsymbol{j} - 3xy^2\boldsymbol{k}$，$\Gamma$ 为圆周 $\begin{cases} z = 2 - \sqrt{x^2 + y^2} \\ z = 0 \end{cases}$.

*5．证明 $\mathbf{rot}(\boldsymbol{a} + \boldsymbol{b}) = \mathbf{rot}\,\boldsymbol{a} + \mathbf{rot}\,\boldsymbol{b}$.

*6．设 $u = u(x, y, z)$ 具有二阶连续偏导数，求 $\mathbf{rot}(\mathbf{grad}\,u)$.

*7．已知向量微分算子 $\nabla = \left(\dfrac{\partial}{\partial x}, \dfrac{\partial}{\partial y}, \dfrac{\partial}{\partial z} \right)$，证明：

（1）$\nabla(uv) = u\nabla v + v\nabla u$；

（2）$\Delta(uv) = u\Delta v + v\Delta u + 2\nabla u \cdot \nabla v$；

（3）$\nabla \cdot (\boldsymbol{A} \times \boldsymbol{B}) = \boldsymbol{B} \cdot (\nabla \times \boldsymbol{A}) - \boldsymbol{A} \cdot (\nabla \times \boldsymbol{B})$；

（4）$\nabla \times (\nabla \times \boldsymbol{A}) = \nabla(\nabla \cdot \boldsymbol{A}) - \nabla^2 \boldsymbol{A}$，其中 $\nabla^2 = \left(\dfrac{\partial^2}{\partial x^2}, \dfrac{\partial^2}{\partial y^2}, \dfrac{\partial^2}{\partial z^2} \right)$.

总习题十

1．填空题：

（1）将第二类曲线积分 $\displaystyle\int_{\Gamma} P\mathrm{d}x + Q\mathrm{d}y + R\mathrm{d}z$ 化成第一类曲线积分应为

_____，其中 α, β, γ 为有向曲线弧 Γ 上点 (x, y, z) 处的_____的方向角．

（2）第二类曲面积分 $\displaystyle\iint_{\Sigma} P\mathrm{d}y\mathrm{d}z + Q\mathrm{d}z\mathrm{d}x + R\mathrm{d}x\mathrm{d}y$ 化成第一类曲面积分是

_____，其中 α, β, γ 为有向曲面 Σ 上点 (x, y, z) 处的_____的方向角．

2．设曲面 Σ 是上半球面：$x^2 + y^2 + z^2 = R^2$（$z \geqslant 0$），曲面 Σ_1 是曲面 Σ 在第一卦限中的部分，则有_____．

A．$\displaystyle\iint_{\Sigma} x\mathrm{d}S = 4\iint_{\Sigma_1} x\mathrm{d}S$ B．$\displaystyle\iint_{\Sigma} y\mathrm{d}S = 4\iint_{\Sigma_1} y\mathrm{d}S$

C．$\displaystyle\iint_{\Sigma} z\mathrm{d}S = 4\iint_{\Sigma_1} x\mathrm{d}S$ D．$\displaystyle\iint_{\Sigma} xyz\mathrm{d}S = 4\iint_{\Sigma_1} xyz\mathrm{d}S$

3．计算下列曲线积分：

（1）$\displaystyle\oint_{L} \sqrt{x^2 + y^2}\,\mathrm{d}s$，其中 L 为圆周 $x^2 + y^2 = ax$（$a > 0$）；

（2）$\displaystyle\int_{\Gamma} z\mathrm{d}s$，其中 Γ 为曲线 $\begin{cases} x = t\cos t \\ y = t\sin t \\ z = t \end{cases}$（$0 \leqslant t \leqslant t_0$）；

（3）$\int_L (2a-y)\mathrm{d}x + x\mathrm{d}y$，其中 L 为摆线 $\begin{cases} x = a(t-\sin t) \\ y = a(1-\cos t) \end{cases}$ 上对应 t 从 0 到 2π 的一段弧；

（4）$\int_\Gamma (y^2-z^2)\mathrm{d}x + 2yz\mathrm{d}y - x^2\mathrm{d}z$，其中 Γ 是曲线 $\begin{cases} x = t \\ y = t^2 \\ z = t^3 \end{cases}$ 上由 $t_1 = 0$ 到 $t_2 = 1$ 的一段弧；

（5）$\int_L (\mathrm{e}^x \sin y - 2y)\mathrm{d}x + (\mathrm{e}^x \cos y - 2)\mathrm{d}y$，其中 L 为上半圆周 $y = \sqrt{a^2-(x-a)^2}$，沿逆时针方向；

（6）$\oint_\Gamma xyz\mathrm{d}z$，其中 Γ 是用平面 $y = z$ 截球面 $x^2+y^2+z^2 = 1$ 所得的截痕，从 z 轴的正向看去，沿逆时针方向.

4．计算下列曲面积分：

（1）$\iint\limits_\Sigma \dfrac{\mathrm{d}S}{x^2+y^2+z^2}$，其中 Σ 是界于平面 $z = 0$ 及 $z = H$ 之间的圆柱面 $x^2+y^2 = R^2$；

（2）$\iint\limits_\Sigma (y^2-z)\mathrm{d}y\mathrm{d}z + (z^2-x)\mathrm{d}z\mathrm{d}x + (x^2-y)\mathrm{d}x\mathrm{d}y$，其中 Σ 为锥面 $z = \sqrt{x^2+y^2}$ $(0 \le z \le h)$ 的外侧；

（3）$\iint\limits_\Sigma x\mathrm{d}y\mathrm{d}z + y\mathrm{d}z\mathrm{d}x + z\mathrm{d}x\mathrm{d}y$，其中 Σ 为半球面 $z = \sqrt{R^2-x^2-y^2}$ 的上侧；

（4）$\iint\limits_\Sigma \dfrac{x\mathrm{d}y\mathrm{d}z + y\mathrm{d}z\mathrm{d}x + z\mathrm{d}x\mathrm{d}y}{\sqrt{(x^2+y^2+z^2)^3}}$，其中 Σ 为曲面 $1 - \dfrac{z}{5} = \dfrac{(x-2)^2}{16} + \dfrac{(y-1)^2}{9}$ $(z \ge 0)$ 的上侧；

（5）$\iint\limits_\Sigma xyz\mathrm{d}x\mathrm{d}y$，其中 Σ 为球面 $x^2+y^2+z^2 = 1$ $(x \ge 0,\ y \ge 0)$ 的外侧.

5．证明：$\dfrac{x\mathrm{d}x + y\mathrm{d}y}{x^2+y^2}$ 在整个 xoy 平面除去 y 的负半轴及原点的区域 D 内是某个二元函数的全微分，并求出一个这样的二元函数.

6．设在半平面 $x > 0$ 内有力 $\boldsymbol{F} = -\dfrac{k}{\rho^3}(x\boldsymbol{i} + y\boldsymbol{j})$ 构成力场，其中 k 为常数，$\rho = \sqrt{x^2+y^2}$．证明在此力场中场力所作的功与所取的路径无关.

7．求均匀曲面 $z = \sqrt{a^2-x^2-y^2}$ 的质心的坐标.

8．设 $u(x,y)$、$v(x,y)$ 在闭区域 D 上都具有二阶连续偏导数，分段光滑的曲线

L 为 D 的正向边界曲线. $\dfrac{\partial u}{\partial n}$、$\dfrac{\partial v}{\partial n}$ 分别是 u、v 沿 L 的外法线向量 $\boldsymbol{n}$ 的方向导数，

符号 $\Delta = \dfrac{\partial^2}{\partial x^2} + \dfrac{\partial^2}{\partial y^2}$ 为二维拉普拉斯算子. 证明：

（1）$\displaystyle\iint_D v\Delta u \mathrm{d}x\mathrm{d}y = -\iint_D (\mathbf{grad}\ u \cdot \mathbf{grad}\ v)\mathrm{d}x\mathrm{d}y + \int_L v\dfrac{\partial u}{\partial n}\mathrm{d}s$；

（2）$\displaystyle\iint_D (u\Delta v - v\Delta u)\mathrm{d}x\mathrm{d}y = \int_L \left(u\dfrac{\partial v}{\partial n} - v\dfrac{\partial u}{\partial n}\right)\mathrm{d}s$.

*9. 求向量 $\boldsymbol{A} = x\boldsymbol{i} + y\boldsymbol{j} + z\boldsymbol{k}$ 通过闭区域
$$B = \{(x,y,z)\,|\,0 \leqslant x \leqslant 1, 0 \leqslant y \leqslant 1, 0 \leqslant z \leqslant 1\}$$
的边界曲面流向外侧的通量.

10. 求力 $\boldsymbol{F} = y\boldsymbol{i} + z\boldsymbol{j} + x\boldsymbol{k}$ 沿有向闭曲线 Γ 所作的功，其中 Γ 为平面 $x + y + z = 1$ 被三个坐标面所截成的三角形的整个边界，从 z 轴正向看去，沿顺时针方向.

第 11 章　微分方程

寻求变量之间的函数关系是解决很多实际问题的基础，而变量依赖关系一般不能由实际问题直接得到．但根据实际问题的特性，有时可以得到表示未知函数及其导数或微分与自变量之间关系的关系式．这种关系式揭示了实际问题的客观规律性，是描述这种客观规律性的一种重要的数学模型，这种数学模型就是所谓的微分方程．

§11.1　微 分 方 程 的 基 本 概 念

我们先通过几何、物理以及经济应用中的几个具体实例来说明微分方程的基本概念．

例 11-1　设某一平面曲线上任意点 (x, y) 处的切线斜率为该点处横坐标的一半，且曲线通过点 $(2, 2)$，求该曲线的方程．

解　设所求曲线的方程为 $y = f(x)$，则由题意及导数的几何意义，得

$$\frac{\mathrm{d}y}{\mathrm{d}x} = \frac{x}{2}, \qquad\qquad (*)$$

且还满足条件

$$y\,|_{x=2} = 2 .$$

方程（*）是一个含有自变量 x 及未知函数 $y = f(x)$ 的导数的方程．为了解出 $y = f(x)$，我们只要将（*）两端积分，就有

$$y = \int \frac{x}{2}\mathrm{d}x = \frac{x^2}{4} + c ,$$

这里 c 为任意常数．把条件 $y\,|_{x=2} = 2$ 代入上式，得

$$2 = \frac{2^2}{4} + c ,$$

从而解出 $c = 1$．即所求的曲线方程为

$$y = \frac{x^2}{4} + 1 .$$

例 11-2　设质点以均加速度 a 作直线运动，且当 $t = 0$ 时 $s = 0$，$v = v_0$．求质点运动的位移 s 与时间 t 的关系．

解　设质点运动的位移 s 与时间 t 的关系为 $s = s(t)$，则由题意及二阶导数的物理意义，得

$$\frac{\mathrm{d}^2 s}{\mathrm{d}t^2} = a , \qquad\qquad (**)$$

且还满足条件

$$s\big|_{t=0} = 0 , \quad \frac{\mathrm{d}s}{\mathrm{d}t}\bigg|_{t=0} = v_0 .$$

方程（**）是一个含有未知函数 $s = s(t)$ 的二阶导数的方程. 为了解出 $s = s(t)$，我们只要先将（**）两端积分，有

$$\frac{\mathrm{d}s}{\mathrm{d}t} = \int a\mathrm{d}t = at + c_1 ,$$

这里 c_1 为任意常数. 由 $\dfrac{\mathrm{d}s}{\mathrm{d}t}\bigg|_{t=0} = v_0$ 可解得 $c_1 = v_0$，从而

$$\frac{\mathrm{d}s}{\mathrm{d}t} = \int a\mathrm{d}t = at + v_0 ,$$

将上式两端再积分，得

$$s = \int (at + v_0)\mathrm{d}t = \frac{1}{2}at^2 + v_0 t + c_2 ,$$

这里 c_2 为任意常数. 再由 $s\big|_{t=0} = 0$ 可解得 $c_2 = 0$. 故所求位移与时间的关系为

$$s = \frac{1}{2}at^2 + v_0 t .$$

例 11-3 已知某产品的需求价格弹性恒为 -1，并且价格 $p = 2$ 时需求量 $Q = 300$，试求需求函数.

解 设需求函数为 $Q = Q(p)$，由题意及弹性的定义知

$$\frac{p}{Q}\frac{\mathrm{d}Q}{\mathrm{d}p} = -1 , \qquad\qquad (***)$$

且还满足条件

$$Q\big|_{p=2} = 300 .$$

方程（***）是一个含有自变量 p、未知函数 $Q = Q(p)$ 及其导数的方程. 为了解出 $Q = Q(p)$，我们先将（***）变形为 $\dfrac{\mathrm{d}Q}{Q} = -\dfrac{\mathrm{d}p}{p}$，再两端求积分，得

$$\ln Q = -\ln p + c \quad (p > 0,\ Q > 0,\ c \text{ 为任意常数}),$$

即

$$Q = \frac{c_0}{p} \quad (c_0 = \mathrm{e}^c) .$$

最后由 $Q\big|_{p=2} = 300$ 解得 $c_0 = 600$. 于是所求的需求函数为

$$Q = \frac{600}{p} .$$

一般地，像方程（*）、方程（**）和方程（***）这样的含有未知函数、未知函数的导数（或微分）与自变量间的关系的方程称为**微分方程**．只含一个自变量的方程称为**常微分方程**，自变量多于一个的方程称为**偏微分方程**．微分方程中实际出现的导数的最高阶数称为**微分方程的阶**．阶数为一的微分方程称为**一阶微分方程**，阶于高于一的微分方程称为**高阶微分方程**．本章只讨论常微分方程，并简称为<u>微分方程</u>或<u>方程</u>．显然方程（*）和方程（***）都是一阶微分方程，而方程（**）为二阶微分方程．

n 阶常微分方程的一般形式可以写成

$$F(x, y, y', \cdots, y^{(n)}) = 0 , \tag{11-1}$$

这里 $y, y', \cdots, y^{(n)}$ 都是 x 的函数，除 $y^{(n)}$ 项外，其余项可以出现，也可以不出现．

如果方程（11-1）的左边函数 F 对未知函数 y 和它的各阶导数 $y', ..., y^{(n)}$ 的全体而言是一次的，则方程（11-1）称为**线性微分方程**，否则方程（11-1）称为**非线性微分方程**．

显然，n 阶线性微分方程的一般形式可以写成：

$$y^{(n)} + a_1(x)y^{(n-1)} + \cdots + a_{n-1}(x)y' + a_n(x)y = f(x) , \tag{11-2}$$

其中 $a_i(x)$ （$i = 1, 2, \cdots, n$）和 $f(x)$ 都是 x 的已知函数．

如果能找出这样的函数 $y = y(x)$ （当然这个函数也可由方程 $G(x, y) = 0$ 隐式确定），把它代入方程（11-1）后使它能成为恒等式，则这个函数就称为**微分方程（11-1）的解**．

例如，方程 (1) $\left(\dfrac{\mathrm{d}y}{\mathrm{d}x}\right)^2 = 3x^2 + 2$、(2) $\dfrac{\mathrm{d}y}{\mathrm{d}x} = 1 + y^2$、(3) $\dfrac{\mathrm{d}^2 y}{\mathrm{d}x^2} + \omega^2 y = 0$ （$\omega > 0$ 是常数）都是常微分方程，它们的阶数分别为 1、1、2．方程（3）是线性的；而方程（1）和（2）是非线性的．函数 $y = \tan x$ 是方程（2）在区间 $\left(-\dfrac{\pi}{2}, \dfrac{\pi}{2}\right)$ 上的一个解，而 $y = \tan(x - c)$ 是方程（2）在区间 $\left(c - \dfrac{\pi}{2}, c + \dfrac{\pi}{2}\right)$ 上的解，其中 c 为任意常数；函数 $y = \cos \omega x$，$y = \sin \omega x$ 都是方程（3）在区间 $(-\infty, +\infty)$ 上的解，而且对任意常数 c_1 和 c_2，$y = c_1 \cos \omega x + c_2 \sin \omega x$ 也是方程（3）在区间 $(-\infty, +\infty)$ 上的解（验证参见例 11-4）．

从上面的讨论可知，微分方程的解可以包含一个或几个任意常数（与方程的阶数有关），而有的解不含任意常数．为了加以区别，我们给出如下定义．

对于 n 阶微分方程（11-1），若它的解中含有的独立的任意常数的个数（注：所谓独立的任意常数，是指它们不能合并而使得任意常数的个数减少）与微分方程的阶数 n 相同，则这样的解称为方程（11-1）的**通解**．方程（11-1）的个含任意常数的解称为它的**特解**．对于方程（11-1）的通解，使任意常数取定值的条件，称为微分方程的**初始条件**，我们把求满足初始条件的微分方程特解的问题称为**解初**

值问题.

例 11-4 验证函数 $y = c_1 \cos \omega x + c_2 \sin \omega x$ 是方程 $\dfrac{d^2 y}{dx^2} + \omega^2 y = 0$ 的解，其中 c_1、c_2 为任意常数.

解 $y' = -c_1 \omega \sin \omega x + c_2 \omega \cos \omega x$，$y'' = -c_1 \omega^2 \cos \omega x - c_2 \omega^2 \sin \omega x$.

将 y、y'' 的表达式代入方程 $\dfrac{d^2 y}{dx^2} + \omega^2 y = 0$ 的左端，有

$$y'' + \omega^2 y = -c_1 \omega^2 \cos \omega x - c_2 \omega^2 \sin \omega x + \omega^2 (c_1 \cos \omega x + c_2 \sin \omega x) \equiv 0，$$

所以对任意常数 c_1、c_2，$y = c_1 \cos \omega x + c_2 \sin \omega x$ 都是方程 $\dfrac{d^2 y}{dx^2} + \omega^2 y = 0$ 的解，

而 $y = \cos \omega x$ 和 $y = \sin \omega x$ 则是方程 $\dfrac{d^2 y}{dx^2} + \omega^2 y = 0$ 的两个特解.

例 11-5 求微分方程 $\dfrac{dy}{dx} = \dfrac{1}{x}$ 的通解.

解 根据原函数与不定积分之间的关系，可知

$$y = \int \frac{1}{x} dx = \ln|x| + c \ （c \text{ 为任意常数}），$$

而方程 $\dfrac{dy}{dx} = \dfrac{1}{x}$ 为一阶微分方程，故 $\ln|x| + c$（c 为任意常数）为该微分方程的通解.

习题 11.1

1. 试指出下列各微分方程的阶数：

（1）$x(y')^2 - 2yy' + x = 0$；　　　　（2）$x^2 y'' - xy' + y = 0$；

（3）$xy''' + 2y'' + x^2 y = 0$；　　　　（4）$(2x - 3y)dx + (x + y)dy = 0$；

（5）$L\dfrac{d^2 Q}{dt^2} + R\dfrac{dQ}{dt} + \dfrac{Q}{C} = 0$；　　　（6）$\dfrac{d\rho}{d\theta} + \rho = \sin^2 \theta$.

2. 指出下列各给定函数是否为所给微分方程的解，是通解还是特解？

（1）$xy' + y = e^x$，$y = \dfrac{e^x}{x}$；　　　（2）$y'' = x$，$y = cx + \dfrac{x^3}{6}$；

（3）$y'' - y' = 0$，$y = 2\sin x - \cos x$；

（4）$y'' - (\lambda_1 + \lambda_2)y' + \lambda_1 \lambda_2 y = 0$，$y = c_1 e^{\lambda_1 x} + c_2 e^{\lambda_2 x}$（$\lambda_1$、$\lambda_2$ 为常数）.

3. 根据下列条件，建立微分方程：

（1）曲线上任意点 (x, y) 处的切线斜率等于该点处的纵坐标；

（2）放射性元素镭的衰变规律如下：镭的衰变速度 $\dfrac{dR}{dt}$ 与它的现存量 R 成正

比，且由经验资料得知，镭经过 1600 年后，只剩下原始量 R_0 的一半．

§11.2 可分离变量的微分方程

微分方程的求解方法很多，本节至§11.4 节，我们讨论一阶微分方程 $y' = f(x, y)$ 的一些解法．

一般地，形如

$$\frac{\mathrm{d}y}{\mathrm{d}x} = f(x)g(y) \tag{11-3}$$

或

$$M_1(x)N_1(y)\mathrm{d}x = M_2(x)N_2(y)\mathrm{d}y \quad (M_2(x) \neq 0 \text{ 且 } N_2(y) \neq 0) \tag{11-4}$$

的方程称为**可分离变量的微分方程．**

显然，方程（11-4）可直接化为（11-3）形式，故我们以（11-3）的形式展开讨论．

当 $g(y) \neq 0$ 时，把方程（11-3）改写为 $\dfrac{\mathrm{d}y}{g(y)} = f(x)\mathrm{d}x$ （称为变量分离），两边积分，得通解

$$\int \frac{\mathrm{d}y}{g(y)} = \int f(x)\mathrm{d}x + c .$$

这里我们把积分常数 c 明确写出来，而把 $\displaystyle\int \frac{\mathrm{d}y}{g(y)}$ 和 $\displaystyle\int f(x)\mathrm{d}x$ 分别理解为 $\dfrac{1}{g(y)}$ 和 $f(x)$ 的一个确定的原函数．

若存在 y_0，使 $g(y_0) = 0$，则易见 $y = y_0$ 是方程（11-3）的一个解，这样的解称为**常数解．**

例 11-6　求方程 $\dfrac{\mathrm{d}y}{\mathrm{d}x} - 2xy = 0$ 的通解．

解　分离变量得 $\dfrac{\mathrm{d}y}{y} = 2x\mathrm{d}x$，两边积分得 $\ln|y| = x^2 + \tilde{c}$，即 $|y| = \mathrm{e}^{\tilde{c}}\mathrm{e}^{x^2}$．令 $c = \pm \mathrm{e}^{\tilde{c}}$，则有

$$y = c\mathrm{e}^{x^2} \quad (c \neq 0) .$$

此外 $y = 0$ 是方程的常数解．若上式中允许 $c = 0$，则此常数解也包含于上式中．于是，所求方程的通解为

$$y = c\mathrm{e}^{x^2} ,$$

其中 c 为任意常数．

例 11-7 解初值问题 $\begin{cases} x\mathrm{d}x + y\mathrm{e}^{-x}\mathrm{d}y = 0 \\ y(0) = 1 \end{cases}$.

解 先求方程 $x\mathrm{d}x + y\mathrm{e}^{-x}\mathrm{d}y = 0$ 的通解. 分离变量得 $y\mathrm{d}y = -x\mathrm{e}^{x}\mathrm{d}x$，两边积分得通解为

$$\frac{y^2}{2} = -x\mathrm{e}^x + \mathrm{e}^x + c ,$$

代入初始条件，即 $x = 0$ 时 $y = 1$ 得 $c = -\frac{1}{2}$. 于是，所求解为

$$y^2 = 2\mathrm{e}^x(1-x) - 1 .$$

习题 11.2

求下列微分方程的通解：

（1） $xy' - y\ln y = 0$ ；

（2） $3x^2 + 5x - 5y' = 0$ ；

（3） $\sqrt{1-x^2}\, y' = \sqrt{1-y^2}$ ；

（4） $\dfrac{\mathrm{d}y}{\mathrm{d}x} = \mathrm{e}^{x-y}$ ；

（5） $(y+1)^2 \dfrac{\mathrm{d}y}{\mathrm{d}x} + x^3 = 0$ ；

（6） $y\mathrm{d}x + (x^2 - 4x)\mathrm{d}y = 0$.

§11.3   一阶齐次方程

11.3.1   一阶齐次方程

如果一阶微分方程可化成

$$\frac{\mathrm{d}y}{\mathrm{d}x} = \varphi(\frac{y}{x}) , \tag{11-5}$$

则该方程称为一阶**齐次微分方程**.

方程（11-5）的解法是通过变量代换将其化为可分离变量方程，然后按可分离变量方程的解法求解，方法如下.

令 $\dfrac{y}{x} = u$ ，即 $y = ux$ ，则 $\dfrac{\mathrm{d}y}{\mathrm{d}x} = x\dfrac{\mathrm{d}u}{\mathrm{d}x} + u$ ，代入方程（11-5）得

$$x\frac{\mathrm{d}u}{\mathrm{d}x} + u = \varphi(u) ,$$

或

$$\frac{\mathrm{d}u}{\mathrm{d}x} = \frac{\varphi(u) - u}{x} .$$

这是一个可将变量 u 和变量 x 分离的方程.

例 11-8 解方程 $y' = \dfrac{y}{x} + \sqrt{1 + \left(\dfrac{y}{x}\right)^2}$.

解 令 $\dfrac{y}{x} = u$ ，即 $y = xu$ ，则 $\dfrac{\mathrm{d}y}{\mathrm{d}x} = x\dfrac{\mathrm{d}u}{\mathrm{d}x} + u$. 代入方程得

$$x\frac{\mathrm{d}u}{\mathrm{d}x} + u = u + \sqrt{1 + u^2} ,$$

即

$$x\frac{\mathrm{d}u}{\mathrm{d}x} = \sqrt{1 + u^2} .$$

分离变量并积分，有

$$\ln(u + \sqrt{1 + u^2}) + \ln|c_1| = \ln|x| \ (\ c_1 \neq 0\ ),$$

从而

$$x = c(u + \sqrt{1 + u^2}) \ (\ c = \pm c_1 \neq 0\ ).$$

再用 $\dfrac{y}{x}$ 代回上式中的 u ，便得所给方程的通解为

$$y = \frac{x^2}{2c} - \frac{c}{2} ,$$

其中 $c \neq 0$ 为任意常数.

*11.3.2　可化为一阶齐次方程的方程

方程

$$\frac{\mathrm{d}y}{\mathrm{d}x} = \frac{ax + by + c}{a_1 x + b_1 y + c_1} \tag{11-6}$$

当 $c = c_1 = 0$ 时是齐次的，否则不是齐次的. 在非齐次的情形，可用下列变换把它化为齐次方程.

令 $x = X + h$ ，$y = Y + k$ ，其中 h 及 k 为待定的常数. 于是

$$\mathrm{d}x = \mathrm{d}X, \quad \mathrm{d}y = \mathrm{d}Y ,$$

从而方程（11-6）变为

$$\frac{\mathrm{d}Y}{\mathrm{d}X} = \frac{aX + bY + ah + bk + c}{a_1 X + b_1 Y + a_1 h + b_1 k + c_1} .$$

如果方程组

$$\begin{cases} ah + bk + c = 0 \\ a_1 h + b_1 k + c_1 = 0 \end{cases}$$

的系数行列式 $\begin{vmatrix} a & b \\ a_1 & b_1 \end{vmatrix} \neq 0$ ，即 $\dfrac{a_1}{a} \neq \dfrac{b_1}{b}$ ，那么可以定出唯一的 h 及 k 使它们满足上述方程组. 这样方程（11-6）便化为齐次方程

$$\frac{\mathrm{d}Y}{\mathrm{d}X} = \frac{aX + bY}{a_1 X + b_1 Y}.$$

求出该齐次方程的通解后，在通解中以 $x-h$ 替代 X ，$y-k$ 替代 Y ，便得到方程（11-6）的通解.

当 $\frac{a_1}{a} = \frac{b_1}{b}$ 时，h 及 k 无法求得，上述方法不能应用. 但这时若令 $\frac{a_1}{a} = \frac{b_1}{b} = \lambda$ ，则方程（11-6）可写成

$$\frac{\mathrm{d}y}{\mathrm{d}x} = \frac{ax + by + c}{\lambda(ax + by) + c_1},$$

引入新变量 $v = ax + by$ ，则有

$$\frac{\mathrm{d}v}{\mathrm{d}x} = a + b\frac{\mathrm{d}y}{\mathrm{d}x} \quad \text{或} \quad \frac{\mathrm{d}y}{\mathrm{d}x} = \frac{1}{b}\left(\frac{\mathrm{d}v}{\mathrm{d}x} - a\right).$$

方程（11-6）变为

$$\frac{1}{b}\left(\frac{\mathrm{d}v}{\mathrm{d}x} - a\right) = \frac{v + c}{\lambda v + c_1}.$$

这是一个可将变量 v 和变量 x 分离的方程.

例 11-9 解方程 $(2x + y - 4)\mathrm{d}x + (x + y - 1)\mathrm{d}y = 0$.

解 所给方程属于方程（11-6）的类型. 令 $x = X + h$, $y = Y + k$ ，则 $\mathrm{d}x = \mathrm{d}X$, $\mathrm{d}y = \mathrm{d}Y$ ，代入原方程得

$$(2X + Y + 2h + k - 4)\mathrm{d}X + (X + Y + h + k - 1)\mathrm{d}Y = 0.$$

解方程组

$$\begin{cases} 2h + k - 4 = 0 \\ h + k - 1 = 0 \end{cases}$$

得 $h = 3$, $k = -2$. 令 $x = X + 3$, $y = Y - 2$ ，则原方程变为

$$(2X + Y)\mathrm{d}X + (X + Y)\mathrm{d}Y = 0,$$

或

$$\frac{\mathrm{d}Y}{\mathrm{d}X} = -\frac{2X + Y}{X + Y} = -\frac{2 + \dfrac{Y}{X}}{1 + \dfrac{Y}{X}},$$

这是一个齐次方程.

令 $\frac{Y}{X} = u$ ，则 $Y = uX$ ，$\frac{\mathrm{d}Y}{\mathrm{d}X} = u + X\frac{\mathrm{d}u}{\mathrm{d}X}$ ，于是上述方程变为

$$u + X\frac{\mathrm{d}u}{\mathrm{d}X} = -\frac{2 + u}{1 + u},$$

分离变量得

$$-\frac{u+1}{u^2+2u+2}\mathrm{d}u=\frac{\mathrm{d}X}{X},$$

积分得

$$\ln|c_1|-\frac{1}{2}\ln(u^2+2u+2)=\ln|X|\quad(c_1\neq 0),$$

于是

$$\frac{c_1}{\sqrt{u^2+2u+2}}=|X|,$$

或

$$c_2=X^2(u^2+2u+2)\quad(c_2=c_1^2).$$

即

$$Y^2+2XY+2X^2=c_2.$$

以 $X=x-3$，$Y=y+2$ 代入上式并化简，得

$$2x^2+2xy+y^2-8x-2y=c\quad(c=c_2-10).$$

习题 11.3

1. 求下列齐次方程的通解：

（1）$xy'-y-\sqrt{y^2-x^2}=0$；

（2）$(x^2+y^2)\mathrm{d}x-xy\mathrm{d}y=0$；

（3）$(x+2y)\mathrm{d}x-x\mathrm{d}y=0$；

（4）$\dfrac{\mathrm{d}y}{\mathrm{d}x}=\dfrac{y}{x}+\tan\dfrac{y}{x}$.

*2. 化下列方程为齐次方程，并求出通解：

（1）$(x-y-1)\mathrm{d}x+(4y+x-1)\mathrm{d}y=0$；

（2）$(x+y)\mathrm{d}x+(3x+3y-4)\mathrm{d}y=0$.

§11.4 一阶线性微分方程

11.4.1 一阶线性方程

在一阶微分方程中，如果未知函数及其导数都是一次的，那么这类方程称为**一阶线性方程**. 一阶线性方程的一般形式为

$$\frac{\mathrm{d}y}{\mathrm{d}x}+P(x)y=Q(x).\tag{11-7}$$

当 $Q(x)\equiv 0$ 时，方程（11-7）称为一阶线性齐次方程；当 $Q(x)\not\equiv 0$ 时，方程（11-7）称为**一阶线性非齐次方程**. 为了能求出方程（11-7）的解，我们首先将 $Q(x)$ 换成 0，从而得到方程

$$\frac{\mathrm{d}y}{\mathrm{d}x} + P(x)y = 0 . \tag{11-8}$$

方程（11-8）称为与方程（11-7）对应的**齐次方程**.

方程（11-8）显然是变量可分离方程，根据 11.2 节的方法，可以求出其通解为

$$y = c\mathrm{e}^{-\int P(x)\mathrm{d}x} , \tag{1}$$

其中 c 为任意常数，$\int P(x)\mathrm{d}x$ 仅表示 $P(x)$ 的一个原函数.

下面我们使用常数变易法求非齐次方程（11-7）的通解. 改变（1）式，将常数 c 变成依赖于 x 的一个函数 $c(x)$，即

$$y = c(x)\mathrm{e}^{-\int P(x)\mathrm{d}x} . \tag{2}$$

将（2）式代入方程（11-7）并化简得

$$c'(x) = Q(x)\mathrm{e}^{\int P(x)\mathrm{d}x} ,$$

两边积分，有

$$c(x) = \int Q(x)\mathrm{e}^{\int P(x)\mathrm{d}x}\mathrm{d}x + c ,$$

将它代回到（2）式，即得方程（11-7）的通解为

$$y = \mathrm{e}^{-\int P(x)\mathrm{d}x}\left(\int Q(x)\mathrm{e}^{\int P(x)\mathrm{d}x}\mathrm{d}x + c\right) . \tag{11-9}$$

上述把（2）式中常数 c 变易为 x 的函数 $c(x)$ 方法称为**常数变易法**，它是一种重要的数学方法. 通常只要知道了线性齐次方程的通解，便可用常数变易法将对应的线性非齐次方程的通解求出来.

将公式（11-9）进一步变形为

$$y = c\mathrm{e}^{-\int P(x)\mathrm{d}x} + \mathrm{e}^{-\int P(x)\mathrm{d}x}\int Q(x)\mathrm{e}^{\int P(x)\mathrm{d}x}\mathrm{d}x .$$

令 $y^*(x) = \mathrm{e}^{-\int P(x)\mathrm{d}x}\int Q(x)\mathrm{e}^{\int P(x)\mathrm{d}x}\mathrm{d}x$，我们发现，$y^*(x)$ 是非齐次方程（11-7）的一个特解（只要在上式中令 $c = 0$ 即可）.

结合（1）式，我们得出：非齐次方程（11-7）的通解可以表示成齐次方程（11-8）的通解与该非齐次方程的一个特解之和.

例 11-10　求方程 $(1+x^2)\dfrac{\mathrm{d}y}{\mathrm{d}x} - 2xy = (1+x^2)^2$ 的通解.

解　这是一个一阶线性非齐次方程. 先求出其对应的齐次方程

$$(1+x^2)\frac{\mathrm{d}y}{\mathrm{d}x} - 2xy = 0$$

的通解. 分离变量得

$$\frac{\mathrm{d}y}{y} = \frac{2x}{1+x^2}\mathrm{d}x,$$

从而解得

$$y = c(1+x^2).$$

现在令 $y = c(x)(1+x^2)$ 为原方程的解，代入原方程得

$$(1+x^2)[c'(x)(1+x^2)+2xc(x)] - 2xc(x)(1+x^2) = (1+x^2)^2$$

或

$$c'(x)(1+x^2) + 2xc(x) - 2xc(x) = 1+x^2,$$

即

$$c'(x) = 1,$$

解得

$$c(x) = x + c.$$

因而所求的通解为

$$y = (1+x^2)(x+c).$$

例 11-11　求方程 $\dfrac{\mathrm{d}y}{\mathrm{d}x} - \dfrac{2y}{x+1} = (x+1)^2$ 的通解.

解　它是一阶线性非齐次微分方程，且 $P(x) = -\dfrac{2}{x+1}$，$Q(x) = (x+1)^2$.

由公式（11-9），有

$$\begin{aligned}
y &= \mathrm{e}^{\int \frac{2}{x+1}\mathrm{d}x}\left[\int (x+1)^2 \mathrm{e}^{\int \frac{-2}{x+1}\mathrm{d}x}\mathrm{d}x + c\right]\\
&= \mathrm{e}^{2\ln|x+1|}\left[\int (x+1)^2 \mathrm{e}^{-2\ln|x+1|}\mathrm{d}x + c\right]\\
&= (x+1)^2\left(\int \mathrm{d}x + c\right) = (x+1)^2(x+c).
\end{aligned}$$

例 11-12　求方程 $\dfrac{\mathrm{d}y}{\mathrm{d}x} = \dfrac{1}{x+y}$ 的通解.

解　若把方程变形为

$$\frac{\mathrm{d}x}{\mathrm{d}y} = x + y,$$

即原方程变为一个以 y 为自变量，x 为一个依赖于 y 的函数的一阶线性方程，则可按一阶线性方程的解法求得通解：

$$x = \mathrm{e}^{\int \mathrm{d}y}\left[\int y\mathrm{e}^{-\int \mathrm{d}x}\mathrm{d}y + c\right] = \mathrm{e}^{y}\left[\int y\mathrm{e}^{-y}\mathrm{d}y + c\right] = \mathrm{e}^{y}\left[-y\mathrm{e}^{-y} - \mathrm{e}^{-y} + c\right],$$

即

$$x + y + 1 - c\mathrm{e}^{y} = 0.$$

也可用变量代换来解所给方程：令 $x+y=u$，则 $y=u-x$，$\dfrac{\mathrm{d}y}{\mathrm{d}x}=\dfrac{\mathrm{d}u}{\mathrm{d}x}-1$，代入原方程，得

$$\frac{\mathrm{d}u}{\mathrm{d}x}-1=\frac{1}{u} \quad \text{或} \quad \frac{\mathrm{d}u}{\mathrm{d}x}=\frac{u+1}{u},$$

分离变量得

$$\frac{u}{u+1}\mathrm{d}u=\mathrm{d}x,$$

两端积分得

$$u-\ln|u+1|=x+c.$$

以 $u=x+y$ 代入上式，即得原方程的通解为

$$y-\ln|x+y+1|=c.$$

*11.4.2　伯努利方程

方程

$$\frac{\mathrm{d}y}{\mathrm{d}x}+P(x)y=Q(x)y^n \quad （n\neq0,1） \tag{11-10}$$

称为**伯努利（Bernoulli）方程**. 当 $n=0$ 或 $n=1$ 时，方程（11-10）都是一阶线性方程. 当 $n\neq0$ 且 $n\neq1$ 时，方程（11-10）不是线性的，但是通过变量的代换，可把它化为线性的. 事实上，以 y^n 除方程（11-10）的两端，得

$$y^{-n}\frac{\mathrm{d}y}{\mathrm{d}x}+P(x)y^{1-n}=Q(x), \tag{3}$$

引入新的因变量 $z=y^{1-n}$，那么

$$\frac{\mathrm{d}z}{\mathrm{d}x}=(1-n)y^{-n}\frac{\mathrm{d}y}{\mathrm{d}x}.$$

用 $(1-n)$ 乘方程（3）的两端，再通过上述代换，方程（11-10）变为线性方程

$$\frac{\mathrm{d}z}{\mathrm{d}x}+(1-n)P(x)z=(1-n)Q(x).$$

求出该方程的通解后，以 y^{1-n} 替代 z 便得到伯努利方程的通解.

例 11-13　求方程 $\dfrac{\mathrm{d}y}{\mathrm{d}x}=\dfrac{y}{2x}+\dfrac{x^2}{2y}$ 的通解.

解　这是一个伯努利方程，且 $n=-1$. 两端乘以 $(1-n)y^{-n}=2y$，得

$$2y\frac{\mathrm{d}y}{\mathrm{d}x}=\frac{y^2}{x}+x^2,$$

令 $z=y^{1-n}=y^2$，代入上式，有

$$\frac{dz}{dx} = \frac{z}{x} + x^2 \text{ ,}$$

这已经是线性方程，它的解为 $z = cx + \frac{1}{2}x^3$. 于是原方程的解为

$$y = \pm\sqrt{cx + \frac{1}{2}x^3} \text{ .}$$

习题 11.4

1．求下列微分方程的通解：

（1） $\dfrac{dy}{dx} + y = e^{-x}$ ；　　　　　　（2） $xy' + y = x^2 + 3x + 2$ ；

（3） $y' + y\cos x = e^{\sin x}$ ；　　　　　　（4） $\dfrac{d\rho}{d\theta} + 3\rho = 2$ ；

（5） $\dfrac{dy}{dx} + 2xy = 4x$ ；　　　　　　（6） $(y^2 - 6x)\dfrac{dy}{dx} + 2y = 0$.

2．求一曲线的方程，该曲线通过原点，并且它在点 (x, y) 处的切线斜率等于 $2x + y$.

*3．求下列伯努利方程的通解：

（1） $\dfrac{dy}{dx} - 3xy = xy^2$ ；　　　　　　（2） $\dfrac{dy}{dx} - y = xy^5$.

§11.5　可降阶的高阶微分方程

从这一节开始我们将讨论二阶及二阶以上的微分方程，即所谓<u>高阶微分方程</u>及其解法．对于有些特殊类型的高阶微分方程，可以通过变量代换将它化成较低阶的方程来解．如对于二阶微分方程

$$y'' = f(x, y, y') \text{ ,}$$

如果能设法作变量代换把它从二阶降至一阶，那么就有可能应用前面几节中所讲的方法来求出它的解了．

下面给出三类可降阶的微分方程的解法．

11.5.1　$y^{(n)} = f(x)$ 型的微分方程

考察方程

$$y^{(n)} = f(x) \text{ ,} \tag{11-11}$$

该方程右端仅含有自变量 x ，左端为未知函数的 n 阶导数．两端积分，得

$$y^{(n-1)} = \int f(x)dx + c_1 \text{ ,}$$

上式两端再同时积分得

$$y^{(n-2)} = \int \left[\int f(x)dx + c_1 \right] dx + c_2 ,$$

这样连续积分 n 次，便得方程（11-11）的含有 n 个任意常数的通解.

例 11-14 求微分方程 $y''' = e^{2x} - \cos x$ 的通解.

解 对所给方程连续积分三次，得

$$y'' = \frac{1}{2}e^{2x} - \sin x + c ,$$

$$y' = \frac{1}{4}e^{2x} + \cos x + cx + c_2 ,$$

$$y = \frac{1}{8}e^{2x} + \sin x + c_1 x^2 + c_2 x + c_3 \quad \left(c_1 = \frac{c}{2} \right).$$

11.5.2 $y'' = f(x, y')$ 型的微分方程

考察方程

$$y'' = f(x, y') , \qquad\qquad (11\text{-}12)$$

该方程的右端不显含未知函数 y．为了降低该微分方程的阶数，可作变换 $y' = p(x)$，那么

$$y'' = \frac{\mathrm{d}p}{\mathrm{d}x} = p' ,$$

方程（11-12）变为

$$p' = f(x, p) .$$

这是一个关于变量 x、p 的一阶微分方程. 如果可求得其通解为 $p(x) = \varphi(x, c_1)$，则有

$$\frac{\mathrm{d}y}{\mathrm{d}x} = \varphi(x, c_1) .$$

这是一个关于变量 x、y 的变量可分离方程，可求得其通解为

$$y = \int \varphi(x, c_1)\mathrm{d}x + c_2 .$$

该通解同时也是方程（11-12）的通解.

例 11-15 解初值问题 $\begin{cases} (1+x^2)y'' = 2xy' \\ y(0) = 1, \ y'(0) = 3 \end{cases}$.

解 微分方程 $(1+x^2)y'' = 2xy'$ 属于 $y'' = f(x, y')$ 型. 令 $y' = p(x)$，则原方程变为

$$(1+x^2)p' = 2xp ,$$

或

$$\frac{\mathrm{d}p}{p} = \frac{2x}{1+x^2}\mathrm{d}x .$$

两端积分得

$$\ln|p| = \ln(1+x^2) + \ln|c_1|,$$

从而

$$y' = p = c(1+x^2) \quad (c = \pm c_1).$$

由 $y'(0) = 3$ 知，$c = 3$．于是

$$\frac{\mathrm{d}y}{\mathrm{d}x} = 3(1+x^2) \text{ 或 } \mathrm{d}y = 3(1+x^2)\mathrm{d}x,$$

两端积分，可解得

$$y = x^3 + 3x + c_2,$$

由 $y(0) = 1$ 知，$c_2 = 1$．于是，所求的解为

$$y = x^3 + 3x + 1.$$

例 11-16 求微分方程 $y'' + y' = \mathrm{e}^x$ 的通解．

解 该微分方程属于 $y'' = f(x, y')$ 型．令 $y' = p(x)$，则原方程变为

$$p' + p = \mathrm{e}^x.$$

上述方程为关于 x、p 的一阶线性微分方程，由公式（11-9），有

$$y' = p = \mathrm{e}^{-\int \mathrm{d}x}\left(\int \mathrm{e}^x \mathrm{e}^{\int \mathrm{d}x}\mathrm{d}x + c\right) = \mathrm{e}^{-x}\left(\frac{1}{2}\mathrm{e}^{2x} + c\right) = \frac{1}{2}\mathrm{e}^x + c\mathrm{e}^{-x},$$

于是有

$$y = \frac{1}{2}\mathrm{e}^x + c_1\mathrm{e}^{-x} + c_2 \quad (c_1 = -c).$$

11.5.3 $y'' = f(y, y')$ 型的微分方程

考察方程

$$y'' = f(y, y'), \tag{11-13}$$

该方程的右端不显含自变量 x．为了降低该微分方程的阶数，同样可令 $y' = p(x)$，则

$$y'' = \frac{\mathrm{d}p}{\mathrm{d}x} = \frac{\mathrm{d}p}{\mathrm{d}y} \cdot \frac{\mathrm{d}y}{\mathrm{d}x} = p\frac{\mathrm{d}p}{\mathrm{d}y},$$

方程（11-13）就变为

$$p\frac{\mathrm{d}p}{\mathrm{d}y} = f(y, p).$$

这是一个关于变量 y、p 的一阶微分方程．如果可求得其通解为 $y' = p(x) = \psi(y, c_1)$，则有

$$\frac{\mathrm{d}y}{\mathrm{d}x} = \psi(y, c_1) \text{ 或 } \frac{\mathrm{d}y}{\varphi(y, c_1)} = \mathrm{d}x,$$

两端求积分，得通解为

$$\int \frac{dy}{\varphi(y, C_1)} = x + c_2 .$$

该通解同时也是方程（11-13）的通解.

例 11-17 求微分方程 $yy'' + 2(y')^2 = 0$ 的通解.

解 该微分方程属于 $y'' = f(y, y')$ 型. 令 $y' = p(x)$，则

$$y'' = \frac{dp}{dx} = \frac{dp}{dy} \cdot \frac{dy}{dx} = p \frac{dp}{dy} ,$$

原方程变为

$$yp \frac{dp}{dy} + 2p^2 = 0 ,$$

在 $y \neq 0$, $p \neq 0$ 时约去 p 并分离变量，得

$$\frac{dp}{p} = -2 \frac{dy}{y} ,$$

两端积分，得

$$\ln |p| = \ln \frac{1}{y^2} + \ln |c_0| ,$$

即

$$y' = p(x) = \frac{c}{y^2} \text{ 或 } y^2 dy = c dx \quad (c = \pm c_0),$$

于是有

$$y^3 = 3cx + c_2 ,$$

即所求通解为

$$y^3 = c_1 x + c_2 \quad (c_1 = 3c) .$$

显然 $y = 0$ 或 $p = 0$ （即 $y =$ 常数）也包含在上述通解中.

例 11-18 解初值问题 $\begin{cases} 1 - yy'' - (y')^2 = 0 \\ y(0) = 1, y'(0) = \sqrt{2} \end{cases}$.

解 微分方程 $1 - yy'' - (y')^2 = 0$ 属于 $y'' = f(y, y')$ 型. 令 $y' = p(x)$，则

$$y'' = \frac{dp}{dx} = \frac{dp}{dy} \cdot \frac{dy}{dx} = p \frac{dp}{dy} ,$$

原方程变为

$$1 - yp \frac{dp}{dy} - p^2 = 0 ,$$

分离变量，得

$$\frac{p}{p^2 - 1} dp = -\frac{dy}{y} ,$$

两端积分，得

$$\frac{1}{2}\ln|p^2-1|=-\ln|y|+\frac{1}{2}\ln|c_0|,$$

从而

$$p^2=\frac{c_1}{y^2}+1 \quad (c_1=\pm c_0).$$

由 $y'(0)=\sqrt{2}$ 及 $y(0)=1$ 知，$c_1=1$．于是

$$y'^2=p^2=\frac{1}{y^2}+1.$$

注意到 $y(0)>1$ 和 $y'(0)>0$，故

$$y'=\sqrt{\frac{1}{y^2}+1}=\frac{\sqrt{1+y^2}}{y} \quad \text{或} \quad \frac{y}{\sqrt{1+y^2}}\mathrm{d}y=\mathrm{d}x,$$

于是有

$$\sqrt{1+y^2}=x+c_2.$$

由 $y(0)=1$ 知，$c_2=\sqrt{2}$．于是所求的解为

$$\sqrt{1+y^2}=x+\sqrt{2}.$$

习题 11.5

1．求下列各微分方程的通解：

（1）$y''=\dfrac{1}{1+x^2}$；

（2）$y'''=xe^x$；

（3）$xy''+y'=0$；

（4）$y''=y'+x$；

（5）$y''=\dfrac{1}{\sqrt{y}}$；

（6）$y''=(y')^3+y'$．

*2．求解下列初值问题：

（1）$\begin{cases}y'''=e^{ax}\\ y(1)=y'(1)=y''(1)=0\end{cases}$；

（2）$\begin{cases}y^3y''+1=0\\ y(1)=1, y'(1)=0\end{cases}$．

3．试求 $y''=x$ 的经过点 $M(0,1)$ 且在此点与直线 $y=\dfrac{x}{2}+1$ 相切的积分曲线．

§11.6 二阶线性微分方程的解的结构

形如

$$\frac{\mathrm{d}^2y}{\mathrm{d}x^2}+P(x)\frac{\mathrm{d}y}{\mathrm{d}x}+Q(x)y=f(x) \tag{11-14}$$

的微分方程称为**二阶线性微分方程**，其中 $P(x)$、$Q(x)$、$f(x)$ 都是关于 x 的已知函数．当 $f(x) \equiv 0$ 时，方程（11-14）称为**二阶线性齐次微分方程**；当 $f(x) \not\equiv 0$ 时，方程（11-14）称为**二阶线性非齐次微分方程**．为了寻求方程（11-14）的解的结构，我们讨论其对应的齐次方程

$$y'' + P(x)y' + Q(x)y = 0 \qquad\qquad (11\text{-}15)$$

的解的性质和结构．

定理 11-1（解的叠加性） 如果函数 $y_1(x)$ 与 $y_2(x)$ 是方程（11-15）的两个解，那么

$$y = c_1 y_1(x) + c_2 y_2(x) \qquad\qquad (11\text{-}16)$$

也是方程（11-15）的解，其中 c_1、c_2 是任意常数．

证 因为 $y_1(x)$ 与 $y_2(x)$ 是方程（11-15）的解，所以有

$$y_1''(x) + P(x)y_1'(x) + Q(x)y_1(x) = 0 , \quad y_2''(x) + P(x)y_2'(x) + Q(x)y_2(x) = 0 .$$

将 $y = c_1 y_1(x) + c_2 y_2(x)$ 代入方程（11-15）的左端，得

$$[c_1 y_1(x) + c_2 y_2(x)]'' + P(x)[c_1 y_1(x) + c_2 y_2(x)]' + Q(x)[c_1 y_1(x) + c_2 y_2(x)]$$
$$= c_1[y_1''(x) + P(x)y_1'(x) + Q(x)y_1(x)] + c_2[y_2''(x) + P(x)y_2'(x) + Q(x)y_2(x)]$$
$$= 0 ,$$

所以 $y = c_1 y_1(x) + c_2 y_2(x)$ 也是二阶线性齐次微分方程（11-15）的解．证毕．

需要注意的是，公式（11-16）从形式上来看含有 c_1, c_2 两个任意常数，但它不一定是方程（11-15）的通解．例如，$y_1(x) = e^x$ 和 $y_2(x) = 2e^x$ 都是二阶线性齐次微分方程 $y'' - y' = 0$ 的解，由定理 11-1，对任意常数 c_1、c_2，

$$y = c_1 y_1(x) + c_2 y_2(x) = c_1 e^x + 2c_2 e^x = (c_1 + 2c_2)e^x = c e^x$$

也是方程 $y'' - y' = 0$ 的解，但上式最右端实质只含有一个独立的任意常数（因为我们能把两个不同的常数合并在一起），从而 $y = c_1 e^x + c_2 \cdot 2e^x$ 不是方程 $y'' - y' = 0$ 的通解．

那么在什么情况下公式（11-16）才是方程（11-15）的通解呢？通过仔细观察上面的例子，我们发现：方程 $y'' - y' = 0$ 的两个特解 $y_1(x) = e^x$ 和 $y_2(x) = 2e^x$ 满足 $y_2(x)/y_1(x) = 2$（为常数），这就是能把两个任意常数 c_1、c_2 合并到一起的原因，即把 c_1、c_2 是否相互独立与 $y_2(x)/y_1(x)$ 是否为常数联系在一起．由此我们先引入函数组线性相关与线性无关的概念．

设 $y_1(x), y_2(x), \cdots, y_n(x)$ 为定义在区间 I 上的 n 个函数，如果存在 n 个不全为零的常数 $k_1, k_2, \cdots, k_n$，使得等式

$$k_1 y_1 + k_2 y_2 + \cdots + k_n y_n = 0$$

恒成立，那么称这 n 个函数在区间 I 上**线性相关**；否则称这 n 个函数在区间 I 上**线性无关**．

例如，1、$\cos^2 x$、$\sin^2 x$ 三个函数在整个数轴上是线性相关的．因为取 $k_1 = 1$，

$k_2 = k_3 = -1$，就可以使得等式

$$1 \times 1 + (-1) \cdot \cos^2 x + (-1) \cdot \sin^2 x = 1 - \cos^2 x - \sin^2 x = 0$$

恒成立.

又如，函数 1、x、x^2 在任何区间 (a,b) 内都是线性无关的. 因为若关于 x 的二次三项式

$$k_1 + k_2 x + k_3 x^2$$

恒为零，那么根据多项式的性质，必有 $k_1 = k_2 = k_3 = 0$.

特别地，"$y_1(x)$、$y_2(x)$ 线性相关"与"$\dfrac{y_2(x)}{y_1(x)} = $ 常数"或"$\dfrac{y_1(x)}{y_2(x)} = $ 常数"是等价的. 事实上，若 $y_1(x)$、$y_2(x)$ 线性相关，则存在不全为零的常数 k_1、k_2（不妨设 $k_1 \neq 0$），使得等式 $k_1 y_1(x) + k_2 y_2(x) = 0$ 恒成立，从而有 $\dfrac{y_1(x)}{y_2(x)} = -\dfrac{k_2}{k_1} = $ 常数；反之，若设 $\dfrac{y_2(x)}{y_1(x)} = k$ 为常数，即存在不全为零的常数 k 和 -1，使等式 $k y_1(x) + (-1) \cdot y_2(x) = 0$ 恒成立.

定理 11-2（二阶线性齐次微分方程解的结构） 如果函数 $y_1(x)$ 与 $y_2(x)$ 是方程（11-15）的两个线性无关的特解，则

$$y = c_1 y_1(x) + c_2 y_2(x)$$

是二阶线性齐次微分方程（11-15）的通解，其中 c_1、c_2 是任意常数.

例如，容易验证 $y_1 = \cos x$ 与 $y_2 = \sin x$ 是二阶线性齐次方程 $y'' + y = 0$ 的两个线性无关的特解（实际上 $\dfrac{y_2}{y_1} = \dfrac{\sin x}{\cos x} = \tan x$ 不为常数）. 因此该方程的通解为

$$y = c_1 \cos x + c_2 \sin x,$$

其中 c_1、c_2 是任意常数.

下面给出二阶线性非齐次微分方程（11-14）的通解结构定理.

定理 11-3（二阶线性非齐次微分方程解的结构） 设 $y^*(x)$ 是二阶非齐次线性方程（11-14）的一个特解，而 $Y(x)$ 是与其对应的齐次方程（11-15）的通解，那么

$$y = Y(x) + y^*(x) \tag{11-17}$$

是二阶线性非齐次微分方程（11-14）的通解.

证 因为 $Y(x)$ 是二阶线性齐次微分方程（11-15）的通解，故有

$$Y''(x) + P(x)Y'(x) + Q(x)Y(x) = 0, \tag{1}$$

又 $y^*(x)$ 是二阶非齐次线性方程（11-14）的一个特解，故

$$y^{*''}(x) + P(x)y^{*'}(x) + Q(x)y^*(x) = f(x), \tag{2}$$

把（1）式和（2）式相加得

$$[Y''(x) + y*''(x)] + P(x)[Y'(x) + y*'(x)] + Q(x)[Y(x) + y*(x)]$$

$$= [Y''(x) + P(x)Y'(x) + Q(x)Y(x)] + [y*''(x) + P(x)y*'(x) + Q(x)y*(x)]$$

$$= 0 + f(x) = f(x) .$$

即 $Y(x) + y*(x)$ 满足方程（11-14），且 $y = Y(x) + y*(x)$ 中含有两个互相独立的任意常数（因为 $Y(x)$ 中含有两个互相独立的任意常数）．于是

$$y = Y(x) + y*(x)$$

是方程（11-14）的通解．证毕．

非齐次线性微分方程（11-14）的特解有时可用下述定理来帮助求出．定理的证明过程请读者自己给出．

定理 11-4 若非齐次线性微分方程（11-14）的右端 $f(x)$ 可以写成两个函数之和，即

$$y'' + P(x)y' + Q(x)y = f_1(x) + f_2(x) ,$$

而 $y_1*(x)$ 与 $y_2*(x)$ 分别是方程

$$y'' + P(x)y' + Q(x)y = f_1(x) \quad \text{与} \quad y'' + P(x)y' + Q(x)y = f_2(x)$$

的特解，那么 $y_1*(x) + y_2*(x)$ 就是原方程的特解．

这一定理通常称为线性微分方程的解的**叠加原理**．

习题 11.6

1. 下列函数组在其定义区间内哪些是线性无关的？哪些是线性相关的？为什么？

（1）x，x^2；

（2）x，$2x$；

（3）e^{2x}，$3e^{2x}$；

（4）e^x，e^{-x}；

（5）$\cos 2x$，$\sin 2x$；

（6）e^{2x}，xe^{2x}．

2. 验证 $y_1 = e^{x^2}$ 及 $y_2 = xe^{x^2}$ 都是方程 $y'' - 4xy' + (4x^2 - 2)y = 0$ 的解，并写出该方程的通解．

§11.7 二阶常系数线性微分方程

形如

$$y'' + py' + qy = f(x) \qquad\qquad (11\text{-}18)$$

的方程称为**二阶常系数线性方程**，其中 y''、y'、y 都是一次的，y 是 x 的未知函数，p、q 为常数．

当 $f(x) \equiv 0$ 时，方程（11-18）称为**二阶常系数齐次线性方程**；当 $f(x) \not\equiv 0$ 时，方程（11-18）称为**二阶常系数非齐次线性方程**．为了寻求方程（11-18）的解，我们先讨论其对应的齐次方程

$$y'' + py' + qy = 0 \qquad\qquad (11\text{-}19)$$

的解．显然，（11-19）的解符合叠加原理，即如果函数 y_1 和 y_2 是齐次线性微分方程（11-19）的两个解，则函数 $y = c_1 y_1 + c_2 y_2$ 也是齐次方程（11-19）的解；且当 y_1 与 y_2 线性无关时，$y = c_1 y_1 + c_2 y_2$ 就是方程（11-19）的通解（其中 c_1, c_2 是任意常数）．

由此可知，求此方程的通解关键在于求该方程的两个特解 y_1 和 y_2，且 y_1 / y_2 或 y_2 / y_1 不等于常数．然而，怎样才能求出这两个特解呢？根据方程的特点，要使方程（11-19）左端恒为零，未知函数 $y(x)$ 的一阶和二阶导数的形式应该与 $y(x)$ 本身相同，这自然使我们想到指数函数 $y = \mathrm{e}^{rx}$（r 为常数）．

设方程 $y'' + py' + qy = 0$ 的特解为 $y = \mathrm{e}^{rx}$，将 $y = \mathrm{e}^{rx}$、$y' = r\mathrm{e}^{rx}$、$y'' = r^2\mathrm{e}^{rx}$ 代入方程（11-19）可得

$$r^2\mathrm{e}^{rx} + pr\mathrm{e}^{rx} + q\mathrm{e}^{rx} = 0 ,$$

或

$$\mathrm{e}^{rx}(r^2 + pr + q) = 0 .$$

因 $\mathrm{e}^{rx} \neq 0$，所以必须有

$$r^2 + pr + q = 0 . \qquad\qquad (11\text{-}20)$$

方程（11-20）称为方程（11-19）的**特征方程**．特征方程是一个以 r 为未知数的一元二次方程，它有两个根．因此，对于每一个根 r，$y = \mathrm{e}^{rx}$ 都是方程 $y'' + py' + qy = 0$ 的一个解．从而我们把求方程（11-19）的解的问题转化成求其特征方程（11-20）的根的问题．

下面分三种情况讨论方程 $y'' + py' + qy = 0$ 的通解：

（1）方程（11-20）有两个不相等的实根 r_1 和 r_2：这时 $\mathrm{e}^{r_1 x}$ 与 $\mathrm{e}^{r_2 x}$ 是方程（11-19）的两个特解，且

$$\frac{\mathrm{e}^{r_1 x}}{\mathrm{e}^{r_2 x}} = \mathrm{e}^{(r_1 - r_2)x} \text{ 不为常数,}$$

从而可得方程（11-19）的通解为

$$y = c_1 \mathrm{e}^{r_1 x} + c_2 \mathrm{e}^{r_2 x} ,$$

其中 c_1、c_2 为任意常数；

（2）方程（11-20）有两个相等的实根 r_1 和 r_2：这时设 $r_1 = r_2 = r$，$y_1 = \mathrm{e}^{rx}$ 是方程（11-19）的一个特解，要求通解，还要再找一个与之相比不为常数的特解 y_2．为此，设 $\dfrac{y_2}{y_1} = u(x)$，其中 $u(x)$ 为待定函数．将

$$y_2 = \mathrm{e}^{rx}u(x) , \quad y_2' = \mathrm{e}^{rx}[ru(x) + u'(x)] , \quad y_2'' = \mathrm{e}^{rx}[r^2 u(x) + 2ru'(x) + u''(x)]$$

代入方程（11-19）整理后得

$$\mathrm{e}^{rx}[u''(x) + (2r + p)u'(x) + (r^2 + pr + q)u(x)] = 0 .$$

因 $e^{rx} \neq 0$ 且 $r^2 + pr + q = 0$，$2r + p = 0$（这是因为 $r = -\dfrac{p}{2}$ 是 $r^2 + pr + q$ 的二重根），所以 $u''(x) = 0$．解之得 $u(x) = c_1 x + c_2$．因为只需求出一个满足条件的特解，所以为方便起见，不妨设 $c_1 = 1$，$c_2 = 0$，即 $u(x) = x$，从而得到 $y_2 = xe^{rx}$，所以微分方程（11-19）的通解为

$$y = (c_1 + c_2 x)e^{rx}，$$

其中 c_1、c_2 为任意常数；

（3）方程（11-20）有两个共轭复根 $r_1 = \alpha + \beta i$，$r_2 = \alpha - \beta i$：这时 $y_1 = e^{(\alpha+\beta i)x}$ 和 $y_2 = e^{(\alpha-\beta i)x}$ 是微分方程的两个特解．为了得到实数形式的特解，可以利用欧拉公式 $e^{ix} = \cos x + i\sin x$（其推导参见 12.5.3 节）将上面的复数解改写成

$$y_1 = e^{\alpha x}(\cos\beta x + i\sin\beta x)，\quad y_2 = e^{\alpha x}(\cos\beta x - i\sin\beta x)．$$

由于方程（11-19）的解符合叠加原理，所以实值函数

$$\overline{y_1} = \frac{1}{2}(y_1 + y_2) = e^{\alpha x}\cos\beta x，\quad \overline{y_2} = \frac{1}{2i}(y_1 - y_2) = e^{\alpha x}\sin\beta x$$

也是微分方程（11-19）的两个解，且 $\dfrac{\overline{y_1}}{\overline{y_2}} = \dfrac{e^{\alpha x}\cos\beta x}{e^{\alpha x}\sin\beta x} = \cot\beta x$ 不是常数，所以微分方程（11-19）的通解为

$$y = e^{\alpha x}(c_1 \cos\beta x + c_2 \sin\beta x)，$$

其中 c_1、c_2 为任意常数．

综上，我们可以总结出求解二阶常系数齐次线性微分方程（11-19）的步骤：

第一步：写出方程（11-19）的特征方程：

$$r^2 + pr + q = 0；$$

第二步：求出上述特征方程的两个根 r_1 和 r_2；

第三步：根据 r_1、r_2 的不同情形，按照下列表格写出微分方程（11-19）的通解．

表 11-1

特征方程 $r^2 + pr + q = 0$ 的根	微分方程 $y'' + py' + qy = 0$ 的通解
两个不相等的实根 r_1、r_2	$y = c_1 e^{r_1 x} + c_2 e^{r_2 x}$
两个相等的实根 $r_1 = r_2 = r$	$y = (c_1 + c_2 x)e^{rx}$
一对共轭复根 $r_{1,2} = \alpha \pm \beta i$	$y = e^{\alpha x}(c_1 \cos\beta x + c_2 \sin\beta x)$

其中 c_1、c_2 为任意常数．

例 11-19 求下列微分方程的通解：

（1）$y'' - 5y' + 6y = 0$；（2）$y'' + 4y' + 4y = 0$；（3）$y'' + y' + y = 0$．

解（1）特征方程为 $r^2 - 5r + 6 = 0$ 有两个不相同的实根 $r_1 = 2, r_2 = 3$，故原方

程的通解为

$$y = c_1 e^{2x} + c_2 e^{3x}.$$

（2）特征方程 $r^2 + 4r + 4 = 0$ 有两个相等实根 $r_1 = r_2 = -2$，故原方程的通解为

$$y = e^{-2x}(c_1 + c_2 x).$$

（3）特征方程 $r^2 + r + 1 = 0$ 有一对共轭复根 $r_{1,2} = -\dfrac{1}{2} \pm \dfrac{\sqrt{3}}{2} i$，故原方程的通解为

$$y = e^{-\frac{x}{2}} \left(c_1 \cos \frac{\sqrt{3}}{2} x + c_2 \sin \frac{\sqrt{3}}{2} x \right).$$

上述结果可直接推广到 n（> 2）阶常系数齐次线性方程的情形.

例如方程 $y^{(4)} - y = 0$ 的特征方程 $\lambda^4 - 1 = 0$ 有两个实根 $r_1 = 1, r_2 = -1$ 及一对共轭复根 $r_{3,4} = \pm i$，所以通解为

$$y = c_1 e^x + c_2 e^{-x} + c_3 \cos x + c_4 \sin x.$$

下面我们给出二阶常系数非齐次线性方程

$$y'' + py' + qy = f(x), \qquad\qquad (11\text{-}21)$$

的求解过程. 这里 p、q 为常数.

为此，根据定理 11-3，我们只需求出方程（11-21）的一个特解 $y*$ 和由表 11-1 求出其对应的齐次微分方程

$$y'' + py' + qy = 0 \qquad\qquad (11\text{-}22)$$

的通解即可.

本节只介绍当方程（11-21）中的 $f(x)$ 取如下两种常见情形时求 $y*$ 的方法. 这种方法的特点是不用积分就可以求出 $y*$ 来，它叫做**待定系数法**.

情形一：$f(x) = P_m(x) e^{\lambda x}$，其中 λ 是常数，$P_m(x)$ 是 x 的一个 m 次多项式：

$$P_m(x) = a_0 x^m + a_1 x^{m-1} + \cdots + a_{m-1} x + a_m \quad (a_0 \neq 0);$$

情形二：$f(x) = e^{\lambda x}[P_l(x) \cos \omega x + P_n(x) \sin \omega x]$，其中 λ、ω 是常数，$P_l(x)$、$P_n(x)$ 分别是 x 的 l 次、n 次多项式，且有一个可为零.

情形一 $f(x) = P_m(x) e^{\lambda x}$

这时方程（11-21）变为

$$y'' + py' + qy = e^{\lambda x} P_m(x). \qquad\qquad (1)$$

因为多项式与指数函数的乘积的导数仍由多项式与指数函数构成（常数可以看作零次多项式），所以，从方程（1）的结构可以推断出 $y* = Q(x) e^{\lambda x}$（其中 $Q(x)$ 是某个多项式）可能是方程（1）的特解. 为此我们把

$$y* = Q(x) e^{\lambda x},$$

$$y*' = [\lambda Q(x) + Q'(x)] e^{\lambda x},$$

$$y^{*''} = [\lambda^2 Q(x) + 2\lambda Q'(x) + Q''(x)]e^{\lambda x}$$

代入方程（1），并选取适当的 $Q(x)$ 即可. 因而有

$$[Q''(x) + (2\lambda + p)Q'(x) + (\lambda^2 + p\lambda + q)Q(x)]e^{\lambda x} = P_m(x)e^{\lambda x},$$

两边约去 $e^{\lambda x}$，即得

$$Q''(x) + (2\lambda + p)Q'(x) + (\lambda^2 + p\lambda + q)Q(x) = P_m(x) . \qquad (2)$$

1）若 λ 不是特征根方程（11-20）的根，即 $\lambda^2 + p\lambda + q \neq 0$，由于 $P_m(x)$ 是一个 m 次多项式，要使（2）的两端恒等，可直接令 $Q(x)$ 为另一个 m 次多项式 $Q_m(x)$：

$$Q_m(x) = b_0 x^m + b_1 x^{m-1} + \cdots + b_{m-1}x + b_m,$$

代入（2）式，比较等式两端 x 同次幂的系数，就可得到以 $b_0, b_1, \cdots, b_m$ 作为未知数的 $m+1$ 元线性方程组，解出 $b_0, b_1, \cdots, b_m$ 后就可得到所求特解 $y^* = Q_m(x)e^{\lambda x}$；

2）若 λ 是特征根方程（11-20）的单根，即 $\lambda^2 + p\lambda + q = 0$，但 $2\lambda + p \neq 0$，要使（2）的两端恒等，$Q'(x)$ 就必须是一个 m 次多项式，此时可令 $Q(x)$ 为 x 与一个 m 次多项式的乘积，即

$$Q(x) = xQ_m(x),$$

并可用与 1）中同样的方法求得 $Q_m(x)$ 的 $m+1$ 个系数 $b_0, b_1, \cdots, b_m$，从而有 $y^* = xQ_m(x)e^{\lambda x}$；

3）若 λ 是特征根方程（11-20）的二重根，即 $\lambda^2 + p\lambda + q = 0$，且 $2\lambda + p = 0$，要使（2）的两端恒等，$Q''(x)$ 就必须是一个 m 次多项式，此时可令 $Q(x)$ 为 x^2 与一个 m 次多项式的乘积，即

$$Q(x) = x^2 Q_m(x),$$

并可用与 1）中同样的方法求得 $Q_m(x)$ 的 $m+1$ 个系数 $b_0, b_1, \cdots, b_m$，从而有 $y^* = x^2 Q_m(x)e^{\lambda x}$.

综上所述，我们得出结论：如果 $f(x) = P_m(x)e^{\lambda x}$，则二阶常系数非齐次线性方程（11-21）具有形如

$$y^* = x^k Q_m(x)e^{\lambda x} \qquad (11\text{-}23)$$

的特解，其中 $Q_m(x)$ 是与 $P_m(x)$ 同次（m 次）的多项式，而 k 按 λ 不是特征方程（11-20）的根，是特征方程（11-20）的单根或特征方程（11-20）的二重根依次取 0、1 或 2.

上述结果可直接推广到 n（>2）阶常系数非齐次线性方程的情形，但要注意（11-23）式中的 k 是相应特征方程（是一个关于未知数 r 的一个 n 次多项式方程）含根 λ 的重复次数（即若 λ 不是相应特征方程的根，则 k 取为 0；若是相应特征方程的 s 重根，则 k 取为 s）.

例 11-20 求微分方程 $y'' + 4y = (3x+1)e^{2x}$ 的一个特解.

解 这是一个二阶常系数非齐次线性方程，且函数 $f(x)$ 是 $P_m(x)e^{\lambda x}$ 型（其中

$$P_m(x) = 3x+1，\quad \lambda = 2）.$$

与所给方程对应的齐次方程

$$y'' + 4y = 0$$

的特征方程

$$r^2 + 4 = 0$$

有一对共轭复根 $r_{1,2} = \pm 2\mathrm{i}$，故 $\lambda = 2$ 不是上述特征方程的根，因而可令原方程的特解为

$$y^* = (b_1 x + b_0)\mathrm{e}^{2x}，$$

将它与

$$y^{*\prime\prime} = 4(b_1 x + b_0)\mathrm{e}^{2x} + 4b_1 \mathrm{e}^{2x}$$

代入原方程并约去 e^{2x}，得

$$8b_1 x + 4(b_1 + 2b_0) = 3x + 1，$$

解得 $b_1 = \dfrac{3}{8}$，$b_0 = -\dfrac{1}{16}$. 故所求特解为

$$y^* = \left(\frac{3}{8}x - \frac{1}{16}\right)\mathrm{e}^{2x}.$$

例 11-21 求微分方程 $y'' - 2y' - 3y = \mathrm{e}^{-x}$ 通解.

解 所求方程对应的齐次方程的特征方程

$$r^2 - 2r - 3 = 0$$

有两个根 $r_1 = -1$，$r_2 = 3$，从而原方程对应的齐次方程的通解为

$$y = c_1 \mathrm{e}^{-x} + c_2 \mathrm{e}^{3x}，$$

又由于 $\lambda = r_1 = -1$ 是特征方程的单根，$P_m(x) = 1$ 为 0 次多项式，故应设原方程的特解为

$$y^* = b_0 x \mathrm{e}^{-x}，$$

将它代入已知方程，可得 $b_0 = -\dfrac{1}{4}$，从而有 $y^* = -\dfrac{1}{4}x\mathrm{e}^{-x}$. 最后可得所求通解为

$$y = c_1 \mathrm{e}^{-x} + c_2 \mathrm{e}^{3x} - \frac{1}{4}x\mathrm{e}^{-x}.$$

情形二 $f(x) = \mathrm{e}^{\lambda x}[P_l(x)\cos \omega x + P_n(x)\sin \omega x]$

这时方程（11-21）变为

$$y'' + py' + qy = \mathrm{e}^{\lambda x}[P_l(x)\cos \omega x + P_n(x)\sin \omega x].\tag{3}$$

设 $m = \max\{l, n\}$，根据欧拉公式（其推导参见 12.5.3 节），有

$$\cos \omega x = \frac{\mathrm{e}^{\mathrm{i}\omega x} + \mathrm{e}^{-\mathrm{i}\omega x}}{2}，\quad \sin \omega x = \frac{\mathrm{e}^{\mathrm{i}\omega x} - \mathrm{e}^{-\mathrm{i}\omega x}}{2\mathrm{i}}.$$

代入（3）式，有

$$f(x) = P(x)e^{(\lambda+i\omega x)} + \overline{P}(x)e^{(\lambda-i\omega x)}, \tag{4}$$

其中

$$P(x) = \frac{P_l(x)}{2} + \frac{P_n(x)}{2i}, \quad \overline{P}(x) = \frac{P_l(x)}{2} - \frac{P_n(x)}{2i}$$

是互成共轭的 m 次多项式（即它们对应的同次幂的系数为共轭复数）．

利用情形一的结果，对于上述 $f(x)$ 的第一项 $P(x)e^{(\lambda+i\omega x)}$，可求出一个 m 次多项式 $Q_m(x)$，使得 $y_1^* = x^k Q_m(x)e^{(\lambda+i\omega)x}$ 为方程

$$y'' + py' + qy = P(x)e^{(\lambda+i\omega x)}$$

的特解，其中 k 按 $\lambda+i\omega$ 不是特征方程的根和特征方程的单根依次取 0 或 1．由于上述 $f(x)$ 的第二项 $\overline{P}(x)e^{(\lambda-i\omega x)}$ 与第一项 $P(x)e^{(\lambda+i\omega x)}$ 成共轭，所以与 y_1^* 成共轭的函数 $y_2^* = x^k \overline{Q}_m(x)e^{(\lambda-i\omega)x}$ 也必然是方程

$$y'' + py' + qy = \overline{P}(x)e^{(\lambda-i\omega x)}$$

的特解，这里 $\overline{Q}_m(x)$ 表示与 $Q_m(x)$ 成共轭的 m 次多项式．于是，根据定理 11-4，方程（4）具有形如

$$y^* = x^k Q_m(x)e^{(\lambda+i\omega)x} + x^k \overline{Q}_m(x)e^{(\lambda-i\omega)x}$$

的特解．上式可进一步改写为

$$y^* = x^k e^{\lambda x}[Q_m(x)(\cos\omega x + i\sin\omega x) + \overline{Q}_m(x)(\cos\omega x - i\sin\omega x)].$$

由于括号内的两项互成共轭，即相加后无虚部，所以可将 y^* 写成实函数的形式，即

$$y^* = x^k e^{\lambda x}[R_m^{(1)}(x)\cos\omega x + R_m^{(2)}(x)\sin\omega x].$$

综上所述，我们有结论：如果 $f(x) = e^{\lambda x}[P_l(x)\cos\omega x + P_n(x)\sin\omega x]$，则二阶常系数非齐次线性方程（11-21）具有形如

$$y^* = x^k e^{\lambda x}[R_m^{(1)}(x)\cos\omega x + R_m^{(2)}(x)\sin\omega x] \tag{11-24}$$

的特解，其中 $R_m^{(1)}(x)$ 和 $R_m^{(2)}(x)$ 是 m 次的多项式（ $m = \max\{l,n\}$ ），而 k 按 $\lambda+i\omega$（或 $\lambda-i\omega$ ）不是特征方程的根或特征方程的单根依次取 0 或 1．

上述结果可直接推广到 $n\,(>2)$ 阶常系数非齐次线性方程的情形，但要注意（11-24）式中的 k 是相应特征方程（是一个关于未知数 r 的一个 n 次多项式方程）含根 $\lambda+i\omega$（或 $\lambda-i\omega$ ）的重复次数．

例 11-22 试确定微分方程 $y'' + 2y' + 2y = e^{-x}(\cos x - \sin x)$ 的特解 y^* 的形式．

解 这是一个二阶常系数非齐次线性方程，且函数 $f(x)$ 是 $e^{\lambda x}[P_l(x)\cos\omega x + P_n(x)\sin\omega x]$ 型（其中 $P_l(x) = 1$，$P_n(x) = -1$，$\lambda = -1$，$\omega = 1$ ）．

与所给方程对应的齐次方程

$$y'' + 2y' + 2y = 0$$

的特征方程

$$r^2 + 2r + 2 = 0$$

有一对共轭复根 $r_{1,2} = -1 \pm i$，故 $\lambda + i\omega = -1 + i$ 是上述特征方程的单根，因而可令原方程的特解形式为

$$y^* = xe^{-x}[a\cos x + b\sin x].$$

例 11-23 求微分方程 $y'' + 4y' + 4y = \cos 2x$ 的通解.

解 所求方程对应的齐次方程的特征方程

$$r^2 + 4r + 4 = 0$$

有两个相等的实根 $r_1 = r_2 = -2$，从而原方程对应的齐次方程的通解为

$$y = (c_1 + c_2 x)e^{-2x}.$$

又 $\lambda + i\omega = 2i$ 不是上述特征方程的根，故可设原方程的特解为 $y^* = a\cos 2x + b\sin 2x$．将它代入方程并化简得

$$-8a\sin x + 8b\cos 2x = \cos 2x,$$

从而解得 $a = 0$，$b = \dfrac{1}{8}$．所以原方程的通解为

$$y = (c_1 + c_2 x)e^{-2x} + \frac{1}{8}\sin 2x.$$

习题 11.7

1．求下列微分方程的通解：

（1）$y'' + y' - 2y = 0$；　　　　（2）$y'' - 4y' = 0$；

（3）$y'' + y = 0$；　　　　　　　（4）$y'' + 6y + 13y = 0$；

（5）$2y'' + y' - y = 2e^x$；　　　（6）$y'' - 5y' + 6y = 6x^2 - 10x + 2$；

（7）$y'' - 5y' = -5x^2 + 2x$；　　（8）$y'' - 2y' + 5y = e^x \sin 2x$．

2．求解下列初值问题：

（1）$\begin{cases} y'' - 4y' + 3y = 0 \\ y(0) = 6, \ y'(0) = 10 \end{cases}$；　　（2）$\begin{cases} 4y'' + 4y' + y = 0 \\ y(0) = 2, \ y'(0) = 0 \end{cases}$．

3．设函数 $\varphi(x)$ 连续，且满足

$$\varphi(x) = e^x + \int_0^x t\varphi(t)\mathrm{d}t - x\int_0^x \varphi(t)\mathrm{d}t,$$

求 $\varphi(x)$．

*§11.8　欧拉方程

本节我们将探讨一类特殊的变系数线性微分方程的求解问题，形如

$$x^n y^{(n)} + p_1 x^{n-1} y^{(n-1)} + \cdots + p_{n-1} xy' + p_n y = f(x) \tag{11-25}$$

的方程（其中 $p_1, p_2, \cdots, p_n$ 为常数），称为**欧拉方程**.

如果作变换

$$x = e^t \quad \text{或} \quad t = \ln x,$$

则将自变量 x 换成 t（注意：我们仅在 $x > 0$ 的范围内求解，如果要在 $x < 0$ 的范围内求解，可作变换 $x = -e^t$ 或 $t = \ln(-x)$，所得结果与 $x > 0$ 的结果相类似），我们有

$$\frac{dy}{dx} = \frac{dy}{dt} \cdot \frac{dt}{dx} = \frac{1}{x}\frac{dy}{dt}, \quad \frac{d^2 y}{dx^2} = \frac{1}{x^2}\left(\frac{d^2 y}{dt^2} - \frac{dy}{dt}\right), \quad \frac{d^3 y}{dx^3} = \frac{1}{x^3}\left(\frac{d^3 y}{dt^3} - 3\frac{d^2 y}{dt^2} + 2\frac{dy}{dt}\right).$$

如果采用记号 $D, D^2, \cdots, D^n$ 分别表示对 t 求导运算 $\dfrac{d}{dt}, \dfrac{d^2}{dt^2}, \cdots, \dfrac{d^n}{dt^n}$，那么上述计算结果可以写成

$$xy' = Dy,$$

$$x^2 y'' = \left(\frac{d^2}{dt^2} - \frac{d}{dt}\right)y = (D^2 - D)y = D(D-1)y,$$

$$x^3 y''' = (D^3 - 3D^2 + 2D)y = D(D-1)(D-2)y,$$

一般地，有

$$x^k y^{(k)} = D(D-1)(D-2)\cdots(D-k+1)y.$$

把它代入欧拉方程（11-25），便得一个以 t 为自变量的常系数线性微分方程. 在求出这个方程的解后，把 t 换成 $\ln x$，即得原方程的解.

例 11-24 求欧拉方程 $x^2 y'' + xy' - 4y = x^3$ 的通解.

解 令 $x = e^t$，记 $D = \dfrac{d}{dt}, D^2 = \dfrac{d^2}{dt^2}$，则方程可化为

$$[D(D-1) + D - 4]y = e^{3t} \quad \text{或} \quad (D^2 - 4)y = e^{3t},$$

即

$$\frac{d^2 y}{dt^2} - 4y = e^{3t}.$$

上述方程对应的齐次方程的特征方程 $r^2 - 4 = 0$ 有根 $r_{1,2} = \pm 2$，故相应齐次方程的通解为

$$Y = c_1 e^{2t} + c_2 e^{-2t} = c_1 x^2 + \frac{c_2}{x^2}.$$

因 $f(t) = e^{3t}$，$\lambda = 3$ 不是特征方程的根，故可令 $y^* = b_0 e^{3t}$ 是方程 $\dfrac{d^2 y}{dt^2} - 4y = e^{3t}$ 的特解，即 $y^* = b_0 x^3$ 是原方程的特解，代入原方程 $x^2 y'' + xy' - 4y = x^3$ 中，得 $b_0 = \dfrac{1}{5}$，即 $y^* = \dfrac{1}{5}x^3$. 故原方程的通解为

$$y = Y + y^* = c_1 x^2 + \frac{c_2}{x^2} + \frac{1}{5} x^3 .$$

*习题 11.8

求下列欧拉方程的通解：

（1） $x^2 y'' + xy' - y = 0$ ；

（2） $y'' - \dfrac{y'}{x} + \dfrac{y}{x^2} = \dfrac{2}{x}$.

§11.9 微分方程的应用

我们已经在前面几节介绍了微分方程的概念以及几类微分方程的求解方法．本节通过几个常见问题的微分方程模型，介绍微分方程在几何、物理、经济及生物学中的应用．

例 11-25（生物生长曲线） 氧气充足时，酵母增长规律为 $\dfrac{\mathrm{d}A}{\mathrm{d}t} = kA$ ．但在缺氧的条件下，酵母在发酵过程中会产生酒精，酒精将抑制酵母的继续发酵，在酵母增长的同时，酒精量也相应增加，其抑制作用也相应增加，致使酵母的增长率逐渐下降，直到酵母量稳定地接近于一个极限值 A_m （叫做饱和值）为止．若开始时酵母的现有量为 A_0 ，试确定在缺氧的条件下，酵母的量 A 随时间 t 的变化规律．

解 在缺氧的条件下，酵母增加或抑制过程的数学模型可由如下微分方程表示：

$$\frac{\mathrm{d}A}{\mathrm{d}t} = kA(A_m - A) , \tag{11-26}$$

该方程为一个可分离变量的微分方程，分离变量得

$$\frac{\mathrm{d}A}{A(A_m - A)} = k\mathrm{d}t .$$

两端积分，得

$$\frac{1}{A_m} \int \left(\frac{1}{A} + \frac{1}{A_m - A} \right) \mathrm{d}A = \int k \mathrm{d}t ,$$

即

$$\ln \frac{A}{A_m - A} = kA_m t + \ln |c_1| .$$

因此方程（11-26）的通解为

$$\frac{A}{A_m - A} = c \mathrm{e}^{kA_m t} \quad (c = |c_1|) .$$

而由 $A(0) = A_0$ 得 $c = \dfrac{A_0}{A_m - A_0}$ ．于是有

$$\frac{A}{A_m - A} = \frac{A_0}{A_m - A_0} e^{kA_m t},$$

从而解得

$$A = \frac{A_m}{1 + \left(\dfrac{A_m}{A_0} - 1\right) e^{-kA_m t}}.$$

这就是在缺氧条件下，酵母的现有量 A 与时间 t 的函数关系，其图形所对应的曲线叫做生物生长曲线，又名 Logistic 曲线（如图 11-1 所示）．有关这样的量的增长率与现有量、饱和值与现有量的差都成正比变化的曲线在生物学与经济学等学科中会经常见到．

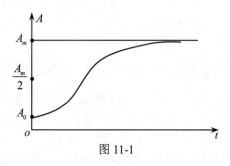

图 11-1

例 11-26（探照灯镜面设计） 探照灯的聚光镜的镜面是一张旋转曲面，其形状是由 xoy 坐标平面上的一条曲线 L 绕 x 轴旋转而成．按聚光性能的要求，在其旋转轴上一点 o 处发出的一切光线，经它反射后都与旋转轴平行．求曲线 L 及探照灯镜面的方程．

解 如图 11-2 所示，将光源所在的 o 取为坐标原点，且曲线 L 位于 x 轴的上方．

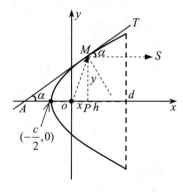

图 11-2

设 $M(x, y)$ 是曲线 L 上任意一点，点 O 发出的光线 OM 经点 M 反射后是与 x 轴平行的光线 MS．又设过点 M 的切线 AT 与 x 轴的夹角为 α．由题意及光学中

的反射定律有 $\angle OMA = \angle SMT = \alpha$ ，从而 $AO = OM$ ，但 $AO = AP - OP = MP \cot \alpha$

$-OP = \dfrac{y}{y'} - x$ ，而 $OM = \sqrt{x^2 + y^2}$. 于是得微分方程

$$\frac{y}{y'} - x = \sqrt{x^2 + y^2} .$$

把 x 看成因变量，y 看成自变量，则当 $y > 0$ 时，上式变成

$$\frac{\mathrm{d}x}{\mathrm{d}y} = \frac{x}{y} + \sqrt{\left(\frac{x}{y}\right)^2 + 1} ,$$

这是一个齐次方程. 令 $\dfrac{x}{y} = u$ ，则有 $\dfrac{\mathrm{d}x}{\mathrm{d}y} = u + y\dfrac{\mathrm{d}u}{\mathrm{d}y}$ ，代入上式，得

$$u + y\frac{\mathrm{d}u}{\mathrm{d}y} = u + \sqrt{u^2 + 1} ,$$

即

$$y\frac{\mathrm{d}u}{\mathrm{d}y} = \sqrt{u^2 + 1} \quad \text{或} \quad \frac{\mathrm{d}u}{\sqrt{u^2 + 1}} = \frac{\mathrm{d}y}{y} ,$$

两端积分得

$$\ln(\sqrt{u^2 + 1} + u) = \ln y - \ln |c_1| ,$$

或

$$\sqrt{u^2 + 1} + u = \frac{y}{c} \quad (c = \pm c_1) ,$$

即有

$$\left(\frac{y}{c} - u\right)^2 = u^2 + 1 ,$$

或

$$\frac{y^2}{c^2} - 2\frac{uy}{c} = 1 ,$$

以 x 替代 uy 便得曲线 L 的方程为

$$y^2 = 2c\left(x + \frac{c}{2}\right) .$$

探照灯镜面的方程为

$$y^2 + z^2 = 2c\left(x + \frac{c}{2}\right) .$$

说明：在实际应用时，可根据聚光镜底面的直径 d 和顶点到底面的距离 h 确定常数 c 的取值. 这时 $x + \dfrac{c}{2} = h, y = \dfrac{d}{2}$ ，代入 $y^2 = 2c\left(x + \dfrac{c}{2}\right)$ 得 $c = \dfrac{d^2}{8h}$ ，从而得探照

灯镜面的方程为

$$y^2 + z^2 = \frac{d^2}{4h}\left(x + \frac{d^2}{16h}\right).$$

例 11-27（<u>R-L 电路</u>） 设有一个由电阻 $R = 10$（Ω）、电感 $L = 2$（H）和电源电动势 $E = 20\sin 5t$（V）串联组成的电路（如图 11-3 所示），开关 K 合上后，电路中有电流通过，求电流 i 与时间 t 的函数关系.

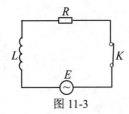

图 11-3

解 首先列出 $i(t)$ 所满足的微分方程. 由电学知道，当电流变化时，L 上有感应电动势 $-L\dfrac{\mathrm{d}i}{\mathrm{d}t}$. 根据回路电压定律，有

$$E - L\frac{\mathrm{d}i}{\mathrm{d}t} - iR = 0 ,$$

两端同除以 L，并把已知条件代入得

$$\frac{\mathrm{d}i}{\mathrm{d}t} + 5i = 10\sin 5t . \tag{11-27}$$

方程（11-27）是描述函数 $i(t)$ 的一个一阶线性微分方程，且满足初始条件 $i\big|_{t=0} = 0$. 根据公式（11-9），方程（11-27）的通解为

$$i = \mathrm{e}^{-\int 5\mathrm{d}t}\left(\int 10\sin 5t\,\mathrm{e}^{\int 5\mathrm{d}t}\,\mathrm{d}t + c\right) = \sin 5t - \cos 5t + c\mathrm{e}^{-5t}$$

$$= c\mathrm{e}^{-5t} + \sqrt{2}\sin\left(5t - \frac{\pi}{4}\right).$$

由 $i\big|_{t=0} = 0$ 解得 $c = 1$，故所求电流 i 与时间 t 的函数关系为

$$i = \mathrm{e}^{-5t} + \sqrt{2}\sin\left(5t - \frac{\pi}{4}\right).$$

例 11-28（<u>物体的下沉</u>） 设质量为 m 的物体（质点）从液面由静止开始在液体中下沉，假定液体的阻力与速度 v 成正比，试求物体下沉时的位移 x 与时间 t 的函数关系.

解 设坐标原点 O 为物体的起始点，物体下沉的方向为 x 轴的正向. 显然物体在下沉过程中受到两个力的作用：一个是向下的重力 mg；另一个向上的阻力 kv（$k > 0$ 为常数）. 则根据牛顿第二定律，有

$$m\frac{\mathrm{d}^2 x}{\mathrm{d}t^2} = mg - k\frac{\mathrm{d}x}{\mathrm{d}t}.$$

这是一个二阶常系数线性非齐次微分方程，其通解为

$$x = c_1 + c_2 \mathrm{e}^{-\frac{k}{m}t} + \frac{mg}{k}t,$$

又由初始条件 $x|_{t=0} = 0$, $\left.\frac{\mathrm{d}x}{\mathrm{d}t}\right|_{t=0} = 0$ 可解得 $c_1 = -\frac{m^2 g}{k^2}$, $c_2 = \frac{m^2 g}{k^2}$，所以位移 x 与时间 t 的函数关系为

$$x = \frac{mg}{k}\left[t - \frac{m}{k}(1 - \mathrm{e}^{-\frac{k}{m}t})\right].$$

例 11-29（马尔萨斯人口方程）   英国人口学家马尔萨斯（Malthus）根据百余年来的人口统计资料提出了人口指数增长模型. 他的基本假设是：单位时间内人口的增长量与当时人口总数成正比. 根据我国国家统计局 2006 年 3 月 16 日发表的公报，2005 年月 11 月 1 日零时我国人口总数为 13.6 亿，过去 5 年的年人口平均增长率为 6.3‰. 若今后的年增长率保持不变，试用马尔萨斯方程预报 2020 年我国的人口总数.

解   设时间 t 时的人口总数为 $N(t)$，根据马尔萨斯假设，可列出如下初值问题：

$$\begin{cases} \dfrac{\mathrm{d}N}{\mathrm{d}t} = kN, \\ N(t_0) = N_0 \end{cases}$$

其中 $k > 0$ 是比例常数.

对方程 $\dfrac{\mathrm{d}N}{\mathrm{d}t} = kN$ 分离变量得 $\dfrac{\mathrm{d}N}{N} = k\mathrm{d}t$，解得

$$N = c\mathrm{e}^{kt}.$$

代入初始条件得 $c = \dfrac{N_0}{\mathrm{e}^{kt_0}}$，即 $N = N_0 \mathrm{e}^{k(t-t_0)}$. 再将 $t = 2020$、$t_0 = 2005$、$k = 0.0063$、$N_0 = 13.06$ 代入，即可得

$$N(2020) = 13.06\mathrm{e}^{0.0063(2020-2005)} \approx 14.35 \text{（亿）}.$$

说明：这个预测与实际结果肯定会有误差，主要是因为 15 年内的人口增长率不会保持这个水平不变. 一般来说，利用指数增长模型作为人口的短期预报与实际吻合得较好，但是当人口增加到一定数量后，增长率就会随着人口的继续增加而逐渐减少.

习题 11.9

1. 设有一个弹簧，上端固定，下端挂一个质量为 m 的物体. 当物体处于静止

状态（即平衡位置）时，作用在物体上的重力与弹性力大小相等而方向相反．现在让物体以一个初始速度 v_0（$v_0 \neq 0$）从初始位置 x_0 离开平衡位置并在平衡位置附近做上下振动，试确定在忽略阻力的情况下物体的振动规律．

2．已知某车间的体积为 $30 \times 30 \times 6 m^3$，其中的空气含 0.12% 的 CO_2（以体积计算）．现以含 CO_2 0.04% 的新鲜空气力输入，问每分钟应输入多少，才能在 30 分钟后使车间空气中的 CO_2 含量不超过 0.06%？（假定输入的新鲜空气与原有空气很快混合均匀后，以相同的流量排出．）

3．已知某种商品的价格 p 对时间 t 的变化率与需求和供给之差成正比，设需求函数为 $f(p) = 4p - p^2$，供给函数为 $g(p) = 2p + 1$，且当 $t = 0$ 时，$p = 2$．试求价格关于时间的函数 $p(t)$．

*§11.10　常系数线性微分方程组解法举例

前面讨论的是由一个微分方程求解一个未知函数的情形．但在研究某些实际问题时，还会遇到由几个微分方程联立起来共同确定几个具有同一自变量的函数的情形．这些联立的微分方程称为**微分方程组**．

如果微分方程组中的每一个微分方程都是常系数线性微分方程，那么，这种微分方程组称为**常系数线性微分方程组**．

对于常系数线性微分方程组，可以用下述步骤求它的解：

第一步　从方程组中消去一些未知函数及其各阶导数，得到只含有一个未知函数的高阶常系数线性微分方程；

第二步　解此高阶微分方程，求出满足该方程的未知函数；

第三步　把已求得的函数代入原方程组，一般来说，不必经过积分就可以求出其余的未知函数．

例 11-30　解微分方程组

$$\begin{cases} \dfrac{dy}{dx} = 3y - 2z & \text{①} \\[2mm] \dfrac{dz}{dx} = 2y - z & \text{②} \end{cases}$$

解　这是含有两个未知函数 $y(x)$ 和 $z(x)$，且由两个一阶常系数线性微分方程组成的方程组．

先设法消去未知函数 y．由②式得

$$y = \frac{1}{2}\left(\frac{dz}{dx} + z\right), \qquad \text{③}$$

对上式两端求导，有

$$\frac{\mathrm{d}y}{\mathrm{d}x} = \frac{1}{2}\left(\frac{\mathrm{d}^2z}{\mathrm{d}x^2} + \frac{\mathrm{d}z}{\mathrm{d}x}\right). \tag{④}$$

把③、④两式代入①式并化简，得

$$\frac{\mathrm{d}^2z}{\mathrm{d}x^2} - 2\frac{\mathrm{d}z}{\mathrm{d}x} + z = 0.$$

这是一个二阶常系数齐次线性微分方程，它的通解是

$$z = (c_1 + c_2 x)\mathrm{e}^x. \tag{⑤}$$

再把⑤式代入③式，得

$$y = \frac{1}{2}(2c_1 + c_2 + 2c_2 x)\mathrm{e}^x, \tag{⑥}$$

联立⑤式和⑥，得原方程组的通解为

$$\begin{cases} y = \dfrac{1}{2}(2c_1 + c_2 + 2c_2 x)\mathrm{e}^x \\ z = (c_1 + c_2 x)\mathrm{e}^x \end{cases}.$$

例 11-31 解微分方程组

$$\begin{cases} \dfrac{\mathrm{d}x}{\mathrm{d}t} + 5x + y = \mathrm{e}^t \\ \dfrac{\mathrm{d}y}{\mathrm{d}t} - x - 3y = \mathrm{e}^{2t} \end{cases}.$$

解 记 $D = \dfrac{\mathrm{d}}{\mathrm{d}t}$，则方程组可表示为

$$\begin{cases} (D+5)x + y = \mathrm{e}^t \\ -x + (D-3)y = \mathrm{e}^{2t} \end{cases}. \qquad \begin{array}{l} ① \\ ② \end{array}$$

我们可以类似于解代数方程组那样消去一个未知数，例如为消去 y，记

$$\Delta = \begin{vmatrix} D+5 & 1 \\ -1 & D-3 \end{vmatrix}, \quad \Delta_x = \begin{vmatrix} \mathrm{e}^t & 1 \\ \mathrm{e}^{2t} & D-3 \end{vmatrix},$$

则根据克拉默规则，有

$$\begin{vmatrix} D+5 & 1 \\ -1 & D-3 \end{vmatrix} x = \begin{vmatrix} \mathrm{e}^t & 1 \\ \mathrm{e}^{2t} & D-3 \end{vmatrix},$$

即

$$(D^2 + 2D - 14)x = -2\mathrm{e}^t - \mathrm{e}^{2t}, \tag{③}$$

其对应齐次方程的特征方程 $r^2 + 2r - 14 = 0$ 的根为 $r_{1,2} = -1 \pm \sqrt{15}\mathrm{i}$. 令 $x^* = a\mathrm{e}^t + b\mathrm{e}^{2t}$ 是方程③的特解，代入③并比较系数，得

$$x^* = \frac{2}{11}\mathrm{e}^t + \frac{1}{6}\mathrm{e}^{2t},$$

于是得

$$x = c_1 e^{(-1+\sqrt{15})t} + c_2 e^{(-1-\sqrt{15})t} + \frac{2}{11} e^t + \frac{1}{6} e^{2t}.$$

又由①式得

$$y = e^t - (D+5)x,$$

即

$$y = (-4-\sqrt{15})c_1 e^{(-1+\sqrt{15})t} - (4-\sqrt{15})c_2 e^{(-1-\sqrt{15})t} - \frac{1}{11} e^t - \frac{7}{6} e^{2t}.$$

故原方程组的通解为

$$\begin{cases} x = c_1 e^{(-1+\sqrt{15})t} + c_2 e^{(-1-\sqrt{15})t} + \frac{2}{11} e^t + \frac{1}{6} e^{2t} \\ y = (-4-\sqrt{15})c_1 e^{(-1+\sqrt{15})t} - (4-\sqrt{15})c_2 e^{(-1-\sqrt{15})t} - \frac{1}{11} e^t - \frac{7}{6} e^{2t} \end{cases}.$$

*习题 11.10

求下列微分方程组的通解：

（1）$\begin{cases} \dfrac{\mathrm{d}x}{\mathrm{d}t} + 2x + \dfrac{\mathrm{d}y}{\mathrm{d}t} + y = t \\ 5x + \dfrac{\mathrm{d}y}{\mathrm{d}t} + 3y = t^2 \end{cases}$ ； （2）$\begin{cases} \dfrac{\mathrm{d}x}{\mathrm{d}t} + \dfrac{\mathrm{d}y}{\mathrm{d}t} = -x + y + 3 \\ \dfrac{\mathrm{d}x}{\mathrm{d}t} - \dfrac{\mathrm{d}y}{\mathrm{d}t} = x + y - 3 \end{cases}$.

总习题十一

1．填空题：

（1）初值问题 $\begin{cases} y' + y = 0 \\ y\big|_{x=0} = 1 \end{cases}$ 的解为_____；

（2）微分方程 $xy\mathrm{d}x + (1+x^2)\mathrm{d}y = 0$ 的通解为_____；

（3）微分方程 $y' + 3y = e^{-2x}$ 的通解为_____；

（4）微分方程 $xy'' + y' = 0$ 的通解为_____；

（5）微分方程 $y'' + y' + y = 0$ 的通解为_____；

（6）微分方程 $y'' - 4y' + 4y = 0$ 的通解为_____．

2．选择题：

（1）微分方程 $3y^2\mathrm{d}y + 3x^2\mathrm{d}x = 0$ 的阶数是（   ）；

A．1   B．2   C．3   D．4

（2）下列方程中是一阶线性微分方程的是（   ）；

A．$\dfrac{\mathrm{d}y}{\mathrm{d}x} = \dfrac{x}{y}$ B．$y'' + y = x$

C. $x^2 y' + (1-2x)y = x^2$ D. $y' - \dfrac{y}{x} = \dfrac{x}{y}$

（3）下列方程中是可分离变量的微分方程的是（　　）；

A. $y' = e^{x+y}$ B. $y'' + y = x$

C. $(x^2 + y^2)dx = xydy$ D. $3x^2 dx + 3y^2 dy = 1$

（4）微分方程 $\dfrac{d^2 y}{dx^2} + y = 0$ 的通解是（　　）；

A. $y = c \sin x$ B. $y = c \cos x$

C. $y = \cos x + c \sin x$ D. $y = c_1 \sin x + c_2 \cos x$

（5）下列函数中是微分方程 $dy - 2xdx = 0$ 的解的是（　　）；

A. $y = 2x$ B. $y = x^2$

C. $y = -2x$ D. $y = -x$

（6）下列函数中是微分方程 $y'' - 7y' + 12y = 0$ 的解的是（　　）；

A. $y = x^3$ B. $y = x^2$

C. $y = e^{3x}$ D. $y = e^{2x}$

（7）微分方程 $y' + \dfrac{y}{x} = \dfrac{1}{x(x^2+1)}$ 的通解是（　　）；

A. $y = \arctan x + c$ B. $y = \dfrac{1}{x}(\arctan x + c)$

C. $y = \dfrac{1}{x}\arctan x + c$ D. $y = \arctan x + \dfrac{c}{x}$

（8）微分方程 $y \ln x dx = x \ln y dy$，满足 $y|_{x=1} = 1$ 的特解是（　　）；

A. $\ln^2 x + \ln^2 y = 0$ B. $\ln^2 x + \ln^2 y = 1$

C. $\ln^2 x = \ln^2 y$ D. $\ln^2 x = \ln^2 y + 1$

（9）初值问题 $\begin{cases} xy' + y = 3 \\ y|_{x=1} = 0 \end{cases}$ 的解是（　　）；

A. $y = 3\left(1 - \dfrac{1}{x}\right)$ B. $y = 3(1-x)$

C. $y = \left(1 - \dfrac{1}{x}\right)$ D. $y = 1 - x$

（10）微分方程 $y'' - 2y' + y = e^x$ 的特解结构形式是（　　）.

A. $y^* = ae^x$ B. $y^* = axe^x$

C. $y^* = ax^2 e^x$ D. $y^* = ax^3 e^x$

3. 求下列微分方程的通解：

（1）　$xy' + y = 2\sqrt{xy}$ ；

（2）　$\dfrac{dy}{dx} = \dfrac{y}{2(\ln y - x)}$ ；

（3）　$y'' + y' + 1 = 0$ ；

（4）　$y'' + 2y' + 5y = \sin 2x$ ；

*（5）　$(y^4 - 3x^2)dy + xy dx = 0$ ；

（6）　$xy' \ln x + y = \alpha x(\ln x + 1)$.

*4．求下列欧拉方程的通解：

（1）　$x^2 y'' + 3xy' + y = 0$ ；

（2）　$x^2 y'' - 4xy' + 6y = x$.

*5．求下列常系数线性微分方程组的通解：

$$\begin{cases} \dfrac{dx}{dt} + 2\dfrac{dy}{dt} + y = 0 \\[2mm] 3\dfrac{dx}{dt} + 2x + 4\dfrac{dy}{dt} + 3y = t \end{cases}.$$

第12章 无穷级数

无穷级数是函数逼近理论的重要内容之一，它是表示函数、研究函数的性质以及进行数值计算的一种重要工具. 本章先讨论数项级数，并介绍无穷级数的一些基本内容，然后讨论函数项级数，着重讨论如何将函数展开成幂级数和三角级数的问题.

§12.1 常数项级数的概念与性质

12.1.1 常数项级数的概念

设已给数列 $u_1, u_2, u_3, \cdots, u_n, \cdots$，则式子

$$u_1 + u_2 + u_3 + \cdots + u_n + \cdots \tag{12-1}$$

称为（常数项）**无穷级数**，简称（常数项）**级数**，记为 $\displaystyle\sum_{n=1}^{\infty} u_n$，即

$$\sum_{n=1}^{\infty} u_n = u_1 + u_2 + u_3 + \cdots + u_n + \cdots,$$

其中第 n 项 u_n 叫做级数的**一般项**.

注 1 公式（12-1）仅仅是一种形式上的相加，可看作"无限项之和"，式子末尾的"$+\cdots$"不要漏掉，漏掉就变成有限项之和，就不是级数了.

这种"无限项之和"的式子与"有限项之和"的式子的一些性质是不相同的. 为了理解"无限项之和"的确切意义，我们从有限项之和出发，来观察它们的变化趋势.

作（常数项）级数（12-1）的前 n 项之和

$$s_n = \sum_{i=1}^{n} u_i = u_1 + u_2 + u_3 + \cdots + u_n, \tag{12-2}$$

s_n 称为级数（12-1）的**部分和**，所有部分和

$$s_1 = u_1, \quad s_2 = u_1 + u_2, \quad s_3 = u_1 + u_2 + u_3, \quad \cdots,$$
$$s_n = u_1 + u_2 + \cdots + u_3, \quad \cdots$$

构成的一个数列 $\{s_n\}$，称为级数（12-1）的**部分和数列**.

如果当 $n \to \infty$ 时，部分和数列 $\{s_n\}$ 的极限存在，即有

$$\lim_{n \to \infty} s_n = s,$$

则称级数（12-1）**收敛**，并称 s 为这个级数的**和**，记为

$$s = \sum_{n=1}^{\infty} u_n = u_1 + u_2 + u_3 + \cdots + u_n + \cdots;$$

如果当 $n \to \infty$ 时，部分和数列 $\{s_n\}$ 没有极限，则称级数（12-1）**发散**.

注 2　由定义可看出"无限项之和"的式子不是都有"和"，而有限项之和的式子无论多少项它都有"和"，这就是有限项和与无限项和的根本区别. 级数 $\sum_{n=1}^{\infty} u_n$ 是否有"和"是由它的部分和数列 $\{s_n\}$ 是否有极限来决定的.

注 3　级数只有收敛时才有和，记作 $\sum_{n=1}^{\infty} u_n$，它既用来表示级数，也用来表示当级数（12-1）收敛时的和.

当级数收敛时，其和 s 与部分和 s_n 的差 $r_n = s - s_n = u_{n+1} + u_{n+2} + \cdots$ 称为**级数的余项**. 它也是一个级数.

将余项 r_n 的绝对值 $|r_n| = |s - s_n|$ 称为用 s_n 作为 s 的近似值所产生的**误差**. 一般地，n 越大，所产生的误差越小.

例 12-1　讨论等比级数（几何级数）

$$\sum_{n=0}^{\infty} aq^n = a + aq + aq^2 + \cdots + aq^n + \cdots$$

的敛散性，其中 $a \neq 0$，q 叫做级数的公比.

解　如果 $|q| \neq 1$，则部分和为

$$s_n = a + aq + aq^2 + \cdots + aq^{n-1} = \frac{a - aq^n}{1-q} = \frac{a}{1-q} - \frac{aq^n}{1-q}.$$

若 $|q| < 1$，则 $\lim\limits_{n \to \infty} s_n = \dfrac{a}{1-q}$，所以级数 $\sum_{n=0}^{\infty} aq^n$ 收敛，其和为 $\dfrac{a}{1-q}$；若 $|q| > 1$，则 $\lim\limits_{n \to \infty} s_n = \infty$，所以级数 $\sum_{n=0}^{\infty} aq^n$ 发散.

如果 $|q| = 1$，则当 $q = 1$ 时，$s_n = na \to \infty$，因此级数 $\sum_{n=0}^{\infty} aq^n$ 发散；当 $q = -1$ 时，级数 $\sum_{n=0}^{\infty} aq^n$ 成为 $a - a + a - a + \cdots$，因为 s_n 随着 n 为奇数或偶数而等于 a 或零，所以 s_n 的极限不存在，从而级数 $\sum_{n=0}^{\infty} aq^n$ 也发散.

综上所述，如果 $|q| < 1$，则级数 $\sum_{n=0}^{\infty} aq^n$ 收敛，其和为 $\dfrac{a}{1-q}$；如果 $|q| \geq 1$，则

级数 $\displaystyle\sum_{n=0}^{\infty} aq^n$ 发散.

例 12-2 判别无穷级数 $\dfrac{1}{1\cdot 2}+\dfrac{1}{2\cdot 3}+\dfrac{1}{3\cdot 4}+\cdots+\dfrac{1}{n(n+1)}+\cdots$ 的敛散性.

解 由于 $u_n=\dfrac{1}{n(n+1)}=\dfrac{1}{n}-\dfrac{1}{n+1}$ $(n=1,2,3,\cdots)$，因此

$$s_n=\dfrac{1}{1\cdot 2}+\dfrac{1}{2\cdot 3}+\dfrac{1}{3\cdot 4}+\cdots+\dfrac{1}{n(n+1)}$$

$$=\left(1-\dfrac{1}{2}\right)+\left(\dfrac{1}{2}-\dfrac{1}{3}\right)+\cdots+\left(\dfrac{1}{n}-\dfrac{1}{n+1}\right)$$

$$=1-\dfrac{1}{n+1},$$

且 $\displaystyle\lim_{n\to\infty} s_n=\lim_{n\to\infty}\left(1-\dfrac{1}{n+1}\right)=1$，所以这级数收敛，它的和是 1.

这种求部分和的方法在求某些级数时经常用到，简称为<u>裂项求和法</u>. 我们再给出一个这样的例子.

例 12-3 判别级数 $\displaystyle\sum_{n=1}^{\infty}\ln\dfrac{n+1}{n}=\ln\dfrac{2}{1}+\ln\dfrac{3}{2}+\ln\dfrac{4}{3}+\cdots+\ln\dfrac{n+1}{n}+\cdots$ 的敛散性.

解 由于 $u_n=\ln\dfrac{n+1}{n}=\ln(n+1)-\ln n$ $(n=1,2,3,\cdots)$，因此

$$s_n=\sum_{k=1}^{n} u_k=\sum_{k=1}^{n}\big[\ln(k+1)-\ln k\big]$$

$$=(\ln 2-\ln 1)+(\ln 3-\ln 2)+(\ln 4-\ln 3)\cdots+[\ln(n+1)-\ln n]$$

$$=\ln(n+1),$$

且 $\displaystyle\lim_{n\to\infty} s_n=\lim_{n\to\infty}\ln(n+1)=+\infty$，所以这级数发散.

12.1.2 常数项级数的基本性质

一般说来，级数的前 n 项部分和的通项是难以写出的，因此，根据定义判断级数的敛散性以及求收敛级数的和是困难的. 而判定一个级数的收敛或发散，显然是研究级数的一个重要内容. 为了更深入地研究级数敛散性的判别问题，我们先介绍级数的基本性质.

性质 1 如果级数 $\displaystyle\sum_{n=1}^{\infty} u_n$ 收敛于和 s，则级数 $\displaystyle\sum_{n=1}^{\infty} ku_n$ 也收敛，且其和为 ks. 这里 k 为任意常数.

证　设级数 $\sum\limits_{n=1}^{\infty} u_n$ 与级数 $\sum\limits_{n=1}^{\infty} k u_n$ 的部分和分别为 s_n 与 σ_n，则

$$\sigma_n = k u_1 + k u_2 + \cdots k u_n = k(u_1 + u_2 + \cdots u_n) = k s_n.$$

于是

$$\lim_{n\to\infty} \sigma_n = \lim_{n\to\infty} k s_n = k \lim_{n\to\infty} s_n = k s.$$

这表明级数 $\sum\limits_{n=1}^{\infty} k u_n$ 收敛，且其和为 ks.

注 4　如果 $\{s_n\}$ 没有极限且 $k \neq 0$，由关系式 $\sigma_n = k s_n$ 知 $\{\sigma_n\}$ 也不可能有极限，因此级数每一项同时乘以一个不为零的常数后其敛散性不会改变.

性质 2　如果级数 $\sum\limits_{n=1}^{\infty} u_n$、$\sum\limits_{n=1}^{\infty} v_n$ 分别收敛于和 s、σ，则级数 $\sum\limits_{n=1}^{\infty} (u_n \pm v_n)$ 也收敛，且其和为 $s \pm \sigma$.

证　设级数 $\sum\limits_{n=1}^{\infty} u_n$、$\sum\limits_{n=1}^{\infty} v_n$、$\sum\limits_{n=1}^{\infty} (u_n \pm v_n)$ 的部分和分别为 s_n、σ_n、τ_n，则

$$\begin{aligned}
\tau_n &= (u_1 \pm v_1) + (u_2 \pm v_2) + \cdots + (u_n \pm v_n) \\
&= [(u_1 + u_2 + \cdots + u_n) \pm (v_1 + v_2 + \cdots + v_n)] \\
&= s_n \pm \sigma_n.
\end{aligned}$$

于是

$$\lim_{n\to\infty} \tau_n = \lim_{n\to\infty} (s_n \pm \sigma_n) = s \pm \sigma.$$

这表明级数 $\sum\limits_{n=1}^{\infty} (u_n \pm v_n)$ 收敛，且其和为 $s \pm \sigma$.

注 5　性质 2 也可叙述成：两个收敛级数可以逐项相加与逐项相减.

注 6　由上面两个性质可得常数项级数的线性运算性质：若级数 $\sum\limits_{n=1}^{\infty} u_n$ 和 $\sum\limits_{n=1}^{\infty} v_n$ 收敛，其和分别为 s, σ，则对任何常数 α, β，级数 $\sum\limits_{n=1}^{\infty} (\alpha u_n + \beta v_n)$ 也收敛，且其和为 $\alpha s + \beta \sigma$.

性质 3　在级数中去掉、加上或改变有限项，不会改变级数的敛散性（但其和可能会变）.

性质 4　如果级数 $\sum\limits_{n=1}^{\infty} u_n$ 收敛，则对这级数的项任意加括号后所成的级数仍收敛，且其和不变.

以上两个性质的证明留给读者.

对于性质 4，需要注意：如果加括号后所成的级数收敛，则不能断定去括号后

原来的级数也收敛.

如级数

$(1-1)+(1-1)+\cdots$ 收敛于零，但级数 $1-1+1-1+\cdots$ 却是发散的.

推论　如果加括号后所成的级数发散，则原来级数也发散.

性质 5（<u>级数收敛的必要条件</u>）　如果 $\displaystyle\sum_{n=1}^{\infty} u_n$ 收敛，则它的一般项 u_n 趋于

零，即

$$\lim_{n\to 0} u_n = 0 .$$

证　设级数 $\displaystyle\sum_{n=1}^{\infty} u_n$ 的部分和为 s_n，且 $\displaystyle\lim_{n\to\infty} s_n = s$，则

$$\lim_{n\to 0} u_n = \lim_{n\to\infty}(s_n - s_{n-1}) = \lim_{n\to\infty} s_n - \lim_{n\to\infty} s_{n-1} = s - s = 0 .$$

下面的例子说明：级数的一般项趋于零并不是级数收敛的充分条件.

例 12-4　证明<u>调和级数</u> $\displaystyle\sum_{n=1}^{\infty}\frac{1}{n} = 1 + \frac{1}{2} + \frac{1}{3} + \cdots + \frac{1}{n} + \cdots$ 是发散的.

证　假若级数 $\displaystyle\sum_{n=1}^{\infty}\frac{1}{n}$ 收敛且其和与部分和分别为 s 与 s_n，则有 $\displaystyle\lim_{n\to\infty} s_n = s$ 及

$\displaystyle\lim_{n\to\infty} s_{2n} = s$. 于是 $\displaystyle\lim_{n\to\infty}(s_{2n} - s_n) = 0$. 但另一方面，

$$s_{2n} - s_n = \frac{1}{n+1} + \frac{1}{n+2} + \cdots + \frac{1}{2n} > \frac{1}{2n} + \frac{1}{2n} + \cdots + \frac{1}{2n} = \frac{1}{2} ,$$

故 $\displaystyle\lim_{n\to\infty}(s_{2n} - s_n) \geqslant \frac{1}{2} \neq 0$，矛盾. 从而级数 $\displaystyle\sum_{n=1}^{\infty}\frac{1}{n}$ 必定发散.

*12.1.3　柯西审敛原理

定理 12-1（<u>柯西审敛原理</u>）　级数 $\displaystyle\sum_{n=1}^{\infty} u_n$ 收敛的充要条件是：任给正数 ε，总

存在正整数 N，使得当 $n > N$ 以及对任意的正整数 p，都有

$$|u_{n+1} + u_{n+2} + \cdots + u_{n+p}| < \varepsilon .$$

证　设级数 $\displaystyle\sum_{n=1}^{\infty} u_n$ 的部分和为 s_n，因为

$$|u_{n+1} + u_{n+2} + \cdots + u_{n+p}| = |s_{n+p} - s_n| ,$$

故由数列的柯西极限存在准则可得出结论. 证毕.

例 12-5　利用柯西审敛原理证明级数 $\displaystyle\sum_{n=1}^{\infty}\frac{1}{n^2}$ 收敛.

证　因为对任何正整数 p，

$$|u_{n+1}+u_{n+2}+\cdots+u_{n+p}|$$

$$=\frac{1}{(n+1)^2}+\frac{1}{(n+2)^2}+\cdots+\frac{1}{(n+p)^2}$$

$$<\frac{1}{n(n+1)}+\frac{1}{(n+1)(n+2)}+\cdots+\frac{1}{(n+p-1)(n+p)}$$

$$=\frac{1}{n}-\frac{1}{n+p}<\frac{1}{n},$$

所以任给正数 ε，取正整数 $N\geqslant\dfrac{1}{\varepsilon}$，则当 $n>N$ 以及对任意的正整数 p，都有

$$|u_{n+1}+u_{n+2}+\cdots+u_{n+p}|<\varepsilon$$

成立，根据柯西审敛原理，级数 $\displaystyle\sum_{n=1}^{\infty}\frac{1}{n^2}$ 的收敛.

习题 12.1

1. 填空题：

（1）级数 $\displaystyle\sum_{n=1}^{\infty}\frac{n!}{n^n}$ 的前五项是_____；

（2）级数 $a-\dfrac{a^2}{3}+\dfrac{a^3}{5}-\dfrac{a^4}{7}+\dfrac{a^5}{9}+\cdots$ 的"Σ"形式是_____；

（3）级数 $\dfrac{\sqrt{x}}{2}+\dfrac{x}{2\cdot4}+\dfrac{x\sqrt{x}}{2\cdot4\cdot6}+\dfrac{x^2}{2\cdot4\cdot6\cdot8}+\cdots$ 的一般项是_____；

（4）若数列 $\{a_n\}$ 收敛于 a，则级数 $\displaystyle\sum_{n=1}^{\infty}(a_n-a_{n+1})=$_____.

2. 选择题：

（1）设 k、q 为非零常数，则级数 $\displaystyle\sum_{n=1}^{\infty}\frac{k}{q^{n-1}}$ 收敛的充分条件是（   ）；

    A．$|q|<1$ B．$|q|\leqslant1$ C．$|q|>1$ D．$|q|\geqslant1$

（2）下列说法正确的是（   ）；

    A．如果级数部分和的极限不存在，则级数发散

    B．改变级数的有限项不会改变级数的和

    C．若级数 $\displaystyle\sum_{n=1}^{\infty}(a_n\pm b_n)$ 收敛，则级数 $\displaystyle\sum_{n=1}^{\infty}a_n$ 和 $\displaystyle\sum_{n=1}^{\infty}b_n$ 都收敛

    D．若 $\displaystyle\lim_{n\to\infty}u_n=0$，则级数 $\displaystyle\sum_{n=1}^{\infty}u_n$ 收敛

（3）下列级数收敛的是（   ）.

A. $\displaystyle\sum_{n=1}^{\infty}(-1)^{n-1}\frac{n}{2n-1}$ B. $\displaystyle\sum_{n=1}^{\infty}(-1)^{n}\frac{9^{n}}{8^{n}}$

C. $\displaystyle\sum_{n=1}^{\infty}\frac{1}{2n}$ D. $\displaystyle\sum_{n=1}^{\infty}\frac{3+(-1)^{n}}{2^{n}}$

3. 根据级数收敛与发散的定义判定下列级数的敛散性，若收敛，求其和：

（1） $\displaystyle\sum_{n=1}^{\infty}(\sqrt{n+1}-\sqrt{n})$ ；

（2） $\dfrac{1}{1\cdot6}+\dfrac{1}{6\cdot11}+\dfrac{1}{11\cdot16}+\cdots+\dfrac{1}{(5n-4)(5n+1)}+\cdots$ ；

（3） $\displaystyle\sum_{n=1}^{\infty}\frac{2n-1}{2^{n}}$ ；

（4） $\sin\dfrac{\pi}{6}+\sin\dfrac{2\pi}{6}+\sin\dfrac{3\pi}{6}+\cdots\sin\dfrac{n\pi}{6}+\cdots$.

*4. 利用柯西审敛原理证明下列级数是收敛的：

（1） $\displaystyle\sum\frac{\sin 2^{n}}{2^{n}}$ ； （2） $\displaystyle\sum\frac{(-1)^{n}}{n}$.

§12.2 常 数 项 级 数 的 审 敛 法

本节，我们将讨论两类常数项级数，即正项级数和交错级数的敛散性问题.

12.2.1 正项级数及其审敛法

若级数

$$\sum_{n=1}^{\infty}u_{n}=u_{1}+u_{2}+u_{3}+\cdots+u_{n}+\cdots$$

满足条件 $u_{n}\geqslant0$ （ $n=1,2,3,\cdots$ ），则称该级数为**正项级数**.

显然，正项级数的部分和数列 $\{s_{n}\}$ 是单调增加数列，即

$$s_{1}\leqslant s_{2}\leqslant\cdots\leqslant s_{n-1}\leqslant s_{n}\leqslant\cdots.$$

根据数列极限存在的单调有界准则，我们有下面的定理.

定理 12-2 正项级数收敛的充分必要条件是：它的部分和数列 $\{s_{n}\}$ 有上界.

显然，若正项级数的部分和数列有上界，由于对其项任意加括号后所得的新级数的部分和数列是原级数的部分和数列的子列，故同样有上界. 因此，对正项级数的项任意加括号不改变其敛散性.

根据定理 12-2，我们有如下的判别法.

定理 12-3（比较审敛法） 设 $\sum_{n=1}^{\infty} u_n$ 和 $\sum_{n=1}^{\infty} v_n$ 都是正项级数，且 $u_n \leqslant v_n$ （$n=1$, $2,\cdots$）. 若级数 $\sum_{n=1}^{\infty} v_n$ 收敛，则级数 $\sum_{n=1}^{\infty} u_n$ 收敛；反之，若级数 $\sum_{n=1}^{\infty} u_n$ 发散，则级数 $\sum_{n=1}^{\infty} v_n$ 发散.

证 设级数 $\sum_{n=1}^{\infty} v_n$ 收敛，且其和为 σ ，则级数 $\sum_{n=1}^{\infty} u_n$ 的部分和

$$s_n = u_1 + u_2 + \cdots + u_n \leqslant v_1 + v_2 + \cdots + v_n \leqslant \sigma \quad (n = 1, 2, \cdots),$$

即部分和数列 $\{s_n\}$ 有上界，由定理 12-2 知级数 $\sum_{n=1}^{\infty} u_n$ 收敛.

反之，设级数 $\sum_{n=1}^{\infty} u_n$ 发散，则级数 $\sum_{n=1}^{\infty} v_n$ 必发散. 因为若级数 $\sum_{n=1}^{\infty} v_n$ 收敛，由上已证明的结论，有级数 $\sum_{n=1}^{\infty} u_n$ 也收敛，与假设矛盾. 证毕.

注意到级数的每一项同乘不为零的常数 k ，以及去掉级数前面部分有限项不改变级数的敛散性，我们可得如下推论.

推论 设 $\sum_{n=1}^{\infty} u_n$ 和 $\sum_{n=1}^{\infty} v_n$ 都是正项级数，如果级数 $\sum_{n=1}^{\infty} v_n$ 收敛，且存在正整数 N ，使得当 $n \geqslant N$ 时有 $u_n \leqslant k v_n (k > 0)$ 成立，则级数 $\sum_{n=1}^{\infty} u_n$ 收敛；如果级数 $\sum_{n=1}^{\infty} v_n$ 发散，且存在正整数 N ，使得当 $n \geqslant N$ 时有 $u_n \geqslant k v_n$ （$k > 0$）成立，则级数 $\sum_{n=1}^{\infty} u_n$ 发散.

例 12-6 讨论 p –级数

$$\sum_{n=1}^{\infty} \frac{1}{n^p} = 1 + \frac{1}{2^p} + \frac{1}{3^p} + \frac{1}{4^p} + \cdots + \frac{1}{n^p} + \cdots \tag{12-3}$$

的敛散性.

解 当 $p \leqslant 0$ 时，$\lim\limits_{n \to \infty} \frac{1}{n^p} \neq 0$ ，由 12.1.2 小节性质 5，$\sum_{n=1}^{\infty} \frac{1}{n^p}$ 发散；当 $0 < p \leqslant 1$ 时，$\frac{1}{n^p} \geqslant \frac{1}{n}$ ，由定理 12-3 及调和级数 $\sum_{n=1}^{\infty} \frac{1}{n}$ 发散知，级数 $\sum_{n=1}^{\infty} \frac{1}{n^p}$ 发散；当 $p > 1$ 时，由于对任意正整数 $k \geqslant 2$ ，

$$\frac{1}{k^p} = \int_{k-1}^{k} \frac{1}{k^p} dx \leqslant \int_{k-1}^{k} \frac{1}{x^p} dx ,$$

则级数（12-3）的部分和

$$s_n = 1 + \sum_{k=2}^{n} \frac{1}{k^p} \leqslant 1 + \sum_{k=2}^{n} \int_{k-1}^{k} \frac{1}{x^p} dx = 1 + \int_{1}^{n} \frac{1}{x^p} dx$$

$$= 1 + \frac{1}{p-1} \left(1 - \frac{1}{n^{p-1}} \right) < 1 + \frac{1}{p-1} \quad (n = 2, 3, \cdots) ,$$

这表明数列 $\{s_n\}$ 有界，故级数（12-3）收敛.

综上所述，p-级数（12-3）当 $p > 1$ 时收敛，当 $p \leqslant 1$ 时发散.

例 12-7 判断下列级数的敛散性：

（1）$\displaystyle\sum_{n=1}^{\infty} \frac{1}{\sqrt{n(n+1)}}$；　　　　（2）$\displaystyle\sum_{n=1}^{\infty} \frac{1}{(n+2)\sqrt[3]{n}}$；

（3）$\displaystyle\sum_{n=1}^{\infty} 2^n \sin\frac{\alpha}{3^n} (0 < \alpha < \pi)$；　　（4）$\displaystyle\sum_{n=1}^{\infty} \frac{1}{n^n}$.

解　（1）因为 $\dfrac{1}{\sqrt{n(n+1)}} > \dfrac{1}{\sqrt{(n+1)^2}} = \dfrac{1}{n+1}$，而级数

$$\sum_{n=1}^{\infty} \frac{1}{n+1} = \frac{1}{2} + \frac{1}{3} + \cdots + \frac{1}{n+1} + \cdots$$

是发散的，根据比较审敛法可知所给级数是发散的.

（2）因为 $\dfrac{1}{(n+2)\sqrt[3]{n}} < \dfrac{1}{n\sqrt[3]{n}} = \dfrac{1}{n^{\frac{4}{3}}}$，而 $\displaystyle\sum_{n=1}^{\infty} \dfrac{1}{n^{\frac{4}{3}}}$ 是 $p = \dfrac{4}{3}$ 的 p-级数，它是收敛的，

所以由比较审敛法知 $\displaystyle\sum_{n=1}^{\infty} \frac{1}{(n+2)\sqrt[3]{n}}$ 收敛.

（3）因为 $2^n \sin\dfrac{\alpha}{3^n} < \dfrac{2^n}{3^n}\alpha = \left(\dfrac{2}{3}\right)^n \alpha \ (0 < \alpha < \pi)$，而 $\displaystyle\sum_{n=1}^{\infty} \left(\dfrac{2}{3}\right)^n \alpha$ 是公比为 $\dfrac{2}{3}$ 的几

何级数，它是收敛的，所以由比较审敛法可知，级数 $\displaystyle\sum_{n=1}^{\infty} 2^n \sin\dfrac{\alpha}{3^n} \ (0 < \alpha < \pi)$ 收敛.

（4）因为 $\dfrac{1}{n^n} \leqslant \dfrac{1}{2^n} (n \geqslant 2)$，而级数 $\displaystyle\sum_{n=0}^{\infty} \dfrac{1}{2^n}$ 是公比为 $\dfrac{1}{2}$ 的几何级数，是收敛的，

由 12.1.2 小节性质 3 知，$\displaystyle\sum_{n=2}^{\infty} \dfrac{1}{2^n}$ 也是收敛的，所以由比较审敛法可知，级数 $\displaystyle\sum_{n=2}^{\infty} \dfrac{1}{n^n}$

是收敛的，再由 12.1.2 小节性质 3 知，$\displaystyle\sum_{n=1}^{\infty} \dfrac{1}{n^n}$ 也是收敛的.

定理 12-3 可按下面方式记忆：

设 $u_n \leqslant v_n$，则"大"的收敛，"小"的也收敛；"小"的发散，"大"的也发散. 简称"**大收小收，小发大发**". 应用定理 12-3 时，要去寻找一个不等式. 若要判断级数 $\sum\limits_{n=1}^{\infty} u_n$ 收敛，必须寻找一个收敛的级数 $\sum\limits_{n=1}^{\infty} v_n$，使有 $u_n \leqslant v_n$；若要判断级数 $\sum\limits_{n=1}^{\infty} u_n$ 发散，必须寻找一个发散的级数 $\sum\limits_{n=1}^{\infty} v_n$，使有 $u_n \geqslant v_n$. 我们常常寻求几何级数或者 p–级数作为比较对象.

为应用上的方便，下面给出比较审敛法的极限形式.

定理 12-4（比较审敛法的极限形式） 设 $\sum\limits_{n=1}^{\infty} u_n$ 和 $\sum\limits_{n=1}^{\infty} v_n$ 都是正项级数，

（1）如果 $\lim\limits_{n\to\infty}\dfrac{u_n}{v_n}=l\ (0 \leqslant l < +\infty)$，且级数 $\sum\limits_{n=1}^{\infty} v_n$ 收敛，则级数 $\sum\limits_{n=1}^{\infty} u_n$ 收敛；

（2）如果 $\lim\limits_{n\to\infty}\dfrac{u_n}{v_n}=l>0$ 或 $\lim\limits_{n\to\infty}\dfrac{u_n}{v_n}=+\infty$，且级数 $\sum\limits_{n=1}^{\infty} v_n$ 发散，则级数 $\sum\limits_{n=1}^{\infty} u_n$ 发散.

证 （1）由 $\lim\limits_{n\to\infty}\dfrac{u_n}{v_n}=l\ (0 \leqslant l < +\infty)$ 知，对 $\varepsilon=1$，存在某正数 N，当 $n>N$ 时，有

$$\frac{u_n}{v_n} < l+1,$$

即 $u_n < (l+1)v_n$，而级数 $\sum\limits_{n=1}^{\infty} v_n$ 收敛，根据比较审敛法的推论知结论成立.

（2）由已知条件知 $\lim\limits_{n\to\infty}\dfrac{v_n}{u_n}$ 存在，若级数 $\sum\limits_{n=1}^{\infty} u_n$ 收敛，由结论（1）必有级数 $\sum\limits_{n=1}^{\infty} v_n$ 收敛，这与已知级数 $\sum\limits_{n=1}^{\infty} v_n$ 发散矛盾. 因此级数 $\sum\limits_{n=1}^{\infty} u_n$ 不可能收敛，即级数 $\sum\limits_{n=1}^{\infty} u_n$ 发散.

证毕.

极限形式的比较审敛法，在两个正项级数一般项趋于零的情况下，其实是比较它们一般项作为无穷小量的阶. 定理 12-4 表明，当 $n \to \infty$ 时，如果 u_n 与 v_n 同阶，或是比 v_n 高阶的无穷小，而级数 $\sum\limits_{n=1}^{\infty} v_n$ 收敛，则级数 $\sum\limits_{n=1}^{\infty} u_n$ 收敛；如果 u_n 与 v_n 是同阶，或是比 v_n 低阶的无穷小，而级数 $\sum\limits_{n=1}^{\infty} v_n$ 发散，则级数 $\sum\limits_{n=1}^{\infty} u_n$ 发散.

例 12-8 判断级数 $\sum\limits_{n=1}^{\infty}(\mathrm{e}^{1/n^{\frac{3}{2}}}-1)$ 的敛散性.

解 因为 $\lim\limits_{n\to\infty}\dfrac{\mathrm{e}^{1/n^{\frac{3}{2}}}-1}{\dfrac{1}{n^{3/2}}}=1$，而级数 $\sum\limits_{n=1}^{\infty}\dfrac{1}{n^{3/2}}$ 收敛，根据比较审敛法的极限形式，

级数 $\sum\limits_{n=1}^{\infty}(\mathrm{e}^{1/n^{\frac{3}{2}}}-1)$ 收敛.

根据调和级数及 $p-$级数的敛散性，我们容易得出如下推论.

推论（极限审敛法） 设 $\sum\limits_{n=1}^{\infty}u_n$ 为正项级数，

（1）如果 $\lim\limits_{n\to\infty}nu_n=l>0$ 或 $\lim\limits_{n\to\infty}nu_n=+\infty$，则级数 $\sum\limits_{n=1}^{\infty}u_n$ 发散；

（2）如果 $p>1$，而 $\lim\limits_{n\to\infty}n^pu_n=l$（$0\leqslant l<+\infty$），则级数 $\sum\limits_{n=1}^{\infty}u_n$ 收敛.

例 12-9 判断级数 $\sum\limits_{n=1}^{\infty}\ln(1+\dfrac{1}{n^2})$ 的敛散性.

解 因为 $\ln\left(1+\dfrac{1}{n^2}\right)\sim\dfrac{1}{n^2}$（$n\to\infty$），故

$$\lim_{n\to\infty}n^2u_n=\lim_{n\to\infty}n^2\ln\left(1+\frac{1}{n^2}\right)=\lim_{n\to\infty}n^2\cdot\frac{1}{n^2}=1,$$

根据上述推论知，所给级数收敛.

例 12-10 判断级数 $\sum\limits_{n=1}^{\infty}\sqrt{n+1}\left(1-\cos\dfrac{\pi}{n}\right)$ 的敛散性.

解 因为

$$\lim_{n\to\infty}n^{\frac{3}{2}}u_n=\lim_{n\to\infty}n^{\frac{3}{2}}\sqrt{n+1}\left(1-\cos\frac{\pi}{n}\right)=\lim_{n\to\infty}n^2\sqrt{\frac{n+1}{n}}\cdot\frac{1}{2}\left(\frac{\pi}{n}\right)^2=\frac{1}{2}\pi^2,$$

根据上述推论知，所给级数收敛.

定理 12-5（比值审敛法，达朗贝尔（d'Alembert）判别法） 设 $\sum\limits_{n=1}^{\infty}u_n$ 为正项

级数，如果

$$\lim_{n\to\infty}\frac{u_{n+1}}{u_n}=\rho,$$

则当 $\rho<1$ 时级数 $\sum\limits_{n=1}^{\infty}u_n$ 收敛；当 $\rho>1$（或 $\rho=\infty$）时级数 $\sum\limits_{n=1}^{\infty}u_n$ 发散；当 $\rho=1$ 时

级数 $\sum\limits_{n=1}^{\infty} u_n$ 可能收敛也可能发散.

证 当 $\rho < 1$ 时，取一适当小的正数 ε，使得 $\rho + \varepsilon = r < 1$，根据极限的定义，存在自然数 N，当 $n > N$ 时，有

$$\frac{u_{n+1}}{u_n} < \rho + \varepsilon = r.$$

因此

$$u_{N+1} < r \cdot u_N, \ u_{N+2} < r \cdot u_{N+1} < r^2 \cdot u_N,$$

$$u_{N+3} < r \cdot u_{N+2} < r^2 u_{N+1} < r^3 \cdot u_N, \ \cdots,$$

于是级数 $u_{N+1} + u_{N+2} + u_{N+3} + \cdots$ 的各项小于公比为 r 的等比级数

$$r \cdot u_N + r^2 \cdot u_N + r^3 \cdot u_N + \cdots$$

的对应项，又由 $0 < r < 1$ 知上面的级数收敛，故 $\sum\limits_{n=N+1}^{\infty} u_n$ 收敛，从而 $\sum\limits_{n=1}^{\infty} u_n$ 亦收敛.

当 $\rho > 1$ 时，取一个适当小的正数 ε，使得 $\rho - \varepsilon > 1$，根据极限的定义，存在自然数 N，当 $n > N$ 时，有

$$\frac{u_{n+1}}{u_n} > \rho - \varepsilon > 1 \text{ 或 } u_{n+1} > u_n.$$

因此，当 $n > N$ 时，级数 $\sum\limits_{n=1}^{\infty} u_n$ 的一般项是逐渐增大的，它不趋向于零，由级数收敛的必要条件可知级数 $\sum\limits_{n=1}^{\infty} u_n$ 发散.

类似地，可以证明当 $\lim\limits_{n \to \infty} \dfrac{u_{n+1}}{u_n} = \infty$ 时，级数 $\sum\limits_{n=1}^{\infty} u_n$ 发散. 证毕.

当 $\rho = 1$ 时，级数可能收敛，也可能发散.

例如，对于 p-级数 $\sum\limits_{n=1}^{\infty} \dfrac{1}{n^p}$，不论 p 取何值，总有

$$\lim_{n \to \infty} \frac{u_{n+1}}{u_n} = \lim_{n \to \infty} \frac{1}{(n+1)^p} \bigg/ \frac{1}{n^p} = \lim_{n \to \infty} \left(\frac{n}{n+1} \right)^p = 1,$$

但是，该级数当 $p > 1$ 时收敛，而当 $p \leqslant 1$ 时发散.

例 12-11 证明级数 $1 + \dfrac{1}{1} + \dfrac{1}{1 \cdot 2} + \dfrac{1}{1 \cdot 2 \cdot 3} + \cdots + \dfrac{1}{1 \cdot 2 \cdot 3 \cdots (n-1)} + \cdots$ 是收敛的.

证 因为 $\lim\limits_{n \to \infty} \dfrac{u_{n+1}}{u_n} = \lim\limits_{n \to \infty} \dfrac{1 \cdot 2 \cdot 3 \cdots (n-1)}{1 \cdot 2 \cdot 3 \cdots n} = \lim\limits_{n \to \infty} \dfrac{1}{n} = 0 < 1$，根据比值审敛法可知所给级数收敛.

例 12-12 判断级数 $\dfrac{1}{10}+\dfrac{1\cdot 2}{10^2}+\dfrac{1\cdot 2\cdot 3}{10^3}+\cdots+\dfrac{n!}{10^n}+\cdots$ 的敛散性.

解 因为 $\lim\limits_{n\to\infty}\dfrac{u_{n+1}}{u_n}=\lim\limits_{n\to\infty}\dfrac{(n+1)!}{10^{n+1}}\cdot\dfrac{10^n}{n!}=\lim\limits_{n\to\infty}\dfrac{n+1}{10}=\infty$，根据比值审敛法可知所给级数发散.

例 12-13 判别级数 $\displaystyle\sum_{n=1}^{\infty}\dfrac{1}{(2n-1)\cdot 2n}$ 的敛散性.

解 $\lim\limits_{n\to\infty}\dfrac{u_{n+1}}{u_n}=\lim\limits_{n\to\infty}\dfrac{(2n-1)\cdot 2n}{(2n+1)\cdot(2n+2)}=1$. 这时 $\rho=1$，比值审敛法失效，必须用其他方法来判别级数的敛散性.

因为 $\dfrac{1}{(2n-1)\cdot 2n}<\dfrac{1}{n^2}$，而级数 $\displaystyle\sum_{n=1}^{\infty}\dfrac{1}{n^2}$ 收敛，因此由比较审敛法可知所给级数收敛.

我们还可以使用如下的柯西根值判别法判断一个级数的敛散性.

*定理 12-6（<u>根值审敛法，柯西判别法</u>） 设 $\displaystyle\sum_{n=1}^{\infty}u_n$ 是正项级数，如果

$$\lim_{n\to\infty}\sqrt[n]{u_n}=\rho,$$

则当 $\rho<1$ 时级数 $\displaystyle\sum_{n=1}^{\infty}u_n$ 收敛；当 $\rho>1$ （或 $\rho=\infty$）时级数 $\displaystyle\sum_{n=1}^{\infty}u_n$ 发散；当 $\rho=1$ 时级数 $\displaystyle\sum_{n=1}^{\infty}u_n$ 可能收敛也可能发散.

定理 12-6 的证明与定理 12-5 相仿，这里从略.

例 12-14 证明级数 $1+\dfrac{1}{2^2}+\dfrac{1}{3^3}+\cdots+\dfrac{1}{n^n}+\cdots$ 是收敛的.

解 因为 $\lim\limits_{n\to\infty}\sqrt[n]{u_n}=\lim\limits_{n\to\infty}\sqrt[n]{\dfrac{1}{n^n}}=\lim\limits_{n\to\infty}\dfrac{1}{n}=0$，所以根据根值审敛法可知所给级数收敛.

例 12-15 判定级数 $\displaystyle\sum_{n=1}^{\infty}\dfrac{2+(-1)^n}{2^n}$ 的敛散性.

解 因为 $\lim\limits_{n\to\infty}\sqrt[n]{u_n}=\lim\limits_{n\to\infty}\dfrac{1}{2}\sqrt[n]{2+(-1)^n}=\lim\limits_{n\to\infty}\dfrac{1}{2}\mathrm{e}^{\frac{1}{n}\ln[2+(-1)^n]}=\dfrac{1}{2}\mathrm{e}^{\lim\limits_{n\to\infty}\frac{1}{n}\ln[2+(-1)^n]}$，

又由 $\ln[2+(-1)^n]$ 有界（$|\ln[2+(-1)^n]|\leqslant 3$）知 $\lim\limits_{n\to\infty}\dfrac{1}{n}\ln[2+(-1)^n]=0$，从而

$$\lim_{n\to\infty}\sqrt[n]{u_n}=\dfrac{1}{2}.$$

所以根据根值审敛法知所给级数收敛.

比值判别法与根值判别法都为我们提供了较简便的方法，但要注意它们仅适用于正项级数.一般说来，级数一般项中含有 n 次方的表达式往往采用根值判别法；而含有积因子或者 n 阶阶乘的表达式往往采用比值判别法.

12.2.2 交错级数及其审敛法

各项是正负交错的级数称为**交错级数**.从而交错级数可以写成下面的形式：

$$\sum_{n=1}^{\infty}(-1)^{n-1}u_n = u_1 - u_2 + u_3 - u_4 + \cdots, \tag{12-4}$$

或

$$\sum_{n=1}^{\infty}(-1)^{n}u_n = -u_1 + u_2 - u_3 + u_4 + \cdots, \tag{12-5}$$

其中 $u_n > 0$（$n=1,2,3,\cdots$），对于交错级数（12-4），我们有如下的审敛法.

定理 12-7（莱布尼兹定理） 如果交错级数（12-4）满足条件：

（1）数列 $\{u_n\}$ 单调递减，即 $u_n \geqslant u_{n+1}$（$n=1,2,3,\cdots$）；

（2）$\lim\limits_{n\to\infty} u_n = 0$，

则该级数收敛，且其和 $s \leqslant u_1$，其余项 r_n 的绝对值 $|r_n| \leqslant u_{n+1}$.

证 先证明该级数前 $2n$ 项的和 s_{2n} 的极限存在，为此把 s_{2n} 写成两种形式：

$$s_{2n} = (u_1 - u_2) + (u_3 - u_4) + \cdots + (u_{2n-1} - u_{2n}),$$

及

$$s_{2n} = u_1 - (u_2 - u_3) - (u_4 - u_5) - \cdots - (u_{2n-2} - u_{2n-1}) - u_{2n},$$

根据条件（1）知每一个括号中的差都是非负的，由第一种形式可知数列 $\{s_{2n}\}$ 是单调增加的，由第二种形式可知 $s_{2n} < u_1$，即 $\{s_{2n}\}$ 有上界 u_1，故 s_{2n} 有极限 s，且 $s \leqslant u_1$.

再证前 $2n+1$ 项的和 s_{2n+1} 的极限也是 s.事实上，我们有

$$\lim_{n\to\infty} s_{2n+1} = \lim_{n\to\infty}(s_{2n} + u_{2n+1}) = \lim_{n\to\infty} s_{2n} + \lim_{n\to\infty} u_{2n+1} = s.$$

由于数列 $\{s_{2n}\}$ 和 $\{s_{2n+1}\}$ 的极限都是 s，从而部分和数列 $\{s_n\}$ 有极限 s，故级数收敛于 s，且 $s \leqslant u_1$.

最后，不难看出余项 r_n 的绝对值可以写成

$$|r_n| = |s - s_n| = |\pm(u_{n+1} - u_{n+2} + \cdots)| = u_{n+1} - u_{n+2} + \cdots.$$

上式右端也是一个交错级数，并满足条件（1）、（2），故 $|r_n|$ 也收敛，且其和 $|r_n| \leqslant u_{n+1}$（首项）.

证毕.

莱布尼兹定理的两个条件概括起来就是：正项数列 $\{u_n\}$ 单调递减趋于 0.满足

莱布尼兹判别法的两个条件的交错级数也称为**莱布尼兹型交错级数**,它是收敛的级数.

例 12-16 证明级数 $\sum\limits_{n=1}^{\infty}(-1)^{n-1}\dfrac{1}{n}$ 收敛,并估计其和及余项.

证 这是一个交错级数,且满足定理 12-7 的两个条件,故它是收敛的. 且其和 $s<u_1=1$,余项 $|r_n|\leqslant u_{n+1}=\dfrac{1}{n+1}$.

例 12-17 讨论级数 $\sum\limits_{n=1}^{\infty}(-1)^{n}\dfrac{n}{n^2+100}$ 的敛散性.

解 先证明当 $x>10$ 时,函数 $f(x)=\dfrac{x}{x^2+100}$ 单调递减. 事实上,当 $x>10$ 时,

$$f'(x)=\frac{100-x^2}{(x^2+100)^2}<0 .$$

从而数列 $\{u_n\}=\left\{\dfrac{n}{n^2+100}\right\}$ ($n\geqslant 11$) 单调递减. 重新构造原级数的前 10 项,可满足对所有正整数 n,$\{u_n\}$ 单调递减;

又 $\lim\limits_{n\to\infty}\dfrac{n}{n^2+100}=0 .$

所以由莱布尼兹定理知原级数收敛.

12.2.3 绝对收敛与条件收敛

如果级数各项 u_n 可以取任意实数,则称该级数为任意项级数. 由任意项级数的各项绝对值组成的级数

$$\sum_{n=1}^{\infty}|u_n|=|u_1|+|u_2|+\cdots+|u_n|+\cdots$$

称为原级数的**绝对值级数**.

如果级数的绝对值级数收敛,则称该级数**绝对收敛**;如果级数收敛,而它的绝对值级数发散,则称该级数**条件收敛**.

例如,交错级数 $\sum\limits_{n=1}^{\infty}(-1)^{n-1}\dfrac{1}{n}$ 收敛,而它的绝对值级数 $\sum\limits_{n=1}^{\infty}\left|(-1)^{n-1}\dfrac{1}{n}\right|=\sum\limits_{n=1}^{\infty}\dfrac{1}{n}$ 发散,因此级数 $\sum\limits_{n=1}^{\infty}(-1)^{n-1}\dfrac{1}{n}$ 条件收敛.

而级数 $\sum\limits_{n=1}^{\infty}(-1)^{n-1}q^{n-1}$ $(0<q<1)$ 显然绝对收敛.

绝对值级数和原级数的收敛性有如下关系.

定理 12-8 如果级数 $\sum\limits_{n=1}^{\infty} u_n$ 绝对收敛，则级数 $\sum\limits_{n=1}^{\infty} u_n$ 必定收敛.

证 令 $v_n = \dfrac{1}{2}(u_n + |u_n|)$ $(n = 1, 2, \cdots)$，则 $0 \leqslant v_n \leqslant |u_n|$ $(n = 1, 2, \cdots)$. 因 $\sum\limits_{n=1}^{\infty} |u_n|$

收敛，由比较审敛法知，$\sum\limits_{n=1}^{\infty} v_n$ 也收敛，从而 $\sum\limits_{n=1}^{\infty} 2v_n$ 也收敛.

又 $u_n = 2v_n - |u_n|$，从而由级数的基本性质可知，$\sum\limits_{n=1}^{\infty} u_n = \sum\limits_{n=1}^{\infty} 2v_n - \sum\limits_{n=1}^{\infty} |u_n|$ 也

收敛.

注 1 由于任意项级数各项的绝对值组成的级数是正项级数，因此，一切判定正项级数敛散性的判别法，都可以用来判定任意项级数是否绝对收敛.

注 2 如果级数 $\sum\limits_{n=1}^{\infty} |u_n|$ 发散，我们不能断定级数 $\sum\limits_{n=1}^{\infty} u_n$ 也发散. 但是如果用比

值审敛法或根值审敛法根据 $\lim\limits_{n \to \infty} \dfrac{|u_{n+1}|}{|u_n|} = \rho > 1$ 或 $\lim\limits_{n \to \infty} \sqrt[n]{|u_n|} = \rho > 1$ 判定级数 $\sum\limits_{n=1}^{\infty} |u_n|$

发散，则我们可以断定级数 $\sum\limits_{n=1}^{\infty} u_n$ 必定发散. 这是因为由 $\rho > 1$ 及极限的保号性定

理可推知：在充分远后的项都有 $|u_{n+1}| > |u_n|$ 或 $|u_n| > (1 + \varepsilon)^n$（这里正数 ε 满足

$\rho > 1 + \varepsilon$，这都会导致 $|u_n|$ 不趋向于零，从而 u_n 也不趋向于零，因此级数 $\sum\limits_{n=1}^{\infty} u_n$ 也

是发散的.

例 12-18 判断级数 $\sum\limits_{n=1}^{\infty} \dfrac{\sin na}{n^2}$ 的敛散性.

解 因为 $\left| \dfrac{\sin na}{n^2} \right| \leqslant \dfrac{1}{n^2}$，而级数 $\sum\limits_{n=1}^{\infty} \dfrac{1}{n^2}$ 是收敛的，所以级数 $\sum\limits_{n=1}^{\infty} \left| \dfrac{\sin na}{n^2} \right|$ 也收敛，

从而由定理 12-8 知，级数 $\sum\limits_{n=1}^{\infty} \dfrac{\sin na}{n^2}$ 绝对收敛.

例 12-19 判断级数 $\sum\limits_{n=1}^{\infty} (-1)^n \dfrac{1}{2^n} \left(1 + \dfrac{1}{n} \right)^{n^2}$ 的敛散性.

解 由 $|u_n| = \dfrac{1}{2^n} \left(1 + \dfrac{1}{n} \right)^{n^2}$ 知，$\lim\limits_{n \to \infty} \sqrt[n]{|u_n|} = \dfrac{1}{2} \lim\limits_{n \to \infty} \left(1 + \dfrac{1}{n} \right)^n = \dfrac{1}{2} e > 1$，可知

$\lim\limits_{n\to\infty}u_n\neq0$，因此级数 $\sum\limits_{n=1}^{\infty}(-1)^n\dfrac{1}{2^n}\left(1+\dfrac{1}{n}\right)^{n^2}$ 发散.

例 12-20　讨论级数 $\sum\limits_{n=1}^{\infty}(-1)^n\dfrac{1}{n^p}$ 的敛散性.

解　显然当 $p\leqslant0$ 时，$\lim\limits_{n\to\infty}(-1)^n\dfrac{1}{n^p}\neq0$，所以级数发散. 当 $p>0$ 时，由于

$$\sum_{n=1}^{\infty}\left|(-1)^n\dfrac{1}{n^p}\right|=\sum_{n=1}^{\infty}\dfrac{1}{n^p},$$

而当 $p>1$ 时，级数 $\sum\limits_{n=1}^{\infty}\dfrac{1}{n^p}$ 收敛，从而级数 $\sum\limits_{n=1}^{\infty}(-1)^n\dfrac{1}{n^p}$ 绝对收敛；当 $0<p\leqslant1$ 时，

级数 $\sum\limits_{n=1}^{\infty}\dfrac{1}{n^p}$ 发散，从而级数 $\sum\limits_{n=1}^{\infty}(-1)^n\dfrac{1}{n^p}$ 非绝对收敛，但 $u_n=\dfrac{1}{n^p}$ 单调减少，且

$\lim\limits_{n\to\infty}\dfrac{1}{n^p}=0$，故由莱布尼兹定理知 $\sum\limits_{n=1}^{\infty}(-1)^n\dfrac{1}{n^p}$ 收敛，从而 $\sum\limits_{n=1}^{\infty}(-1)^n\dfrac{1}{n^p}$ 条件收敛.

综上所述，当 $p>1$ 时级数绝对收敛；当 $0<p\leqslant1$ 时级数条件收敛；当 $p\leqslant0$ 时级数发散.

习题 12.2

1. 填空题：

（1）级数 $\sum\limits_{n=1}^{\infty}u_n$ 与 $\sum\limits_{n=1}^{\infty}v_n$ 均是正项级数，且 $\sum\limits_{n=1}^{\infty}v_n$ 收敛，$\lim\limits_{n\to\infty}\dfrac{u_n}{v_n}=k$　（k 是常数），则 $\sum\limits_{n=1}^{\infty}u_n$ _____；

（2）对正项级数 $\sum\limits_{n=1}^{\infty}u_n$，有 $\lim\limits_{n\to\infty}\dfrac{u_n}{u_{n+1}}=\rho$ 存在，当 $\rho<1$ 时，$\sum\limits_{n=1}^{\infty}u_n$ _____，当 $\rho>1$ 时，$\sum\limits_{n=1}^{\infty}u_n$ _____；

（3）若级数 $\sum\limits_{n=1}^{\infty}u_n$ 条件收敛，则级数 $\sum\limits_{n=1}^{\infty}|u_n|$ 必定_____；

（4）若正项级数 $\sum\limits_{n=1}^{\infty}u_n$ 收敛，则级数 $\sum\limits_{n=1}^{\infty}\sqrt{u_nu_{n+1}}$ 的敛散性是_____；

（5）若级数 $\sum\limits_{n=1}^{\infty}|u_n|$ 发散. 则 $\sum\limits_{n=1}^{\infty}u_n$ 的敛散性是_____，若用比值法或根值

法判别 $\sum\limits_{n=1}^{\infty} |u_n|$ 发散，则 $\sum\limits_{n=1}^{\infty} u_n$ 一定_____.

2. 选择题：

（1）若两个正项级数 $\sum\limits_{n=1}^{\infty} a_n$，$\sum\limits_{n=1}^{\infty} b_n$ 满足 $a_n \leqslant b_n$（$n=1,2,3,\cdots$），则以下结论正确的是（　　）；

    A. $\sum\limits_{n=1}^{\infty} a_n$ 发散，则 $\sum\limits_{n=1}^{\infty} b_n$ 发散   B. $\sum\limits_{n=1}^{\infty} a_n$ 收敛，则 $\sum\limits_{n=1}^{\infty} b_n$ 收敛

    C. $\sum\limits_{n=1}^{\infty} a_n$ 发散，则 $\sum\limits_{n=1}^{\infty} b_n$ 收敛   D. $\sum\limits_{n=1}^{\infty} a_n$ 收敛，则 $\sum\limits_{n=1}^{\infty} b_n$ 发散

（2）若正项级数 $\sum\limits_{n=1}^{\infty} a_n$ 收敛，且 c 是不为零的常数，则以下级数收敛的是（　　）；

    A. $\sum\limits_{n=1}^{\infty} \sqrt{a_n}$ B. $\sum\limits_{n=1}^{\infty} a_n^2$

    C. $\sum\limits_{n=1}^{\infty} (a_n + c)^2$ D. $\sum\limits_{n=1}^{\infty} (a_n + c)$

（3）下列命题正确的是（　　）；

    A. 若 $\sum\limits_{n=1}^{\infty} |u_n|$ 收敛，则 $\sum\limits_{n=1}^{\infty} u_n$ 必定收敛

    B. 若 $\sum\limits_{n=1}^{\infty} |u_n|$ 发散，则 $\sum\limits_{n=1}^{\infty} u_n$ 必定发散

    C. 若 $\sum\limits_{n=1}^{\infty} u_n$ 收敛，则 $\sum\limits_{n=1}^{\infty} |u_n|$ 必定收敛

    D. 若 $\sum\limits_{n=1}^{\infty} u_n$ 收敛，则 $\sum\limits_{n=1}^{\infty} |u_n|$ 必定发散

（4）使交错级数 $\sum\limits_{n=1}^{\infty} \dfrac{(-1)^{n+1}}{n^{p+1}}$ 绝对收敛的 p 的取值范围是（　　）；

    A. $p > 1$ B. $p \geqslant 1$ C. $p > 0$ D. $p \geqslant 0$

（5）下列级数中发散的是（　　）；

    A. $\sum\limits_{n=1}^{\infty} \dfrac{2^n}{n!}$ B. $\sum\limits_{n=1}^{\infty} \dfrac{n!}{2^n}$ C. $\sum\limits_{n=1}^{\infty} \dfrac{n+1}{2^n}$ D. $\sum\limits_{n=1}^{\infty} \dfrac{(-1)^n}{n^2}$

（6）下列级数中绝对收敛的是（　　）；

A. $\displaystyle\sum_{n=1}^{\infty}\frac{1}{n+1}$ B. $\displaystyle\sum_{n=1}^{\infty}\frac{(-1)^n}{n+1}$ C. $\displaystyle\sum_{n=1}^{\infty}\frac{(-1)^n 2^n}{n^2+1}$ D. $\displaystyle\sum_{n=1}^{\infty}\frac{(-1)^n}{2^n}$

（7）下列级数中为条件收敛级数的是（　　）；

A. $\displaystyle\sum_{n=1}^{\infty}\frac{(-1)^n n}{n^2+1}$ B. $\displaystyle\sum_{n=1}^{\infty}\frac{(-1)^n n}{n+1}$

C. $\displaystyle\sum_{n=1}^{\infty}\frac{(-1)^n 2n}{n+1}$ D. $\displaystyle\sum_{n=1}^{\infty}\frac{(-1)^n n!}{2^n}$

3．用比较判别法或极限形式的比较判别法判别下列级数的敛散性：

（1）$\displaystyle\sum_{n=1}^{\infty}\frac{1}{n^2+a^2}$；

（2）$\displaystyle\sum_{n=1}^{\infty} 2^n \sin\frac{\pi}{3^n}$；

（3）$\displaystyle\sum_{n=1}^{\infty}\frac{1}{\sqrt{1+n^2}}$；

（4）$\displaystyle\sum_{n=1}^{\infty}(1-\cos\frac{1}{n})$；

（5）$\displaystyle\sum_{n=2}^{\infty}\tan\frac{\pi}{2^n}$；

（6）$\displaystyle\sum_{n=1}^{\infty}\frac{1}{1+a^n}$ $(a>0)$．

4．用比值判别法判别下列级数的敛散性：

（1）$\displaystyle\sum_{n=1}^{\infty}\frac{n^2}{3^n}$；

（2）$\displaystyle\sum_{n=1}^{\infty}\frac{2^n\cdot n!}{n^n}$；

（3）$\displaystyle\sum_{n=1}^{\infty} n\tan\frac{\pi}{2^{n+1}}$；

（4）$\dfrac{3}{1\cdot 2}+\dfrac{3^2}{2\cdot 2^2}+\dfrac{3^3}{3\cdot 2^3}+\cdots+\dfrac{3^n}{n\cdot 2^n}+\cdots$．

5．用根值判别法判别下列级数的敛散性：

（1）$\displaystyle\sum_{n=1}^{\infty}\left(\frac{n}{2n+1}\right)^n$；

（2）$\displaystyle\sum_{n=1}^{\infty}\frac{1}{[\ln(n+1)]^n}$；

（3）$\displaystyle\sum_{n=1}^{\infty}\left(\frac{n}{3n-1}\right)^{2n-1}$；

（4）$\displaystyle\sum_{n=1}^{\infty}\left(\frac{b}{a_n}\right)^n$，其中 $a_n\to a$ $(n\to\infty)$，a_n,b,a 均为正数．

6．判断下列级数的敛散性：

（1）$\displaystyle\sum_{n=1}^{\infty}\frac{n+1}{n(n+2)}$；

（2）$\dfrac{3}{4}+2\left(\dfrac{3}{4}\right)^2+3\left(\dfrac{3}{4}\right)^3+\cdots+n\left(\dfrac{3}{4}\right)^n+\cdots$；

（3）$\sqrt{2}+\sqrt{\dfrac{3}{2}}+\cdots+\sqrt{\dfrac{n+1}{n}}+\cdots$；

（4）$\dfrac{1}{a+b}+\dfrac{1}{2a+b}+\cdots+\dfrac{1}{na+b}+\cdots\;(a>0,\;b>0)$.

7. 判定下列级数是否收敛？如果是收敛的，是绝对收敛还是条件收敛？

（1）$1-\dfrac{1}{\sqrt{2}}+\dfrac{1}{\sqrt{3}}-\dfrac{1}{\sqrt{4}}+\cdots$；

（2）$\displaystyle\sum_{n=1}^{\infty}(-1)^{n-1}\dfrac{n}{3^{n-1}}$；

（3）$\displaystyle\sum_{n=1}^{\infty}(-1)^{n+1}\dfrac{2^{n^2}}{n!}$；

（4）$\dfrac{1}{\ln 2}-\dfrac{1}{\ln 3}+\dfrac{1}{\ln 4}-\dfrac{1}{\ln 5}+\cdots$；

（5）$\dfrac{1}{3}\cdot\dfrac{1}{2}-\dfrac{1}{3}\cdot\dfrac{1}{2^2}+\dfrac{1}{3}\cdot\dfrac{1}{2^3}-\dfrac{1}{3}\cdot\dfrac{1}{2^4}+\cdots$.

§12.3　幂级数

12.3.1　函数项级数的一般概念

给定一个定义在区间 I 上的函数列 $\{u_n(x)\}$，则由该函数列构成的表达式

$$u_1(x)+u_2(x)+u_3(x)+\cdots+u_n(x)+\cdots \tag{12-6}$$

称为定义在区间 I 上的（函数项）**无穷级数**，简称为（函数项）**级数**，记作 $\displaystyle\sum_{n=1}^{\infty}u_n(x)$，即

$$\sum_{n=1}^{\infty}u_n(x)=u_1(x)+u_2(x)+u_3(x)+\cdots+u_n(x)+\cdots$$

对于区间 I 内的一定点 x_0，函数项级数（12-6）就变成常数项级数

$$u_1(x_0)+u_2(x_0)+u_3(x_0)+\cdots+u_n(x_0)+\cdots \tag{12-7}$$

使级数（12-7）收敛的点 x_0 称为级数（12-6）的**收敛点**，使级数（12-7）发散的点 x_0 称为级数（12-6）的**发散点**.

函数项级数（12-6）的所有收敛点的全体称为它的**收敛域**，所有发散点的全体称为它的**发散域**.

对于收敛域上的任意一个数 x，函数项级数成为一个收敛的常数项级数，因而有一个确定的和 $s(x)$ 与它对应. 因此，在收敛域上，函数项级数的和是 x 的函数 $s(x)$，称 $s(x)$ 为函数项级数（12-6）的**和函数**，并写成

$$s(x)=u_1(x)+u_2(x)+u_3(x)+\cdots+u_n(x)+\cdots.$$

若记级数（12-6）的前 n 项部分和为 $s_n(x)$，则在收敛域上有

$$\lim_{n\to\infty}s_n(x)=s(x),$$

并称 $r_n(x)=s(x)-s_n(x)$ 为函数项级数（12-6）的**余项**（当然只有 x 属于收敛域时 $r_n(x)$ 才有意义），且有 $\displaystyle\lim_{n\to\infty}r_n(x)=0$.

下面我们将讨论函数项级数中简单而常用的一类级数——幂级数.

12.3.2 幂级数及其收敛域

形如

$$\sum_{n=0}^{\infty} a_n (x-x_0)^n = a_0 + a_1(x-x_0) + \cdots + a_n(x-x_0)^n + \cdots \qquad (12\text{-}8)$$

的级数，称为 **$x - x_0$ 的幂级数**. 其中常数 $a_0, a_1, \cdots, a_n, \cdots$ 称为**幂级数的系数**.

当 $x_0 = 0$ 时，（12-8）式变为

$$\sum_{n=0}^{\infty} a_n x^n = a_0 + a_1 x + a_2 x^2 + \cdots + a_n x^n + \cdots \qquad (12\text{-}9)$$

级数（12-9）称为 **x 的幂级数**，它的每一项都是 x 的幂函数. 例如

$$1 + x + x^2 + \cdots + x^n + \cdots,$$

$$1 + x + \frac{1}{2!}x^2 + \cdots + \frac{1}{n!}x^n + \cdots$$

的级数都是这样的幂级数.

下面主要讨论形如（12-9）的幂级数的收敛性问题：即对于一个给定的形如（12-9）的幂级数，它的收敛域与发散域是什么？具有什么样的特征？

显然所有形如（12-9）的幂级数都在 $x = 0$ 是收敛的，即形如（12-9）的幂级数的收敛域一定包含 0 这个元素.

再进一步观察幂级数

$$1 + x + x^2 + \cdots + x^n + \cdots,$$

它是一个公比为 x 的几何级数. 由例 12-1 可知，当 $|x| < 1$ 时，它是收敛的；当 $|x| \geqslant 1$ 时，它是发散的. 因此它的收敛域为 $(-1,1)$，且在收敛域内有

$$\frac{1}{1-x} = 1 + x + x^2 + x^3 + \cdots + x^n + \cdots .$$

在上述例子中我们看到，幂级数的收敛域是一个区间. 事实上这个结论对于一般的幂级数也是成立的. 我们有如下定理.

定理 12-9（阿贝尔定理）如果级数（12-9）当 $x = x_0 (\neq 0)$ 时收敛，则满足不等式 $|x| < |x_0|$ 的一切 x 均使该幂级数绝对收敛；反之，如果级数（12-9）当 $x = x_0$ 时发散，则满足不等式 $|x| > |x_0|$ 的一切 x 均使该幂级数发散.

证 先设 $x_0 (\neq 0)$ 是幂级数（12-9）的收敛点，即常数项级数 $\sum_{n=0}^{\infty} a_n x_0^n$ 收敛. 根据级数收敛的必要条件，有

$$\lim_{n \to \infty} a_n x_0^n = 0 .$$

于是根据收敛数列的有界性，存在一个常数 $M > 0$，使

$$\left|a_n x_0^n\right| \leqslant M \ (n=0,1,2,3,\cdots).$$

这样，对于级数（12-9）的一般项，有

$$|a_n x^n| = \left|a_n x_0^n \cdot \frac{x^n}{x_0^n}\right| = |a_n x_0^n| \cdot \left|\frac{x}{x_0}\right|^n \leqslant M \cdot \left|\frac{x}{x_0}\right|^n.$$

因为当 $|x| < |x_0|$ 时，等比级数 $\sum\limits_{n=0}^{\infty} M \cdot \left|\frac{x}{x_0}\right|^n$ 收敛，所以级数 $\sum\limits_{n=0}^{\infty} |a_n x^n|$ 收敛，即

级数 $\sum\limits_{n=0}^{\infty} a_n x^n$ 绝对收敛.

定理的第二部分可用反证法证明. 假设幂级数当 $x = x_0$ 时发散而满足 $|x| > |x_0|$ 的某一点 x_1 使级数 $\sum\limits_{n=0}^{\infty} a_n x^n$ 收敛，则根据本定理的第一部分，级数 $\sum\limits_{n=0}^{\infty} a_n x^n$ 当 $x = x_0$ 时收敛，这与所设矛盾.

证毕.

推论 如果级数（12-9）不是仅在 $x=0$ 一点收敛，也不是在整个数轴上都收敛，则必有一个完全确定的正数 R 存在，使得

当 $|x| < R$ 时，幂级数绝对收敛；

当 $|x| > R$ 时，幂级数发散；

当 $x = R$ 与 $x = -R$ 时，幂级数可能收敛也可能发散.

我们将满足上述条件的正数 R 称为幂级数（12-9）的**收敛半径**. 开区间 $(-R,R)$ 称为幂级数（12-9）的**收敛区间**. 再由幂级数在 $x = \pm R$ 处的收敛性就可以决定它的收敛域. 显然，幂级数（12-9）的收敛域是 $(-R,R)$、$[-R,R)$、$(-R,R]$、$[-R,R]$ 四者之一.

我们规定：若幂级数（12-9）只在 $x=0$ 收敛，则收敛半径 $R=0$，这时收敛域为 $\{0\}$；若幂级数（12-9）对一切 x 都收敛，则收敛半径 $R = +\infty$ 这时收敛域为 $(-\infty, +\infty)$.

那么，如何求幂级数的收敛半径呢？将级数（12-9）的各项取绝对值，得正项级数

$$\sum_{n=0}^{\infty} |a_n x^n| = |a_0| + |a_1 x| + |a_2 x^2| + \cdots + |a_n x^n| + \cdots, \tag{12-10}$$

如果设 $\lim\limits_{n\to\infty}\left|\dfrac{a_{n+1}}{a_n}\right| = \rho$ （或 $\lim\limits_{n\to\infty}\sqrt[n]{|a_n|} = \rho$），则

$$\lim_{n\to\infty}\left|\frac{u_{n+1}(x)}{u_n(x)}\right| = \lim_{n\to\infty}\left|\frac{a_{n+1}x^{n+1}}{a_n x^n}\right| = \rho|x| \ \left(\text{或} \lim_{n\to\infty}\sqrt[n]{|a_n x^n|} = \rho|x|\right).$$

于是，由比值审敛法（或根值审敛法）可知：

（1）如果 $\rho|x|<1\ (\rho\neq0)$，即 $|x|<\dfrac{1}{\rho}$，则级数（12-10）收敛，即级数（12-9）绝对收敛；

（2）如果 $\rho|x|>1\ (\rho\neq0)$，即 $|x|>\dfrac{1}{\rho}$，则级数（12-9）发散；

（3）如果 $\rho|x|=1\ (\rho\neq0)$，即 $|x|=\dfrac{1}{\rho}$，则比值审敛法无效，需另行判定；

（4）如果 $\rho=0$，则 $\rho|x|=0<1$，则级数（12-9）对任何 x 都收敛；

（5）如果 $\rho=+\infty$，则级数（12-9）只在 $x=0$ 处收敛.

于是有下面的定理，其证明过程请读者自己给出.

定理 12-10 如果幂级数（12-9）的系数满足条件 $\lim\limits_{n\to\infty}\left|\dfrac{a_{n+1}}{a_n}\right|=\rho$（或 $\lim\limits_{n\to\infty}\sqrt[n]{|a_n|}=\rho$），则

（1）当 $0<\rho<+\infty$ 时，$R=\dfrac{1}{\rho}$；

（2）当 $\rho=0$ 时，$R=+\infty$；

（3）当 $\rho=+\infty$ 时，$R=0$.

例 12-21 求幂级数

$$\sum_{n=1}^{\infty}(-1)^{n-1}\frac{x^n}{n}=x-\frac{x^2}{2}+\frac{x^3}{3}-\cdots+(-1)^{n-1}\frac{x^n}{n}+\cdots$$

的收敛半径与收敛域.

解 因为

$$\rho=\lim_{n\to\infty}\left|\frac{a_{n+1}}{a_n}\right|=\lim_{n\to\infty}\frac{\dfrac{1}{n+1}}{\dfrac{1}{n}}=1\ \left(\text{或}\ \rho=\lim_{n\to\infty}\sqrt[n]{|a_n|}=\lim_{n\to\infty}\frac{1}{\sqrt[n]{n}}=1\right),$$

所以该幂级数的收敛半径为 $R=\dfrac{1}{\rho}=1$；当 $x=1$ 时，幂级数成为交错级数 $\sum\limits_{n=1}^{\infty}(-1)^{n-1}\dfrac{1}{n}$，是收敛的；当 $x=-1$ 时，幂级数成为 $\sum\limits_{n=1}^{\infty}\left(-\dfrac{1}{n}\right)$，是发散的. 因此该幂级数的收敛域为 $(-1,1]$.

例 12-22 求幂级数 $\sum\limits_{n=0}^{\infty}\dfrac{1}{n!}x^n$ 的收敛域.

解 因为 $\rho=\lim\limits_{n\to\infty}\left|\dfrac{a_{n+1}}{a_n}\right|=\lim\limits_{n\to\infty}\dfrac{\dfrac{1}{(n+1)!}}{\dfrac{1}{n!}}=\lim\limits_{n\to\infty}\dfrac{n!}{(n+1)!}=0$，所以该幂级数的收

敛半径为 $R = +\infty$，从而该幂级数的收敛域为 $(-\infty, +\infty)$．

例 12-23 求幂级数 $\displaystyle\sum_{n=0}^{\infty} n! x^n$ 的收敛半径．

解 因为 $\rho = \displaystyle\lim_{n \to \infty}\left|\frac{a_{n+1}}{a_n}\right| = \lim_{n \to \infty}\frac{(n+1)!}{n!} = +\infty$，所以该幂级数的收敛半径为 $R = 0$，即级数仅在 $x = 0$ 处收敛．

例 12-24 求幂级数 $\displaystyle\sum_{n=1}^{\infty}\frac{(x-1)^n}{2^n n}$ 的收敛域．

解 令 $t = x - 1$，则原级数变为 $\displaystyle\sum_{n=1}^{\infty}\frac{t^n}{2^n n}$．因为

$$\rho = \lim_{n \to \infty}\left|\frac{a_{n+1}}{a_n}\right| = \frac{2^n \cdot n}{2^{n+1} \cdot (n+1)} = \frac{1}{2},$$

所以其收敛半径为 $R = 2$．

当 $t = 2$ 时，级数变为调和级数 $\displaystyle\sum_{n=1}^{\infty}\frac{1}{n}$，是发散的；当 $t = -2$ 时，级数变为交错级数 $\displaystyle\sum_{n=1}^{\infty}(-1)^n \frac{1}{n}$，是收敛的．因此级数 $\displaystyle\sum_{n=1}^{\infty}\frac{t^n}{2^n n}$ 的收敛域为 $-2 \leqslant t < 2$ 或 $-2 \leqslant x - 1 < 2$，从而 $-1 \leqslant x < 3$．于是原级数的收敛域为 $[-1, 3)$．

例 12-25 求幂级数 $\displaystyle\sum_{n=0}^{\infty}\frac{(2n)!}{(n!)^2} x^{2n}$ 的收敛半径．

解 级数缺少奇次幂的项，定理 12-10 不能应用．可根据比值审敛法来求收敛半径：幂级数的一般项记为 $u_n(x) = \dfrac{(2n)!}{(n!)^2} x^{2n}$．因为

$$\lim_{n \to \infty}\left|\frac{u_{n+1}(x)}{u_n(x)}\right| = \lim_{n \to \infty}\frac{\dfrac{[2(n+1)]!}{[(n+1)!]^2} x^{2(n+1)}}{\dfrac{(2n)!}{(n!)^2} x^{2n}} = 4|x|^2,$$

当 $4|x|^2 < 1$ 即 $|x| < \dfrac{1}{2}$ 时级数收敛；当 $4|x|^2 > 1$ 即 $|x| > \dfrac{1}{2}$ 时级数发散，所以该级数的收敛半径为 $R = \dfrac{1}{2}$．

注 1 也可以作变换 $t = x^2$ 将原级数化为幂级数 $\displaystyle\sum_{n=0}^{\infty}\frac{(2n)!}{(n!)^2} t^n$ 的形式来求收敛半径，请读者自己给出解答．

例 12-26 求幂级数 $1 + (2x+1)^2 + (2x+1)^4 + \cdots + (2x+1)^{2(n-1)} + \cdots$ 的收敛域．

解 这里的幂级数又恰是一个公比为 $(2x+1)^2$ 的几何级数，由几何级数的敛散性可知当 $|q|=(2x+1)^2<1$ 时，原级数收敛. 解此不等式得 $-1<x<0$ ，故原级数的收敛域为 $(-1,0)$.

12.3.3　幂级数的运算与性质

根据函数项级数和函数的概念，幂级数（12-9）在其收敛区间 D 内确定了一个和函数 $s(x)$ ，即

$$s(x)=\sum_{n=0}^{\infty}a_nx^n \quad (x\in D).$$

对于两个幂级数，可以进行下列四则运算：

设幂级数 $\sum\limits_{n=0}^{\infty}a_nx^n$ 与 $\sum\limits_{n=0}^{\infty}b_nx^n$ 的收敛半径分别为 R_1 与 R_2 ，和函数分别为 $s(x)$ 与 $\sigma(x)$ ，记 $R=\min\{R_1,R_2\}$ ，则在它们公共的收敛区间 $(-R,R)$ 上，有

（1）**加法**　$\sum\limits_{n=0}^{\infty}a_nx^n+\sum\limits_{n=0}^{\infty}b_nx^n=\sum\limits_{n=0}^{\infty}(a_n+b_n)x^n=s(x)+\sigma(x)$ ，

（2）**减法**　$\sum\limits_{n=0}^{\infty}a_nx^n-\sum\limits_{n=0}^{\infty}b_nx^n=\sum\limits_{n=0}^{\infty}(a_n-b_n)x^n=s(x)-\sigma(x)$ ，

（3）**乘法**　$\left(\sum\limits_{n=0}^{\infty}a_nx^n\right)\cdot\left(\sum\limits_{n=0}^{\infty}b_nx^n\right)=\sum\limits_{n=0}^{\infty}c_nx^n$

（其中 $c_n=a_0b_n+a_1b_{n-1}+\cdots+a_{n-1}b_1+a_nb_0$ ，这种乘积叫做两个级数的<u>柯西乘积</u>）收敛，且

$$\left(\sum_{n=0}^{\infty}a_nx^n\right)\cdot\left(\sum_{n=0}^{\infty}b_nx^n\right)=s(x)\sigma(x).$$

（4）**除法**　$\dfrac{a_0+a_1x+a_2x^2+\cdots+a_nx^n+\cdots}{b_0+b_1x+b_2x^2+\cdots+b_nx^n+\cdots}=d_0+d_1x+d_2x^2+\cdots+d_nx^n+\cdots,$

（这里假设 $b_0\neq0$ ）. 为了求出系数 $d_0,d_1,d_2,\cdots,d_n,\cdots$ ，可以将级数 $\sum\limits_{n=0}^{\infty}b_nx^n$ 与 $\sum\limits_{n=0}^{\infty}d_nx^n$ 相乘，并令乘积中各项的系数分别等于级数 $\sum\limits_{n=0}^{\infty}a_nx^n$ 中同次幂的系数，即得

$$a_0=b_0d_0,$$
$$a_1=b_1d_0+b_0d_1,$$
$$a_2=b_2d_0+b_1d_1+b_0d_2,$$
$$\cdots$$

由这些方程解出 $d_0,d_1,d_2,\cdots,d_n,\cdots$.

相除后所得幂级数 $\sum\limits_{n=0}^{\infty} d_n x^n$ 的收敛区间可能比原来两个幂级数的收敛区间小得多.

例如，级数

$$\sum_{n=0}^{\infty} a_n x^n = 1 + 0x + \cdots + 0x^n + \cdots \text{ 与 } \sum_{n=0}^{\infty} b_n x^n = 1 - x + 0x^2 + \cdots + 0x^n + \cdots$$

在整个数轴上收敛，但级数 $\sum\limits_{n=0}^{\infty} d_n x^n = \dfrac{1}{1-x} = 1 + x + x^2 + \cdots + x^n + \cdots$ 仅在区间 $(-1,1)$ 内收敛.

关于幂级数的和函数有下列重要性质，这些性质的证明略.

性质 1 幂级数 $\sum\limits_{n=0}^{\infty} a_n x^n$ 的和函数 $s(x)$ 在其收敛域 I 上连续.

性质 2 幂级数 $\sum\limits_{n=0}^{\infty} a_n x^n$ 的和函数 $s(x)$ 在其收敛域 I 上可积，并且有逐项积分公式

$$\int_0^x s(x)\mathrm{d}x = \int_0^x \left(\sum_{n=0}^{\infty} a_n x^n\right)\mathrm{d}x = \sum_{n=0}^{\infty} \int_0^x a_n x^n \mathrm{d}x = \sum_{n=0}^{\infty} \frac{a_n}{n+1} x^{n+1} \quad (\, x \in I \,),$$

逐项积分后所得到的幂级数和原级数有相同的收敛半径.

性质 3 幂级数 $\sum\limits_{n=0}^{\infty} a_n x^n$ 的和函数 $s(x)$ 在其收敛区间 $(-R,R)$ 内可导，并且有逐项求导公式

$$s'(x) = \left(\sum_{n=0}^{\infty} a_n x^n\right)' = \sum_{n=0}^{\infty} (a_n x^n)' = \sum_{n=1}^{\infty} n a_n x^{n-1} \quad (\,|x| < R\,),$$

逐项求导后所得到的幂级数和原级数有相同的收敛半径.

反复应用上述结论可得：幂级数 $\sum\limits_{n=0}^{\infty} a_n x^n$ 的和函数 $s(x)$ 在其收敛区间 $(-R,R)$ 内具有任意阶导数.

例 12-27 求幂级数 $\sum\limits_{n=1}^{\infty} \dfrac{1}{n} x^{n-1}$ 的和函数，并求 $\sum\limits_{n=1}^{\infty} (-1)^{n-1} \dfrac{1}{n \cdot 2^n}$ 的和.

分析 由于几何级数 $a + ax + ax^2 + \cdots + ax^n + \cdots = \dfrac{a}{1-x}$ $(a \neq 0, \ |x| < 1)$，所以可以将幂级数转化为几何级数再求和.

解 先求收敛域. 由 $\lim\limits_{n \to \infty} \left| \dfrac{a_{n+1}}{a_n} \right| = \lim\limits_{n \to \infty} \dfrac{n}{n+1} = 1$ 得收敛半径 $R = 1$. 在端点 $x = -1$

处，幂级数成为 $\sum\limits_{n=1}^{\infty}(-1)^{n-1}\dfrac{1}{n}$，由莱布尼兹判别法知它收敛；在端点 $x=1$ 处，幂级

数变为 $\sum\limits_{n=1}^{\infty}\dfrac{1}{n}$，是发散的．因此得幂级数的收敛域为 $[-1,1)$．

设所求和函数为 $s(x)$，即 $s(x)=\sum\limits_{n=1}^{\infty}\dfrac{1}{n}x^{n-1}$ $(x\in[-1,1))$．于是

$$xs(x)=\sum_{n=1}^{\infty}\frac{1}{n}x^{n},$$

逐项求导得

$$[xs(x)]'=\sum_{n=1}^{\infty}(\frac{1}{n}x^{n})'=\sum_{n=1}^{\infty}x^{n-1}=\frac{1}{1-x}\quad(\,|\,x\,|<1)\,,$$

对上式从 0 到 x 积分，得

$$\int_{0}^{x}[ts(t)]'\mathrm{d}t=xs(x)=\int_{0}^{x}\frac{1}{1-t}\mathrm{d}t=-\ln(1-x)\quad(\,|\,x\,|<1)\,.$$

于是，当 $x\in(-1,0)\bigcup(0,1)$ 时，有 $s(x)=-\dfrac{1}{x}\ln(1-x)$．

又由原级数知，$s(0)=1$（当然，也可由和函数在点 $x=0$ 的连续性知

$s(0)=\lim\limits_{x\to0}s(x)=\lim\limits_{x\to0}[-\dfrac{1}{x}\ln(1-x)]=1$）．

当 $x=-1$ 时，由和函数的连续性得

$$s(-1)=\lim_{x\to-1^{+}}s(x)=\lim_{x\to-1^{+}}[-\frac{1}{x}\ln(1-x)]=\ln 2.$$

从而所求的和函数为

$$s(x)=\begin{cases}-\dfrac{1}{x}\ln(1-x),&x\in[-1,0)\bigcup(0,1)\,,\\[2mm]\qquad1,&x=0\end{cases}$$

这样取 $x=-\dfrac{1}{2}$

$$\sum_{n=1}^{\infty}(-1)^{n-1}\frac{1}{n\cdot2^{n}}=\frac{1}{2}s\left(-\frac{1}{2}\right)=\frac{1}{2}\frac{-\ln\left(1-\left(-\dfrac{1}{2}\right)\right)}{-\dfrac{1}{2}}=\ln\frac{3}{2}.$$

注 2　求幂级数的和函数，首先要求幂级数的收敛域，再在收敛区间上利用逐项求导或逐项求积的性质将级数变成某个几何级数，求出几何级数的和函数后，再对此和函数积分或求导，从而得出原级数的和函数．

习题 12.3

1. 填空题：

（1）幂级数 $\sum\limits_{n=1}^{\infty}(-1)^{n-1}\dfrac{x^n}{n}$ 的收敛域是_____；

（2）幂级数 $\sum\limits_{n=1}^{\infty}5^n x^n$ 的收敛半径 $R=$_____；

（3）若幂级数 $\sum\limits_{n=1}^{\infty}a_n y^n$ 的收敛区间为 $(-9,9)$，则幂级数 $\sum\limits_{n=1}^{\infty}a_n(x-3)^{2n}$ 的收敛区间为_____．

2. 选择题：

（1）级数 $\sum\limits_{n=1}^{\infty}n3^n x^n$ 的收敛域是（　　）；

　　A. $\left[-\dfrac{1}{3},\dfrac{1}{3}\right]$　　　B. $\left[-\dfrac{1}{3},\dfrac{1}{3}\right)$　　　C. $\left(-\dfrac{1}{3},\dfrac{1}{3}\right]$　　　D. $\left(-\dfrac{1}{3},\dfrac{1}{3}\right)$

（2）幂级数 $x-\dfrac{x^3}{3}+\dfrac{x^5}{5}-\cdots$ 的收敛域是（　　）；

　　A. $[-1,1]$　　　B. $[-1,1)$　　　C. $(-1,1]$　　　D. $(-1,1)$

（3）若幂级数 $\sum\limits_{n=0}^{\infty}a_n x^n$ 在 $x=-2$ 处收敛，在 $x=-3$ 处发散，则该级数（　　）；

　　A. 必在 $x=3$ 处发散　　　　　　B. 必在 $x=2$ 处收敛
　　C. 必在 $|x|>3$ 处发散　　　　　D. 其收敛区间为 $[-2,3]$

（4）级数 $1+2x+3x^2+\cdots+nx^{n-1}+\cdots$ 的和函数是（　　）；

　　A. $\dfrac{1}{1-x}$　　　B. $\dfrac{1}{1+x}$　　　C. $\dfrac{1}{(1-x)^2}$　　　D. $\dfrac{x}{1-x}$

3. 求下列幂级数的收敛域：

（1）$1-x+\dfrac{x^2}{2^2}+\cdots+(-1)^n\dfrac{x^n}{n^2}+\cdots$；

（2）$\dfrac{x}{2}+\dfrac{x^2}{2\cdot4}+\dfrac{x^3}{2\cdot4\cdot6}+\cdots+\dfrac{x^n}{2\cdot4\cdots(2n)}+\cdots$；

（3）$\dfrac{2}{2}x+\dfrac{2^2}{5}x^2+\dfrac{2^3}{10}x^3+\cdots+\dfrac{2^n}{n^2+1}x^n+\cdots$；

（4）$\sum\limits_{n=1}^{\infty}(-1)^n\dfrac{x^{2n+1}}{2n+1}$；

（5）$\displaystyle\sum_{n=1}^{\infty}\frac{2n-1}{2^n}x^{2n-2}$;

（6）$\displaystyle\sum_{n=1}^{\infty}\frac{(x-5)^n}{\sqrt{n}}$.

4. 利用逐项求导或逐项积分，求下列级数的和函数：

（1）$x+\dfrac{x^3}{3}+\dfrac{x^5}{5}+\cdots+\dfrac{x^{2n-1}}{2n-1}+\cdots$;

（2）$x+2x^2+3x^3+\cdots+nx^n+\cdots$.

§12.4　函数展开成幂级数

幂级数不仅形式简单，而且有很多特殊的性质．前一节我们已经讨论了如何求幂级数的和函数的问题，一个自然的想法是：我们能否把一个函数表示为幂级数来进行研究呢？这就是本节要讨论的问题．

12.4.1　泰勒级数

在§3.3 节的泰勒中值定理（定理 3-6）中曾指出，若函数 $f(x)$ 在点 x_0 的某邻域内存在直至 $n+1$ 阶的连续导数，则

$$f(x)=f(x_0)+f'(x_0)(x-x_0)+\frac{f''(x_0)}{2!}(x-x_0)^2+\cdots$$
$$+\frac{f^{(n)}(x_0)}{n!}(x-x_0)^n+R_n(x) ,\qquad（12\text{-}11）$$

这里

$$R_n(x)=\frac{f^{(n+1)}(\xi)}{(n+1)!}(x-x_0)^{n+1}\qquad（12\text{-}12）$$

为拉格朗日型余项，其中 ξ 在 x 与 x_0 之间．

如果在（12-11）中抹去余项 $R_n(x)$ ，那么在 x_0 附近 $f(x)$ 可用（12-11）式右边的多项式来近似代替．如果函数 $f(x)$ 在 $x=x_0$ 处存在任意阶的导数，则称形式为

$$f(x_0)+f'(x_0)(x-x_0)+\frac{f''(x_0)}{2!}(x-x_0)^2+\cdots+\frac{f^{(n)}(x_0)}{n!}(x-x_0)^n+\cdots\quad（12\text{-}13）$$

的级数为函数 $f(x)$ 在点 x_0 的**泰勒级数**．泰勒级数是一种特殊形式的幂级数，如果该级数在某个区间内的和函数恰好就是 $f(x)$ ，我们就说**函数 $f(x)$ 在该区间内能展开成 $(x-x_0)$ 的幂级数（或点 x_0 的泰勒级数）**．于是，我们有下面的定理．

定理 12-11　设 $f(x)$ 在点 x_0 的某一邻域 $U(x_0)$ 具有任意阶导数，那么 $f(x)$ 在该邻域内能展开成泰勒级数的充要条件是在该邻域内 $f(x)$ 的泰勒公式中的余项 $R_n(x)$ 当 $n\to\infty$ 时为零，即

$$\lim_{n\to\infty} R_n(x) = 0, x \in U(x_0).$$

证 根据公式（12-11），$f(x)$ 的带有拉格朗日型余项的 n 阶泰勒公式为

$$f(x) = p_n(x) + R_n(x),$$

其中 $p_n(x) = f(x_0) + f'(x_0)(x-x_0) + \dfrac{f''(x_0)}{2!}(x-x_0)^2 + \cdots + \dfrac{f^{(n)}(x_0)}{n!}(x-x_0)^n$ 叫做函数 $f(x)$ 在点 x_0 的 n 次泰勒多项式，而 $R_n(x) = f(x) - p_n(x)$ 就是定理中所指的余项.

由于 $p_n(x)$ 就是级数（12-13）的前 $n+1$ 项部分和. 由级数收敛的定义，当 $x \in U(x_0)$ 有

$$\sum_{n=0}^{\infty} \frac{1}{n!} f^{(n)}(x_0)(x-x_0)^n = f(x)，\quad x \in U(x_0)$$

$$\Leftrightarrow \lim_{n\to\infty} p_n(x) = f(x)，\quad x \in U(x_0)$$

$$\Leftrightarrow \lim_{n\to\infty}[f(x) - p_n(x)] = 0，\quad x \in U(x_0)$$

$$\Leftrightarrow \lim_{n\to\infty} R_n(x) = 0，\quad x \in U(x_0).$$

证毕.

在实际应用中，主要讨论函数 $f(x)$ 在 $x_0 = 0$ 处的展开式，这时式（12-13）可以写成

$$f(0) + \frac{f'(0)}{1!}x + \frac{f''(0)}{2!}x^2 + \cdots + \frac{f^{(n)}(0)}{n!}x^n + \cdots. \tag{12-14}$$

级数（12-14）称为 $f(x)$ 的**麦克劳林级数**. 如果函数 $f(x)$ 能在 $(-r,r)$ 内展开成 x 的幂级数，则有

$$f(x) = \sum_{n=0}^{\infty} \frac{1}{n!} f^{(n)}(0)x^n \quad (|x| < r)，\tag{12-15}$$

式（12-15）的右端称为函数 $f(x)$ 的**麦克劳林展开式**.

12.4.2 函数展开成幂级数

把 $f(x)$ 展开成 x 的幂级数可以按如下步骤进行：

第一步 求出 $f(x)$ 在 $x = 0$ 附近的各阶导数 $f^{(k)}(x)$ $(k = 0,1,2,3,\cdots)$，如果在 $x = 0$ 处某阶导数不存在，就停止进行（例如在 $x = 0$ 处 $f(x) = x^{\frac{5}{2}}$ 的 3 阶导数不存在，它就不能展开成 x 的幂级数）；

第二步 求函数及其各阶导数在 $x = 0$ 处的值 $f^{(k)}(0)$ $(k = 0,1,2,3,\cdots)$；

第三步 写出幂级数

$$f(0) + f'(0)x + \frac{f''(0)}{2!}x^2 + \cdots + \frac{f^{(n)}(0)}{n!}x^n + \cdots,$$

并求出收敛半径 R；

第四步　考察在区间 $(-R, R)$ 内是否有 $R_n(x) \to 0$ $(n \to \infty)$ 成立. 如果有，则 $f(x)$ 在 $(-R, R)$ 内能展开成幂级数（12-14），即

$$f(x) = f(0) + f'(0)x + \frac{f''(0)}{2!}x^2 + \cdots + \frac{f^{(n)}(0)}{n!}x^n + \cdots \quad (-R < x < R).$$

例 12-28　将函数 $f(x) = e^x$ 展开成 x 的幂级数.

解　因为 $f^{(k)}(x) = e^x$ $(k = 0, 1, 2, \cdots)$，所以 $f^{(k)}(0) = 1$ $(k = 0, 1, 2, \cdots)$，于是得幂级数

$$1 + \frac{1}{1!}x + \frac{1}{2!}x^2 + \cdots + \frac{1}{n!}x^n + \cdots,$$

它的收敛半径为 $R = +\infty$.

对于任何有限的数 x、ξ（ξ 介于 0 与 x 之间），有

$$|R_n(x)| = \left| \frac{e^{\xi}}{(n+1)!} x^{n+1} \right| < e^{|x|} \cdot \frac{|x|^{n+1}}{(n+1)!},$$

而 $\lim\limits_{n \to \infty} \dfrac{|x|^{n+1}}{(n+1)!} = 0$，所以 $\lim\limits_{n \to \infty} |R_n(x)| = 0$ 即 $\lim\limits_{n \to \infty} R_n(x) = 0$，从而有

$$e^x = 1 + x + \frac{1}{2!}x^2 + \cdots \frac{1}{n!}x^n + \cdots \quad (-\infty < x < +\infty). \tag{12-16}$$

例 12-29　将函数 $f(x) = \sin x$ 展开成 x 的幂级数.

解　因为 $f^{(k)}(x) = \sin\left(x + k \cdot \dfrac{\pi}{2}\right)$ $(k = 0, 1, 2, \cdots)$，所以 $f^{(k)}(0)$ 顺序循环地取 $0, 1, 0, -1, \cdots$ $(k = 0, 1, 2, \cdots)$，于是得幂级数

$$x - \frac{x^3}{3!} + \frac{x^5}{5!} - \cdots + (-1)^m \frac{x^{2m+1}}{(2m+1)!} + \cdots,$$

它的收敛半径为 $R = +\infty$.

对于任何有限的数 x、ξ（ξ 介于 0 与 x 之间），有

$$|R_n(x)| = \left| \frac{\sin\left[\xi + \dfrac{(n+1)\pi}{2}\right]}{(n+1)!} x^{n+1} \right| \leqslant \frac{|x|^{n+1}}{(n+1)!} \to 0 \quad (n \to \infty),$$

从而有

$$\sin x = x - \frac{x^3}{3!} + \frac{x^5}{5!} - \cdots + (-1)^m \frac{x^{2m+1}}{(2m+1)!} + \cdots \quad (-\infty < x < +\infty). \tag{12-17}$$

我们还可以根据幂级数的逐项求导性质，将上式两端对 x 求导，得

$$\cos x = 1 - \frac{x^2}{2!} + \frac{x^4}{4!} - \cdots + (-1)^m \frac{x^{2m}}{(2m)!} + \cdots \quad (-\infty < x < +\infty). \tag{12-18}$$

例 12-30 将函数 $f(x)=(1+x)^{\alpha}$ 展开成 x 的幂级数，其中 α 为任意常数.

解 $f(x)$ 在 $x=0$ 附近的各阶导数为

$$f'(x)=\alpha(1+x)^{\alpha-1},$$
$$f''(x)=\alpha(\alpha-1)(1+x)^{\alpha-2},$$
$$\cdots\cdots$$
$$f^{(n)}(x)=\alpha(\alpha-1)\cdots(\alpha-n+1)(1+x)^{\alpha-n},$$
$$\cdots\cdots$$

所以有

$$f(0)=1,\ f'(0)=\alpha,\ f''(0)=\alpha(\alpha-1),\ \cdots,\ f^{(n)}(0)=\alpha(\alpha-1)\cdots(\alpha-n+1),\ \cdots,$$

于是得幂级数

$$1+\alpha x+\frac{\alpha(\alpha-1)}{2!}x^2+\cdots+\frac{\alpha(\alpha-1)\cdots(\alpha-n+1)}{n!}x^n+\cdots.$$

它的收敛半径为 $R=1$，可以证明：上述幂级数在开区间 $(-1,1)$ 收敛到函数 $(1+x)^{\alpha}$，从而有

$$(1+x)^{\alpha}=1+\alpha x+\frac{\alpha(\alpha-1)}{2!}x^2+\cdots$$
$$+\frac{\alpha(\alpha-1)\cdots(\alpha-n+1)}{n!}x^n+\cdots\quad(-1<x<1) \tag{12-19}$$

公式（12-19）叫做<u>二项展开式</u>. 特别地，当 α 为正整数时，其右端的级数就退化为 x 的 α 次多项式，这就是代数学中的二项式定理. 至于在端点处上述展开式是否成立，则要视 α 的值而定. 如当 $\alpha=\dfrac{1}{2}$ 及 $\alpha=-\dfrac{1}{2}$ 时，（12-18）式分别变为

$$\sqrt{1+x}=1+\frac{1}{2}x-\frac{1}{2\cdot4}x^2+\frac{1\cdot3}{2\cdot4\cdot6}x^3-\frac{1\cdot3\cdot5}{2\cdot4\cdot6\cdot8}x^4+\cdots\quad(-1\leqslant x\leqslant1),$$

$$\frac{1}{\sqrt{1+x}}=1-\frac{1}{2}x+\frac{1\cdot3}{2\cdot4}x^2-\frac{1\cdot3\cdot5}{2\cdot4\cdot6}x^3+\frac{1\cdot3\cdot5\cdot7}{2\cdot4\cdot6\cdot8}x^4-\cdots\quad(-1<x\leqslant1).$$

为了简化将函数展开成幂级数的计算量，我们可以结合幂级数的性质及一些已知的展开式去间接地将某些函数展开成幂级数. 但是要注意，将函数 $f(x)$ 展开成幂级数，一定要说明相应的展开区间，即收敛域.

例 12-31 将函数 $f(x)=\dfrac{1}{1+x^2}$ 展开成 x 的幂级数.

解 因为

$$\frac{1}{1-x}=1+x+x^2+\cdots+x^n+\cdots\quad(-1<x<1),$$

把 x 换成 $-x^2$，则由 $|-x^2|<1$ 同样可得 $-1<x<1$，从而有

$$\frac{1}{1+x^2} = 1 - x^2 + x^4 - \cdots (-1)^n x^{2n} + \cdots \quad (-1 < x < 1).$$

类似地，有

$$\frac{1}{1+x} = 1 - x + x^2 - \cdots (-1)^n x^n + \cdots \quad (-1 < x < 1). \quad (12\text{-}20)$$

例 12-32 将函数 $f(x) = \ln(1+x)$ 展开成 x 的幂级数.

解 对公式（12-20）两边从 0 到 x 逐项积分，得

$$\ln(1+x) = x - \frac{x^2}{2} + \frac{x^3}{3} - \frac{x^4}{4} + \cdots + (-1)^n \frac{x^{n+1}}{n+1} + \cdots \quad (-1 < x \leqslant 1). \quad (12\text{-}21)$$

注意上述展开式对 $x=1$ 也成立，这是因为上式右端的幂级数当 $x=1$ 时收敛，而 $\ln(1+x)$ 在 $x=1$ 处有定义且连续.

例 12-33 将函数 $f(x) = \sin x$ 展开成 $\left(x - \dfrac{\pi}{4}\right)$ 的幂级数.

解 因为

$$\sin x = \sin\left[\frac{\pi}{4} + \left(x - \frac{\pi}{4}\right)\right] = \frac{\sqrt{2}}{2}\left[\cos\left(x - \frac{\pi}{4}\right) + \sin\left(x - \frac{\pi}{4}\right)\right],$$

并且有

$$\cos\left(x - \frac{\pi}{4}\right) = 1 - \frac{1}{2!}\left(x - \frac{\pi}{4}\right)^2 + \frac{1}{4!}\left(x - \frac{\pi}{4}\right)^4 - \cdots \quad (-\infty < x < +\infty),$$

$$\sin\left(x - \frac{\pi}{4}\right) = \left(x - \frac{\pi}{4}\right) - \frac{1}{3!}\left(x - \frac{\pi}{4}\right)^3 + \frac{1}{5!}\left(x - \frac{\pi}{4}\right)^5 - \cdots \quad (-\infty < x < +\infty),$$

所以

$$\sin x = \frac{\sqrt{2}}{2}\left[1 + \left(x - \frac{\pi}{4}\right) - \frac{1}{2!}\left(x - \frac{\pi}{4}\right)^2 - \frac{1}{3!}\left(x - \frac{\pi}{4}\right)^3 + \cdots\right] \quad (-\infty < x < +\infty).$$

例 12-34 将函数 $f(x) = \dfrac{1}{x^2 + 4x + 3}$ 展开成 $(x-1)$ 的幂级数.

解 $f(x) = \dfrac{1}{x^2 + 4x + 3} = \dfrac{1}{(x+1)(x+3)} = \dfrac{1}{2(1+x)} - \dfrac{1}{2(3+x)}$

$$= \frac{1}{4\left(1 + \dfrac{x-1}{2}\right)} - \frac{1}{8\left(1 + \dfrac{x-1}{4}\right)},$$

利用公式（12-20），当 $-1 < \dfrac{x-1}{2} < 1$ 且 $-1 < \dfrac{x-1}{4} < 1$，即 $-1 < x < 3$ 时，有

$$f(x) = \frac{1}{4}\sum_{n=0}^{\infty} (-1)^n \frac{(x-1)^n}{2^n} - \frac{1}{8}\sum_{n=0}^{\infty} (-1)^n \frac{(x-1)^n}{4^n},$$

即

$$f(x) = \sum_{n=0}^{\infty} (-1)^n \left(\frac{1}{2^{n+2}} - \frac{1}{2^{2n+3}} \right) (x-1)^n \quad (-1 < x < 3).$$

作为本节的结束，我们举例说明怎样用幂级数形式表示某些非初等函数.

例 12-35 求非初等函数

$$F(x) = \int_0^x e^{-t^2} dt$$

的幂级数展开式.

解 以 $-x^2$ 代替 e^x 展开式（式（12-16））中的 x，得

$$e^{-x^2} = 1 - \frac{x^2}{1!} + \frac{x^4}{2!} - \frac{x^6}{3!} + \cdots + \frac{(-1)^n x^{2n}}{n!} + \cdots, \quad (-\infty < x < +\infty)$$

再逐项求积就得到 $F(x)$ 在 $(-\infty, +\infty)$ 上的展开式

$$F(x) = \int_0^x e^{-t^2} dt = x - \frac{1}{1!} \frac{x^3}{3} + \frac{1}{2!} \frac{x^5}{5} - \frac{1}{3!} \frac{x^7}{7} + \cdots + \frac{(-1)^n}{n!} \frac{x^{2n+1}}{2n+1} + \cdots.$$

例 12-35 说明可以利用幂级数展开式求函数 e^{-t^2} 的原函数.

习题 12.4

1. 填空题：

（1）级数 $\displaystyle\sum_{n=0}^{\infty} (-1)^n \frac{x^{2n}}{(2n)!}$ 的和函数是_____；

（2）已知 $e^x = \displaystyle\sum_{n=0}^{\infty} \frac{x^n}{n!}$，则 $xe^{-x} = $_____；

（3）函数 $\ln(a+x)\,(a>0)$ 的麦克劳林展开式为_____.

2. 选择题：

（1）已知 $\dfrac{1}{1+x} = \displaystyle\sum_{n=0}^{\infty} (-x)^n$ （$|x|<1$），则 $\dfrac{1}{1+x^2}$ 的麦克劳林展开式为（　　）；

A. $1 + x^2 + x^4 + x^6 + \cdots$ B. $-1 + x^2 - x^4 + x^6 + \cdots$

C. $-1 - x^2 - x^4 - x^6 + \cdots$ D. $1 - x^2 + x^4 - x^6 + \cdots$

（2）2^x 展开为 x 的幂级数是（　　）.

A. $\displaystyle\sum_{n=0}^{\infty} \frac{x^n}{n!}$ B. $\displaystyle\sum_{n=0}^{\infty} (-1)^n \frac{x^n}{n!}$

C. $\displaystyle\sum_{n=0}^{\infty} \frac{(\ln 2)^n}{n!} x^n$ D. $\displaystyle\sum_{n=0}^{\infty} \frac{(-\ln 2)^n}{n} x^n$

3. 将下列函数展开成麦克劳林级数：

（1）$\arctan x$；   （2）$\sin^2 x$；

（3）$\ln(x+\sqrt{1+x^2})$；　　　　　　（4）$\displaystyle\int_0^x \frac{\sin t}{t}\,\mathrm{d}t$；

（5）$\dfrac{\mathrm{e}^x}{1-x}$；　　　　　　　　（6）$(1+x)\mathrm{e}^{-x}$．

4．将函数 $f(x)=\cos x$ 展开成 $\left(x+\dfrac{\pi}{3}\right)$ 的幂级数．

5．将函数 $f(x)=\dfrac{1}{x^2+3x+2}$ 展开成 $(x+4)$ 的幂级数．

§12.5　函数的幂级数展开式的应用

12.5.1　近似计算

有了函数的幂级数展开式，就可用它进行近似计算，即在展开式有效区间上，函数值可以近似的利用这个级数按精确度要求计算出来．

例 12-36　计算 $\sqrt[5]{240}$ 的近似值，要求误差不超过 10^{-4}．

解　因为 $\sqrt[5]{240}=\sqrt[5]{243-3}=3\left(1-\dfrac{1}{3^4}\right)^{1/5}$，所以在二项展开式（12-19）中取

$\alpha=\dfrac{1}{5}$，$x=-\dfrac{1}{3^4}$，即得

$$\sqrt[5]{240}=3\left(1-\frac{1}{5}\cdot\frac{1}{3^4}-\frac{1\cdot4}{5^2\cdot2!}\cdot\frac{1}{3^8}-\frac{1\cdot4\cdot9}{5^3\cdot3!}\cdot\frac{1}{3^{12}}-\cdots\right),$$

这个级数收敛很快．取前两项的和作为 $\sqrt[5]{240}$ 的近似值，其误差（也叫做<u>截断误差</u>）为

$$|r_2|=3\left(\frac{1\cdot4}{5^2\cdot2!}\cdot\frac{1}{3^8}+\frac{1\cdot4\cdot9}{5^3\cdot3!}\cdot\frac{1}{3^{12}}+\frac{1\cdot4\cdot9\cdot14}{5^4\cdot4!}\cdot\frac{1}{3^{16}}+\cdots\right)$$

$$<3\cdot\frac{1\cdot4}{5^2\cdot2!}\cdot\frac{1}{3^8}\left[1+\frac{1}{81}+\left(\frac{1}{81}\right)^2+\cdots\right]$$

$$=\frac{6}{25}\cdot\frac{1}{3^8}\cdot\frac{1}{1-\dfrac{1}{81}}=\frac{1}{25\cdot27\cdot40}<\frac{1}{20000}<10^{-4},$$

于是取近似式为

$$\sqrt[5]{240}\approx3\left(1-\frac{1}{5}\cdot\frac{1}{3^4}\right),$$

为了使"四舍五入"引起的误差（叫做舍入误差）与截断误差之和不超过 10^{-4}，计算时应取五位小数，然后四舍五入．因此最后得

$$\sqrt[5]{240}\approx2.9926.$$

例 12-37 计算定积分

$$\frac{2}{\sqrt{\pi}}\int_0^{\frac{1}{2}} e^{-x^2}\mathrm{d}x$$

的近似值，要求误差不超过 10^{-4}（取 $\dfrac{1}{\sqrt{\pi}}\approx 0.56419$）.

解 将 e^x 的幂级数展开式（12-16）中的 x 换成 $-x^2$，得到被积函数的幂级数展开式

$$e^x = 1 + \frac{(-x^2)}{1!} + \frac{(-x^2)^2}{2!} + \frac{(-x^2)^3}{3!} + \cdots$$

$$= \sum_{n=0}^{\infty}(-1)^n \frac{x^{2n}}{n!} \quad (-\infty < x < +\infty),$$

于是，根据幂级数在收敛区间内逐项可积，得

$$\frac{2}{\sqrt{\pi}}\int_0^{\frac{1}{2}} e^{-x^2}\mathrm{d}x = \frac{2}{\sqrt{\pi}}\int_0^{\frac{1}{2}}[\sum_{n=0}^{\infty}(-1)^n \frac{x^{2n}}{n!}]\mathrm{d}x = \frac{2}{\sqrt{\pi}}\sum_{n=0}^{\infty}\frac{(-1)^n}{n!}\int_0^{\frac{1}{2}} x^{2n}\mathrm{d}x$$

$$= \frac{1}{\sqrt{\pi}}\left(1 - \frac{1}{2^2\cdot 3} + \frac{1}{2^4\cdot 5\cdot 2!} - \frac{1}{2^6\cdot 7\cdot 3!} + \cdots\right).$$

前四项的和作为近似值，其误差为

$$|r_4| \leqslant \frac{1}{\sqrt{\pi}}\frac{1}{2^8\cdot 9\cdot 4!} < \frac{1}{90000} < 10^{-4},$$

所以

$$\frac{2}{\sqrt{\pi}}\int_0^{\frac{1}{2}} e^{-x^2}\mathrm{d}x \approx \frac{1}{\sqrt{\pi}}(1 - \frac{1}{2^2\cdot 3} + \frac{1}{2^4\cdot 5\cdot 2!} - \frac{1}{2^6\cdot 7\cdot 3!}) \approx 0.5205.$$

例 12-38 计算积分 $\int_0^1 \dfrac{\sin x}{x}\mathrm{d}x$ 的近似值，要求误差不超过 10^{-4}.

解 由于 $\lim\limits_{x\to 0}\dfrac{\sin x}{x} = 1$，因此所给积分不是反常积分. 如果定义被积函数在 $x = 0$ 处的值为 1，则它在积分区间 $[0,1]$ 上连续.

根据公式（12-17），可将被积函数展开为

$$\frac{\sin x}{x} = 1 - \frac{x^2}{3!} + \frac{x^4}{5!} - \frac{x^6}{7!} + \cdots \quad (-\infty < x < +\infty).$$

在区间 $[0,1]$ 上逐项积分，得

$$\int_0^1 \frac{\sin x}{x}\mathrm{d}x = 1 - \frac{1}{3\cdot 3!} + \frac{1}{5\cdot 5!} - \frac{1}{7\cdot 7!} + \cdots.$$

因为第四项的绝对值 $\dfrac{1}{7\cdot 7!} < \dfrac{1}{30000} < 10^{-4}$，根据交错级数的余项估值公式，可以取前三项的和作为积分的近似值，即

$$\int_0^1 \frac{\sin x}{x} dx \approx 1 - \frac{1}{3 \cdot 3!} + \frac{1}{5 \cdot 5!} = 0.9461 .$$

*12.5.2 微分方程的幂级数解法

这里，我们仅给出一阶微分方程及二阶线性齐次微分方程的幂级数解法.

求一阶微分方程

$$\frac{dy}{dx} = f(x, y) , \tag{12-22}$$

满足初始条件 $y|_{x=x_0} = y_0$ 的特解，其中 $f(x, y)$ 是关于 $(x - x_0)$、$(y - y_0)$ 的多项式，即

$$f(x, y) = a_{00} + a_{10}(x - x_0) + a_{01}(y - y_0) + \cdots + a_{lm}(x - x_0)^l (y - y_0)^m .$$

这时，可设所求的特解可展开成 $(x - x_0)$ 的幂级数：

$$y = y_0 + a_1(x - x_0) + a_2(x - x_0)^2 + \cdots + a_n(x - x_0)^n + \cdots , \tag{12-23}$$

其中 $a_1, a_2, a_3, \cdots a_n, \cdots$ 是待定系数，把（12-23）式代入（12-22）式中便得一恒等式，比较所得恒等式两端 $(x - x_0)$ 的同次幂的系数，就可定出常数 $a_1, a_2, a_3, \cdots, \ a_n, \cdots$，以这些常数为系数的级数（12-23）在其收敛区间内就是方程（12-22）满足初始条件 $y|_{x=x_0} = y_0$ 的特解.

例 12-39 求方程 $y' = x + y^2$ 满足 $y|_{x=0} = 0$ 的特解.

解 由于 $x_0 = 0$, $y_0 = 0$，故设特解为

$$y = a_1 x + a_2 x^2 + \cdots + a_n x^n + \cdots ,$$

把 y、y' 的幂级数展开式代入原方程，得

$$a_1 + 2a_2 x + 3a_3 x^2 + 4a_4 x^3 + 5a_5 x^4 + \cdots$$
$$= x + (a_1 x + a_2 x^2 + a_3 x^3 + \cdots)^2$$
$$= x + a_1^2 x^2 + 2a_1 a_2 x^3 + (a_2^2 + 2a_1 a_3) x^4 + \cdots ,$$

比较 x 同次幂系数，得

$$a_1 = 0, \ a_2 = \frac{1}{2}, \ a_3 = 0, \ a_4 = 0, \ a_5 = \frac{1}{20}, \cdots ,$$

故所求解的幂级数展开式的前几项为

$$y = \frac{1}{2} x^2 + \frac{1}{20} x^5 + \cdots .$$

至于二阶线性齐次微分方程

$$y'' + P(x)y' + Q(x)y = 0 \tag{12-24}$$

的幂级数求解问题，我们先给出下面的定理. 证明从略.

定理 12-12 设方程（12-24）中的 $P(x)$、$Q(x)$ 可在 $(-R, R)$ 内展开成 x 的幂级数，则在区间 $(-R, R)$ 内方程（12-24）必有幂级数解：

$$y = \sum_{n=0}^{\infty} a_n x^n.$$

此定理在数学物理方程及特殊函数中非常有用，很多重要的特殊函数都是根据它从微分方程中得到的.

例 12-40 求微分方程

$$y'' - xy = 0$$

满足初始条件 $y|_{x=0} = 0$，$y'|_{x=0} = 1$ 的特解.

解 这里 $P(x) = 0$、$Q(x) = -x$ 在整个数轴上满足定理 12-12 的条件，故所求的特解在整个数轴上可展开成 x 的幂级数.

$$y = \sum_{n=0}^{\infty} a_n x^n,$$

对其两次逐项求导得

$$y' = \sum_{n=1}^{\infty} n a_n x^{n-1}, y'' = \sum_{n=2}^{\infty} n(n-1) a_n x^{n-2},$$

代入原方程，得

$$\sum_{n=2}^{\infty} n(n-1) a_n x^{n-2} - \sum_{n=0}^{\infty} a_n x^{n+1} = 0$$

或

$$[2a_2 + 6a_3 x + \sum_{n=2}^{\infty} (n+2)(n+1) a_{n+2} x^n] - (a_0 x + \sum_{n=2}^{\infty} a_{n-1} x^n) = 0,$$

整理得

$$2a_2 + (-a_0 + 6a_3)x + \sum_{n=2}^{\infty} \left[(n+2)(n+1) a_{n+2} - a_{n-1} \right] x^n = 0,$$

比较系数得：

$$2a_2 = 0, -a_0 + 6a_3 = 0, (n+2)(n+1) a_{n+2} - a_{n-1} \quad (n \geq 2),$$

从而有 $a_2 = 0$，再由 $y|_{x=0} = 0, y'|_{x=0} = 1$ 可解得 $a_0 = 0, a_1 = 1$，进而有 $a_3 = 0$，当 $n \geq 2$ 时，有

$$a_{n+2} = \frac{1}{(n+2)(n+1)} a_{n-1},$$

根据上述递推公式，有

$$a_4 = \frac{1}{4 \cdot 3} a_1 = \frac{1}{4 \cdot 3}, a_5 = a_6 = 0, a_7 = \frac{1}{7 \cdot 6} a_4 = \frac{1}{7 \cdot 6 \cdot 4 \cdot 3}, a_8 = a_9 = 0,$$

$$a_{10} = \frac{1}{10 \cdot 9} a_7 = \frac{1}{10 \cdot 9 \cdot 7 \cdot 6 \cdot 4 \cdot 3}$$

一般地，$a_0 = 0$，$a_1 = 1$，当 m 为正整数时，有

$$a_{3m-1} = a_{3m} = 0,$$

$$a_{3m+1} = \frac{1}{(3m+1)3m\cdots 7\cdot 6\cdot 4\cdot 3}.$$

于是所求的特解为

$$y = x + \frac{x^4}{4\cdot 3} + \frac{x^7}{7\cdot 6\cdot 4\cdot 3} + \frac{x^{10}}{10\cdot 9\cdot 7\cdot 6\cdot 4\cdot 3} + \cdots$$
$$+ \frac{x^{3m+1}}{(3m+1)3m\cdots 10\cdot 9\cdot 7\cdot 6\cdot 4\cdot 3} + \cdots.$$

12.5.3 欧拉公式

设有复数项级数

$$(u_1 + iv_1) + (u_2 + iv_2) + \cdots + (u_n + iv_n) + \cdots, \tag{12-25}$$

其中 u_n、v_n $(n = 1, 2, 3, \cdots)$ 为实常数或实函数. 如果实部所成的级数 $u_1 + u_2 + \cdots + u_n + \cdots$ 收敛于和（函数）u，且虚部所成的级数 $v_1 + v_2 + \cdots + v_n + \cdots$ 收敛于和（函数）v，就说复数项级数（12-25）收敛且其和（函数）为 $u + iv$.

如果级数（12-25）的各项的模所构成的级数 $\displaystyle\sum_{n=1}^{\infty}\sqrt{u_n^2 + v_n^2}$ 收敛，则称级数（12-25）绝对收敛.

考察复数项级数

$$1 + z + \frac{1}{2!}z^2 + \cdots + \frac{1}{n!}z^n + \cdots \qquad (z = x + iy).$$

可以证明此级数在复平面上是绝对收敛的. 当 $y = 0$ 时，$z = x$，上式表示指数函数 e^x；当 $y \neq 0$ 时，在复平面上我们用它来定义复变量指数函数，记为 e^z. 即 e^z 定义为

$$e^z = 1 + z + \frac{1}{2!}z^2 + \cdots + \frac{1}{n!}z^n + \cdots. \tag{12-26}$$

特别地，当 $x = 0$ 时，$z = iy$，于是

$$e^{iy} = 1 + iy + \frac{1}{2!}(iy)^2 + \cdots + \frac{1}{n!}(iy)^n + \cdots$$
$$= 1 + iy - \frac{1}{2!}y^2 - i\frac{1}{3!}y^3 + \frac{1}{4!}y^4 + i\frac{1}{5!}y^5 - \cdots$$
$$= \left(1 - \frac{1}{2!}y^2 + \frac{1}{4!}y^4 - \cdots\right) + i\left(y - \frac{1}{3!}y^3 + \frac{1}{5!}y^5 - \cdots\right)$$
$$= \cos y + i\sin y.$$

把 y 换成 x 就得到如下著名的欧拉（Euler）公式.

$$e^{ix} = \cos x + i\sin x. \tag{12-27}$$

利用公式（12-27），并结合图 12-1，复数 $z = x + \mathrm{i}y$ 可以表示为下面的指数形式：

$$z = r(\cos\theta + \mathrm{i}\sin\theta) = r\mathrm{e}^{\mathrm{i}\theta}\,, \tag{12-28}$$

其中 $r = |z|$ 是 z 的模，$\theta = \arg z$ 是 z 的辐角.

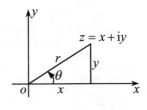

图 12-1

如果将公式（12-27）中的 x 换成 $-x$，则又有

$$\mathrm{e}^{-\mathrm{i}x} = \cos x - \mathrm{i}\sin x\,.$$

将它与（12-27）相加减，得

$$\cos x = \frac{\mathrm{e}^{\mathrm{i}x} + \mathrm{e}^{-\mathrm{i}x}}{2}\,,\quad \sin x = \frac{\mathrm{e}^{\mathrm{i}x} - \mathrm{e}^{-\mathrm{i}x}}{2\mathrm{i}}\,. \tag{12-29}$$

公式（12-29）也叫做**欧拉公式**，它与公式（12-27）揭示了三角函数与复变量指数函数之间的关系.

根据公式（12-26），利用幂级数的乘法，我们不难验证

$$\mathrm{e}^{z_1 + z_2} = \mathrm{e}^{z_1} \cdot \mathrm{e}^{z_2}\,.$$

特别地，有

$$\mathrm{e}^{x + \mathrm{i}y} = \mathrm{e}^x \cdot \mathrm{e}^{\mathrm{i}y} = \mathrm{e}^x(\cos y + \mathrm{i}\sin y)\,,$$

这就是说，复变量指数函数 e^z 在 $z = x + \mathrm{i}y$ 处的值是模为 e^x，辐角为 y 的复数.

习题 12.5

1．利用函数的幂级数展开式求下列各数的近似值：

（1）$\ln 3$（误差不超过 10^{-4}）；

（2）$\sqrt[9]{522}$（误差不超过 10^{-5}）.

2．利用被积函数的幂级数展开式求下列定积分的近似值：

（1）$\displaystyle\int_0^{0.5} \frac{1}{1+x^4}\mathrm{d}x$（误差不超过 10^{-4}）；

（2）$\displaystyle\int_0^{0.5} \frac{\arctan x}{x}\mathrm{d}x$（误差不超过 10^{-3}）.

*3．试用幂级数求 $y' = y^2 + x^3$，$y\big|_{x=0} = \dfrac{1}{2}$ 的特解.

4．利用欧拉公式将函数 $\mathrm{e}^x\cos x$ 展开成 x 的幂级数.

§12.6 傅里叶级数

本节我们开始讨论由三角函数组成的函数项级数，即所谓<u>三角级数</u>的问题，重点研究如何把函数展开成三角级数的问题.

12.6.1 三角级数及三角函数系的正交性

在科学实验与工程技术的某些现象中，常会碰到一种周期运动——简谐振动. 描述简谐振动的函数

$$y = A\sin(\omega t + \varphi)$$

是一个以 $T = \dfrac{2\pi}{\omega}$ 为周期的正弦函数，其中 y 表示动点的位置，t 表示时间，A 为振幅，ω 为角频率，φ 为初相.

在实际问题中，还会遇到一些更复杂的周期函数，如电子技术中常用的周期为 T 的<u>矩形波</u>（如图 12-2 所示），就是一个非正弦周期函数的例子.

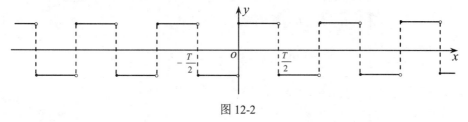

图 12-2

如何深入研究非正弦周期函数呢？联系到前面介绍过的用函数的幂级数展开式表示与讨论函数，我们也想将周期函数展开成由简单的周期函数，例如三角函数组成的级数. 具体的来说，将周期 $T = \dfrac{2\pi}{\omega}$ 的周期函数用一系列三角函数 $A_n \sin(n\omega t + \varphi_n)$ 组成的级数来表示，记为

$$f(t) = A_0 + \sum_{n=1}^{\infty} A_n \sin(n\omega t + \varphi_n), \tag{12-30}$$

其中 $A_0, A_n, \varphi_n\,(n = 1, 2, 3, \cdots)$ 都是常数.

将周期函数按上述方式展开，它的物理意义是很明确的，这就是把一个复杂的周期运动看成是许多不同频率的简谐振动的叠加，在电工学上，这种展开称为<u>谐波分析</u>. 其中常数项 A_0 称为 $f(t)$ 的<u>直流分量</u>；$A_1 \sin(\omega t + \varphi_1)$ 称为<u>一次谐波</u>（又叫做<u>基波</u>）；而 $A_2 \sin(2\omega t + \varphi_2)$，$A_3 \sin(3\omega t + \varphi_3)$，$\cdots$ 依次称为二次谐波，三次谐波$\cdots$等等.

为了便于分析和讨论，我们将正弦函数 $A_n \sin(n\omega t + \varphi_n)$ 变形，得

$$A_n \sin(n\omega t + \varphi_n) = A_n \sin\varphi_n \cos n\omega t + A_n \cos\varphi_n \sin n\omega t,$$

并且令 $\dfrac{a_0}{2} = A_0$, $a_n = A_n \sin \varphi_n$, $b_n = A_n \cos \varphi_n$, $\omega t = x$，则式（12-30）右端的级数就可以改写为

$$\frac{a_0}{2} + \sum_{n=1}^{\infty} (a_n \cos nx + b_n \sin nx). \tag{12-31}$$

一般地，形如式（12-31）的级数称为周期为 2π 的<u>三角级数</u>，其中 a_0, a_n, $b_n (n = 1, 2, \cdots)$ 都是常数.

三角级数（12-31）是由三角函数列（也称为<u>三角函数系</u>）

$$1, \cos x, \sin x, \cos 2x, \sin 2x, \cdots, \cos nx, \sin nx, \cdots \tag{12-32}$$

所产生的一般形式的三角函数.

三角函数系（12-32）在一个长为 2π 的区间 $[-\pi, \pi]$ 上有如下的重要性质：任何两个不相同的函数的乘积在 $[-\pi, \pi]$ 上的积分都等于零，任何两个相同的函数的乘积在区间 $[-\pi, \pi]$ 上的积分不等于零. 即

$$\int_{-\pi}^{\pi} \cos nx \mathrm{d}x = 0 \quad (n = 1, 2, \cdots),$$

$$\int_{-\pi}^{\pi} \sin nx \mathrm{d}x = 0 \quad (n = 1, 2, \cdots),$$

$$\int_{-\pi}^{\pi} \sin kx \cos nx \mathrm{d}x = 0 \quad (k, n = 1, 2, \cdots),$$

$$\int_{-\pi}^{\pi} \sin kx \sin nx \mathrm{d}x = 0 \quad (k, n = 1, 2, \cdots, k \neq n),$$

$$\int_{-\pi}^{\pi} \cos kx \cos nx \mathrm{d}x = 0 \quad (k, n = 1, 2, \cdots, k \neq n),$$

$$\int_{-\pi}^{\pi} 1^2 \mathrm{d}x = 2\pi \quad (n = 1, 2, \cdots),$$

$$\int_{-\pi}^{\pi} \cos^2 nx \mathrm{d}x = \pi \quad (n = 1, 2, \cdots),$$

$$\int_{-\pi}^{\pi} \sin^2 nx \mathrm{d}x = \pi \quad (n = 1, 2, \cdots).$$

我们把三角函数系中任何两个不同的函数的乘积在区间 $[-\pi, \pi]$ 上的积分等于零这个性质称为三角函数系的<u>正交性</u>，或称三角函数系（12-31）是<u>正交函数系</u>.

如同讨论幂级数时一样，我们必须讨论三角级数（12-31）的收敛问题，以及给定周期为 2π 的周期函数，如何把它展开成三角级数（12-31）的问题.

12.6.2 函数展开成傅里叶级数

设 $f(x)$ 是以 2π 为周期的周期函数，且能展开成三角级数

$$f(x) = \frac{a_0}{2} + \sum_{k=1}^{\infty} (a_k \cos kx + b_k \sin kx). \tag{*}$$

我们自然要问：系数 a_0，a_k，b_k（$k=1,2,3,\cdots$）与函数 $f(x)$ 之间存在怎样的关系？换句话说，如何利用 $f(x)$ 把 a_0，a_k，b_k，$\cdots$ 表达出来？

为此，我们进一步假设上述级数可以逐项积分. 先求 a_0，对（*）式从 $-\pi$ 到 π 逐项积分，有

$$\int_{-\pi}^{\pi} f(x)\mathrm{d}x = \int_{-\pi}^{\pi} \frac{a_0}{2}\mathrm{d}x + \sum_{k=1}^{\infty}\left[a_k \int_{-\pi}^{\pi} \cos kx\mathrm{d}x + b_k \int_{-\pi}^{\pi} \sin kx\mathrm{d}x \right].$$

根据三角函数系的正交性，等式右端除第一项外，其余各项均为零，故

$$\int_{-\pi}^{\pi} f(x)\mathrm{d}x = \frac{a_0}{2} \cdot 2\pi,$$

于是得

$$a_0 = \frac{1}{\pi}\int_{-\pi}^{\pi} f(x)\mathrm{d}x.$$

其次求 a_n（$n=1,2,3,\cdots$），用 $\cos nx$ 乘（*）式两端，再从 $-\pi$ 到 π 逐项积分，有

$$\int_{-\pi}^{\pi} f(x)\cos nx\mathrm{d}x$$

$$= \frac{a_0}{2}\int_{-\pi}^{\pi} \cos nx\mathrm{d}x + \sum_{k=1}^{\infty}\left[a_k \int_{-\pi}^{\pi} \cos kx\cos nx\mathrm{d}x + b_k \int_{-\pi}^{\pi} \sin kx\cos nx\mathrm{d}x \right].$$

根据三角函数系的正交性，等式右端除 $k=n$ 一项外，其余各项均为零，故

$$\int_{-\pi}^{\pi} f(x)\cos nx\mathrm{d}x = a_n \int_{-\pi}^{\pi} \cos^2 nx\mathrm{d}x = a_n\pi,$$

于是得

$$a_n = \frac{1}{\pi}\int_{-\pi}^{\pi} f(x)\cos nx\mathrm{d}x \qquad (n=1,2,3,\cdots).$$

结合 a_0 的表达式，上述表达式对 $n=0$ 也是成立的.

类似地，用 $\sin nx$ 乘（*）式的两端，再从 $-\pi$ 到 π 逐项积分，可得

$$b_n = \frac{1}{\pi}\int_{-\pi}^{\pi} f(x)\sin nx\mathrm{d}x \qquad (n=1,2,3,\cdots).$$

综上，我们有如下公式

$$\begin{cases} a_n = \dfrac{1}{\pi}\displaystyle\int_{-\pi}^{\pi} f(x)\cos nx\mathrm{d}x & (n=0,1,2,3,\cdots) \\ b_n = \dfrac{1}{\pi}\displaystyle\int_{-\pi}^{\pi} f(x)\sin nx\mathrm{d}x & (n=1,2,3,\cdots) \end{cases} \qquad (12\text{-}33)$$

如果公式（12-33）中的积分都存在，则系数 a_0, a_n, b_n（$n=1,2,\cdots$）叫做函数 $f(x)$ 的<u>傅里叶系数</u>，将这些系数代入式（12-31），所得的三角级数

$$\frac{a_0}{2} + \sum_{n=1}^{\infty}(a_n\cos nx + b_n\sin nx)$$

叫做函数 $f(x)$ 的<u>傅里叶级数</u>.

那么 $f(x)$ 需满足怎样的条件，它的傅里叶级数收敛，且收敛于 $f(x)$？换句话说，$f(x)$ 满足什么条件才能展开成傅里叶级数呢？

下面我们叙述一个收敛定理（不加证明），它给出了关于上述问题的一个重要结论.

定理 12-13（收敛定理，狄利克雷充分条件） 设 $f(x)$ 是周期为 2π 的周期函数，如果它满足：

（1）在一个周期内连续或只有有限个第一类间断点，

（2）在一个周期内至多有有限个极值点，

则 $f(x)$ 的傅里叶级数收敛，并且当 x 是 $f(x)$ 的连续点时，级数收敛于 $f(x)$；当 x 是 $f(x)$ 的间断点时，级数收敛于 $\dfrac{1}{2}[f(x^-)+f(x^+)]$.

收敛定理告诉我们：只要函数 $f(x)$ 在 $[-\pi,\pi]$ 上至多有有限个第一类间断点，并且不做无限次振动，则函数 $f(x)$ 的傅里叶级数在连续点处就收敛于该点的函数值，在间断点处收敛于该点左右极限的算术平均值. 可见，函数展开成傅里叶级数的条件比展开成幂级数的条件要低得多.

例 12-41 设 $f(x)$ 是以 2π 为周期的周期函数，它在 $[-\pi,\pi)$ 上的表达式为

$$f(x)=\begin{cases} -1, & -\pi \leqslant x < 0 \\ 1, & 0 \leqslant x < \pi \end{cases},$$

试将 $f(x)$ 展开成傅里叶级数.

解 函数 $f(x)$ 的曲线如图 12-3 所示.

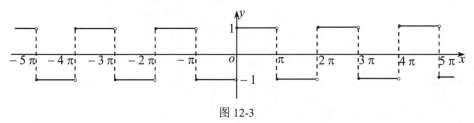

图 12-3

该函数仅在 $x=k\pi$（$k=0,\pm 1,\pm 2,\cdots$）处是跳跃间断的，满足收敛定理 12-13 的条件，故 $f(x)$ 的傅里叶级数收敛，并且当 $x=k\pi$ 时，级数收敛于

$$\frac{-1+1}{2}=\frac{1+(-1)}{2}=0 ;$$

当 $x \neq k\pi$ 时，级数收敛于 $f(x)$. 傅里叶系数计算如下：

$$a_n = \frac{1}{\pi}\int_{-\pi}^{\pi} f(x)\cos nx \mathrm{d}x$$

$$= \frac{1}{\pi}\int_{-\pi}^{0} (-1)\cos nx \mathrm{d}x + \frac{1}{\pi}\int_{0}^{\pi} 1\cdot\cos nx \mathrm{d}x = 0 \;(n=0,1,2,\cdots);$$

$$b_n = \frac{1}{\pi}\int_{-\pi}^{\pi} f(x)\sin nx\,\mathrm{d}x$$

$$= \frac{1}{\pi}\int_{-\pi}^{0}(-1)\sin nx\,\mathrm{d}x + \frac{1}{\pi}\int_{0}^{\pi}1\cdot\sin nx\,\mathrm{d}x = \frac{1}{\pi}\left[\frac{\cos nx}{n}\right]_{-\pi}^{0} + \frac{1}{\pi}\left[-\frac{\cos nx}{\pi}\right]_{0}^{\pi}$$

$$= \frac{1}{n\pi}[1-\cos n\pi - \cos n\pi + 1] = \frac{2}{n\pi}[1-(-1)^n]$$

$$= \begin{cases} \dfrac{4}{n\pi} & n=1,\ 3,\ 5,\ \cdots \\ 0 & n=2,4,6,\cdots \end{cases}.$$

于是 $f(x)$ 的傅里叶级数展开式为

$$f(x) = \frac{4}{\pi}\left[\sin x + \frac{1}{3}\sin 3x + \cdots + \frac{1}{2k-1}\sin(2k-1)x + \cdots\right] \quad (x\neq 0,\pm\pi,\pm 2\pi,\cdots).$$

例 12-41 说明：矩形波是由一系列不同频率的正弦波叠加而成的，这些正弦波的频率依次为基波频率的奇数倍.

例 12-42 设 $f(x)$ 是以 2π 为周期的周期函数，它在 $[-\pi,\pi)$ 上的表达式为

$$f(x) = \begin{cases} x & -\pi \leqslant x < 0 \\ 0 & 0 \leqslant x < \pi \end{cases},$$

试将 $f(x)$ 展开成傅里叶级数.

解 函数 $f(x)$ 的曲线如图 12-4 所示. 由图可知，$f(x)$ 满足收敛定理 12-13 的条件，在间断点 $x=(2k+1)\pi$ （ $k=0,\pm 1,\cdots$ ）处，$f(x)$ 的傅里叶级数收敛于

$$\frac{f(\pi^-)+f(\pi^+)}{2} = \frac{0+(-\pi)}{2} = -\frac{\pi}{2},$$

在连续点 x （ $x\neq(2k+1)\pi$ ）处收敛于 $f(x)$，傅里叶系数计算如下：

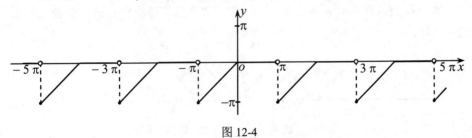

图 12-4

$$a_0 = \frac{1}{\pi}\int_{-\pi}^{\pi} f(x)\,\mathrm{d}x = \frac{1}{\pi}\int_{-\pi}^{0} x\,\mathrm{d}x = -\frac{\pi}{2};$$

$$a_n = \frac{1}{\pi}\int_{-\pi}^{\pi} f(x)\cos nx\,\mathrm{d}x = \frac{1}{\pi}\int_{-\pi}^{0} x\cos nx\,\mathrm{d}x$$

$$= \frac{1}{\pi}\left[\frac{x\sin nx}{n} + \frac{\cos nx}{n^2}\right]_{-\pi}^{0} = \frac{1}{n^2\pi}(1-\cos n\pi)$$

$$= \begin{cases} \dfrac{2}{n^2\pi} & n=1,\ 3,\ 5,\ \cdots \\[2mm] 0 & n=2,4,6,\ \cdots \end{cases};$$

$$b_n = \frac{1}{\pi}\int_{-\pi}^{\pi} f(x)\sin nx \mathrm{d}x = \frac{1}{\pi}\int_{-\pi}^{0} x\sin nx \mathrm{d}x$$

$$= \frac{1}{\pi}\left[-\frac{x\cos nx}{n}+\frac{\sin nx}{n^2}\right]_{-\pi}^{0} = -\frac{\cos n\pi}{n} = \frac{(-1)^{n+1}}{n}\ (n=1,2,\cdots).$$

于是 $f(x)$ 的傅里叶级数展开式为

$$f(x) = -\frac{\pi}{4}+\left(\frac{2}{\pi}\cos x+\sin x\right)-\frac{1}{2}\sin 2x+\left(\frac{2}{3^2\pi}\cos 3x+\frac{1}{3}\sin 3x\right)$$

$$-\frac{1}{4}\sin 4x+\left(\frac{2}{5^2\pi}\cos 5x+\frac{1}{5}\sin 5x\right)-\cdots\ (x\neq\pm\pi,\pm3\pi,\cdots).$$

如果函数 $f(x)$ 仅仅只在 $[-\pi,\pi]$ 上有定义，并且满足收敛定理的条件，$f(x)$ 仍可以展开成傅里叶级数，解法如下：

（1）在 $[-\pi,\pi)$ 或 $(-\pi,\pi]$ 外补充函数 $f(x)$ 的定义，使它被拓广成周期为 2π 的周期函数 $F(x)$，按这种方式拓广函数定义域的过程称为周期延拓.

（2）将 $F(x)$ 展开成傅里叶级数.

（3）限制 $x\in(-\pi,\pi)$，此时 $F(x)\equiv f(x)$，这样便得到 $f(x)$ 的傅里叶级数展开式. 根据收敛定理，该级数在区间端点 $x=\pm\pi$ 处收敛于

$$\frac{1}{2}\left[f(\pi^-)+f(\pi^+)\right].$$

例 12-43 将函数 $f(x)=\begin{cases}-x, & -\pi\leqslant x<0 \\ x, & 0\leqslant x\leqslant\pi\end{cases}$ 展开成傅里叶级数.

解 将 $f(x)$ 在 $(-\infty,+\infty)$ 上以 2π 为周期作周期延拓得函数 $F(x)$，其曲线如图 12-5 所示.

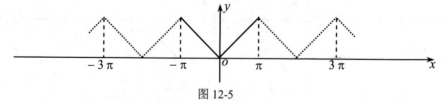

图 12-5

显然拓广后的周期函数 $F(x)$ 在 $(-\infty,+\infty)$ 上连续，故它的傅里叶级数在 $[-\pi,\pi]$ 上收敛于 $f(x)$，傅里叶系数计算如下：

$$a_0 = \frac{1}{\pi}\int_{-\pi}^{\pi} f(x)\mathrm{d}x = \frac{1}{\pi}\int_{-\pi}^{0}(-x)\mathrm{d}x+\frac{1}{\pi}\int_{0}^{\pi} x\mathrm{d}x = \pi;$$

$$a_n = \frac{1}{\pi}\int_{-\pi}^{\pi} f(x)\cos nx \mathrm{d}x = \frac{1}{\pi}\int_{-\pi}^{0}(-x)\cos nx \mathrm{d}x+\frac{1}{\pi}\int_{0}^{\pi} x\cos nx \mathrm{d}x$$

$$= \frac{2}{n^2\pi}(\cos n\pi - 1) = \begin{cases} -\dfrac{4}{n^2\pi} & n = 1,\ 3,\ 5,\ \cdots \\ 0 & n = 2,\ 4,\ 6,\ \cdots \end{cases} ;$$

$$b_n = \frac{1}{\pi} \int_{-\pi}^{\pi} f(x) \sin nx \, dx$$

$$= \frac{1}{\pi} \int_{-\pi}^{0} (-x) \sin nx \, dx + \frac{1}{\pi} \int_{0}^{\pi} x \sin nx \, dx = 0 \quad (n = 1, 2, \cdots).$$

于是 $f(x)$ 的傅里叶级数展开式为

$$f(x) = \frac{\pi}{2} - \frac{4}{\pi} \left(\cos x + \frac{1}{3^2} \cos 3x + \frac{1}{5^2} \cos 5x + \cdots \right) \quad (-\pi \leqslant x \leqslant \pi).$$

12.6.3 正弦级数和余弦级数

一般来说，一个函数的傅里叶级数既含有余弦项，又含有正弦项. 但有时，函数 $f(x)$ 的傅里叶级数只含有正弦项（例 12-41）或者只含有常数项和余弦项（例 12-43）.

实际上，当 $f(x)$ 为奇函数时，因为 $f(x)\cos nx$ 为奇函数，$f(x)\sin nx$ 为偶函数，由公式（12-33）知，

$$a_n = \frac{1}{\pi} \int_{-\pi}^{\pi} f(x) \cos nx \, dx = 0 \quad (n = 0, 1, 2, 3, \cdots),$$

故这时，$f(x)$ 的展开式中只含有正弦项，即 $f(x)$ 的傅里叶级数是只含有正弦项的<u>正弦级数</u>

$$\sum_{n=1}^{\infty} b_n \sin nx . \tag{12-34}$$

当 $f(x)$ 为偶函数时，因为 $f(x)\cos nx$ 为偶函数，$f(x)\sin nx$ 为奇函数，由公式（12-33）知，

$$b_n = \frac{1}{\pi} \int_{-\pi}^{\pi} f(x) \sin nx \, dx = 0 \quad (n = 1, 2, 3, \cdots),$$

故这时，$f(x)$ 的展开式中只含有常数项和余弦项，即 $f(x)$ 的傅里叶级数是只含有常数项和余弦项的<u>余弦级数</u>.

$$\frac{a_0}{2} + \sum_{n=1}^{\infty} a_n \cos nx . \tag{12-35}$$

例 12-44 设 $f(x)$ 是以周期为 2π 的周期函数，它在 $[-\pi, \pi)$ 上的表达式为 $f(x) = x$，试将 $f(x)$ 展开成傅里叶级数.

解 首先，所给函数满足收敛定理 12-13 的条件，点 $x = (2k+1)\pi$（$k = 0, \pm 1, \pm 2, \cdots$）是它的第一类间断点，因此 $f(x)$ 的傅里叶级数在这些点收敛于

$$\frac{1}{2}[f(\pi^-)+f(\pi^+)]=\frac{1}{2}[\pi+(-\pi)]=0 ,$$

在函数的连续点 $x\neq(2k+1)\pi$（$k=0,\pm1,\pm2,\cdots$）收敛于 $f(x)$.

其次，若不计 $x=(2k+1)\pi$（$k=0,\pm1,\pm2,\cdots$），则 $f(x)$ 是周期为 2π 的奇函数. 于是 $a_n=0$（$n=0,1,2,\cdots$），而

$$b_n=\frac{2}{\pi}\int_0^\pi f(x)\sin nx\mathrm{d}x=\frac{2}{\pi}\int_0^\pi x\sin nx\mathrm{d}x$$

$$=\frac{2}{\pi}\left[-\frac{x\cos nx}{n}+\frac{\sin nx}{n^2}\right]_0^\pi$$

$$=-\frac{2}{n}\cos n\pi=\frac{2}{n}(-1)^{n+1}\quad(n=1,2,3,\cdots).$$

因此 $f(x)$ 的傅里叶级数展开式为

$$f(x)=2\left(\sin x-\frac{1}{2}\sin 2x+\frac{1}{3}\sin 3x-\cdots+(-1)^{n+1}\frac{1}{n}\sin nx+\cdots\right)\quad(x\neq\pm\pi,\pm3\pi,\cdots).$$

例 12-45　将周期函数 $u(t)=E\left|\sin\frac{1}{2}t\right|$ 展开成傅里叶级数，其中 E 是正的常数.

解　如图 12-6 所示，所给函数满足收敛定理 12-13 的条件，它在整个数轴上连续，因此 $u(t)$ 的傅里叶级数处处收敛于 $u(t)$.

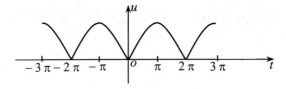

图 12-6

因为 $u(t)$ 是周期为 2π 的偶函数，所以 $b_n=0$（$n=1,2,3,\cdots$），而

$$a_n=\frac{2}{\pi}\int_0^\pi u(t)\cos nt\mathrm{d}t=\frac{2}{\pi}\int_0^\pi E\sin\frac{t}{2}\cos nt\mathrm{d}t$$

$$=\frac{E}{\pi}\int_0^\pi\left[\sin\left(n+\frac{1}{2}\right)t-\sin\left(n-\frac{1}{2}\right)t\right]\mathrm{d}t$$

$$=\frac{E}{\pi}\left[-\frac{\cos\left(n+\frac{1}{2}\right)t}{n+\frac{1}{2}}+\frac{\cos\left(n-\frac{1}{2}\right)t}{n-\frac{1}{2}}\right]_0^\pi$$

$$=-\frac{4E}{(4n^2-1)\pi}\quad(n=0,1,2,\cdots)$$

所以 $u(t)$ 的傅里叶级数展开式为

$$u(t) = \frac{4E}{\pi}\left(\frac{1}{2} - \sum_{n=1}^{\infty} \frac{1}{4n^2 - 1} \cos nt\right) \quad (-\infty < x < +\infty).$$

在实际应用（如研究某种波动问题、热的传导和扩散问题等）中，有时还需要把定义在区间 $[0, \pi]$ 上的函数展开成正弦级数或余弦级数。这类展开问题及其解法如下：设函数 $f(x)$ 定义在区间 $[0, \pi]$ 上并且满足收敛定理 12-13 的条件，则我们可在开区间 $(-\pi, 0)$ 内补充函数 $f(x)$ 的定义，得到定义在 $(-\pi, \pi]$ 上的函数 $F(x)$，使它在 $(-\pi, \pi)$ 内成为奇函数（或偶函数）。按这种方式拓广函数定义域的过程称为<u>奇延拓</u>（或<u>偶延拓</u>）。然后将奇延拓（或偶延拓）后的函数 $F(x)$ 展开成傅里叶级数，这个级数必定为正弦级数（或余弦级数）。再限制 x 在 $(0, \pi]$ 上，有 $F(x) \equiv f(x)$（注意，在进行奇延拓时，若 $f(0) \neq 0$，则规定 $F(0) = 0$，这时 $F(0) \neq f(0)$），从而得到 $f(x)$ 的正弦级数（或余弦级数）展开式。

例 12-46 将函数 $f(x) = x + 1$（$0 \leq x \leq \pi$）分别展开成正弦级数和余弦级数。

解 先展开成正弦级数。为此对函数 $f(x)$ 进行奇延拓，得 $F(x)$ 为

$$F(x) = \begin{cases} x - 1, & -\pi < x < 0 \\ 0, & x = 0 \\ f(x), & 0 < x \leq \pi \end{cases},$$

再对 $F(x)$ 进行周期延拓后，有

$$b_n = \frac{2}{\pi}\int_0^\pi f(x)\sin nx \, dx = \frac{2}{\pi}\int_0^\pi (x+1)\sin nx \, dx$$

$$= \frac{2}{\pi}\left[-\frac{x\cos nx}{n} + \frac{\sin nx}{n^2} - \frac{\cos nx}{n}\right]_0^\pi$$

$$= \frac{2}{n\pi}(1 - \pi\cos n\pi - \cos n\pi) = \begin{cases} \dfrac{2}{\pi} \cdot \dfrac{\pi+2}{n}, & n = 1, 3, 5, \cdots \\ -\dfrac{2}{n}, & n = 2, 4, 6, \cdots \end{cases}.$$

于是函数 $f(x) = x + 1$ 可展开成正弦级数，即

$$x + 1 = \frac{2}{\pi}\left[(\pi+2)\sin x - \frac{\pi}{2}\sin 2x + \frac{1}{3}(\pi+2)\sin 3x - \frac{\pi}{4}\sin 4x + \cdots\right] \quad (0 < x < \pi).$$

注意，在端点 $x = 0$ 及 $x = \pi$ 处，上式右端级数的和显然为零，它不代表原来函数 $f(x)$ 的值。

再展开成余弦级数。为此对函数 $f(x)$ 进行偶延拓，得 $F(x)$ 为

$$F(x) = \begin{cases} -x + 1, & -\pi < x < 0 \\ f(x), & 0 \leq x \leq \pi \end{cases},$$

再对 $F(x)$ 进行周期延拓后，有

$$a_0 = \frac{2}{\pi}\int_0^\pi (x+1)\mathrm{d}x = \frac{2}{\pi}\left[\frac{x^2}{2}+x\right]_0^\pi = \pi+2 ;$$

$$a_n = \frac{2}{\pi}\int_0^\pi f(x)\cos nx\,\mathrm{d}x = \frac{2}{\pi}\int_0^\pi (x+1)\cos nx\,\mathrm{d}x$$

$$= \frac{2}{\pi}[-\frac{x\sin nx}{n}+\frac{\cos nx}{n^2}-\frac{\sin nx}{n}]_0^\pi$$

$$= \frac{2}{n^2\pi}(\cos n\pi-1) = \begin{cases} -\dfrac{4}{n^2\pi}, & n=1,3,5,\cdots \\ 0, & n=2,4,6,\cdots \end{cases}.$$

于是函数 $f(x)=x+1$ 可展开成余弦级数为

$$x+1 = \frac{\pi}{2}+1-\frac{4}{\pi}\left(\cos x+\frac{1}{3^2}\cos 3x+\frac{1}{5^2}\cos 5x+\cdots\right)\quad(0\leqslant x\leqslant\pi).$$

习题 12.6

1. 填空题：

（1）若 $f(x)$ 是周期为 2π 的周期函数，并且

$$f(x) = \frac{a_0}{2}+\sum_{n=0}^\infty (a_n\cos nx+b_n\sin nx) ,$$

则 $a_0 =$ _____，$a_n =$ _____，$b_n =$ _____（$n=1,2,3,\cdots$）；

（2）若 $f(x)$ 在 $[-\pi,\pi]$ 上满足收敛定理的条件，则在连续点 x_0 处的傅里叶级数的和为 $S(x_0) =$ _____；

（3）设函数 $f(x) = \dfrac{x}{2}$（$-\pi\leqslant x<\pi$），则将它进行周期延拓后的傅里叶系数为 $a_0 =$ _____，$a_n =$ _____，$b_n =$ _____；

（4）设函数 $f(x) = |x|$（$-\pi\leqslant x<\pi$），则将它进行周期延拓后的傅里叶系数为 $a_0 =$ _____，$a_n =$ _____，$b_n =$ _____．

2. 选择题：

（1）三角函数系的正交性是指，在三角函数系中（　　）；

A. 任意一个函数在 $[-\pi,\pi]$ 上的积分值为 0

B. 任意两个不同函数的乘积在 $[-\pi,\pi]$ 上的积分值为 0

C. 任意一个函数的平方在 $[-\pi,\pi]$ 上的积分值为 0

D. 任意两个不同函数的乘积在 $[-\pi,\pi]$ 上的积分值为 0，任意一个函数的平方在 $[-\pi,\pi]$ 上的积分值为 0

（2）设 $f(x)$ 是以 2π 为周期的周期函数，它在 $(-\pi,\pi]$ 上的表达式为

$$f(x) = \begin{cases} x^2-1, & -\pi<x\leqslant 0 \\ x^2+1, & 0<x\leqslant\pi \end{cases},$$

则 $f(x)$ 在 $x = \pi$ 处的傅里叶级数收敛于（　　）.

　　A. π^2 　　　　　　B. $\pi^2 + 1$ 　　　　　C. $\pi^2 - 1$ 　　　D. 0

　　3. 下列 $f(x)$ 为周期 2π 的周期函数，试将 $f(x)$ 展开成傅里叶级数. 其中 $f(x)$ 在 $[-\pi, \pi)$ 上的表达式为：

　　（1）$f(x) = 3x^2 + 1 \quad (-\pi \leqslant x < \pi)$；

　　（2）$f(x) = \begin{cases} bx, & -\pi \leqslant x < 0 \\ ax, & 0 \leqslant x < \pi \end{cases} \quad (a \text{、} b \text{ 为常数，且 } a > b > 0)$.

　　4. 将下列函数 $f(x)$ 展开成傅里叶级数：

　　（1）$f(x) = 2\sin\dfrac{x}{3} \quad (-\pi \leqslant x \leqslant \pi)$；

　　（2）$f(x) = \begin{cases} \mathrm{e}^x, & -\pi \leqslant x < 0 \\ 1, & 0 \leqslant x \leqslant \pi \end{cases}$.

　　5. 设 $f(x)$ 是周期为 2π 的周期函数，它在 $[-\pi, \pi)$ 上的表达式为

$$f(x) = \begin{cases} -\dfrac{\pi}{2}, & -\pi \leqslant x < -\dfrac{\pi}{2} \\[2mm] x, & -\dfrac{\pi}{2} \leqslant x < \dfrac{\pi}{2} \\[2mm] \dfrac{\pi}{2}, & \dfrac{\pi}{2} \leqslant x < \pi \end{cases},$$

将 $f(x)$ 展开成傅里叶级数.

　　6. 将函数 $f(x) = 2x^2 \quad (0 \leqslant x \leqslant \pi)$ 分别展开成正弦级数和余弦级数.

§12.7　一般周期函数的傅里叶级数

　　我们所讨论的周期函数都是以 2π 为周期的，但是实际问题中所遇到的周期函数，它的周期不一定是 2π（例如，如图 12-2 所示的矩形波，可以看成周期为 $T = \dfrac{2\pi}{\omega}$ 的函数）. 怎样把周期为 $2l$ 的周期函数 $f(x)$ 展开成三角级数呢？一个很自然的想法是：首先将周期为 $2l$ 的函数转化成周期为 2π 的函数，再按周期为 2π 的函数的展开方法，将函数展开成三角级数. 为此，令 $x = \dfrac{l}{\pi}t$ 及 $f(x) = f\left(\dfrac{l}{\pi}t\right) = F(t)$，则将周期为 $2l$ 的函数 $f(x)$ 变成了周期为 2π 的函数 $F(t)$. 事实上，我们有

$$F(t + 2\pi) = f\left[\dfrac{l}{\pi}(t + 2\pi)\right] = f\left(\dfrac{l}{\pi}t + 2l\right) = f\left(\dfrac{l}{\pi}t\right) = F(t).$$

　　于是，当 $F(t)$ 满足收敛定理的条件时，就可把它展开成傅里叶级数：

$$F(t) = \frac{a_0}{2} + \sum_{n=1}^{\infty} (a_n \cos nt + b_n \sin nt),$$

其中 $a_n = \frac{1}{\pi} \int_{-\pi}^{\pi} F(t) \cos nt \, dt$（$n = 0, 1, \cdots$），$b_n = \frac{1}{\pi} \int_{-\pi}^{\pi} F(t) \sin nt \, dt$（$n = 1, 2, \cdots$）.

将 t 用 $\frac{\pi}{l} x$ 代入，并注意到 $F(t) = f(x)$，有

$$f(x) = \frac{a_0}{2} + \sum_{n=1}^{\infty} \left(a_n \cos \frac{n\pi x}{l} + b_n \sin \frac{n\pi x}{l} \right),$$

再利用定积分的换元积分公式，我们有如下定理.

定理 12-14　设周期为 $2l$ 的周期函数 $f(x)$ 满足收敛定理的条件，则它的傅里叶级数展开式为

$$f(x) = \frac{a_0}{2} + \sum_{n=1}^{\infty} \left(a_n \cos \frac{n\pi x}{l} + b_n \sin \frac{n\pi x}{l} \right), \tag{12-36}$$

其中

$$a_n = \frac{1}{l} \int_{-l}^{l} f(x) \cos \frac{n\pi x}{l} \, dx \ (n = 0, 1, \cdots),$$

$$b_n = \frac{1}{l} \int_{-l}^{l} f(x) \sin \frac{n\pi x}{l} \, dx \ (n = 1, 2, \cdots).$$

特别地，当 $f(x)$ 为奇函数时，$f(x) = \sum_{n=1}^{\infty} b_n \sin \frac{n\pi x}{l}$，其中

$$b_n = \frac{2}{l} \int_{0}^{l} f(x) \sin \frac{n\pi x}{l} \, dx \quad (n = 1, 2, \cdots);$$

当 $f(x)$ 为偶函数时，$f(x) = \frac{a_0}{2} + \sum_{n=1}^{\infty} a_n \cos \frac{n\pi x}{l}$，其中

$$a_n = \frac{2}{l} \int_{0}^{l} f(x) \cos \frac{n\pi x}{l} \, dx \quad (n = 0, 1, \cdots).$$

例 12-47　设 $f(x)$ 是周期为 4 的周期函数，它在区间 $[-2, 2)$ 上的表达式为

$$f(x) = \begin{cases} 0, & -2 \leqslant x < 0 \\ k, & 0 \leqslant x < 2 \end{cases} \quad （常数 \ k \neq 0），$$

试将 $f(x)$ 展开成傅里叶级数.

解　首先，点 $x = 0, \pm 2, \pm 4, \cdots$ 是函数 $f(x)$ 的第一类间断点，因此 $f(x)$ 的傅里叶级数在这些点收敛于

$$\frac{1}{2}[f(2^-) + f(2^+)] = \frac{1}{2}(k + 0) = \frac{k}{2}.$$

其次，当 $x \neq 0, \pm 2, \pm 4, \cdots$ 时，因为 $l = 2$，所以可求得傅里叶系数为

$$a_0 = \frac{1}{2}\int_{-2}^{0} 0 \mathrm{d}x + \frac{1}{2}\int_{0}^{2} k \mathrm{d}x = k \,;$$

$$a_n = \frac{1}{2}\int_{0}^{2} k \cos\frac{n\pi x}{2}\mathrm{d}x = \left[\frac{k}{n\pi}\sin\frac{n\pi x}{2}\right]_{0}^{2} = 0 \quad (n = 1, 2, \cdots)\,;$$

$$b_n = \frac{1}{2}\int_{0}^{2} k \sin\frac{n\pi x}{2}\mathrm{d}x = \left[-\frac{k}{n\pi}\cos\frac{n\pi x}{2}\right]_{0}^{2}$$

$$= \frac{k}{n\pi}(1-\cos n\pi) = \begin{cases} \dfrac{2k}{n\pi}, & n = 1,\ 3,\ 5,\ \cdots \\ 0, & n = 2,\ 4,\ 6,\ \cdots \end{cases}.$$

于是由定理 12-14，有

$$f(x) = \frac{k}{2} + \frac{2k}{\pi}\left(\sin\frac{\pi x}{2} + \frac{1}{3}\sin\frac{3\pi x}{2} + \frac{1}{5}\sin\frac{5\pi x}{2} + \cdots\right)(x \neq 0, \pm 2, \pm 4, \cdots).$$

对定义在任意区间 $[a,b]$ 上的函数 $f(x)$，若它满足收敛定理所要求的条件（即在该区间内连续或只有有限个第一类间断点，且至多只有有限个极值点），也可将它展开成傅里叶级数，其方法如下.

作变量替换 $t = \dfrac{\pi\left(x - \dfrac{b+a}{2}\right)}{\dfrac{b-a}{2}}$，即 $x = \dfrac{b+a}{2} + \dfrac{b-a}{2}\cdot\dfrac{t}{\pi}$，当 $x \in [a,b)$ 时，

$t \in [-\pi, \pi)$，将函数 $f(x)$ 改写成

$$f(x) = f\left(\frac{b+a}{2} + \frac{b-a}{2}\cdot\frac{t}{\pi}\right) = F(t),$$

则 $F(t)$ 是定义在 $[-\pi, \pi)$ 上，且满足收敛定理条件的函数，从而可将其展开成傅里叶级数.

例 12-48　将函数 $f(x) = 10 - x$ （$5 < x < 15$）展开成傅里叶级数.

解　方法一. 作变量替换 $t = \dfrac{\pi(x-10)}{5}$，当 $x \in (5,15)$ 时，$t \in (-\pi, \pi)$，而

$$f(x) = f\left(10 + \frac{5t}{\pi}\right) = 10 - \left(10 + \frac{5t}{\pi}\right) = -\frac{5t}{\pi} = F(t),$$

将 $F(t)$ 以 2π 为周期进行周期延拓，可得到一个周期函数. 其傅里叶系数为

$$a_n = 0\,;$$

$$b_n = \frac{2}{\pi}\int_{0}^{\pi}\left(-\frac{5t}{\pi}\right)\cdot\sin nt\,\mathrm{d}t = -\frac{10}{\pi^2}\int_{0}^{\pi} t \sin nt\,\mathrm{d}t$$

$$= -\frac{10}{\pi^2}\left[-\frac{1}{n}t\cos nt\Big|_{0}^{\pi} + \frac{1}{n}\int_{0}^{\pi}\cos nt\,\mathrm{d}t\right] = (-1)^n\frac{10}{n\pi}\,.$$

显然，只有点 $t = (2k+1)\pi$ （$k = 0, \pm 1, \pm 2, \cdots$）是该周期函数的间断点，故 $F(t)$

的傅里叶展开式为

$$\sum_{n=1}^{\infty}(-1)^n\frac{10}{n\pi}\cdot\sin nt=F(t)=-\frac{5t}{\pi}\quad(-\pi<t<\pi).$$

将 $t=\dfrac{\pi(x-10)}{5}$ 代入上式，得

$$10-x=\sum_{n=1}^{\infty}(-1)^n\frac{10}{n\pi}\cdot\sin\frac{n\pi(x-10)}{5}=\frac{10}{\pi}\sum_{n=1}^{\infty}\frac{(-1)^n}{n}\cdot\sin\frac{n\pi x}{5}\quad(5<x<15).$$

方法二．直接将 $f(x)$ 看成定义在为 $2l=15-5=10$ 上的函数，将其以 10 为周期进行周期延拓，类似于公式（12-36），其傅里叶系数为

$$a_0=\frac{1}{5}\int_5^{15}(10-x)\mathrm{d}x=0\ ;$$

$$a_n=\frac{1}{5}\int_5^{15}(10-x)\cos\frac{n\pi x}{5}\mathrm{d}x$$

$$=2\int_5^{15}\cos\frac{n\pi x}{5}\mathrm{d}x-\frac{1}{5}\int_5^{15}x\cos\frac{n\pi x}{5}\mathrm{d}x=0\quad(n=1,2,\cdots);$$

$$b_n=\frac{1}{5}\int_5^{15}(10-x)\sin\frac{n\pi x}{5}\mathrm{d}x=(-1)^n\frac{10}{n\pi}\quad(n=1,2,\cdots),$$

故

$$f(x)=10-x=\frac{10}{\pi}\sum_{n=1}^{\infty}\frac{(-1)^n}{n}\sin\frac{n\pi}{5}x\quad(5<x<15).$$

例 12-49 将函数 $f(x)=x^2\ (0\leqslant x\leqslant 2)$ 展开成正弦级数和余弦级数.

解 将 $f(x)$ 作奇延拓，得到函数 $F(x)$ 如下：

$$F(x)=\begin{cases}x^2,&0\leqslant x\leqslant 2\\-x^2,&-2<x<0\end{cases},$$

再将 $F(x)$ 以 4 为周期进行周期延拓，便可获到一个以 4 为周期的周期函数（如图 12-7 所示），根据公式（12-36）其傅里叶系数为

$$a_n=0\ ;$$

$$b_n=\frac{2}{2}\int_0^2x^2\sin\frac{n\pi x}{2}\mathrm{d}x=(-1)^{n+1}\frac{8}{n\pi}+\frac{16}{n^3\pi^3}[(-1)^n-1].$$

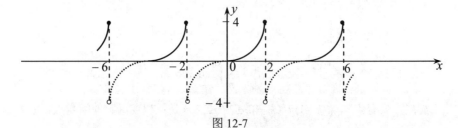

图 12-7

由于延拓后的函数在 $x = 2(2k+1)$（$k = 0, \pm 1, \pm 2, \cdots$）处间断，故 $f(x)$ 的正弦级数展开式为

$$f(x) = x^2 = \sum_{n=1}^{\infty} \left[\frac{(-1)^{n+1}8}{n\pi} + \frac{16}{n^3\pi^3} \left[(-1)^n - 1 \right] \right] \cdot \sin \frac{n\pi x}{2} \quad (0 \leqslant x < 2).$$

注意，在端点 $x = 2$ 处，上式右端级数的和显然为零，它不代表原来函数 $f(x)$ 的值.

将 $f(x)$ 作偶延拓，得到函数 $F(x)$ 如下：

$$F(x) = \begin{cases} x^2, & 0 \leqslant x \leqslant 2 \\ x^2, & -2 < x < 0 \end{cases}.$$

再将 $F(x)$ 以 4 为周期进行周期延拓，便可获到一个以 4 为周期的周期函数（如图 12-8 所示），根据公式（12-36）其傅里叶系数为

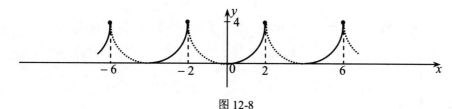

图 12-8

$$b_n = 0 ;$$

$$a_0 = \frac{2}{2} \int_0^2 x^2 \mathrm{d}x = \frac{8}{3} ;$$

$$a_n = \frac{2}{2} \int_0^2 x^2 \cos \frac{n\pi x}{2} \mathrm{d}x = (-1)^n \frac{16}{n^2\pi^2} \quad (n = 1, 2, \cdots).$$

由于延拓后的函数在 $(-\infty, +\infty)$ 上连续，故 $f(x)$ 的余弦级数展开式为

$$f(x) = x^2 = \frac{4}{3} + \sum_{n=1}^{\infty} (-1)^n \frac{16}{n^2\pi^2} \cdot \cos \frac{n\pi x}{2} \quad (0 \leqslant x \leqslant 2),$$

特别地，如果令 $x = 2$，得 $4 = \frac{4}{3} + \sum_{n=1}^{\infty} \frac{16}{n^2\pi^2}$，即 $\sum_{n=1}^{\infty} \frac{1}{n^2} = \frac{\pi^2}{6}$.

习题 12.7

1. 填空题

（1）用周期为 2π 的函数 $f(x)$ 的傅里叶系数公式，求周期为 l 的函数 $g(t)$ 的傅里叶系数，应作代换 $t = $ _____；

（2）周期为 l 的函数 $f(x)$ 的傅里叶系数 $a_0 = $ _____，$a_n = $ _____，$b_n = $ _____；

（3）设函数 $f(x)$ 在 $(-\infty, +\infty)$ 内有定义且周期为 2，则

$$f(x) = \begin{cases} 2, & -1 < x \leqslant 0 \\ x^3, & 0 < x \leqslant 1 \end{cases}$$

在 $x = 3$ 处的傅里叶级数收敛于_____.

2. 将下列各周期函数展开成傅里叶级数（这里仅给出了函数在一个周期内的表达式）：

（1）$f(x) = 1 - x^2 \left(-\dfrac{1}{2} \leqslant x < \dfrac{1}{2} \right)$;

（2）$f(x) = \begin{cases} x, & -1 \leqslant x < 0 \\ 1, & 0 \leqslant x < \dfrac{1}{2} \\ -1, & \dfrac{1}{2} \leqslant x < 1 \end{cases}$.

3. 把函数 $f(x) = (x-1)^2$ 在 $(0,1)$ 上展开成余弦级数，并推出公式

$$\pi^2 = 6\left(1 + \dfrac{1}{2^2} + \dfrac{1}{3^2} + \cdots \right).$$

总习题十二

1. 填空题：

（1）级数 $\displaystyle\sum_{n=1}^{\infty}(-1)^{n-1}u_n\ (u_n > 0)$，当_____且_____时，该级数收敛；

（2）级数 $\displaystyle\sum_{n=1}^{\infty}\dfrac{1}{1+a^n}\ (a > 0)$ 的敛散情况是：当_____时发散，当_____时收敛；

（3）级数 $\displaystyle\sum_{n=1}^{\infty}(-1)^{n-1}\dfrac{x^n}{n}$ 的收敛域是_____;

（4）函数 $f(x) = \dfrac{1}{3-x}$ 展开成 $x-1$ 的幂级数是_____;

（5）将函数 $f(x) = x^2$ 在 $[-\pi, \pi]$ 上展开成傅里叶级数，傅里叶系数 $b_n = $ ____.

2. 选择题：

（1）若级数 $\displaystyle\sum_{n=1}^{\infty}a_n$ 发散，则（   ）;

A. 可能 $\displaystyle\lim_{n\to\infty}a_n = 0$，也可能 $\displaystyle\lim_{n\to\infty}a_n \neq 0$

B. 必有 $\displaystyle\lim_{n\to\infty}a_n \neq 0$

C. 必有 $\lim\limits_{n\to\infty} a_n = \infty$

D. 必有 $\lim\limits_{n\to\infty} a_n = 0$

(2) 下列级数中,条件收敛的是 (   );

    A. $\sum\limits_{n=1}^{\infty} (-1)^n \dfrac{n}{n+1}$ B. $\sum\limits_{n=1}^{\infty} (-1)^n \dfrac{1}{n^2}$

    C. $\sum\limits_{n=1}^{\infty} (-1)^n \dfrac{1}{\sqrt{n}}$ D. $\sum\limits_{n=1}^{\infty} (-1)^n \dfrac{1}{n^3}$

(3) 级数 $\sum\limits_{n=1}^{\infty} (-1)^{n+1} \dfrac{1}{n^p}$ ($p>0$) 的敛散情况是 (   );

    A. 对任何 $p>0$ 都绝对收敛

    B. $p<1$ 时绝对收敛,$p\geqslant 1$ 时条件收敛

    C. $p\leqslant 1$ 时发散,$p>1$ 时收敛

    D. $p>1$ 时绝对收敛,$p\leqslant 1$ 时条件收敛

(4) 将函数 $f(x)=\begin{cases} \cos\dfrac{\pi x}{l}, & 0\leqslant x\leqslant \dfrac{l}{2} \\ 0, & \dfrac{l}{2}<x<l \end{cases}$ 展开成余弦级数时,应对 $f(x)$ 进行

(   );

    A. 周期为 $2l$ 的延拓   B. 偶延拓

    C. 周期为 l 的延拓   D. 奇延拓

(5) 在 $|x|<1$ 时,级数 $\sum\limits_{n=1}^{\infty} \dfrac{x^n}{n} =$ (   ).

    A. $\ln(1-x)$ B. $-\ln(1-x)$

    C. $\ln(x-1)$ D. $-\ln(x-1)$

3. 判断下列级数的敛散性:

(1) $\sum\limits_{n=1}^{\infty} \dfrac{1}{n\sqrt[n]{n}}$;   (2) $\sum\limits_{n=1}^{\infty} \dfrac{(n!)^2}{2^{n^2}}$;

(3) $\sum\limits_{n=1}^{\infty} \dfrac{n\cos^2 \dfrac{n\pi}{3}}{2^n}$;   (4) $\sum\limits_{n=1}^{\infty} \dfrac{n-\sqrt{n}}{2n-1}$.

4. 设正项级数 $\sum\limits_{n=1}^{\infty} u_n$ 和 $\sum\limits_{n=1}^{\infty} v_n$ 都收敛,证明级数 $\sum\limits_{n=1}^{\infty} (u_n+v_n)^2$ 收敛.

5. 设级数 $\sum\limits_{n=1}^{\infty} u_n$ 收敛,且 $\lim\limits_{n\to\infty} \dfrac{v_n}{u_n}=1$,问级数 $\sum\limits_{n=1}^{\infty} v_n$ 是否也收敛?试说明理由.

6. 讨论下列级数的绝对收敛性与条件收敛性:

（1）$\displaystyle\sum_{n=1}^{\infty}(-1)^n\frac{1}{n^p}$；

（2）$\displaystyle\sum_{n=1}^{\infty}(-1)^{n+1}\frac{\sin\dfrac{\pi}{n+1}}{\pi^{n+1}}$；

（3）$\displaystyle\sum_{n=1}^{\infty}(-1)^n\ln\frac{n+1}{n}$；

（4）$\displaystyle\sum_{n=1}^{\infty}(-1)^n\frac{(n+1)!}{n^{n+1}}$．

7．求下列级限：

（1）$\displaystyle\lim_{n\to\infty}\frac{1}{n}\sum_{k=1}^{n}\frac{1}{3^k}(1+\frac{1}{k})^{k^2}$；

（2）$\displaystyle\lim_{n\to\infty}[2^{\frac{1}{3}}\cdot4^{\frac{1}{9}}\cdot8^{\frac{1}{27}}\cdots(2^n)^{\frac{1}{3^n}}]$．

8．求下列幂级数的收敛域：

（1）$\displaystyle\sum_{n=1}^{\infty}\frac{3^n+5^n}{n}x^n$；

（2）$\displaystyle\sum_{n=1}^{\infty}(1+\frac{1}{n})^{n^2}x^n$；

（3）$\displaystyle\sum_{n=1}^{\infty}n(x+1)^n$；

（4）$\displaystyle\sum_{n=1}^{\infty}\frac{n}{2^n}x^{2n}$．

9．求下列幂级数的和函数：

（1）$\displaystyle\sum_{n=1}^{\infty}\frac{2n-1}{2^n}x^{2(n-1)}$；

（2）$\displaystyle\sum_{n=1}^{\infty}\frac{(-1)^{n-1}}{2n-1}x^{2n-1}$；

（3）$\displaystyle\sum_{n=1}^{\infty}n(x-1)^n$；

（4）$\displaystyle\sum_{n=1}^{\infty}\frac{x^n}{n(n+1)}$．

10．求下列数项级数的和：

（1）$\displaystyle\sum_{n=1}^{\infty}\frac{n^2}{n!}$；

（2）$\displaystyle\sum_{n=0}^{\infty}(-1)^n\frac{n+1}{(2n+1)!}$．

11．将下列函数展开成 x 的幂级数：

（1）$\ln(x+\sqrt{x^2+1})$；

（2）$\dfrac{1}{(2-x)^2}$．

12．设 $f(x)$ 是周期为 2π 的函数，它在 $[-\pi,\pi]$ 上的表达式为

$$f(x)=\begin{cases}0, & x\in[-\pi,0)\\ \mathrm{e}^x, & x\in[0,\pi)\end{cases},$$

试将 $f(x)$ 展开成傅里叶级数．

13．已知 $h\in(0,\pi)$，试将函数 $f(x)=\begin{cases}1, & 0\leqslant x\leqslant h\\ 0, & h<x\leqslant\pi\end{cases}$ 分别展开成正弦级数和余弦级数．

附录 D 二阶和三阶行列式简介

在中学数学中，我们这样用加减消元法求解二元一次方程组

$$\begin{cases} a_{11}x_1 + a_{12}x_2 = b_1 & ① \\ a_{21}x_1 + a_{22}x_2 = b_2 & ② \end{cases}$$

由①$\times a_{22}$ – ②$\times a_{12}$ 可得

$$(a_{11}a_{22} - a_{12}a_{21})x_1 = b_1a_{22} - b_2a_{12},$$

由②$\times a_{11}$ – ①$\times a_{21}$ 可得

$$(a_{11}a_{22} - a_{12}a_{21})x_2 = b_2a_{11} - b_1a_{21}.$$

如果未知量 x_1、x_2 的系数满足 $a_{11}a_{22} - a_{12}a_{21} \neq 0$，则该方程组的解为：

$$\begin{cases} x_1 = \dfrac{b_1a_{22} - b_2a_{12}}{a_{11}a_{22} - a_{12}a_{21}} \\ x_2 = \dfrac{b_2a_{11} - b_1a_{21}}{a_{11}a_{22} - a_{12}a_{21}} \end{cases}.$$

为了便于记忆，我们引入二阶行列式的概念.

定义 D-1 符号 $\begin{vmatrix} a_{11} & a_{12} \\ a_{21} & a_{22} \end{vmatrix}$ 称为**二阶行列式**，它代表 $a_{11}a_{22} - a_{12}a_{21}$ 这一算式，即

$$\begin{vmatrix} a_{11} & a_{12} \\ a_{21} & a_{22} \end{vmatrix} = a_{11}a_{22} - a_{12}a_{21},$$

它是由两行两列的 $2 \times 2 = 2^2$ 个元素组成，其中 a_{ij}（$i = 1,2$；$j = 1,2$）称为这个行列式的**元素**，i 代表 a_{ij} 所在的行号，称为**行标**；j 代表 a_{ij} 所在的列号，称为**列标**. 如 a_{12} 表示这一元素处在第 1 行第 2 列的位置.

对于上述方程组，若令

$$D = \begin{vmatrix} a_{11} & a_{12} \\ a_{21} & a_{22} \end{vmatrix}、\quad D_1 = \begin{vmatrix} b_1 & a_{12} \\ b_2 & a_{22} \end{vmatrix}、\quad D_2 = \begin{vmatrix} a_{11} & b_1 \\ a_{21} & b_2 \end{vmatrix},$$

即 D 是上述方程组中未知量 x_1、x_2 的系数构成的行列式，称为**系数行列式**；D_1 和 D_2 分别是将 D 的第一列和第二列用方程组右端的常数列代替后得到的行列式，分别称为**第一行列式**和**第二行列式**. 若 $D \neq 0$，则上述方程组有唯一解，且可表示为

$$x_1 = \frac{D_1}{D}, \quad x_2 = \frac{D_2}{D}.$$

例 D-1 解方程组

$$\begin{cases} (\sqrt{2}-1)x+y=5 \\ x+(\sqrt{2}+1)y=-1 \end{cases}.$$

解 $D = \begin{vmatrix} \sqrt{2}-1 & 2 \\ 1 & \sqrt{2}+1 \end{vmatrix} = (\sqrt{2}-1)(\sqrt{2}+1)-2\times1 = -1 \neq 0$ ，

$D_1 = \begin{vmatrix} 5 & 2 \\ -1 & \sqrt{2}+1 \end{vmatrix} = 5(\sqrt{2}+1)-2\times(-1) = 7+5\sqrt{2}$ ，

$D = \begin{vmatrix} \sqrt{2}-1 & 5 \\ 1 & -1 \end{vmatrix} = (\sqrt{2}-1)\times(-1)-5\times1 = -4-\sqrt{2}$ ，

故所求方程组有唯一解为

$$x = \frac{D_1}{D} = \frac{7+5\sqrt{2}}{-1} = -7-5\sqrt{2} ， \quad y = \frac{D_2}{D} = \frac{-4-\sqrt{2}}{-1} = 4+\sqrt{2} .$$

类似地，我们也可以引入三阶行列式的概念.

定义 D-2 符号 $\begin{vmatrix} a_{11} & a_{12} & a_{13} \\ a_{21} & a_{22} & a_{23} \\ a_{31} & a_{32} & a_{33} \end{vmatrix}$ 称为三阶行列式，它代表 $a_{11}a_{22}a_{33} + a_{12}a_{23}a_{31} +$

$a_{13}a_{21}a_{32} - a_{13}a_{22}a_{31} - a_{12}a_{21}a_{33} - a_{11}a_{23}a_{32}$ 这一算式，即

$$\begin{vmatrix} a_{11} & a_{12} & a_{13} \\ a_{21} & a_{22} & a_{23} \\ a_{31} & a_{32} & a_{33} \end{vmatrix} = a_{11}a_{22}a_{33} + a_{12}a_{23}a_{31} + a_{13}a_{21}a_{32}$$

$$-a_{13}a_{22}a_{31} - a_{12}a_{21}a_{33} - a_{11}a_{23}a_{32} ，$$

它是由三行三列的 $3\times3 = 3^2$ 个元素组成，关于三阶行列式其他相关概念，与二阶行列式类似，不再重述.

为了便于记忆三阶行列式的计算式，我们借助以下图形：

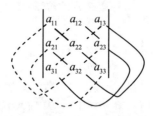

其中从左上角到右下角这条对角线称为**主对角线**，从右上角到左下角这条对角线称为**次对角线**（或<u>副对角线</u>），由此可以看出，对于三阶行列式的计算式中的六项，主对角线上元素的乘积以及位于主对角线的平行线上的元素与对角上的元素的乘积（要求这些作为乘积因子的元素都位不同的行和不同的列），前面都取正号（如图中的实线所示）；次对角线上元素的乘积以及位于次对角线的平行线上的元素与对角上的元素的乘积（要求这些作为乘积因子的元素都位不同的行和不同

的列），前面都取负号（如图中的虚线所示）.

这种计算行列式的方法称为**对角线法**，显然这种方法同样适用于二阶行列式的计算.

因为

$$a_{11}a_{22}a_{33}+a_{12}a_{23}a_{31}+a_{13}a_{21}a_{32}-a_{13}a_{22}a_{31}-a_{12}a_{21}a_{33}-a_{11}a_{23}a_{32}$$

$$=a_{11}(a_{22}a_{33}-a_{23}a_{32})-a_{12}(a_{21}a_{33}-a_{23}a_{31})+a_{13}(a_{21}a_{32}-a_{22}a_{31})$$

$$=a_{11}\begin{vmatrix}a_{22}&a_{23}\\a_{32}&a_{33}\end{vmatrix}-a_{12}\begin{vmatrix}a_{21}&a_{23}\\a_{31}&a_{33}\end{vmatrix}+a_{13}\begin{vmatrix}a_{21}&a_{22}\\a_{31}&a_{32}\end{vmatrix}$$

$$=(-1)^{1+1}\cdot a_{11}\begin{vmatrix}a_{22}&a_{23}\\a_{32}&a_{33}\end{vmatrix}+(-1)^{1+2}\cdot a_{12}\begin{vmatrix}a_{21}&a_{23}\\a_{31}&a_{33}\end{vmatrix}+(-1)^{1+3}\cdot a_{13}\begin{vmatrix}a_{21}&a_{22}\\a_{31}&a_{32}\end{vmatrix},$$

故我们也可以用三个二阶行列式来计算一个三阶行列式，上式称为三阶行列式

$$\begin{vmatrix}a_{11}&a_{12}&a_{13}\\a_{21}&a_{22}&a_{23}\\a_{31}&a_{32}&a_{33}\end{vmatrix},$$

按第一行的**展开式**，其中第一行的每个元素所乘的二阶行列式为在上述三阶行列式中划去该元素所在的行和列元素后所余下的二阶行列式，称为该元素的**余子式**，而前面所乘的"(-1)"的幂次正好是该元素的行号和列号之和. 我们可以用同样的方法把行列式按其他行或其他列展开，计算结果相同，证明从略.

例 D-2　分别用对角线法和按第一行及第二列展开式方法计算行列式

$$D=\begin{vmatrix}4&-2&1\\0&3&-1\\3&4&2\end{vmatrix}.$$

解法一　（对角线法）.

$$D=\begin{vmatrix}4&-2&1\\0&3&-1\\3&4&2\end{vmatrix}=4\times3\times2+(-2)\times(-1)\times3+1\times0\times4$$

$$-1\times3\times3-4\times(-1)\times4-(-2)\times0\times2$$

$$=30-(-7)=37.$$

解法二　（按第一行展开）.

$$D=\begin{vmatrix}4&-2&1\\0&3&-1\\3&4&2\end{vmatrix}$$

$$=(-1)^{1+1}\times4\times\begin{vmatrix}3&-1\\4&2\end{vmatrix}+(-1)^{1+2}\times(-2)\times\begin{vmatrix}0&-1\\3&2\end{vmatrix}+(-1)^{1+3}\times1\times\begin{vmatrix}0&3\\3&4\end{vmatrix}$$

$$=4\times(6+4)+2\times(0+3)+1\times(0-9)=37.$$

解法二 （按第二列展开）.

$$D = \begin{vmatrix} 4 & -2 & 1 \\ 0 & 3 & -1 \\ 3 & 4 & 2 \end{vmatrix}$$

$$= (-1)^{1+2} \times (-2) \times \begin{vmatrix} 0 & -1 \\ 3 & 2 \end{vmatrix} + (-1)^{2+2} \times 3 \times \begin{vmatrix} 4 & 1 \\ 3 & 2 \end{vmatrix} + (-1)^{3+2} \times 4 \times \begin{vmatrix} 4 & 1 \\ 0 & -1 \end{vmatrix}$$

$$= 2 \times (0+3) + 3 \times (8-3) - 4 \times (-4-0) = 37 .$$

习题

1. 利用行列式解方程组

（1）$\begin{cases} x+y=2 \\ 3x-4y=-3 \end{cases}$；

（2）$\begin{cases} x-y=-5 \\ 3x+2y+z=6 \\ 4x+y+2z=0 \end{cases}$.

2. 利用对角线方法，计算下列行列式：

（1）$\begin{vmatrix} \sin\alpha & \cos\alpha \\ \sin\beta & \cos\beta \end{vmatrix}$；

（2）$\begin{vmatrix} 1 & 2 & 2 \\ 3 & 7 & 4 \\ 2 & 3 & 5 \end{vmatrix}$；

（3）$\begin{vmatrix} 2 & 0 & 2 \\ 0 & 3 & 1 \\ 1 & 0 & 3 \end{vmatrix}$；

（4）$\begin{vmatrix} 1 & 1 & 1 \\ a & b & c \\ a^2 & b^2 & c^2 \end{vmatrix}$.

3. 用第一行展开法计算下行列式

（1）$\begin{vmatrix} a & b & b \\ b & a & b \\ b & b & a \end{vmatrix}$；

（2）$\begin{vmatrix} -1 & 2 & 2 \\ 2 & -1 & 2 \\ 2 & 2 & -1 \end{vmatrix}$.

习题答案与提示

第 7 章

习题 7.1

1. 略.

2. 点 A 在 x 轴上，点 B 在 y 轴上，点 C 在 z 轴上，点 D 在 zox 平面上，点 E 在 xoy 平面上，点 F 在 yoz 平面上

3. 平面直角坐标系中：与 y 轴平行或重合的直线

空间直角坐标系中：与 yoz 面平行或重合的平面

4. x 轴：$\sqrt{34}$，y 轴：$\sqrt{41}$，z 轴：5

5. $(0, 0, \dfrac{14}{9})$

6. $(0, 1, -2)$

7. 略

习题 7.2

1. $-\dfrac{1}{2}(a+b)$，$\dfrac{1}{2}(a-b)$，$\dfrac{1}{2}(a+b)$，$-\dfrac{1}{2}(a-b)$

2. $(-20, -20, 0)$，$(10, 10, 0)$

3. $\lambda = \dfrac{1}{5}$

4. $\alpha = \dfrac{\pi}{3}$，$\beta = \dfrac{\pi}{4}$，$\gamma = \dfrac{\pi}{3}$

5. （1）$12i+4j-8k$ （2）$12i-20j+48k$

6. $|\overrightarrow{AB}| = 2$，$\cos\alpha = \dfrac{1}{2}$，$\cos\beta = -\dfrac{\sqrt{2}}{2}$，$\cos\gamma = -\dfrac{1}{2}$，$\alpha = \dfrac{\pi}{3}$，$\beta = \dfrac{3\pi}{4}$，$\gamma = \dfrac{2\pi}{3}$

7. 5，$11j$

8. $(-5, 4, -12)$

9. $-\dfrac{6}{7}$

习题 7.3

1. 6，$(-3, 3, 0)$，$\dfrac{\sqrt{6}}{3}$

2. 略

3. $\pm\left(\dfrac{2}{\sqrt{5}}\boldsymbol{j}+\dfrac{1}{\sqrt{5}}\boldsymbol{k}\right)$

4. 略

5. （1）$-8\boldsymbol{j}-24\boldsymbol{k}$　（2）$-\boldsymbol{j}-\boldsymbol{k}$　（3）2　（4）$2\boldsymbol{i}+\boldsymbol{j}+21\boldsymbol{k}$

习题 7.4

1. $2x+2y+z-9=0$

2. $3x+4y+2z=2$

3. $2x+3y+z-6=0$

4. $x-z=0$

5. $\dfrac{\pi}{4}$

6. 3

习题 7.5

1. $\dfrac{x-1}{1}=\dfrac{y}{1}=\dfrac{z+2}{2}$

2. $\dfrac{x-1}{4}=\dfrac{y-0}{-1}=\dfrac{z+2}{-3}$，$\begin{cases} x=1+4t \\ y=-t \\ z=-2-3t \end{cases}$

3. （1）$l=-1$　（2）$l=4$，$m=-8$

4. $3x+y-2z+5=0$

5. $(2,-1,0)$

6. 15

7. $\begin{cases} y-z-1=0 \\ x+y+z=0 \end{cases}$

习题 7.6

1. $x^2+y^2+z^2=49$

2. $\dfrac{x^2}{a^2}-\dfrac{y^2+z^2}{c^2}=1$，$\dfrac{x^2+y^2}{a^2}-\dfrac{z^2}{c^2}=1$

3.（1）直线，平面　　　　（2）圆周，圆柱面

　　（3）双曲线，双曲柱面　　（4）抛物线，抛物柱面

4．略

习题 7.7

1. $3y^2 - z^2 = 16$，$3x^2 + 2z^2 = 16$

2. $\begin{cases} y^2 + z^2 = 1 \\ x = 0 \end{cases}$，$\begin{cases} x^2 + y^2 + z^2 = 1 \\ x = 0. \end{cases}$，$\begin{cases} y^2 + z^2 = 1 \\ x^2 + y^2 + z^2 = 1 \end{cases}$

3.（1）$\begin{cases} x = \dfrac{3}{\sqrt{2}}\cos\theta \\ y = \dfrac{3}{\sqrt{2}}\cos\theta \\ z = 3\sin\theta \end{cases}$ $(0 \leqslant \theta \leqslant 2\pi)$，（2）$\begin{cases} x = 1 + \sqrt{3}\cos\theta \\ y = \sqrt{3}\sin\theta \\ z = 0 \end{cases}$ $(0 \leqslant \theta \leqslant 2\pi)$

4.（1）圆周，其圆心在点 $(3,0,0)$，半径为 4

　　（2）椭圆周，其中心在点 $(0,0,1)$，长半轴为 $\sqrt{21}$，短半轴为 $\dfrac{\sqrt{21}}{2}$

　　（3）双曲线，其中心在点 $(-3,0,0)$，实半轴为 4，虚半轴为 2

　　（4）抛物线，其顶点为 $(6,4,0)$，对称轴平行于 x 轴

5.（1）$\begin{cases} x^2 + 5y^2 + 4xy - x = 0 \\ z = 0 \end{cases}$ 　　（2）$\begin{cases} x^2 + 5z^2 - 2xz - 4x = 0 \\ y = 0 \end{cases}$

　　（3）$\begin{cases} y^2 + z^2 + 2y - z = 0 \\ x = 0 \end{cases}$

总习题七

1.（1）错　（2）错　（3）错　（4）对

2.（1）$\sqrt{2}$，0　（2）$\pm\dfrac{\sqrt{6}}{6}(1,-1,2)$　（3）$7y + z - 5 = 0$

　　（4）$\dfrac{x}{0} = \dfrac{y}{2} = -z$　（5）$\begin{cases} 2x^2 + y^2 = 1 \\ z = 0 \end{cases}$

3.（1）D　（2）C　（3）B　（4）C　（5）B

4.（1）$(-5,-1,3)$　　　（2）7　　　（3）10

5.（1）$(-3,6,2)$　　　（2）7

　　（3）$\cos\alpha = -\dfrac{3}{7}$、$\cos\beta = \dfrac{6}{7}$、$\cos\gamma = \dfrac{2}{7}$

（4）$-\dfrac{3}{7}\boldsymbol{i}+\dfrac{6}{7}\boldsymbol{j}+\dfrac{2}{7}\boldsymbol{k}$

6. $\pm\left(0,\dfrac{1}{\sqrt{2}},\dfrac{1}{\sqrt{2}}\right)$

7. $(-3,3,3)$

8. （1）$x-5y-4z+13=0$ （2）$y+3z=0$ 或 $3y-z=0$

9. $4x+5y-2z+12=0$

10. $\dfrac{x+3}{4}=\dfrac{y-2}{3}=\dfrac{z-5}{1}$ 或写成 $\begin{cases}x-4z+23=0\\2x-y-5z+33=0\end{cases}$

11. $\dfrac{x-1}{1}=\dfrac{y-2}{-2}=\dfrac{z-1}{1}$

12. （1）旋转椭球面 （2）旋转抛物面 （3）锥面
    （4）两垂直平面 （5）双曲柱面 （6）平面 $z=2$ 上的圆周

13. $\begin{cases}x^2+y^2\leqslant 1\\z=0\end{cases}$

第 8 章

习题 8.1

1. $-2xy$

2. $\dfrac{2xy}{x^2+y^2}$

3. $\dfrac{(x-y)[4y^2(x-y)+2y+1]}{(2y+1)^2}$

4. $x>0,y-x>1$ 或 $x<0,0<y-x<1$

5. $f(x,0)=0$，$f(0,y)=\begin{cases}\sin\dfrac{1}{y},y\neq 0\\[2mm]0,\qquad y=0\end{cases}$

6. （1）$\{(x,y)\,|\,y^2>4(x-2)\}$ （2）$\{(x,y)\,|\,x>|\,y\,|\}$
   （3）$\{(x,y)\,|\,|\,y\,|\leqslant|\,x\,|$ 且 $x\neq 0\}$

7. （1）e^2 （2）0 （3）2（提示：分母有理化）
   （4）0 （5）0（提示：无穷小与有界函数之积仍是无穷小）

8. 略（提示：令 (x,y) 沿不同的路径 $y=kx$ 趋向于原点，极限等于不同的值）

9. 在位于 xoy 平面的直线 $y=x$ 上间断

习题 8.2

1. （1）$\dfrac{\partial z}{\partial x}=1-\dfrac{x}{\sqrt{x^2+y^2}}$，$\dfrac{\partial z}{\partial y}=1-\dfrac{y}{\sqrt{x^2+y^2}}$

（2）$\dfrac{\partial z}{\partial x}=\dfrac{1}{y\sin\dfrac{x}{y}\cos\dfrac{x}{y}}$，$\dfrac{\partial z}{\partial y}=\dfrac{-x}{y^2\sin\dfrac{x}{y}\cos\dfrac{x}{y}}$

（3）$\dfrac{\partial z}{\partial x}=\dfrac{yx^{\frac{y}{2}}}{2x(1+x^y)}$，$\dfrac{\partial z}{\partial y}=\dfrac{x^{\frac{y}{2}}\ln x}{2(1+x^y)}$

（4）$\dfrac{\partial z}{\partial y}=y\tan(xy)\cdot\sec(xy)$，$\dfrac{\partial z}{\partial y}=x\tan(xy)\cdot\sec(xy)$

2. $-\dfrac{y}{x^2+y^2}$，$\dfrac{x}{x^2+y^2}$，$\dfrac{y^2-x^2}{(x^2+y^2)^2}$

3~4. 略

5. （1）$\dfrac{\partial^2 z}{\partial x^2}=2y(2y-1)x^{2y-2}$，$\dfrac{\partial^2 z}{\partial x\partial y}=2x^{2y-1}(1+2y\ln x)$

（2）$3x^2\cos y+3y^2\cos x$；　　　　　　　（3）0

习题 8.3

1. （1）$2xy^2\mathrm{d}x+2x^2y\mathrm{d}y$　　　　　（2）$y\sec^2(xy)\mathrm{d}x+x\sec^2(xy)\mathrm{d}y$

（3）$\dfrac{y\mathrm{d}x-x\mathrm{d}y}{|y|\sqrt{y^2-x^2}}$　　　　　（4）$x^{yz}\left[\dfrac{yz}{x}\mathrm{d}x+z\ln x\mathrm{d}y+y\ln x\mathrm{d}z\right]$

（5）$\mathrm{d}x+\mathrm{d}y$

2. $\dfrac{1}{yz}\left(\dfrac{x}{y}\right)^{\frac{1}{z}-1}\mathrm{d}x-\dfrac{x}{y^2z}\left(\dfrac{x}{y}\right)^{\frac{1}{z}-1}\mathrm{d}y-\dfrac{1}{z^2}\left(\dfrac{x}{y}\right)^{\frac{1}{z}}\ln\dfrac{x}{y}\mathrm{d}z$

3. -0.22857，-0.2

*4. 1.2π

习题 8.4

1. $\dfrac{\mathrm{d}z}{\mathrm{d}t}=-\mathrm{e}^{-t}-\mathrm{e}^{t}$

2. $\dfrac{\mathrm{d}z}{\mathrm{d}x}=\dfrac{\mathrm{e}^x(1+x)}{1+x^2\mathrm{e}^{2x}}$

3. $\dfrac{\partial z}{\partial x}=\dfrac{3}{2}x^2\sin 2y(\cos y-\sin y)$，

$$\frac{\partial z}{\partial y} = -x^3 \sin 2y(\cos y + \sin y) + x^3(\sin^3 x + \cos^3 y)$$

4. $\dfrac{\partial u}{\partial x} = \dfrac{\partial f}{\partial x} + \dfrac{\partial f}{\partial y}\dfrac{\partial y}{\partial x} + \dfrac{\partial f}{\partial y}\dfrac{\partial y}{\partial t}\dfrac{\partial t}{\partial x}$

5. $\dfrac{v\cos v - u\sin v}{e^u}$ ，$\dfrac{v\sin v + u\cos v}{e^u}$

6. （1） $\dfrac{\partial u}{\partial x} = (y+z)f'(xy+yz+xz)$ ，$\dfrac{\partial u}{\partial y} = (x+z)f'(xy+yz+xz)$ ，

　　　$\dfrac{\partial u}{\partial z} = (x+y)f'(xy+yz+xz)$

　（2） $\dfrac{\partial u}{\partial x} = f_1' + yf_2' + yzf_3'$ ，$\dfrac{\partial u}{\partial y} = xf_2' + xzf_3'$ ，$\dfrac{\partial u}{\partial z} = xyf_3'$

7. 略

习题 8.5

1. $\dfrac{\mathrm{d}y}{\mathrm{d}x} = \dfrac{x+y}{x-y}$

2. $\dfrac{\partial z}{\partial x} = \dfrac{ayz - x^2}{z^2 - axy}$ ，$\dfrac{\partial z}{\partial y} = \dfrac{axz - y^2}{z^2 - axy}$

3. $\dfrac{\partial z}{\partial x} = -\dfrac{\sin 2x}{\sin 2z}$ ，$\dfrac{\partial z}{\partial y} = -\dfrac{\sin 2y}{\sin 2z}$

4. $\dfrac{\partial z}{\partial x} = \dfrac{yz}{e^z - xy}$ ，$\dfrac{\partial z}{\partial y} = \dfrac{xz}{e^z - xy}$ ，$\dfrac{\partial^2 z}{\partial x \partial y} = \dfrac{1}{(e^z - xy)^3}(ze^{2x} - xyz^2 e^z - x^2 y^2 z)$

5. -2

习题 8.6

1. $\dfrac{x-1}{2} = \dfrac{y-1}{1} = \dfrac{z-1}{6}$ ， $2x + y + 6z = 9$

2. $(-1, 1, -1)$ 或 $\left(-\dfrac{1}{3}, \dfrac{1}{9}, -\dfrac{1}{27}\right)$

3. $\dfrac{x-1}{-1} = \dfrac{y-1}{1} = \dfrac{z-2}{0}$ 或 $\begin{cases} \dfrac{x-1}{-1} = \dfrac{y-1}{1} \\ z-2 = 0 \end{cases}$

4. $x - y + 2z - \dfrac{\pi}{2} = 0$ ， $\dfrac{x-1}{1} = \dfrac{y-1}{-1} = \dfrac{z-\dfrac{\pi}{4}}{2}$

5. $9x+y-z-27=0$ ，$\dfrac{x-3}{9}=\dfrac{y-1}{1}=\dfrac{z-1}{-1}$

6. $(-1, -1, 3)$，$\dfrac{x+1}{2}=\dfrac{y+1}{4}=\dfrac{z-3}{1}$

7. 切平面方程 $x+y-2z+1=0$

习题 8.7

1. （1）极大值为 $f(0, 0)=0$　（2）极大值为 $f(2k\pi, 0)=2$（$k=0,\pm1,\pm2,\cdots$）

2. $f\left(\dfrac{1}{e},0\right)=-\dfrac{1}{e}$ 为极小值

3. 最小值为 $f\left(\dfrac{ab^2}{a^2+b^2}, \dfrac{a^2b}{a^2+b^2}\right)=\dfrac{a^2b^2}{a^2+b^2}$

4. $(16,6)$

5. 长、宽、高为 $\sqrt[3]{2V}$、$\sqrt[3]{2V}$、$\sqrt[3]{\dfrac{V}{4}}$ 时建筑材料最省

6. 当 $R=\sqrt{\dfrac{S_0}{3\pi}}$，$H=2\sqrt{\dfrac{S_0}{3\pi}}$ 时，容积最大

7. $\left(\dfrac{21}{13}, 2, \dfrac{63}{26}\right)$

习题 8.8

1. $\mathbf{grad}\, u = 2\mathbf{i}-4\mathbf{j}+\mathbf{k}$ 是方向导数取最大值的方向，此方向导数的最大值为 $|\,\mathbf{grad}\, u\,|=\sqrt{21}$

2. （1）$\dfrac{2+e^{\frac{\pi}{2}}}{\sqrt{5}}$　　（2）$\dfrac{1}{\sqrt{3}}$

3. $\sqrt{2}\sin\left(\theta+\dfrac{\pi}{4}\right)$

（1）$\theta=\dfrac{\pi}{4}$　（2）$\theta=\dfrac{5\pi}{4}$　（3）$\theta=\dfrac{3\pi}{4}$ 或 $\theta=\dfrac{7\pi}{4}$

4. $\mathbf{grad}\, f(0,0,0)=-3\mathbf{i}-2\mathbf{j}-6\mathbf{k}$，　$\mathbf{grad}\, f(1,1,1)=3\mathbf{j}$

5. （1）$\mathbf{i}+\mathbf{j}$　（2）$-\mathbf{i}-\mathbf{j}$　（3）$-\mathbf{i}+\mathbf{j}$ 或 $\mathbf{i}-\mathbf{j}$

*习题 8.9

1. $\sqrt{1-x^2-y^2}=1-\dfrac{1}{2}(x^2+y^2)+o(\rho^2)$，其中 $\rho=\sqrt{x^2+y^2}$

2. 1.1021

总习题八

1. （1）必定，不一定 ，不一定

（2）充分，必要，必要，充分，充分，充分

2. C

3. （1） $\{(x,y)\,|\,y \neq 0, -y^2 \leqslant x \leqslant y^2\}$ （2） $\{(x,y)\,|\,y \geqslant x, x^2 + y^2 < 1\}$

（3） $\{(x,y)\,|\,1 < x^2 + y^2 \leqslant 4\}$

图略

4. 2，几何意义略

5. 略

6. $\dfrac{yz}{\mathrm{e}^z - xy}$, $\dfrac{xz}{\mathrm{e}^z - xy}$

7. $\dfrac{-16xz}{(3z^2 - 2x)^3}$, $\dfrac{-6z}{(3z^2 - 2x)^3}$

8. $\Delta z \approx -0.119$ ， $\mathrm{d}z\Big|_{\substack{x=2,y=1\\ \Delta x = 0.1, \Delta y = -0.2}} = -0.125$

9. $\mathrm{d}u = \dfrac{2}{2x + 3y + 4z^2}\mathrm{d}x + \dfrac{3}{2x + 3y + 4z^2}\mathrm{d}y + \dfrac{8z}{2x + 3y + 4z^2}\mathrm{d}z$

10. $x + 3y + z + 3 = 0$.

11. 3

12. （1）1 （2）-3

13. 当容器的长、宽、高均为 $\sqrt[3]{100}\,\mathrm{m}$ 时所用材料最省

14. 90，140

第 9 章

习题 9.1

1. 288

2. $\displaystyle\iint\limits_{D}(x+y)^2\mathrm{d}A \geqslant \iint\limits_{D}(x+y)^3\mathrm{d}A$

3. （1）60   （2）$\dfrac{75}{2}$ （3）3

习题 9.2

1.（1）222　　（2）$32(e^4-1)$　　　（3）3　　（4）$\dfrac{4}{15}(2^{5/2}-1)$

2.（1）0　　　（2）$9\ln(1+\pi^2/4)$　　　（3）$\dfrac{5}{2}+\dfrac{1}{2}e^{-6}$

　　（4）$6\ln 6+3\ln 3-5\ln 5-4\ln 4$

习题 9.3

1.（1）32　　（2）$\dfrac{3}{10}$　　（3）$\dfrac{1}{3}\sin 1$　　　（4）6

2.（1）$\dfrac{4}{3}$　　（2）π　　（3）$\dfrac{9}{4}$

　　（4）$\dfrac{1}{2}e^{16}-\dfrac{17}{2}$　　　　（5）$\dfrac{1}{2}(1-\cos 1)$　　（6）$\dfrac{11}{3}$

3.（1）$\dfrac{17}{60}$　　（2）$16+\dfrac{2^{11}}{9}-\dfrac{2^4}{3}$　　　　（3）$\dfrac{1}{3}$　　（4）6

4.（1）$\displaystyle\int_0^1\int_x^1 f(x,y)\mathrm{d}y\mathrm{d}x$　　（2）$\displaystyle\int_0^4\int_0^{\sqrt{y}} f(x,y)\mathrm{d}x\mathrm{d}y$

　　（3）$\displaystyle\int_0^1\int_0^{\arccos y} f(x,y)\mathrm{d}x\mathrm{d}y$　　（4）$\displaystyle\int_0^2\int_{-\sqrt{4-x^2}}^{\sqrt{4-x^2}} f(x,y)\mathrm{d}y\mathrm{d}x$

　　图略

5.（1）$\dfrac{5}{3}$　　（2）$\dfrac{4}{15}$

习题 9.4

1.（1）$\dfrac{3\pi}{4}$　　（2）$\dfrac{\pi}{2}$

　　图略

2.　$-\dfrac{1250}{3}$

3.　$\dfrac{\pi}{4}(\cos 1-\cos 9)$

4.　$\dfrac{\pi}{2}(1-e^{-4})$

5.（1）0　　（2）$\dfrac{16}{9}$　　（3）$\dfrac{\sqrt{2}\pi}{6}$

习题 9.5

1. $15\sqrt{26}$
2. $9\sqrt{30}\pi$
3. $\dfrac{2}{3}[2\sqrt{2}-1]$
4. （1）$42k$ （2）$\dfrac{57}{2}$ （3）$\dfrac{9}{4}k$
5. $(\dfrac{2}{5}a,\dfrac{2}{5}a)$
*6. （1）$\dfrac{\pi}{4}a^3b$ （2）$I_x=\dfrac{72}{5},I_y=\dfrac{96}{7}$ （3）$I_x=\dfrac{1}{3}ab^3,I_y=\dfrac{1}{3}a^3b$

习题 9.6

1. 32
2. （1）$\dfrac{16}{15}$ （2）$\dfrac{5}{8}$ （3）$\dfrac{5}{3}$

  （4）$\dfrac{1}{3}\ln 2$ （5）$-\dfrac{1}{3}$ （6）$\dfrac{1}{4}\pi^2-1$
3. $\dfrac{27}{2}$ 4. $\dfrac{e-3}{2}+\dfrac{1}{3}$
5. $\dfrac{9\pi}{8}$ 6. $\dfrac{1}{2}\pi^2-2$
7. $\dfrac{65}{28}$ 8. $\dfrac{9}{84}$

习题 9.7

1. （1）$\left(\dfrac{3}{2},\dfrac{3\sqrt{3}}{2},3\sqrt{3}\right)$ （2）$\left(0,\dfrac{3\sqrt{2}}{2},-\dfrac{3\sqrt{2}}{2}\right)$ （3）$(0,2,0)$
2. （1）$\dfrac{1}{8}$ （2）$\dfrac{7\pi}{12}$ （3）8π
3. （1）$\dfrac{9(2-\sqrt{3})\pi}{4}$ （2）$\dfrac{14\pi}{3}$
4. （1）$\dfrac{12500\pi}{7}$ （2）$\dfrac{486\pi}{5}$ （3）$\dfrac{162\pi}{5}$

总习题九

1. （1）$\int_0^{\pi} d\theta \int_0^{2a\sin\theta} f(r\cos\theta, r\sin\theta)r\,dr$ （2）$\dfrac{2}{3}\pi R^3$ （3）$f(0,0)$

2. （1）B （2）C （3）A （4）C （5）D

3. （1）$3+4e(e-1)$ （2）$e-2$ （3）$\dfrac{1}{2}\sin 1$

　（4）$\dfrac{2}{9}e^3 + \dfrac{1}{9} - \dfrac{1}{5}$ （5）$\dfrac{1}{4}$

4. （1）$\dfrac{1}{2}\sin 1$ （2）$\dfrac{e-1}{4}$

5. （1）$\dfrac{1}{2}(e^6-7)$ （2）$\dfrac{41}{24}$ （3）$\dfrac{\ln 2}{4}$

　（4）$\dfrac{81}{2}$ （5）$\dfrac{\pi}{168}$

6. （1）176 （2）12π （3）6π

7. $\dfrac{486}{5}$

*8. $\dfrac{64\pi}{3}$

第 10 章

习题 10.1

1. 略

2. （1）$\overline{x} = \dfrac{\displaystyle\int_L x\mu(x,y)ds}{\displaystyle\int_L \mu(x,y)ds}$ ，$\overline{y} = \dfrac{\displaystyle\int_L y\mu(x,y)ds}{\displaystyle\int_L \mu(x,y)ds}$

* （2）$I_x = \displaystyle\int_L y^2\mu(x,y)ds$ ，$I_y = \displaystyle\int_L x^2\mu(x,y)ds$

3. （1）$\sqrt{2}$ （2）$\dfrac{1}{12}(5\sqrt{5}+6\sqrt{2}-1)$ （3）$2\pi a^{2n+1}$

　（4）$e^a(2+\dfrac{\pi}{4}a)-2$ （5）$\dfrac{\sqrt{3}}{2}(1-e^{-2})$ （6）9

　（7）$\dfrac{256}{15}a^3$ （8）$2\pi^2 a^3(1+2\pi^2)$

4. 质心在对称轴上，且离圆心的距离为 $\dfrac{a\sin\alpha}{\alpha}$

5. （1）$\left(\dfrac{6ak^2}{3a^2+4\pi^2k^2}, -\dfrac{6\pi ak^2}{3a^2+4\pi^2k^2}, \dfrac{3\pi k(a^2+2\pi^2k^2)}{3a^2+4\pi^2k^2} \right)$

   * （2）$\dfrac{2}{3}\pi a^2\sqrt{a^2+k^2}(3a^2+4\pi^2k^2)$

习题 10.2

1~2. 略

3. （1）0　　　（2）$\dfrac{4}{5}$　　（3）$-\dfrac{56}{15}$　　（4）-2π　　（5）$\dfrac{1}{3}\pi^3k^3-\pi a^2$

   （6）13　　（7）$\dfrac{1}{2}$　　（8）$-\dfrac{14}{15}$

4. （1）$\dfrac{34}{3}$　　（2）11　　（3）14　　（4）$\dfrac{32}{3}$

5. （1）$\displaystyle\int_L \dfrac{\sqrt{2}}{2}[P(x,y)+Q(x,y)]\mathrm{d}s$

   （2）$\dfrac{P(x,y)+2xQ(x,y)}{\sqrt{1+4x^2}}\mathrm{d}s$

   （3）$\displaystyle\int_L [\sqrt{2x-x^2}P(x,y)+(1-x)Q(x,y)]\mathrm{d}s$

6. $\displaystyle\int_L \dfrac{P+2xQ+3yR}{\sqrt{1+4x^2+9y^2}}\mathrm{d}s$

7. $-|\boldsymbol{F}|R$

8. $mg(z_2-z_1)$

习题 10.3

1. （1）$\dfrac{1}{30}$　　　　（2）8

2. （1）$\dfrac{3}{8}\pi a^2$　　　（2）12π　　（3）πa^2

3. $-\pi$

4. （1）$\dfrac{5}{2}$　　　　（2）236　　（3）5

5. （1）12　　　　　（2）0　　　（3）$\dfrac{\pi^2}{4}$　　（4）$-\dfrac{7}{6}+\dfrac{1}{4}\sin 2$

6. （1） $u(x, y) = \dfrac{x^2 + y^2}{2} + 2xy$　　（2） $u(x, y) = x^2 y$

　　（3） $u(x, y) = -\sin 3y \cos 2x$　　（4） $u(x, y) = 12(y\mathrm{e}^y - \mathrm{e}^y) + x^3 y + 4x^2 y^2$

　　（5） $y^2 \sin x + x^2 \cos y$

*7. 略

习题 10.4

1. 略

2. $\displaystyle\iint\limits_{\Sigma} f(x, y, z)\mathrm{d}S = \iint\limits_{\Sigma} f(x, y, 0)\mathrm{d}x\mathrm{d}y$

3. （1） $\dfrac{13}{3}\pi$　　　　（2） $\dfrac{149}{30}\pi$　　（3） $\dfrac{111}{10}\pi$

4. （1） $\dfrac{1+\sqrt{2}}{2}\pi$　　　　（2） 9π

5. （1） $4\sqrt{61}$　　　　（2） $-\dfrac{27}{4}$　　（3） $\pi a(a^2 - h^2)$　　（4） $\dfrac{64}{15}\sqrt{2}a^4$

6. $\dfrac{2\pi}{15}(6\sqrt{3}+1)$

*7. $I_x = \displaystyle\iint\limits_{\Sigma}(y^2 + z^2)\mu(x, y, z)\mathrm{d}S$ ，　$I_z = \dfrac{4}{3}\pi\mu_0 a^4$

习题 10.5

1. 略

2. $\displaystyle\iint\limits_{\Sigma} R(x, y, z)\mathrm{d}x\mathrm{d}y = \pm\iint\limits_{\Sigma} R(x, y, 0)\mathrm{d}x\mathrm{d}y$ ． 当 Σ 取上侧时为正号，Σ 取下侧时

为负号

3. （1） $\dfrac{2}{105}\pi R^7$　　（2） $\dfrac{3}{2}\pi$　　（3） $\dfrac{1}{2}$　　（4） $\dfrac{1}{8}$

4. （1） $\displaystyle\iint\limits_{\Sigma}\dfrac{1}{5}(3P + 2Q + 2\sqrt{3}R)\mathrm{d}S$

　　（2） $\displaystyle\iint\limits_{\Sigma}\dfrac{1}{\sqrt{1 + 4x^2 + 4y^2}}(2xP + 2yQ + R)\mathrm{d}S$

习题 10.6

1. （1） $\dfrac{3}{2}$　　（2） 81π　　（3） $3a^4$

* （4） $\dfrac{12}{5}\pi a^5$ * （5） $\dfrac{2}{5}\pi a^5$

*2. （1） 0 　（2） $a^3\left(2-\dfrac{a^2}{6}\right)$ 　（3） 108π

*3. （1） $2(x+y+z)$

　　（2） $ye^{xy}-x\sin xy-2xz\sin(xz^2)$

　　（3） $2x$

4～*5. 略

习题 10.7

1. （1） $-\sqrt{3}\pi a^2$ 　　（2） $-2\pi a(a+b)$ 　（3） -20π 　（4） 9π

*2. （1） $2\boldsymbol{i}+4\boldsymbol{j}+6\boldsymbol{k}$ 　　（2） $\boldsymbol{i}+\boldsymbol{j}$

　　（3） $[x\sin(\cos z)-xy^2\cos(xz)]\boldsymbol{i}-y\sin(\cos z)\boldsymbol{j}+[y^2z\cos(xz)-x^2\cos y]\boldsymbol{k}$

*3. （1） 0 　　　　　（2） -4

*4. （1） 2π 　　　　（2） 12π

*5. 略

*6. **0**

*7. 略

总习题十

1. （1） $\displaystyle\int_\Gamma (P\cos\alpha+Q\cos\beta+R\cos\gamma)\mathrm{d}s$ ，切向量

　　（2） $\displaystyle\iint_\Sigma (P\cos\alpha+Q\cos\beta+R\cos\gamma)\mathrm{d}S$ ，法向量

2. C

3. （1） $2a^2$ 　（2） $\dfrac{\sqrt{(2+t_0^2)^3}-2\sqrt{2}}{3}$ 　（3） $-2\pi a^2$

　　（4） $\dfrac{1}{35}$ 　（5） πa^2 　　　　（6） $\dfrac{\sqrt{2}}{16}\pi$

4. （1） $2\pi\arctan\dfrac{H}{R}$ 　（2） $-\dfrac{\pi}{4}h^4$ 　（3） $2\pi R^3$

　　（4） 0 　　　　　（5） $\dfrac{2}{15}$

5～6. 略

7. $\left(0,\ 0,\ \dfrac{a}{2}\right)$

8. 略

*9. 3

10. $\dfrac{3}{2}$

第 11 章

习题 11.1

1.（1）1 阶　（2）2 阶　（3）3 阶　（4）1 阶　（5）2 阶　（6）1 阶

2.（1）是，特解　（2）是，通解　（3）不是　（4）是，通解

3.（1）$y' - y = 0$

（2）$\dfrac{\mathrm{d}R}{\mathrm{d}t} = -kR$　（$k > 0$ 为常数）且 $R\big|_{t=0} = R_0$，$R\big|_{t=1600} = \dfrac{R_0}{2}$

习题 11.2

（1）$y = \mathrm{e}^{cx}$　　（2）$y = \dfrac{1}{5}x^3 + \dfrac{1}{2}x^2 + c$　（3）$\arcsin y = \arcsin x + c$

（4）$\mathrm{e}^y = \mathrm{e}^x + c$　（5）$3x^4 + 4(y+1)^3 = c$　（6）$y^4(4-x) = cx$

各小题中的 c 均为任意常数.

习题 11.3

1.（1）$y + \sqrt{y^2 - x^2} = cx^2$　（2）$y^2 = x^2(2\ln|x| + c)$

（3）$y = cx^2 - x$　　　　（4）$\sin\dfrac{y}{x} = cx$

*2.（1）$\ln[4y^2 + (x-1)^2] + \arctan\dfrac{2y}{x-1} = c$

（2）$x + 3y + 2\ln|x + y - 2| = c$

习题 11.4

1.（1）$y = \mathrm{e}^{-x}(x + c)$　　　（2）$y = \dfrac{x^2}{3} + \dfrac{3x}{2} + 2 + \dfrac{c}{x}$

（3）$y = \mathrm{e}^{-\sin x}(x + c)$　　（4）$\rho = \dfrac{2}{3} + c\mathrm{e}^{-3\theta}$

（5）$y = 2 + c\mathrm{e}^{-x^2}$　　　（6）$x = \dfrac{y^2}{2} + cy^3$

2.　$y = 2(\mathrm{e}^x - x - 1)$

*3. （1）$y^{-1} = -\dfrac{1}{3} + ce^{-\frac{3}{2}x^2}$　　（2）$y^{-4} = -x + \dfrac{1}{4} + ce^{-4x}$

习题 11.5

1. （1）$y = x\arctan x - \dfrac{1}{2}\ln(1+x^2) + c_1 x + c_2$

（2）$y = xe^x - 3e^x + c_1 x^2 + c_2 x + c_3$

（3）$y = c_1 e^x - \dfrac{x^2}{2} - x + c_2$

（4）$y = c_1 \ln|x| + c_2$

（5）$x = \pm\left[\dfrac{2}{3}(\sqrt{y}+c_1)^{\frac{3}{2}} - 2c_1\sqrt{\sqrt{y}+c_1}\right] + c_2$

（6）$y = \arcsin(c_2 e^x) + c_1$

*2. （1）$y = \dfrac{e^{ax}}{a^3} - \dfrac{e^a}{2a}x^2 + \dfrac{e^a}{a^2}(a-1)x + \dfrac{e^a}{2a^3}(2a - a^2 - 2)$

（2）$y = \sqrt{2x - x^2}$

3. $y = \dfrac{x^3}{6} + \dfrac{1}{2}x + 1$

习题 11.6

1. （1）线性无关　　（2）线性相关　　（3）线性相关

（4）线性无关　　（5）线性无关　　（6）线性无关

2. $y = c_1 e^{x^2} + c_2 x e^{x^2}$

习题 11.7

1. （1）$y = c_1 e^x + c_2 e^{-2x}$　　　　　（2）$y = c_1 + c_2 e^{4x}$

（3）$y = c_1 \cos x + c_2 \sin x$　　　　（4）$y = e^{-3x}(c_1 \cos 2x + c_2 \sin 2x)$

（5）$y = c_1 e^{\frac{x}{2}} + c_2 e^{-x} + e^x$　　　　（6）$y = c_1 e^{2x} + c_2 e^{3x} + x^2$

（7）$y = c_1 + c_2 e^{5x} + \dfrac{1}{3}x^3$

（8）$y = e^x(c_1 \cos 2x + c_2 \sin 2x) - \dfrac{1}{4}xe^x \cos 2x$

2. （1）$y = 4e^x + 2e^{3x}$　　（2）$y = (2+x)e^{-\frac{x}{2}}$

3. $\varphi(x) = \dfrac{1}{2}(\cos x + \sin x + e^x)$

*习题 11.8

（1）$y = c_1 x + \dfrac{c_2}{x}$ （2）$y = x[(c_1 + c_2 \ln|x|) + \ln^2|x|]$

习题 11.9

1. $x = x_0 \cos kt + \dfrac{v_0}{k} \sin kt$

2. 不少于 250m^3

3. $p(t) = \dfrac{1}{kt+1} + 1$

*习题 11.10

（1）$\begin{cases} x = -\dfrac{3c_1 + c_2}{5} \cos t + \dfrac{c_1 - 3c_2}{5} \sin t - t^2 + t + 3 \\ y = c_1 \cos t + c_2 \sin t + 2t^2 - 3t - 4 \end{cases}$

（2）$\begin{cases} x = c_1 \cos t + c_2 \sin t + 3 \\ y = -c_1 \sin t + c_2 \cos t \end{cases}$

总习题十一

1. （1）$y = e^{-x}$ （2）$y\sqrt{1+x^2} = c$

   （3）$y = e^{-3x}(e^x + c)$ （4）$y = c_1 \ln|x| + c_2$

   （5）$y = e^{-\frac{x}{2}}\left(c_1 \cos\dfrac{\sqrt{3}}{2}x + c_2 \sin\dfrac{\sqrt{3}}{2}x\right)$ （6）$y = (c_1 + c_2 x)e^{2x}$

2. （1）A （2）C （3）A （4）D （5）B
   （6）C （7）B （8）C （9）A （10）C

3. （1）$x - \sqrt{xy} = c$ （2）$x = \ln y - \dfrac{1}{2} + \dfrac{c}{y^2}$

   （3）$y = \ln\left|\cos(x - c_1)\right| + c_2$

   （4）$y = e^{-x}(c_1 \cos 2x + c_2 \sin 2x) - \dfrac{4}{17}\cos 2x + \dfrac{1}{17}\sin 2x$

 * （5）$x^2 = y^4 + cy^6$

   （6）$y = \alpha x + \dfrac{c}{\ln x}$

*4. （1） $y = \dfrac{c_1 + c_2 \ln x}{x}$ （2） $y = c_1 x^2 + c_2 x^3 + \dfrac{1}{2} x$

*5. $\begin{cases} x = (c_1 + c_2 t)\mathrm{e}^{-t} + \dfrac{1}{2} t \\ y = -(c_1 + c_2 + c_2 t)\mathrm{e}^{-t} - \dfrac{1}{2} \end{cases}$

习题 12.1

1. （1） $\dfrac{1!}{1^1}, \dfrac{2!}{2^2}, \dfrac{3!}{3^3}, \dfrac{4!}{4^4}, \dfrac{5!}{5^5}$ （2） $\displaystyle\sum_{n=1}^{\infty} (-1)^{n-1} \dfrac{a^n}{2n-1}$

  （3） $u_n = \dfrac{x^{\frac{n}{2}}}{2^n n!}$ （4） $a_1 - a$

2. （1）C （2）A （3）D

3. （1）发散 （2）收敛，$\dfrac{1}{5}$ （3）收敛，3 （4）发散

*4. 略

习题 12.2

1. （1）收敛 （2）发散，收敛 （3）发散 （4）收敛
  （5）不一定发散，发散

2. （1）A （2）B （3）A （4）C （5）B （6）D （7）A

3. （1）收敛 （2）收敛 （3）发散 （4）收敛 （5）收敛
  （6）收敛（ $a > 1$ ），发散（ $0 < a \leqslant 1$ ）

4. （1）收敛 （2）收敛 （3）收敛 （4）发散

5. （1）收敛 （2）收敛 （3）收敛 （4）收敛（ $b < a$ ），发散（ $b > a$ ）

6. （1）发散 （2）收敛 （3）发散 （4）发散

7. （1）条件收敛 （2）绝对收敛 （3）发散
  （4）条件收敛 （5）绝对收敛

习题 12.3

1. （1） $(-1,1]$ （2） $\dfrac{1}{5}$ （3） $(0,6)$

2. （1）D （2）A （3）C （4）C

3. （1） $[-1,1]$ （2） $(-\infty,+\infty)$ （3） $\left[-\dfrac{1}{2}, \dfrac{1}{2}\right]$

  （4） $[-1,1]$ （5） $(-\sqrt{2},\sqrt{2})$ （6） $[4,6)$

4.（1） $\dfrac{1}{2}\ln\dfrac{1+x}{1-x}, x\in(-1,1)$ （2） $\dfrac{x}{(1-x)^2}, x\in(-1,1)$

习题 12.4

1.（1） $\cos x$ （2） $\displaystyle\sum_{n=0}^{\infty}(-1)^n\dfrac{x^{n+1}}{n!}$ （3） $\ln a+\displaystyle\sum_{n=0}^{\infty}\dfrac{(-1)^n x^{n+1}}{(n+1)a^{n+1}}$ $(-a<x\leqslant a)$

2.（1）D （2）C

3.（1） $\displaystyle\sum_{n=0}^{\infty}\dfrac{(-1)^n}{2n+1}x^{2n+1}$ $(-1<x<1)$

（2） $\displaystyle\sum_{n=1}^{\infty}(-1)^n\dfrac{2^{2n-1}\cdot x^{2n}}{(2n)!}$ ， $x\in(-\infty,+\infty)$

（3） $x+\displaystyle\sum_{n=0}^{\infty}(-1)^n\dfrac{(2n-1)!!}{(2n)!!(2n+1)}x^{2n+1}$ ， $x\in(-1,1)$

（4） $\displaystyle\sum_{n=0}^{\infty}\dfrac{(-1)^n}{(2n+1)(2n+1)!}x^{2n+1}$ ， $x\in(-\infty,+\infty)$

（5） $\left(\displaystyle\sum_{n=0}^{\infty}\dfrac{x^n}{n!}\right)\left(\displaystyle\sum_{n=0}^{\infty}x^n\right)=\displaystyle\sum_{n=0}^{\infty}\left(1+\dfrac{1}{1!}+\dfrac{1}{2!}+\cdots+\dfrac{1}{n!}\right)x^n$ ， $x\in(-1,1)$

（6） $1+\displaystyle\sum_{n=2}^{\infty}\dfrac{(-1)^{n-1}(n-1)}{n!}x^n$ ， $x\in(-\infty,+\infty)$

4. $\dfrac{1}{2}\displaystyle\sum_{n=0}^{\infty}(-1)^n\left[\dfrac{1}{(2n)!}\left(x+\dfrac{\pi}{3}\right)^{2n}+\dfrac{\sqrt{3}}{(2n+1)!}\left(x+\dfrac{\pi}{3}\right)^{2n+1}\right]$ $(-\infty<x<+\infty)$

5. $\displaystyle\sum_{n=0}^{\infty}\left(\dfrac{1}{2^{n+1}}-\dfrac{1}{3^{n+1}}\right)(x+4)^n$ $(-6<x<-2)$.

习题 12.5

1.（1）1.0986 （2）2.00430

2.（1）0.4940 （2）0.487

*3. $y=\dfrac{1}{2}+\dfrac{1}{4}x+\dfrac{1}{8}x^2+\dfrac{1}{16}x^3+\dfrac{9}{32}x^4+\cdots$

4. $\displaystyle\sum_{n=0}^{\infty}\dfrac{2^{\frac{n}{2}}\cos\dfrac{n\pi}{4}}{n!}x^n$

习题 12.6

1. （1） $\dfrac{1}{\pi}\displaystyle\int_{-\pi}^{\pi} f(x)\mathrm{d}x$, $\dfrac{1}{\pi}\displaystyle\int_{-\pi}^{\pi} f(x)\cos nx\mathrm{d}x$, $\dfrac{1}{\pi}\displaystyle\int_{-\pi}^{\pi} f(x)\sin nx\mathrm{d}x$

   （2） $f(x_0)$

   （3） 0， 0， $(-1)^{n+1}\dfrac{1}{n}$

   （4） π， $-\dfrac{4}{(2k-1)^2\pi}$ $(k\in \mathbf{Z})$， 0

2. （1） B　　（2） A

3. （1） $f(x)=\pi^2+1+12\displaystyle\sum_{n=1}^{\infty}\dfrac{(-1)^n}{n^2}\cos nx$ 　　$(-\infty<x<+\infty)$

   （2） $f(x)=\dfrac{\pi}{4}(a-b)$

   $\quad +\displaystyle\sum_{n=1}^{\infty}\left\{\dfrac{[1-(-1)^n](b-a)}{n^2\pi}\cos nx+\dfrac{(-1)^{n-1}(a+b)}{n}\sin nx\right\}$

   $\quad (x\neq\pm\pi,\pm3\pi,\pm5\pi,\cdots)$

4. （1） $f(x)=\dfrac{18\sqrt{3}}{\pi}\displaystyle\sum_{n=1}^{\infty}(-1)^{n+1}\dfrac{n\sin nx}{9n^2-1}$ $(-\pi<x<\pi)$

   （2） $f(x)=\dfrac{1+\pi-e^{-\pi}}{2\pi}$

   $\quad +\dfrac{1}{\pi}\displaystyle\sum_{n=1}^{\infty}\left\{\dfrac{1-(-1)^n e^{-\pi}}{1+n^2}\cos nx+\left[\dfrac{-n+(-1)^n ne^{-\pi}}{1+n^2}+\dfrac{1-(-1)^n}{n}\right]\sin nx\right\}$

   $\quad (-\pi<x<\pi)$

5. $f(x)=\displaystyle\sum_{n=1}^{\infty}\left[\dfrac{(-1)^{n+1}}{n}+\dfrac{2}{n^2\pi}\sin\dfrac{n\pi}{2}\right]\sin nx$ 　$(x\neq\pm\pi,\pm3\pi,\pm5\pi,\cdots)$

6. $f(x)=\dfrac{4}{\pi}\displaystyle\sum_{n=1}^{\infty}\left[(-1)^n\left(\dfrac{2}{n^3}-\dfrac{\pi^2}{n}\right)-\dfrac{2}{n^3}\right]\sin nx$ 　$(0\leqslant x<\pi)$

   $f(x)=\dfrac{2}{3}\pi^2+8\displaystyle\sum_{n=1}^{\infty}\dfrac{(-1)^n}{n^2}\cos nx$ 　$(0\leqslant x\leqslant\pi)$

习题 12.7

1. （1） $\dfrac{lx}{2\pi}$

(2) $\dfrac{2}{l}\displaystyle\int_{-\frac{l}{2}}^{\frac{l}{2}}f(x)\mathrm{d}x$ ， $\dfrac{2}{l}\displaystyle\int_{-\frac{l}{2}}^{\frac{l}{2}}f(x)\cos\dfrac{2n\pi x}{l}\mathrm{d}x$ ， $\dfrac{2}{l}\displaystyle\int_{-\frac{l}{2}}^{\frac{l}{2}}f(x)\sin\dfrac{2n\pi x}{l}\mathrm{d}x$

(3) $\dfrac{3}{2}$

2. (1) $f(x)=\dfrac{11}{12}+\dfrac{1}{\pi^2}\displaystyle\sum_{n=1}^{\infty}\dfrac{(-1)^{n+1}}{n^2}\cos 2n\pi x$ ， $x\in(-\infty,+\infty)$

(2) 当 $x\ne 2k,2k+\dfrac{1}{2}$ $(k=0,\pm1,\pm2,\cdots)$ 时，

$$f(x)=-\dfrac{1}{4}+\sum_{n=1}^{\infty}\left\{\left[\dfrac{1-(-1)^n}{n^2\pi^2}+\dfrac{2\sin\dfrac{n\pi}{2}}{n\pi}\right]\cos n\pi x+\dfrac{1-2\cos\dfrac{n\pi}{2}}{n\pi}\sin n\pi x\right\}$$

3. $(x-1)^2=\dfrac{1}{3}+\dfrac{4}{\pi^2}\displaystyle\sum_{n=1}^{\infty}\dfrac{\cos n\pi x}{n^2}$ ， $x\in[0,1]$

总习题十二

1. (1) $u_n\geqslant u_{n+1}$ ， $\displaystyle\lim_{n\to\infty}u_n=0$ (2) $0<a\leqslant 1$ ， $a>1$

(3) $(-1,1]$ (4) $\displaystyle\sum_{n=0}^{\infty}\dfrac{1}{2^{n+1}}(x-1)^n$

(5) 0

2. (1) A   (2) C   (3) D   (4) B   (5) B

3. (1) 发散   (2) 发散   (3) 收敛   (4) 发散

4. 略

5. 当 $\displaystyle\sum_{n=1}^{\infty}u_n$ 和 $\displaystyle\sum_{n=1}^{\infty}v_n$ 都是正项级数时收敛，否则不一定收敛

6. (1) $p>1$ 时绝对收敛，$0<p\leqslant 1$ 时条件收敛，$p\leqslant 0$ 时发散

(2) 绝对收敛   (3) 条件收敛   (4) 绝对收敛

7. (1) 0 (2) $2^{\frac{3}{4}}$

8. (1) $\left[-\dfrac{1}{5},\dfrac{1}{5}\right)$ (2) $\left(-\dfrac{1}{e},\dfrac{1}{e}\right)$ (3) $(-2,0)$ (4) $(-\sqrt{2},\sqrt{2})$

9. (1) $\dfrac{2+x^2}{(2-x^2)^2}$ ， $x\in(-\sqrt{2},\sqrt{2})$

(2) $\arctan x$ ， $x\in[-1,1]$

(3) $\dfrac{x-1}{(2-x)^2}$ ， $x\in(0,2)$

（4）$\begin{cases} 1+\dfrac{1-x}{x}\ln(1-x), & x \in [-1,0)\cup(0,1] \\ \qquad 0, & x = 0 \end{cases}$

10.（1）2e （2）$\dfrac{1}{2}\cos 1 + \dfrac{1}{2}\sin 1$

11.（1）$x + \displaystyle\sum_{n=1}^{\infty}(-1)^n \dfrac{(2n-1)!!}{(2n)!!(2n+1)}x^{2n+1}$ （$-1 \leqslant x \leqslant 1$）

（2）$\displaystyle\sum_{n=1}^{\infty}\dfrac{n}{2^{n+1}}x^{n-1}$ （$-2 < x < 2$）

12. $f(x) = \dfrac{\mathrm{e}^{\pi}-1}{2\pi} + \displaystyle\sum_{n=1}^{\infty}\dfrac{(-1)^n \mathrm{e}^{\pi}-1}{(n^2+1)\pi}(\cos nx - n\sin x)$，

其中，$x \neq n\pi$（$n = 0, \pm 1, \pm 2, \cdots$）

13. $f(x) = \begin{cases} \dfrac{2}{\pi}\displaystyle\sum_{n=1}^{\infty}\dfrac{1-\cos nh}{n}\sin nx, & x \in (0,h)\cup(h,\pi) \\ \qquad\qquad \dfrac{1}{2}, & x = h \end{cases}$，

$f(x) = \begin{cases} \dfrac{h}{\pi}+\dfrac{2}{\pi}\displaystyle\sum_{n=1}^{\infty}\dfrac{\sin nh}{n}\cos nx, & x \in (0,h)\cup(h,\pi), \\ \qquad\qquad \dfrac{1}{2}, & x = h \end{cases}$

附录 D

1.（1）$x = \dfrac{5}{7}$，$y = \dfrac{9}{7}$ （2）$x = -\dfrac{3}{5}$，$y = \dfrac{22}{5}$，$z = -1$

2.（1）$\sin(\alpha - \beta)$ （2）-1 （3）12 （4）$(b-a)(c-a)(c-b)$

3.（1）$(a+2b)(a-b)^2$ （2）27